"ひとりで学べる" 秘伝の物理 問題集

力学 熱
波動 電磁気
原子

YouTubeの動画一覧はこちらから

http://gakken-ep.jp/extra/
physics_secret/00.html

Gakken

はじめに

　本書,『秘伝の物理問題集』をお手に取っていただきまして,ありがとうございます。本書は,私が毎年全国大学入試の過去問を解き,分析して作った課題プリントがもとになって誕生しました。

　普段の授業を生かしながら,入試レベルにまで実力を引き上げる。授業の内容を復習しながら,入試問題を解くためのノウハウを身につけてもらいたい…そんな思いで課題プリントを作り始め,完成度を年々高めていきました。

　もちろん生徒みんなの努力あってのことですが,年々その成果が現れてきて,受け持った生徒たちの力が伸びていくのを実感できてきたころ,かつての職場の大先輩であり,代々木ゼミナールの人気講師である為近先生からの紹介を受けまして,学研から出版のお話をいただきました。私自身はじめての経験だったので悩みましたが,「物理を勉強する受験生のためになるならやってみたい」と考え,今回の出版に至りました。

　やると決めたら手を抜くことなく,いいものを作りたいので,問題の選定をし直し,そして解説はトコトンくわしく,わかりやすいように書きました。また,実際に生徒に教えている状況を想像しながら,勉強する人の手助けになるようなコメントも埋めていきました。

　さらに,考えかたの基礎となる重要な問題には,動画を付けることにしました。動画を見ながら勉強することで,苦手意識のある人も理解しながら進められると思ったからです。

　力のつく問題の選定,トコトンくわしい解説誌面,そして動画解説と,やれる限りのことはすべてやり,受験生のためになる問題集を作ることができたのではないかと思います。この1冊をしっかりやりこなすことで,みなさんの力がつき,志望校の合格の助けになれたら,これほど幸せなことはありません。

　最後になりましたが,この問題集を出版するにあたり,お力添えをいただきました為近和彦先生,宮﨑さんをはじめとする学研の皆様,ご協力いただきましたすべての方々に感謝申し上げます。

青山 均

本書の特徴

　本書は，力のつく問題で勉強するにあたり，ひとりでも決してつまずくことのないように，くわしく手厚い解説をつけ，さらに動画の解説もつけた，親切な問題集です。

　入試問題を解くためのノウハウを身につけるには，どうしても越えなければならない難所が出てきます。そのような箇所を越えられるように，本書には以下のような特長があります。

① 全国 No.1 の学力を作った厳選された問題！

　本書は，青山先生が指導の教材として使っていたプリント集がもとになっております。プリント集は長年の入試問題研究に基づいて作られており，これで勉強していた生徒たちが，公開模試で学校平均点全国 No.1 に輝くなど，効果は実証済みです。本書を完ペキにやりきったとき，あなたの物理の力は確実なものになっているはずです。

② くわしく手厚い解説！

　解説ページは，解答の流れをしっかり書いてあることはもちろんのこと，右の欄に多くのコメントを設けて，解答の行間を埋めたり既習事項を確認したりできるようにしてあります（ちょうど先生が授業をしているようなイメージです）。

　ところどころに学習の助けとなる補足も記載し，読み進めることで深い理解が得られます。

③ 史上初！動画解説付きの物理問題集！

　本書の[解説]というマークが付いた問題には，動画の解説がついています。これは，物理の問題集では史上初めてのことです。動画は「解けなかった問題の確認」，「解けた問題のポイントの整理」や，「気持ちが萎えてしまったときのペースづくり」など，ご自由に利用してください。特に，考えかたの基礎となる重要な問題に動画を付けておきましたので，物理が苦手な人は，[解説]というマークが付いた問題だけを進めても，全体像が見えてくると思います。

　スマートフォンで QR コードを読みとるか，You Tube の検索窓で，「秘伝の物理問題集」と，[解説]のマークのある「問題番号」，「問題のタイトル」を入力して検索してみてくださいね。

〔例〕｜秘伝の物理問題集　1　速度の定義と x-t グラフ｜ 検索

もくじ

第1章
力学 … 011

1. 物体の運動 … 012

- ① 速度の定義とx-tグラフ … 013
- ② 相対速度 … 014
- ③ 等加速度直線運動の3公式の導出 … 014
- ④ v-tグラフと相対速度 … 015
- ⑤ 鉛直投げ上げ … 015
- ⑥ 水平投射 … 015
- ⑦ 斜方投射 … 016
- ⑧ モンキーハンティング … 016
- ⑨ 座標軸の変換 … 017

2. 力と そのはたらき … 018

- ⑩ 物体にはたらく力 … 019
- ⑪ 物体が面から離れる条件 … 020
- ⑫ つり合いの式の立てかた (1) … 020
- ⑬ つり合いの式の立てかた (2) … 020
- ⑭ 浮力の求めかた … 021
- ⑮ 作用・反作用 … 022
- ⑯ ロープを引くゴンドラ上の人 … 022
- ⑰ 剛体のつり合い … 023
- ⑱ 支柱によって支えられた板 … 023
- ⑲ 重心の定義 … 024

3．運動の法則 … 025

- 20 運動方程式の立てかた … 026
  - 21 定滑車にかけられた2物体 … 026
- 22 接触する2物体の運動 … 026
- 23 斜面上の物体と糸でつながれた物体 … 026
  - 24 動滑車を含む物体の運動 … 027
  - 25 傾斜面内での放物運動 … 027
  - 26 静止摩擦力 … 027
  - 27 直方体の転倒 … 028
- 28 最大静止摩擦力と動摩擦力 … 028
- 29 摩擦のある板上の物体 … 029
  - 30 斜面上に重ねられた2物体の運動 … 029
  - 31 空気抵抗力のある物体の運動 … 030

4．運動量の保存 … 031

- 32 運動量の変化と力積の関係 … 032
  - 33 壁に衝突するボール … 032
- 34 運動量保存則の導出 … 032
- 35 2球の衝突 … 033
  - 36 摩擦のある板上に乗りうつる小物体 … 033
- 37 はね返り係数の式 … 034
  - 38 2球の弾性衝突 … 034
  - 39 小球と床との繰り返し衝突 … 034

5．仕事と力学的エネルギー … 035

- 40 仕事の定義 … 036
- 41 運動エネルギー … 036
- 42 重力による位置エネルギー … 037
- 43 運動エネルギーと仕事 … 037
- 44 木材に打ち込まれた弾丸 … 037
- 45 弾性力による位置エネルギー … 038
- 46 力学的エネルギー保存則 … 039
  - 47 水平ばね振り子と鉛直ばね振り子 … 039
  - 48 鉛直ばね振り子にのせられた小球 … 041
  - 49 小物体と三角台の衝突 … 041
  - 50 ばねを介した2物体の分裂 … 042

6．慣性力と円運動 … 043

- 51 慣性力 … 044
  - 52 エレベーター内の人の体重 … 044
  - 53 電車内での小球の運動 … 045
  - 54 等速円運動 … 045
  - 55 回転円板上の小物体 … 046
  - 56 円すい振り子 … 046
  - 57 円すい面内での小球の運動 … 047
  - 58 棒に通された小球の円運動 … 047
- 59 鉛直面内の円運動 … 048
  - 60 半球上を滑りおりる小球 … 048
  - 61 地球のまわりをだ円運動する小物体 … 049

7．単振動 ... 050

- 62 等速円運動と単振動の関係 ... 051
- 63 水平ばね振り子と単振動 ... 051
- 64 天井からつり下げられたばね振り子 ... 052
- 65 おもりをつけた水平ばね振り子 ... 052
- 66 台車上のばね振り子 ... 053
- 67 水に浮いた木片の単振動 ... 053
- 68 地球トンネル ... 054
- 69 ばねにつながれた2物体の運動 ... 054

第2章
熱力学 ... 055

1．熱と気体の法則 ... 056

- 70 比熱と熱容量，熱量の保存 ... 057
- 71 ボイル・シャルルの法則 ... 057
- 72 ピストンにはたらく力のつり合い ... 057
- 73 $P-V$グラフと$V-T$グラフ ... 058
- 74 理想気体の状態方程式 ... 058
- 75 定圧・定積変化における状態方程式 ... 058

2．気体の分子運動と内部エネルギー ... 059

- 76 立方体中の気体分子運動 ... 060
- 77 球形容器内での気体分子運動 ... 061
- 78 断熱容器内の気体の混合 ... 062
- 79 気体のした仕事・された仕事 ... 062
- 80 ばねつきピストン ... 063

3．気体の状態変化 ... 064

- 81 状態変化における$Q, \Delta U, W$の符号 ... 065
- 82 状態変化と$P-V$グラフ ... 065
- 83 ピストンつきシリンダー ... 066
- 84 断熱自由膨張と気体の混合 ... 067

4. 断熱変化と
　　モル比熱 … 068

- 85 断熱変化を含む状態変化 … 069
- 86 等温曲線と断熱曲線 … 069
- 87 定積モル比熱と内部エネルギー … 070
- 88 定圧モル比熱とマイヤーの関係式 … 070
- 89 $Q=nc\varDelta T$ の利用 … 071
- 90 微小変化 $\varDelta$ の扱いかた … 071
- 91 熱機関の熱効率 … 072

第3章
波動 … 073

1. 波の性質 … 074

- 92 等速円運動・単振動・正弦波の関係 … 076
- 93 正弦波の y-x グラフと y-t グラフ … 077
- 94 正弦波の式 … 077
- 95 縦波 … 078
- 96 定常波の腹と節 … 078
- 97 定常波の式 … 079
- 98 ホイヘンスの原理による作図 … 079

2. 音波 … 080

- 99 音波の干渉 … 081
- 100 うなり … 082
- 101 弦の振動 … 082
- 102 気柱の共鳴 … 083
- 103 音源が動くドップラー効果 … 083
- 104 観測者が動くドップラー効果 … 084
- 105 音源と観測者が動くドップラー効果 … 084
- 106 反射壁のあるドップラー効果 … 084
- 107 風があるドップラー効果 … 085
- 108 音源が斜めに動くドップラー効果 … 085
- 109 音源が円運動するドップラー効果 … 086

3．**光波**…087

- 110 見かけの深さ…089
- 111 光ファイバー…089
- 112 ヤングの干渉実験…090
- 113 薄膜干渉…090
- 114 ニュートンリング…091
- 115 くさび形薄膜干渉…092
- 116 透過型・反射型回折格子…092
- 117 回折格子…093
- 118 写像公式の使いかた…094

第4章
電磁気…095

1．**静電気力と電場**…096

- 119 クーロンの法則…097
- 120 電場…097
- 121 ガウスの法則…098

2．**電場と電位**…099

- 122 電位…100
- 123 電場と電位…101
- 124 電場がする仕事…101
- 125 電場の強さと電位差…102

3. 静電場内の導体と平行板コンデンサー … 103

- 126 導体 … 104
- 127 平行板コンデンサー … 105
  - 128 静電エネルギー … 105
- 129 スイッチの開閉と電気容量の変化 … 106
- 130 誘電率を用いたガウスの法則 … 107
  - 131 誘電体 … 108
- 132 極板間引力 (1) … 108
  - 133 極板間引力 (2) … 109
  - 134 合成容量 … 109
- 135 金属板を挿入したコンデンサーの電気容量 … 109
  - 136 誘電体を挿入したコンデンサーの電気容量 … 110
- 137 電荷を蓄えているコンデンサー(1) … 110
  - 138 電荷を蓄えているコンデンサー(2) … 110
- 139 極板間への金属板の挿入 … 111
  - 140 極板間にある金属板の移動 … 111

4. 直流回路 … 112

- 141 金属内の自由電子の運動 … 114
- 142 キルヒホッフの法則 … 114
- 143 コンデンサーを含む直流回路 … 115
  - 144 合成抵抗 … 115
  - 145 ホイートストン・ブリッジ … 115
- 146 非オーム抵抗 … 116
- 147 未知起電力の測定 … 116
- 148 自由電子の運動とジュール熱 … 117
- 149 分流器・倍率器 … 118
  - 150 電流計・電圧計の測定誤差 … 118

5. 電流と磁場 … 119

- 151 電流の作る磁場 … 121
- 152 正方形コイルが磁場から受ける力 … 121
  - 153 導線内の自由電子が受けるローレンツ力 … 122
- 154 磁場中の荷電粒子の運動 … 122
- 155 サイクロトロン … 123
  - 156 ホール効果 … 123

6．電磁誘導 … 125

- 157 電磁誘導の法則 … 126
- 158 誘導起電力とローレンツ力 … 127
- 159 磁場中を横切る導体棒 … 128
  - 160 磁場中の斜面上にある導体棒 … 128
  - 161 磁場を横切る正方形コイル … 129
- 162 磁場中を回転する導体棒 … 129
- 163 ベータトロン … 130
- 164 自己誘導 … 130
  - 165 コイルに蓄えられるエネルギー … 131
- 166 スイッチ操作による過渡的な現象 … 131
  - 167 キルヒホッフの法則と過渡現象 … 132
- 168 相互誘導 … 132
  - 169 変圧器 … 133

7．交流 … 134

- 170 交流の発生 … 136
- 171 交流の実効値 … 136
- 172 コイルに流れる交流 … 137
- 173 コンデンサーに流れる交流 … 138
- 174 交流のまとめ … 139
  - 175 RLC直列回路 … 139
  - 176 RLC並列回路 … 140
  - 177 電気振動 … 140
  - 178 共振回路 … 142

第5章
原子 … 143

1．電子と光子 … 144

- 179 トムソンの実験 … 145
- 180 磁場中の電子の運動と比電荷 … 145
- 181 ミリカンの油滴実験 … 146
- 182 半導体ダイオード … 147
- 183 光電効果 … 149

2．X線 … 150

- 184 X線の発生 … 151
- 185 ブラッグ反射とコンプトン効果 … 151

3．原子と原子核 … 153

- 186 物質波 … 155
- 187 ボーアの水素原子模型 … 156
- 188 半減期 … 157
- 189 結合エネルギー … 158

第 1 章

力学

1. 物体の運動

要点

1 平均の速度と瞬間の速度

- PQ 間の平均の速度 $\bar{v}$

$$\bar{v} = \frac{x_Q - x_P}{t_Q - t_P}$$

（線分 PQ の傾き）

- P における瞬間の速度 v

$$v = \frac{\Delta x}{\Delta t} \quad \text{（速度の定義式）}$$

（P における**接線の傾き**）

- x-t グラフの見かた

傾き ⇒ 速度

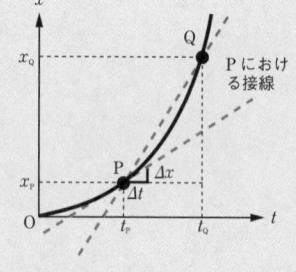

2 相対速度

- A に対する B の相対速度 v_{AB}

（**A から見た** B の速度 v_{AB}）

$$v_{AB} = v_B - v_A$$

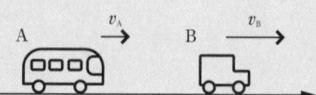

3 等加速度直線運動と v-t グラフ

- 等加速度直線運動の3公式

① $v = v_0 + at$
② $x = v_0 t + \dfrac{1}{2} at^2$
③ $v^2 - v_0^2 = 2ax$

- v-t グラフの傾き a

$$a = \frac{\Delta v}{\Delta t} \quad \text{（加速度の定義式）}$$

- v-t グラフの見かた

傾き ⇒ 加速度　　面積 ⇒ 変位

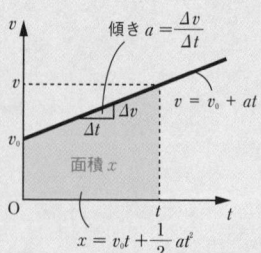

4 放物運動
　　x 方向 ⇒ 速度 $v_0\cos\theta$ の等速直線運動
　　y 方向 ⇒ 初速度 $v_0\sin\theta$，加速度 $-g$ の
　　　　　　等加速度直線運動

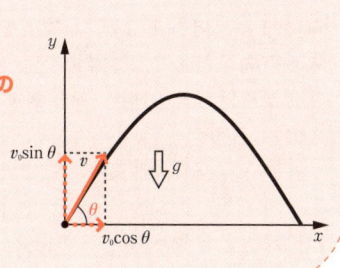

 1 速度の定義と x-t グラフ [難易度 ☺☺☺☹☹]

　図は，x 軸上を運動する物体の，時刻 t [s] と位置 x [m] との関係を表したものである。この物体の運動に関する次の各問いに答えよ。

(1) 時刻 $t=8$ s から $t=16$ s までの移動距離（通過した道のり）はいくらか。
(2) 時刻 $t=13$ s から $t=16$ s までの変位はいくらか。
(3) 時刻 $t=0$ s から $t=8$ s までの平均の速さはいくらか。
(4) 時刻 $t=7$ s の瞬間の速度はいくらか。
(5) 時刻 $t=8$ s から $t=16$ s までの速度を表すグラフ（v-t グラフ）をかけ。

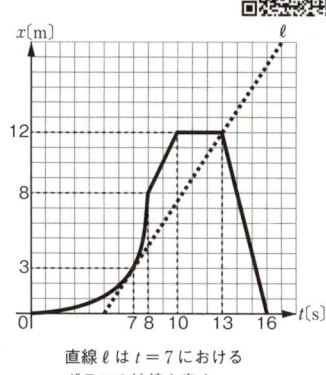

直線 ℓ は $t=7$ におけるグラフの接線を表す。

2 相対速度 [難易度 ☺☺☻☹☹]

自動車Aと自動車Bが，x軸上をそれぞれ図1の速度で走行している。x軸正の向きが東向きとして，(1)(2)の速度を向き(東・西)とその大きさ(速さ)で答えよ。

(1) Bから見たAの速度（Bに対するAの相対速度）
(2) Aから見たBの速度

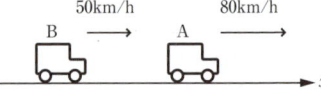

図1

自動車Aと自動車Bが，x軸上をそれぞれ図2の速度で走行している。(3)(4)の速度を速さに正負の符号をつけて答えよ。

(3) Bから見たAの速度
(4) Aから見たBの速度

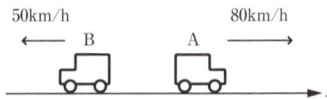

図2

図3のように，自動車Aは東向きに100km/h，自動車Bは北向きに100km/hで走行している。(5)(6)の速度を向き（8方位）とその大きさ（速さ）で答えよ。

(5) Bから見たAの速度
(6) Aから見たBの速度

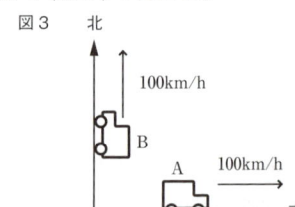

図3

3 等加速度直線運動の3公式の導出 [難易度 ☺☹☹☹☹]

物体が，時刻 $t=0$ に初速度 v_0 で原点Oを出発し，x軸上を一定の加速度 a で等加速度直線運動する。時刻 t における速度を v，位置座標を x とする。

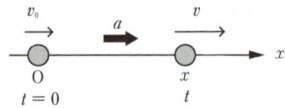

等加速度直線運動のときに成り立つ3つの関係式を次のようにして求めた。各問いに答えよ。

(1) 加速度の定義式 $a=\dfrac{\Delta v}{\Delta t}$ を用いて，時刻 t における速度 v を求めよ。
(2) v-t グラフ（時刻 t に対する速度 v の変化）をかけ。
(3) v-t グラフを用いて，時刻 t における位置座標 x を求めよ。
(4) 上で求めた2つの式から t を含まない関係式を導け。

4 $v\text{-}t$グラフと相対速度

物体Aが時刻$t=0$sにx軸の原点$x=0$mを出発し，続いて物体Bが時刻$t=3$sに原点を出発した。右のグラフの太い実線は物体A，太い点線は物体Bの速度v〔m/s〕の時間変化を表している。両物体はx軸上を衝突せずに運動するものとして，次の各問いに答えよ。

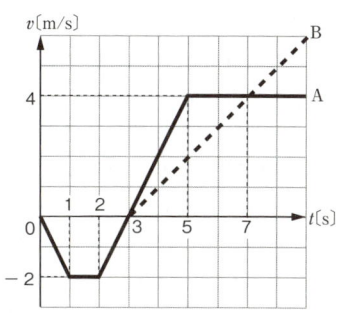

(1) 時刻$t=3$sから$t=7$sまでの物体Aの平均の速さは何m/sか。
(2) 時刻$t=0$sから$t=4$sまでの物体Aの移動距離(通過した道のり)は何mか。
(3) 時刻$t=6$sにおける物体Aの位置座標xは何mか。
(4) 物体Aの加速度a〔m/s²〕の時間変化をグラフで表せ。
(5) 物体Bから見た物体Aの速度が1m/sになる時刻tは何sか。すべて答えよ。
(6) 物体Aと物体Bが同じ位置にいる時刻tは何sか。

5 鉛直投げ上げ

地上からボールを大きさv_0の初速度で鉛直上方に投げ上げる。重力加速度の大きさをgとして，次の値を求めよ。
(1) ボールが最高点に達するまでの時間t_1とその高さh
(2) ボールが再び戻ってくるまでの時間t_2とそのときの速度v_2

6 水平投射

高さhの塔の上からボールを速さv_0で水平方向に投げ出す。重力加速度の大きさをgとして，次の各問いに答えよ。

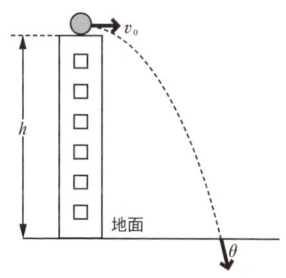

(1) ボールを投げ出してから地面に到達するまでの時間を求めよ。
(2) ボールが地面に達した点は，投げ出した点から水平距離でどれだけ離れているか。
(3) ボールが地面に達する直前の速さはいくらか。
(4) ボールが地面に達する直前の速度と地面とのなす角をθとするとき，$\tan\theta$はいくらか。

7 斜方投射 [難易度 ☺☺☺☹☺]

図のように，水平方向に x 軸，鉛直方向に y 軸をとり，原点 O から小球を x-y 平面内に投げ出す。小球の初速度は，大きさ v_0 で x 軸より角 θ 上向きである。重力加速度の大きさを g として，次の各問いに答えよ。

(1) 下の文の（　）内に入る語または式を答えよ。
　　小球の運動は，x 方向には初速度（　ア　），加速度（　イ　）の（　ウ　）運動になり，y 方向には初速度（　エ　），加速度（　オ　）の（　カ　）運動になる。
(2) 投げ出してから時間 t 後，速度の x 成分 v_x と位置座標 x は，それぞれいくらになるか。
(3) 投げ出してから時間 t 後，速度の y 成分 v_y と位置座標 y は，それぞれいくらになるか。
(4) 運動の経路を表す式（y を x で表した式）をかけ。
(5) 打ち上げてから最高点に達するまでの時間 t_1 はいくらか。
(6) 最高点の y 座標 y_1 はいくらか。
(7) 再び地面に達するまでの時間 t_2 はいくらか。
(8) 落下点の x 座標 x_2 はいくらか。

8 モンキーハンティング [難易度 ☺☺☺☺☹]

図のように水平な地上で，O 点から距離 ℓ だけ離れた B 点の真上，高さ h_0 の A 点から物体 P を自由落下させると同時に，O 点から小物体 Q を速さ v_0 で，x 軸から θ の角度で投げ出した。投げ出したときの時刻 t を $t=0$ とする。

以下の各問いに答えよ。ただし，図のように鉛直面内に x, y 座標をとり，運動は x, y 平面内で起こるとする。さらに空気の影響は無視し，重力加速度の大きさは g とする。

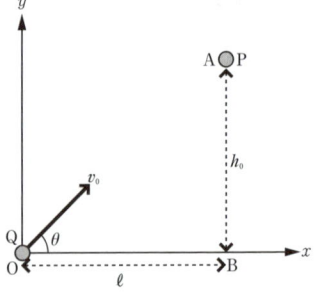

(1) 時刻 t における P から Q までの距離はいくらか。
(2) 時刻 t における P から見た Q の速度（相対速度）の，x 方向および y 方向の成分の値を求めよ。
(3) さて，2 つの物体 P と Q の衝突について考えてみる。Q が P に命中するためには，角度 θ と，ℓ，h_0 の間にはどのような関係が必要か。

(4) QがPに空中で命中するためには，Qを投げ出す速さ v_0 はどのような条件をみたさねばならないか。h_0，ℓ と g を使って表せ。

[改 名古屋工大]

9 座標軸の変換 [難易度 ☺☺☺☺☹]

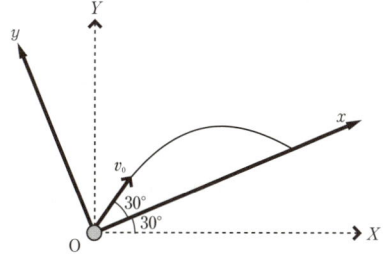

図のように，質点を原点Oから速さ v_0 で斜方投射し，質点が運動する鉛直面内に x, y 座標軸を設定する。x 軸は水平面より30°上向きで，質点は x 軸よりさらに30°上向きに投射される。重力加速度の大きさを g として，次の問いに答えよ。

(1) 重力加速度の x, y 成分はそれぞれいくらか。
(2) 質点は，x, y 方向にはそれぞれどのような運動をするか。
(3) 質点が再び x 軸 ($y = 0$) に戻るまでの時間（投射してからの時間）を求めよ。
(4) 質点が再び x 軸に戻った点の x 座標を求めよ。

原点Oは上と同じ位置にとり，質点が運動する鉛直面内の水平方向に X 軸，鉛直方向に Y 軸をとる。質点の運動を X, Y 座標軸で考える。

(5) x 軸 ($y = 0$) を X, Y の式で表せ。
(6) 質点の軌道を X, Y の式で表せ。
(7) 上の2つの式を連立させ，質点が再び x 軸に戻った点の X 座標を求め，これを x 座標に変換し(4)と同じ答えになることを確認せよ。

2. 力とそのはたらき

要点

 **力の種類**

- 右図のように，物体にはたらく力は，**重力** mg と，物体が触れ合うところではたらく**垂直抗力** N，**張力** T などである。

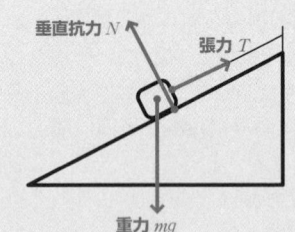

- **弾性力の大きさ** F は，ばねの伸び（縮み）の距離 x に比例し，次の式で表される。

  $$F = kx \quad （フックの法則）$$

- 物体が**面から離れる**とき，垂直抗力 N は

  $$N = 0$$

  となる。

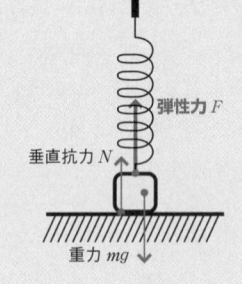

- 密度 ρ の液体に沈めた物体は，**排除した液体の重さの分**だけ大きさ F の**浮力**を受ける。

  $$F = \rho V g$$

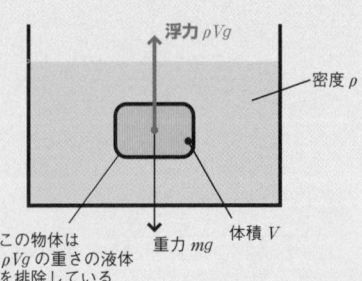

2 剛体にはたらく力

- 点Oのまわりの力のモーメント
  $$M = F \times \ell$$
  （力のモーメント）＝（力の大きさ）×（うでの長さ）

- 剛体のつり合い
  ① **力のつり合いの式**
  $$F = F_1 + F_2$$
  ② **力のモーメントのつり合いの式**
  $$F_1 \ell_1 = F_2 \ell_2$$

- 重心
  $$x_G = \frac{m_1 x_1 + m_2 x_2 + \cdots}{m_1 + m_2 + \cdots}$$

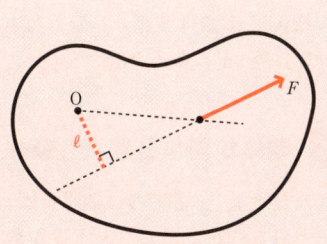

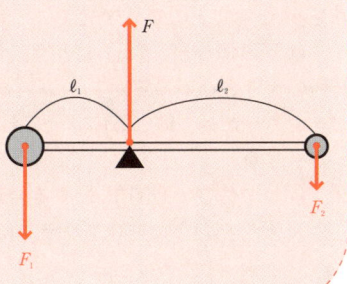

 10 物体にはたらく力 [難易度 ☺☺☺☹☹]

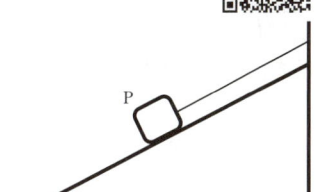

図のように，糸をつけた質量 m〔kg〕の物体Pが傾角 θ のなめらかな斜面上に置かれている。糸は斜面と平行に張られ，他端は固定されている。重力加速度の大きさを g〔m/s^2〕として，次の各問いに答えよ。

(1) 下の文中の（　）内に入る語または式を答えよ。
　地球上にあるすべての物体は，地球に引かれている。この力を（　ア　）といい，物体に対して（　イ　）向きにはたらく。図中の物体Pにはたらく（　ア　）の大きさは（　ウ　）〔N〕である。物体Pにはたらく力は，（　ア　）の他に，糸が物体Pを引く力（　エ　）と斜面が物体Pを支える力（　オ　）がある。

(2) 物体Pにはたらく力を矢印で示し，その大きさを適切な文字で表現せよ。

(3) 物体Pにはたらく重力を，斜面に平行な方向と斜面に垂直な方向に分解せよ。

(4) 物体Pにはたらく力のつり合いの式を，斜面に平行な方向と斜面に垂直な方向に分けてかき記せ。

※問題は次ページに続きます。

(5) 物体Pにはたらく張力と抗力は，それぞれ何Nか。
(6) 物体Pにつけられた糸を，ばね定数k〔N/m〕のばねにつけ替える。ばねの伸びは何mになるか。

11　物体が面から離れる条件　[難易度 ☺☺☺☺☺]

ばね定数k〔N/m〕のつる巻きばねの一端に質量m〔kg〕のおもりをつけ，おもりを水平な台上に置く。ばねの他端に，鉛直方向の力を徐々に加えていく。重力加速度の大きさをg〔m/s^2〕として，次の問いに答えよ。

(1) ばねの伸びがx〔m〕のとき，台が物体におよぼす抗力の大きさはいくらか。
(2) おもりが台を離れるのは，ばねの伸びがいくらになったときか。
(3) ばねの伸びx〔m〕に対する台が物体におよぼす抗力の大きさR〔N〕の変化をグラフにかけ。

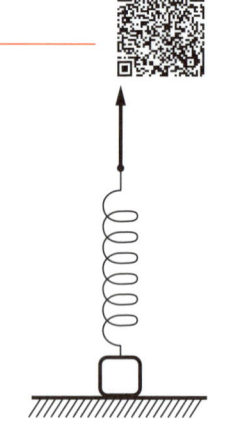

12　つり合いの式の立てかた(1)　[難易度 ☺☺☺☺☺]

図のように，糸で結ばれた物体P，Qを滑車をへだててなめらかな斜面AB，BC上に置いたところ，両物体は斜面上に静止した。P，Qの質量の比はいくらか。また，斜面AB，BCがP，Qにおよぼす抗力の大きさの比はいくらか。

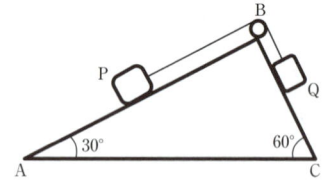

13　つり合いの式の立てかた(2)　[難易度 ☺☺☺☺☺]

図のように，質量m_1の小球①と質量m_2の小球②が滑車を経て糸で結ばれ，傾斜角30°の斜面ABと傾斜角45°の斜面BC上にそれぞれ置かれ，静止している。斜面ABと糸とのなす角は45°，斜面BCと糸とのなす角は30°で，摩擦はすべて無視できるものとする。

(1) m_2はm_1の何倍か。

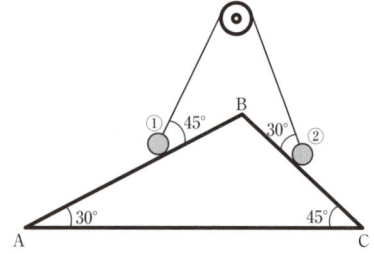

(2) 斜面 AB, BC が小球①，②におよぼす抗力の大きさを，それぞれ R_1, R_2 とする。R_2 は R_1 の何倍か。

14 浮力の求めかた [難易度 ☺☺☺☺☺]

図1のように，密度 ρ の液体中に，底面積 S，深さ h の仮想的な四角柱の領域を考える。

大気圧を P_0，重力加速度の大きさを g として，次の各問に答えよ。

(1) 四角柱の上面が大気圧から受ける力はいくらか。
(2) 四角柱の重さはいくらか。
(3) 液体が四角柱の下面を，鉛直上向きに大きさ F の力で押しているとして，この四角柱にはたらく鉛直方向の力のつり合いの式をかけ。
(4) 深さ h の点で液体から受ける圧力 P を，F を用いずに答えよ。

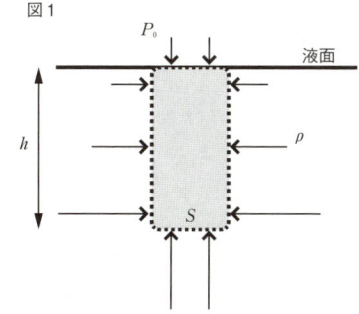

図1

次に，密度 ρ の液体中に，底面積 S，高さ ℓ，密度 ρ' の四角柱の物体を，上面の深さが h となるように手で沈めた（図2）。

(5) 四角柱の上面が液体から受ける圧力はいくらか。
(6) 四角柱の下面が液体から受ける圧力はいくらか。
(7) 四角柱の側面が液体から受ける力について，簡潔に述べよ。

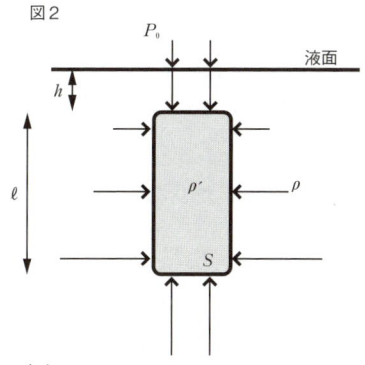

図2

(8) 四角柱全体が液体から受ける力（浮力）はいくらか。
(9) (8)の結果より，一般に次の法則が成り立つ。
　液体（気体でも可）中の物体には，鉛直（　）向きの浮力がはたらき，その大きさは，物体が（　）した液体の（　）に等しい。これを（　）の原理という。
(10) 四角柱から手をはなしたとき，四角柱が浮かぶための ρ' の範囲を求めよ。

15 作用・反作用 [難易度 ☺☺☺☺☺]

図のように，大小2つの直方体A, Bが，水平な床の上に置かれている。

(1) A, Bにはたらく力を矢印で示し，その力の大きさを適切な文字で表現せよ。
(2) 矢印で示した力を，「○が●を押す(引く)力」といういいかたで表せ。
(3) 各力のうちで作用・反作用の関係の2力を示せ。
(4) A, Bにはたらく力のつり合いの式を示せ。

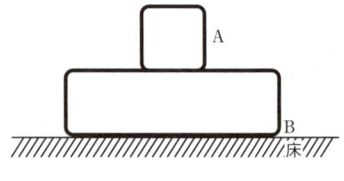

16 ロープを引くゴンドラ上の人 [難易度 ☺☺☺☺☹]

図のように，質量 m の人を乗せた質量 M のゴンドラが，水平な床の上に置かれている。ゴンドラをつるしているロープは，定滑車を経てゴンドラ上の人に大きさ F の力で鉛直方向に引かれている。重力加速度の大きさを g，ロープの重さや摩擦は無視できるものとして，次の問いに答えよ。

(1) ゴンドラが人におよぼす抗力の大きさ R はいくらか。
(2) 床がゴンドラにおよぼす抗力の大きさ N はいくらか。R を用いずに答えよ。
(3) F を徐々に大きくしていくと，ゴンドラが床から離れた。このときの F の値はいくらか。

人の質量 m が小さ過ぎると，F を大きくしていったとき，ゴンドラが床から離れる前に人がゴンドラから離れてしまう（ゴンドラの上で人が浮き上がってしまう）。

(4) このとき，人がロープを引く力の大きさ F はいくらか。
(5) このようになるための m の条件を不等式で示せ。

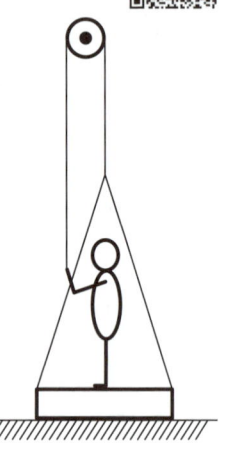

17 剛体のつり合い [難易度 ☺☺☺☺☺]

長さ ℓ の軽い一様な棒 AB がある。棒の両端にそれぞれ糸を結び，糸の他端を鉛直な壁の1点Cにそれぞれ結びつけて棒が水平になるようにつるす。さらに，棒 AB の中点 P に糸をつけて，質量 m のおもりをつるす。このとき，AC を結ぶ糸は鉛直で，BC を結ぶ糸は水平と角度 θ をなしてつり合っている。棒と壁の間の摩擦は無視できる。重力加速度の大きさを g として，次の問いに答えよ。

(1) 棒 AB にはたらく外力を図中に矢印でかき，その大きさを適切な文字で表せ。
(2) 力のつり合いの式をかけ。
(3) A 点のまわりの力のモーメントのつり合いの式をかけ。
(4) B 点にはたらくひもの張力の大きさを求めよ。
(5) A 点にはたらくひもの張力の大きさを求めよ。
(6) A 点にはたらく抗力の大きさを求めよ。

18 支柱によって支えられた板 [難易度 ☺☺☺☺☺]

図のように，長さ 12m，重さ 6.0N の板 AB（重心は中心）が支柱 C，D によって支えられている。重さ 5.0N の人が A から B に向かって歩いていく。

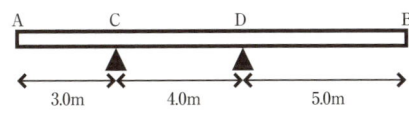

(1) この人が A から 5.0m の位置にいるとき，C，D が板を支える力の大きさはいくらか。
(2) この人が A から x〔m〕の位置に達したとき，板が C から離れてしまった。x はいくらか。

19 重心の定義

図のように,軽い棒の両端に質量 m_1, m_2 のおもりをつけた構造物 A がある。構造物 A の重心位置 G を,次のようにして求めた。文中の( )内に入る語または式を答えよ。

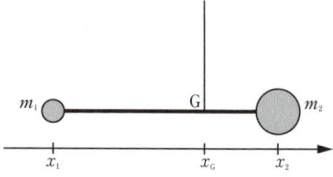

構造物 A の重心位置 G は,2 つのおもりにはたらく(ア)力の合力の作用点である。点 G に糸をつけ A をつるすと,A を水平に保つことができる。水平方向に x 軸をとり,質量 m_1, m_2 のおもりの位置座標をそれぞれ x_1, x_2,点 G の位置座標を x_G とする。点 G のまわりの(イ)はつり合っているので,(ウ)という関係式が成り立ち,この式から構造物 A の重心の位置座標 x_G は,$x_G =$ (エ)と求めることができる。

3. 運動の法則

要点

① 運動方程式
$$m\vec{a} = \vec{F}$$

- 運動方程式を立てる手順
  - 手順① m：注目する物体を決める。
  - 手順② a：加速度 a と座標軸 x, y を決め，その向きを一致させる。
  - 手順③ F：力を図示し，x, y 方向に分解する。

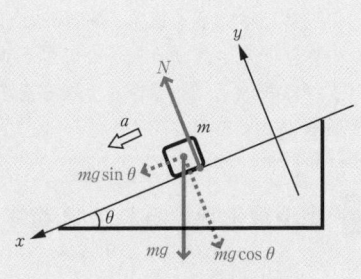

$$ma = mg\sin\theta$$

② 静止摩擦力

- 最大（静止）摩擦力 F_0
  （滑り出す直前の摩擦力）
  $$F_0 = \mu N$$
  向き：滑り出そうとする向きと逆向き

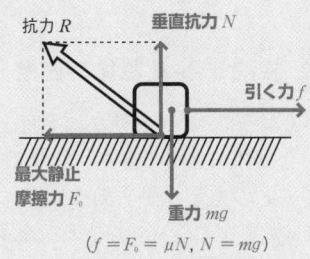

$(f = F_0 = \mu N, N = mg)$

③ 動摩擦力

- 動摩擦力 F
  $$F = \mu' N$$
  向き：滑っている向きと逆向き

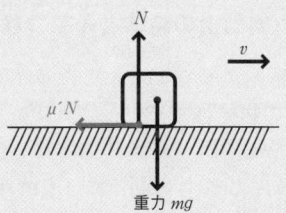

20 運動方程式の立てかた [難易度 ☺☺☺☺☺]

傾角30°，長さ ℓ のなめらかな斜面上の最上点に，質量 m の小物体を静かに置いたところ，小物体は斜面上を滑り始めた。重力加速度の大きさを g として，次の問いに答えよ。

(1) 小物体の加速度を求めよ。
(2) 小物体にはたらく抗力（垂直抗力）を求めよ。
(3) 小物体が最上点から最下点に至るまでの時間を求めよ。
(4) 小物体が最下点を通過する速さを求めよ。ただし，小物体は最下点をなめらかに通過できるものとする。

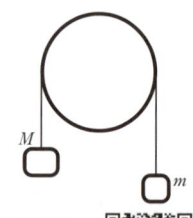

21 定滑車にかけられた2物体 [難易度 ☺☺☺☺☺]

糸の両端に質量 M，m（$M>m$）のおもりをつけ定滑車にかけると，おもりは動き始める。おもりの加速度の大きさと，糸の張力の大きさを求めよ。ただし，重力加速度の大きさを g とし，摩擦は無視できるものとする。

22 接触する2物体の運動 [難易度 ☺☺☺☺☺]

図のように，なめらかな水平面上に質量 M，m の2物体を並べて置く。質量 M の物体に大きさ F の力を水平右向きに加えると，両物体は動き始める。両物体の加速度の大きさと両物体間にはたらく力の大きさを求めよ。

23 斜面上の物体と糸でつながれた物体 [難易度 ☺☺☺☺☺]

水平と角 θ をなすなめらかな斜面上に質量 m の物体 A をのせ，これに糸をつないで滑車を経て同じ質量の物体 B をつるす。手をはなすと A は斜面に沿って滑り上がった。重力加速度の大きさを g とする。

(1) 斜面が物体 A におよぼす抗力（垂直抗力）の大きさはいくらか。
(2) 糸の張力の大きさはいくらか。

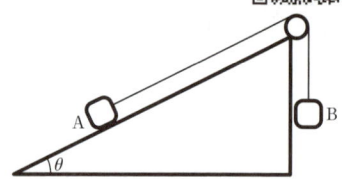

(3) 物体 A, B の加速度の大きさはいくらか。

24 動滑車を含む物体の運動 [難易度 ☺☺☹☠☠]

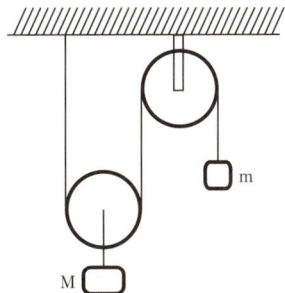

軽く摩擦のない2つの滑車に糸をかけ，糸の一端は天井に固定し，他端には質量 m の物体 m をつるす。左の動滑車には質量 M の物体 M をつるし，静かに手をはなしたところ，両物体は動き始めた。重力加速度の大きさを g とする。
(1) m の移動距離が s のとき，M の移動距離はいくらか。
(2) m の速さが v のとき，M の速さはいくらか。
(3) $M > 2m$ として，両物体の加速度をそれぞれ求めよ。

25 傾斜面内での放物運動 [難易度 ☺☺☺☹☠]

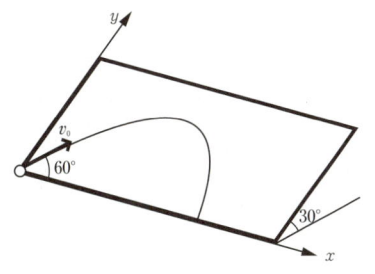

図のように，なめらかな長方形の広い板を水平面から30°傾けて置き，長方形の隣り合う2辺に沿って，x, y 座標軸を設定する。原点 O より質点（大きさが無視できる物体）を速さ v_0 で板の面に沿って打ち出す。打ち出す角度は，x 軸より60°上向きである。重力加速度の大きさを g として，次の問いに答えよ。
(1) 質点の加速度の x, y 成分はそれぞれいくらか。
(2) 質点は，x, y 方向にはそれぞれどのような運動をするか。
(3) 質点が至る最高点の y 座標はいくらか。
(4) 質点が再び $y=0$ に戻るまでの時間（打ち出してからの時間）を求めよ。
(5) 質点が再び $y=0$ に戻った点の x 座標を求めよ。

26 静止摩擦力 [難易度 ☺☠☠☠☠]

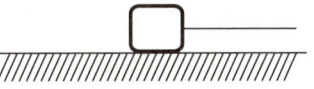

下の文の（ ）内に入る語または式を答えよ。
　図のように，糸をつけた質量 m の物体を粗い水平面上に置き，大きさ F の力で水平に引く。F が小さい間は物体は静止し，物体にはたらく力は（ ア ）の関係にあるので，

※問題は次ページに続きます。

このとき，静止摩擦力の大きさは（　イ　），垂直抗力の大きさは（　ウ　）になる。ただし，重力加速度の大きさをgとする。

Fを大きくしていくと，（　エ　）もFと同じ値で大きくなるが，Fをある限界より大きくすると，ついに物体は動き始める。物体が動き始める直前の静止摩擦力F_0を（　オ　）という。F_0は（　カ　）に比例し，静止摩擦係数をμとして，$F_0 = $（　キ　）と表される。

27 直方体の転倒 [難易度 ☺☺☺☺☹]

図のように，3辺の長さがa, b, cの一様な直方体が，長さcの辺を水平にして粗い斜面上に置かれている。斜面を徐々に傾けていくと，直方体はやがて倒れる。

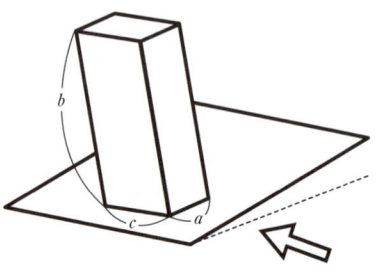

(1) 直方体が倒れる直前の様子を，矢印の方向から見た断面図としてかけ。ただし，このとき直方体にはたらく垂直抗力の大きさをN，静止摩擦力の大きさをF，重力の大きさをWとし，それぞれの力を作用点に注意しながら矢印で示せ。

(2) (1)でかいた図を参考にして，FをN, a, bで表せ。

(3) 「直方体は倒れるまで滑り出さなかった」ことを用いて，直方体と斜面との間の静止摩擦係数μの範囲をa, bで表せ。

28 最大静止摩擦力と動摩擦力 [難易度 ☺☺☹☺☹]

粗い平板上に質量mの物体を置き，平板を水平より徐々に傾けていく。平板の傾斜角θがθ_0を越えたところで，物体は平板上を滑り始めた。その直後に，傾斜角θをθ_1に固定した。動摩擦係数をμ'，重力加速度の大きさをgとして，次の各問いに答えよ。

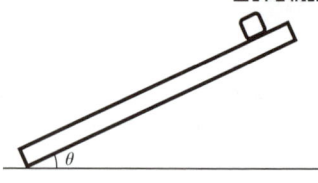

(1) 物体と平板との間の静止摩擦係数μを求めよ。

(2) $\theta = \theta_1$のとき，物体の加速度はいくらか。

(3) 物体が滑り始めてから平板上を距離Lだけ移動するまでの時間tを求めよ。また，そのときの物体の速さvを求めよ。

29 摩擦のある板上の物体 [難易度 ○○○😣]

図のように,なめらかな水平面上に質量 M の板を置き,その上に質量 m の物体をのせる。板と物体との間の静止摩擦係数を μ,動摩擦係数を μ',重力加速度の大きさを g として,次の問いに答えよ.

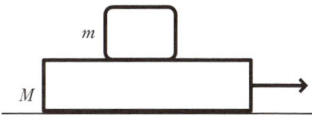

はじめ,板に対して水平右向きに大きさ F_1 の力を加えたところ,板と物体は一体となって運動した.

(1) 板の加速度はいくらか.

(2) 物体が板から受ける静止摩擦力はいくらか.

板に加える力を徐々に大きくしていき,力の大きさが F_2 より大きくなると,物体は板の上を滑り始めた.

(3) F_2 を求めよ.

板に大きさ $F_3 (> F_2)$ の一定の力を加え続けたところ,板と物体は別々の加速度で運動した.

(4) 板と物体の床に対する加速度をそれぞれ求めよ.

30 斜面上に重ねられた 2 物体の運動 [難易度 ○○○😣]

傾角 30°のなめらかな斜面上に,質量 m の物体を置く.物体には糸がつけられており,糸は摩擦のない滑車を経て,他端に質量の無視できる皿をつけている.重力加速度の大きさを g として,次の各問いに答えよ.

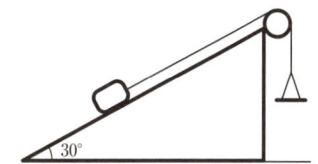

はじめ,皿に砂をのせ物体を斜面上に静止させた.

(1) 砂の質量はいくらか.

次に,砂の質量を物体と同じ m にした.

(2) 物体の加速度の大きさはいくらか.

(3) 物体が動き始めた時刻を $t=0$ として,時刻 $t=T$ における物体の速さはいくらか.

(4) 時刻 $t=0$ から $t=T$ までの間の物体の移動距離はいくらか.

物体と斜面の間に質量 $\dfrac{m}{2}$ の薄い板を入れる.

※問題は次ページに続きます.

この板は物体と接する面にだけ摩擦が生じ，その静止摩擦係数は $\dfrac{1}{\sqrt{3}}$，動摩擦係数は $\dfrac{1}{2\sqrt{3}}$ である。砂の質量を徐々に大きくしていくと，はじめ物体と板は一体となって運動し，質量がある値より大きくなると，物体が板の上を滑り始めた。

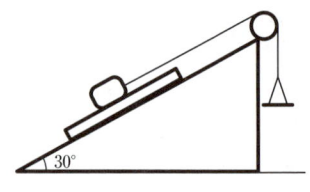

(5) 物体が板の上を滑り始めたときの砂の質量はいくらか。

物体がひとたび板の上を滑り始めると，砂の質量を(5)の値に戻しても物体と板は別々の加速度で運動を続ける。

(6) 物体の加速度の大きさはいくらか。
(7) 糸の張力の大きさはいくらか。
(8) 板の加速度の大きさはいくらか。

31 空気抵抗力のある物体の運動

傾角 θ の斜面上を図1のような T 型の物体が滑る運動を考える。物体の質量を M，動摩擦係数を μ，重力加速度の大きさを g とする。速さ v に対して，大きさ kv の空気抵抗力がはたらくものとする。

(1) 物体が斜面に沿って下向きの加速度 a で運動しているとき，その運動方程式をかき表せ。
(2) しばらくして物体が等速度運動になった。そのときの速さ v_e はいくらか。

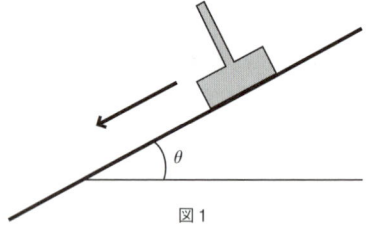

図1

傾角 $\theta = 45°$ のとき，図2の曲線のような実験結果が得られた。なお，図2の斜めの点線 $v = 3t$ は，時間 $t = 0$ のときの接線とする。

(3) 動摩擦係数 μ はいくらか。
(4) 空気抵抗力の係数 k はいくらか。

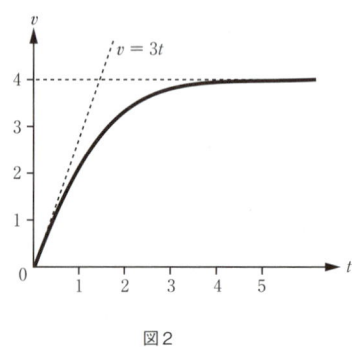

図2

[改 岐阜大]

4. 運動量の保存

要点

1 運動量と力積

$$m\frac{v' - v}{\Delta t} = F$$

$$mv' - mv = F\Delta t$$

（運動量の変化は受けた力積に等しい）

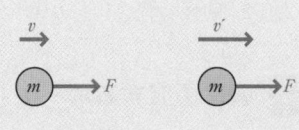

力の作用時間 Δt

2 運動量保存則

A: $m_1v_1' - m_1v_1 = -F\Delta t$
B: $m_2v_2' - m_2v_2 = F\Delta t$

$$m_1v_1 + m_2v_2 = m_1v_1' + m_2v_2'$$

（衝突前の運動量の和）
＝（衝突後の運動量の和）

（衝突前）
（衝突時）
（衝突後）

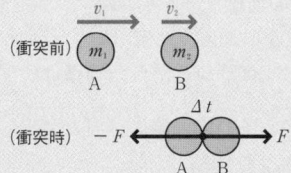

3 はね返り係数

- 2物体の衝突におけるはね返り係数 e

$$e = -\frac{v_1' - v_2'}{v_1 - v_2}$$

（$e = 1$ （完全）弾性衝突）

（衝突前）
（衝突後）

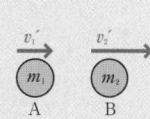
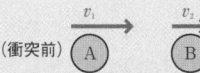

- なめらかな床との衝突におけるはね返り係数 e

$$e = -\frac{v_y'}{v_y} \quad (v_y < 0,\ v_y' > 0)$$

$$v_x' = v_x$$

（衝突前）（衝突後）

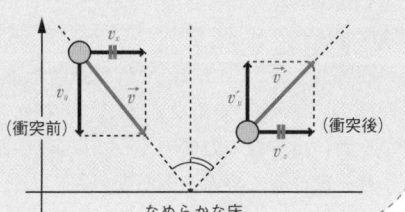

なめらかな床

32 運動量の変化と力積の関係 [難易度]

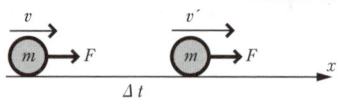

図のように，x軸上を正の向きに，質量mの物体が速度vで運動している。この物体に短い時間Δtだけ，正の向きに力Fを加えたところ，速度がv'になった。

(1) 力を加えている間の物体の運動方程式をかけ。
(2) (1)の結果を用いて，物体の運動量の変化と受けた力積との関係をかき表せ。

33 壁に衝突するボール [難易度]

図のように，x軸上を正の向きに，質量mのボールが速度vで運動し，x軸に垂直に立てられた壁に衝突する。

Ⅰ) 衝突後の速度が$-v$の場合
　(1) ボールの運動量の変化はいくらか。
　(2) ボールが壁から受けた力積はいくらか。

　ボールと壁の接触時間をΔtとし，この間，ボールは壁から一定の力を受け続けたものとする。
　(3) ボールが壁から受けた力の大きさと向きを求めよ。

Ⅱ) 衝突後の速度が0の場合
　(4) 壁がボールから受けた力積はいくらか。

34 運動量保存則の導出 [難易度]

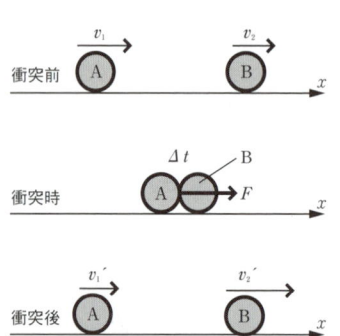

図のように，質量m_1の球Aが速度v_1，質量m_2の球Bが速度v_2で，x軸上を動いて衝突し，衝突後，球A，球Bの速度がそれぞれv_1'，v_2'になった。

(1) 衝突時に，球Bが球Aから受けた平均の力をFとすると，球Aが球Bから受けた平均の力はいくらか。また，これを求めるための法則名をいえ。

(2) 衝突時に球Aと球Bが接触している時間をΔtとする。球A,球Bそれぞれについて,衝突前後における運動量の変化とその物体が受けた力積との関係をかき表せ。
(3) (2)で求めた関係より,2球A,Bの運動量の和が,衝突前後で変わらない(保存される)ことを示せ。

35 2球の衝突 [難易度 ☺☺☹☺☺]

図のようななめらかな水平面上において,静止している質量mの小物体Bに,質量$2m$の小物体Aが速さvで衝突したところ,衝突後小物体Aははじめの進行方向と$60°$の方向に,小物体Bは$30°$の方向に進んだ。衝突後のA,Bの速さはそれぞれいくらか。

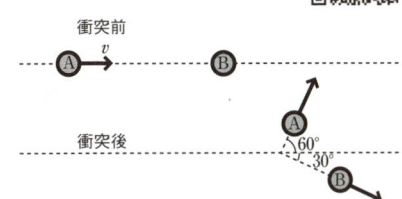

36 摩擦のある板上に乗りうつる小物体 [難易度 ☺☺☺☺☹]

図のように,水平で段差のあるなめらかな水平面がある。質量Mの直方体の板が,その粗い上面を上段の水平面にそろえるように置かれている。質量mの小物体が上段の水平面上を速さv_0で滑っており,やがて板の上面に乗りうつる。小物体と板との間の動摩擦係数をμ,重力加速度の大きさをgとして,次の各問いに答えよ。

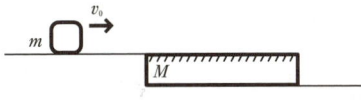

(1) 乗りうつったあと,小物体と板の加速度はそれぞれいくらになるか。
(2) 乗りうつってから小物体が板上で静止する(両物体の速度が同じになる)までの時間はいくらか。
(3) 同じになった両物体の速度はいくらか。
(4) 小物体が板上を滑った距離(板に対して移動した距離)はいくらか。

37 はね返り係数の式 [難易度 😊😊😐😣😫]

図のように，右向き正のなめらかな一直線上で，質量 0.20〔kg〕の物体 A が正の向きに 5.0〔m/s〕で運動し，質量 0.30〔kg〕の物体 B が負の向きに 3.0〔m/s〕で運動して，A，B は正面衝突した。衝突後の A，B の速度をそれぞれ v_A，v_B として，次の問いに答えよ。

(1) 衝突前後の運動量保存の式を作れ。
(2) はね返り係数が 0.50 のとき，はね返り係数を表す式を作れ。
(3) 衝突後の物体 A，B の速度を求めよ。
(4) このとき物体 A の受けた力積を求めよ。

38 2 球の弾性衝突 [難易度 😊😐😣😫😫]

等しい質量の 2 球が，なめらかな一直線上で弾性衝突（完全弾性衝突）する。衝突前の 2 球の速度 v_1，v_2 と衝突後の 2 球の速度 v_1'，v_2' との関係を求めよ。また，一方が静止している（$v_2 = 0$）場合はどうなるか。

39 小球と床との繰り返し衝突 [難易度 😊😐😣😫😫]

図のように，水平でなめらかな床上に x 軸，鉛直方向に y 軸をとり，原点 O から小球を斜方投射する。小球の初速度の x 成分を u，y 成分を v，小球と床とのはね返り係数を e，重力加速度の大きさを g，小球は xy 面内で運動するものとして，次の各問いに答えよ。

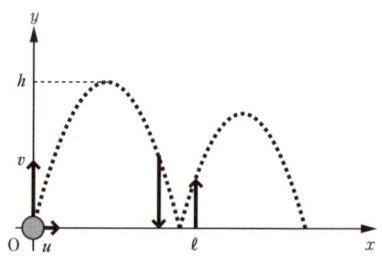

(1) 1 回目の衝突直後における速度の y 成分 v' を求めよ。
(2) 小球を投射してから 1 回目の衝突までの時間 t を求めよ。
(3) 1 回目の衝突から 2 回目の衝突までの時間 t' を t を用いて表せ。
(4) 小球を投射してから 1 回目の衝突までに進む水平距離 ℓ を求めよ。
(5) 1 回目の衝突から 2 回目の衝突までに進む水平距離 ℓ' を ℓ を用いて表せ。
(6) 1 回目の最高点の高さ h を求めよ。
(7) 2 回目の最高点の高さ h' を h を用いて表せ。

5. 仕事と力学的エネルギー

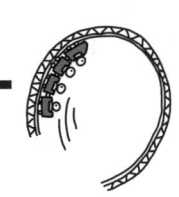

要点

1 仕事
$$W = F\ell\cos\theta$$

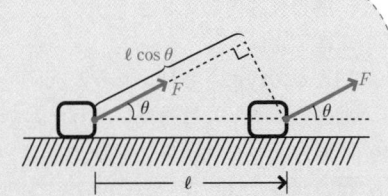

2 仕事率
$$P = \frac{W}{t}$$

3 力学的エネルギー

- 運動エネルギー　$K = \dfrac{1}{2}mv^2$
- 重力による位置エネルギー　$U = mgh$
- 弾性力による位置エネルギー　$U = \dfrac{1}{2}kx^2$

4 エネルギーと仕事の関係

$$\frac{1}{2}mv_0^2 + Fx = \frac{1}{2}mv^2$$

(はじめのエネルギー) + (外からした仕事)
= (あとのエネルギー)

5 力学的エネルギー保存則
(運動エネルギー) + (位置エネルギー) = (一定)

$$\underbrace{0 + \frac{1}{2}kx^2}_{①} = \underbrace{\frac{1}{2}mv^2 + 0}_{②} = \underbrace{0 + mgh}_{③}$$

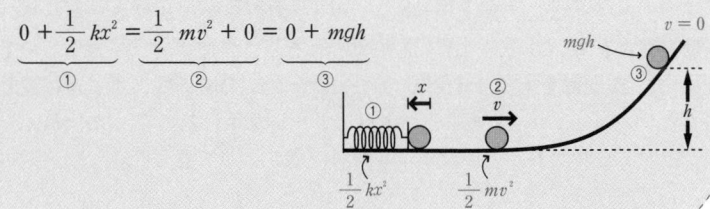

40 仕事の定義 [難易度 ◎◎◎◎◎]

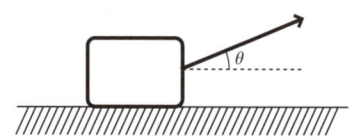

質量 m の物体が粗い水平な床上に置かれている。この物体に水平から角 θ 上向きの力を加えたところ，床上を等速度で距離 ℓ だけ移動した。物体と床との間の動摩擦係数を μ，重力加速度の大きさを g として，次の問いに答えよ。

(1) 加えた力の大きさはいくらか。
(2) 加えた力がした仕事はいくらか。
(3) 摩擦力がした仕事はいくらか。
(4) 重力がした仕事はいくらか。

41 運動エネルギー [難易度 ◎◎◎◎◎]

エネルギーについて述べた下の文中の（　）内に入る語または式を答えよ。

一般に，物体が他の物体に仕事をする能力をもっているとき，物体は（　ア　）をもっているという。

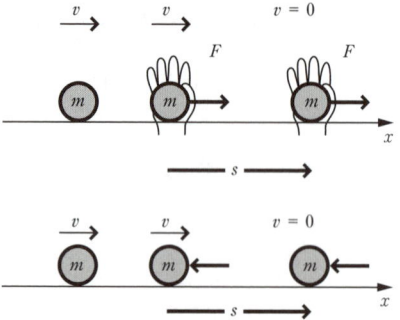

図のように，x 軸上を質量 m のボールが速度 v で運動しているとき，このボールがもっているエネルギー（運動エネルギー）を，他の物体（手）にした仕事から計算してみよう。

今，このボールを手で受け止めることを考え，ボールが止まるまでに手に対してした仕事を計算する。ボールが手に触れてから止まるまでに，ボールは手に一定の力 F を加え続け，距離 s だけ押すものとする。この間，ボールが手に対してした仕事は（　イ　）である。

一方，ボールはこの間，手から（　ウ　）の力を受けるので，ボールの加速度は運動方程式を解いて，（　エ　）と求められる。この加速度は一定値なので，ボールは（　オ　）運動をする。そこで，$v^2 - v_0^2 = 2as$ の関係式にボールの運動をあてはめると，（　イ　）=（　カ　）となる。ボールが手に対してした仕事（　カ　）が，運動中のボールがもっていたエネルギーを表す。

5. 仕事と力学的エネルギー

42 重力による位置エネルギー [難易度 ◎○○○○]

図のように,基準面から高さ h の点 P まで質量 m の小球をゆっくりもち上げて静かにはなした。重力加速度の大きさを g とする。

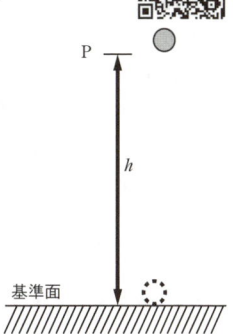

(1) 小球をもち上げるために加えた外力による仕事はいくらか。
(2) 小球が点 P でもっている重力による位置エネルギーはいくらか。
(3) 小球が基準面に達する直前にもっている運動エネルギーはいくらか。

43 運動エネルギーと仕事 [難易度 ◎○○○○]

図のように,右向きを正とするなめらかな一直線上で,質量 m の台車が速度 v_0 で運動している。この台車に一定の力 F を加え続け,台車が x だけ変位したとき速度が v になったとする。

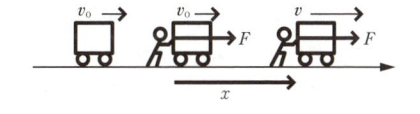

(1) 力 F を加えている間,台車の加速度はいくらか。
(2) 等加速度直線運動の関係式 $v^2 - v_0^2 = 2as$ を用いて,台車の運動エネルギーの増加と台車がされた仕事との関係を求めよ。

44 木材に打ち込まれた弾丸 [難易度 ◎◎◎◎○]

水平でなめらかな床の上に,長さ L,質量 M の直方体の木材を置く。この木材に質量 m の弾丸を水平に打ち込む。弾丸が木材から受ける抵抗力は,弾丸の速さによらず一定であるとし,次の問いに答えよ。ただし,解答は m, M, L および下記の v を用いて表せ。 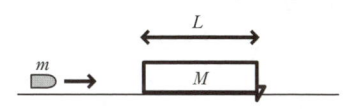
はじめ,木材を床に固定し,速さ v で弾丸を打ち込む。

(1) 弾丸は木材の $\frac{L}{2}$ の深さで止まった。弾丸が木材から受ける抵抗力の大きさはいくらか。
(2) 弾丸の速さを変えて,この弾丸が木材を貫通するようにしたい。貫通するのに必要な最小の速さ v_1 はいくらか。

※問題は次ページに続きます。

次に，木材を固定しないで，なめらかな床に置き，(2)の速さ v_1 で弾丸を打ち込む。
(3) 弾丸は木材の中で止まり，一緒になって運動した。このときの速さ v_2 はいくらか。
(4) 弾丸が木材に接触してから木材の中で止まるまでに，弾丸が床に対して移動した距離 x_m はいくらか。
(5) 弾丸が木材に接触してから木材の中で止まるまでに，木材が床に対して移動した距離 x_M はいくらか。
(6) 弾丸が木材に入り込む深さ ℓ はいくらか。

45 弾性力による位置エネルギー

ばね定数 k のばねが，自然長から x だけ伸びた状態でもっているエネルギーを次のようにして求めた。（ ）に入る語または式を答えよ。

図のように，手(外力)によって引き伸ばされたばねは，手(外力)からされた仕事の分だけエネルギーを蓄える。ばねを手(外力)で x だけ伸ばすとき，手(外力)がした仕事を計算し，伸びたばねのもつエネルギーを求めてみよう。

ばねが x' だけ伸びたとき手にはたらく力の大きさ F は $F=$（ ア ）である。手がこの力に抗して，ばねをさらに微小距離 Δx だけ引き伸ばすには，（ イ ）の仕事が必要である。これは，図の（ ウ ）に等しい。したがって，ばねを O から x まで引き伸ばすには，このような（ エ ）の総和に等しい仕事が必要である。これは，図の（ オ ）に等しいから，ばね定数 k のばねを自然長から x だけ引き伸ばすのに必要な仕事 W は

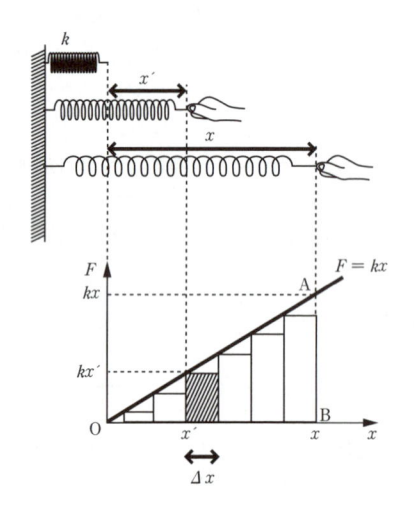

$W=$（ カ ）

となる。したがって，このばねに蓄えられている（ キ ）エネルギー U は，

$U=$（ ク ）

と表される。

46 力学的エネルギー保存則 [難易度 ☺☺☹☹]

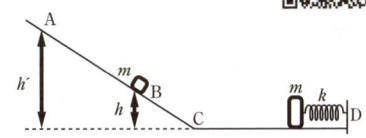

図のように，斜面 ABC と水平面 CD がなめらかに接続されている。D 端にはばね定数 k のばねが固定されており，ばねの他端には質量 m の板がとりつけられている。はじめ，ばねは自然長で板は CD 上に静止している。水平面 CD から高さ h の点 B に，質量 m の小物体を静かに置いた。面はすべて摩擦がなく，重力加速度の大きさを g として，次の各問に答えよ。

(1) 小物体が点 C を通過するときの速さはいくらか。

小物体は板との衝突後，一体となって振動した。
(2) 衝突直後の小物体の速さはいくらか。
(3) ばねの縮みの最大値 x はいくらか。

次に，小物体を高さ h' の点 A に置き直し，上と同様の実験を行ったところ，ばねの縮みの最大値が x の $\sqrt{2}$ 倍になった。
(4) h' は h の何倍か。

47 水平ばね振り子と鉛直ばね振り子 [難易度 ☺☺☺☺☹]

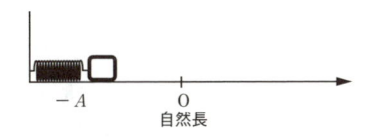

なめらかな水平面上で，ばね定数 k のばねの一端を固定し他端に質量 m のおもりをつける。ばねを自然長（原点 O）から A だけ縮めて静止させる。

(1) この点で物体とばねがもつ力学的エネルギーをかけ。

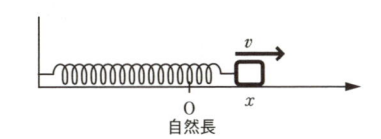

おもりを静かにはなすと振動を始める。ばねが自然長より x 伸びた点におけるおもりの速さを v とする。
(2) この点で物体とばねがもつ力学的エネルギーをかけ。
(3) 上の 2 つの状態の間で成り立つ力学的エネルギー保存則をかけ。

※問題は次ページに続きます。

第 1 章　力学

次に，同じばねの一端を床に固定し，他端に質量 m のおもりをつけると，ばねが自然長より x_0 縮んだ状態でつり合った。

(4) この点(原点 O)における力のつり合いの式をかけ。ただし，重力加速度の大きさを g とする。

ばねをつり合いの位置より A だけ縮め静止させた。

(5) この点で物体とばねがもつ力学的エネルギーをかけ。ただし，重力による位置エネルギーの基準を原点 O とする。

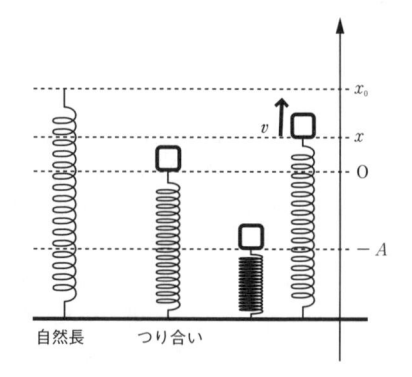

続いて，おもりを静かにはなすと振動を始める。原点 O より x 上方の点におけるおもりの速さを v とする。

(6) この点で物体とばねがもつ力学的エネルギーをかけ。
(7) 上の2つの状態の間で成り立つ力学的エネルギー保存則をかけ。
(8) (7)の結果から，鉛直方向のばね振り子について，次のようにまとめることができる。(　)内に入る語または式を答えよ。

(7)で導いた，力学的エネルギー保存則の式
$$\frac{1}{2}kA^2 = \frac{1}{2}mv^2 + (　ア　)$$

において，(　ア　)の x は(　イ　)の位置からの変位であった。このように，(　イ　)の位置からの変位 x を用いることにより，(おもり＋ばね)の位置エネルギーを(　ア　)のようにまとめて表現することができる。ところで，弾性力による位置エネルギーは，(　ウ　)からの変位をもとに考えるので，(　ア　)は(　エ　)ではないことに注意したい。

5. 仕事と力学的エネルギー

48 鉛直ばね振り子にのせられた小球 [難易度]

右図(a)は，ばね定数 k の軽いばねを鉛直に立てたところを示す。このばねに質量 M の薄い台をとりつけ，台の上に質量 m の小球を静かに置くと，図(b)に示すようにばねは自然長から d だけ縮んでつり合った。次の図(c)のようにばねをさらに $2d$ だけ押し縮めて静かにはなすと，小球ははじめ台と一体となって運動した。ただし，つり合いの位置を原点 O，鉛直上向きを x 軸正の向きとし，ばねは鉛直方向にのみ運動するものとして，次の各問いに答えよ。

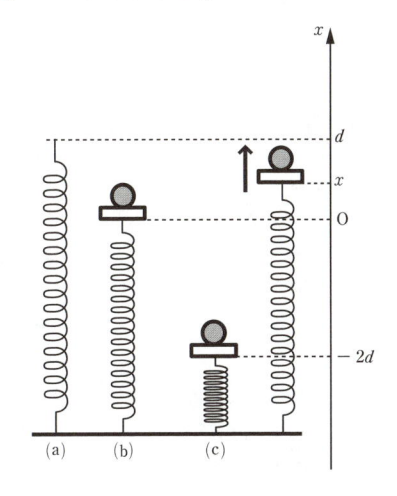

(1) 位置 x における，小球の速さを求めよ。
(2) 小球の速さが最大となる位置と，そのときの速さを求めよ。
(3) 小球はやがて台から離れる。この位置を求めよ。
(4) 小球が台から離れるときの速さを求めよ。
(5) 小球が到達できる最高点を求めよ。

49 小物体と三角台の衝突 [難易度]

図のように，水平面上に傾斜角 θ，質量 M の三角台を固定する。質量 m（$<M$）の小物体が速さ v_0 で斜面の最大傾斜の向きに動き出す。面はすべてなめらかであり，水平面と斜面の境界で小物体は速さを変えないものとし，また，重力加速度の大きさを g として，次の各問いに答えよ。

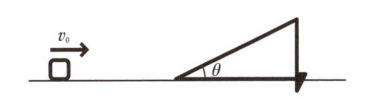

(1) 小物体の斜面上昇中の加速度はいくらか。
(2) 小物体が達する最高点の床からの高さはいくらか。ただし，小物体は三角台から飛び出さないものとする。
(3) 再び水平面上を運動する小物体の速度はいくらか。

次に，三角台の固定をはずし水平面上に置く。上と同様に，小物体が速さ v_0 で動き出す。

※問題は次ページに続きます。

(4) 小物体が最高点に達するとき，両物体の速度はいくらか。
(5) 小物体が達する最高点の床からの高さはいくらか。
(6) 小物体が再び水平面上を運動するとき，両物体の速度はいくらか。

50 ばねを介した 2 物体の分裂 [難易度 ☺☺☺☹☹]

図のように，質量 m, M の 2 物体 m, M が，なめらかな水平面上に，ばね定数 k の軽いばねをはさんで置かれている。ばねは自然長より s だけ縮んでおり，2 物体は糸で結ばれている。糸を切ると，2 物体はばねから離れ別々に運動を始めた。

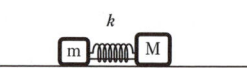

(1) 物体 m の速さは物体 M の速さの何倍か。
(2) 物体 m の運動エネルギーは物体 M の運動エネルギーの何倍か。
(3) 物体 m の速さはいくらか。

6. 慣性力と円運動

要点

1 慣性力
- 大きさ ⇒ ma
- 向き ⇒ 観測者の加速度と逆向き

2 等速円運動
- 角速度 $\omega = \dfrac{\Delta \theta}{\Delta t}$
- 速度 $v = r\omega$ （円の**接線方向**）
- 加速度 $a = \dfrac{v^2}{r} = r\omega^2$
 （円の**中心向き**）
- 向心力 $F = m\dfrac{v^2}{r} = mr\omega^2$
 （円の**中心向き**）

3 ケプラーの法則
第1法則 惑星は**太陽を1つの焦点と**するだ円軌道上を運動する。

第2法則 （面積速度一定の法則）
惑星と太陽とを結ぶ線分（動径）が単位時間に通過する**面積（面積速度）は一定**である。

第3法則 惑星の公転周期 T の2乗は軌道だ円の半長軸 a の3乗に比例する。

$$T^2 = ka^3$$

（k は比例定数であり、どの惑星でも同じ値になる。）

4 万有引力
- 万有引力 $F = G\dfrac{mM}{r^2}$
- 万有引力による位置エネルギー $U = -G\dfrac{mM}{r}$

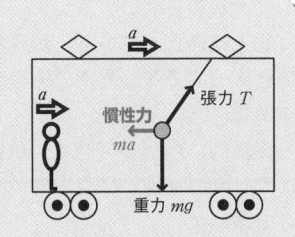

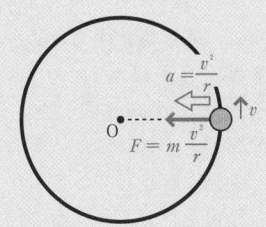

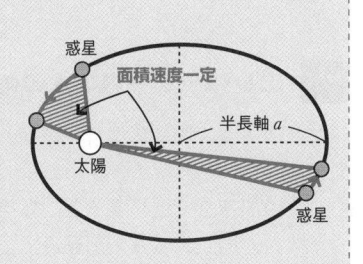

51 慣性力 [難易度 ☺☺☻☺☺]

図のように，水平右向きの加速度で運動している電車内に，振り子がつり下げられている。振り子は鉛直より角 θ 傾き，電車に対して静止している。重力加速度の大きさを g として，次の各問いに答えよ。

(1) 地上に静止している人が見た物体の運動方程式を立てて，電車の加速度の大きさを求めよ。
(2) 電車内に静止している人が見た物体の力のつり合いを用いて，電車の加速度の大きさを求めよ。

次に，同じ電車内のなめらかな床上に，一端を固定したばね（ばね定数 k）につながれた質量 m の小球を置いた。ばねは自然長より伸びて，小球は電車に対して静止した。

(3) 地上に静止している人が見た物体の運動方程式を立てて，ばねの伸びを求めよ。
(4) 電車内に静止している人が見た物体の力のつり合いを用いて，ばねの伸びを求めよ。

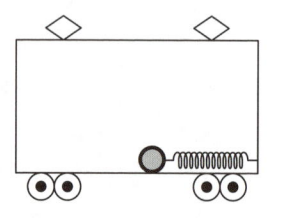

52 エレベーター内の人の体重 [難易度 ☺☻☺☺☺]

エレベーター内に体重計が置かれていて，その上に質量 m の人が乗っている。エレベーターが大きさ a（$<g$）の加速度で上昇すると，体重計はいくらを示すか。また，同じ大きさの加速度で下降すると，体重計はいくらを示すか。ただし，体重計は力の単位で表示されるものとし，重力加速度の大きさを g とする。

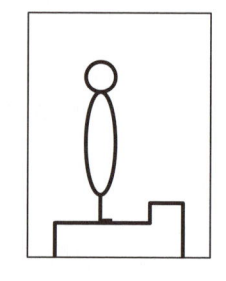

53 電車内での小球の運動 [難易度 ☺☺☺😣]

図のように，水平で一直線の軌道を一定加速度 a で運動している電車内で，電車の速さが v_0 になった瞬間，床からの高さが h の位置から，小球を静かにはなした。小球が床に達するまでの運動を，地上に静止している人 A と，電車内に静止している人 B が観察した。重力加速度の大きさを g として，次の問いに答えよ。

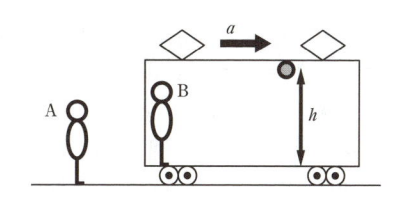

(1) A が観察した小球の運動について，簡単に説明せよ。
(2) B が観察した小球の運動について，簡単に説明せよ。
(3) 小球が落下した床上の点は，はなされた真下の床上の点からどれだけずれているか。A，B それぞれの立場で解答せよ。

54 等速円運動 [難易度 ☺☺☺☺]

糸につながれた質量 m [kg] の小球が，なめらかな水平面内で半径 r [m]，速さ v [m/s] で等速円運動をしている。

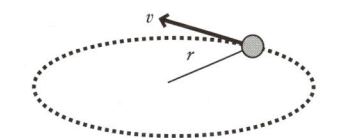

(1) 等速円運動の角速度 ω [rad/s] はいくらか。
(2) 小球が1回転するのに要する時間（周期）T [s] はいくらか。
(3) 小球が1秒間で回転する数（回転数）n [Hz] はいくらか。
(4) 糸が切れると，小球はどの向きに進むか。
(5) 微小時間 Δt [s] の間の回転角 [rad] はいくらか。
(6) 微小時間 Δt [s] の間の速度変化の大きさ Δv [m/s] はいくらか。また，その向きをいえ。
(7) 等速円運動の加速度の大きさ a [m/s²] はいくらか。また，その向きをいえ。
(8) 小球の半径方向の運動方程式を立てて，小球にはたらく糸の張力の大きさ S [N] とその向きを求めよ。

55 回転円板上の小物体 [難易度 ☺☺☺☺☺]

水平な粗い円板上で，中心Oから半径rの位置に質量mの小物体を置く。はじめ円板を角速度ωで回転させたところ，小物体は円板上を滑らずに円板とともに回転した。小物体と円板の間の静止摩擦係数をμ，重力加速度の大きさをgとして，次の問いに答えよ。

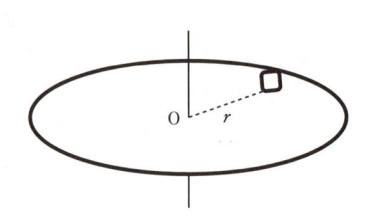

(1) 小物体にはたらく摩擦力の大きさと向きを求めよ。

次に，角速度ωはそのまま保ち，小物体を置く位置rを変化させる。

(2) 小物体が円板上を滑らないためのrの範囲を求めよ。

さらに，小物体を半径rの位置に戻し，円板の角速度を徐々に大きくしていく。

(3) 小物体が円板上を滑らないためのωの大きさの範囲を求めよ。

56 円すい振り子 [難易度 ☺☺☺☺☺]

図のように，長さℓの糸の一端が天井に固定されている。糸の先端につけた質量mのおもりが，鉛直方向に対して角度θを保って，等速円運動をしている。これを円すい振り子という。重力加速度の大きさをgとして，次の問いに答えよ。

(1) 糸にはたらく張力の大きさを求めよ。
(2) おもりの円運動の速さを求めよ。
(3) おもりの円運動の周期を求めよ。

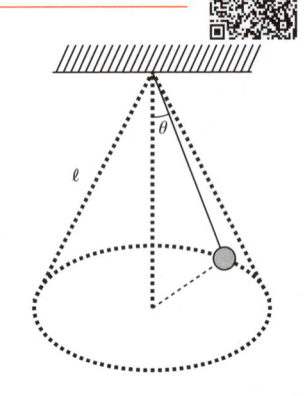

57 円すい面内での小球の運動 [難易度 ☺☺☺☺☺]

図のように，鉛直に固定した中心軸から角度 θ 傾いたなめらかな円すい面内で，小球が等速円運動をしている。等速円運動の中心が，円すいの頂点から高さ h の点にあるとき，小球の速さはいくらになるか。ただし，重力加速度の大きさを g とする。

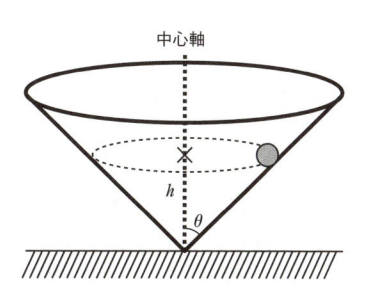

58 棒に通された小球の円運動 [難易度 ☺☺☺☺☺]

図のように，一端を固定した棒に質量 m の穴のあいた小球が通されている。棒を鉛直より角度 θ 傾け，角速度 ω で回転させる。棒と小球の間には静止摩擦係数 μ の摩擦が生じている。角速度 ω が大き過ぎると小球は棒に沿って滑り上がり，角速度 ω が小さ過ぎると小球は棒に沿って滑りおりてしまう。小球が半径 r の等速円運動をするためには，棒の角速度 ω をどのような範囲にすればよいか。ただし，重力加速度の大きさを g とする。

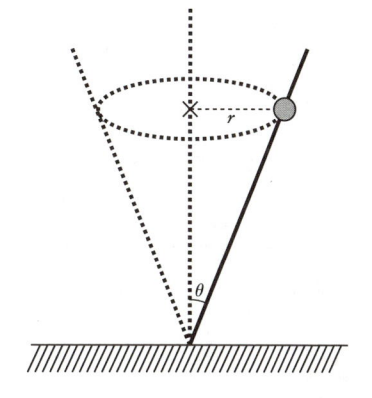

59 鉛直面内の円運動 [難易度 ☺☺☺😣]

図のように，なめらかな水平面 AB に半径 r のなめらかな半円筒 BCD が続いている。ABCD は同じ鉛直面内にある。質量 m の小球は初速度 v_0 で A から B に向かって動き出した。重力加速度の大きさを g として，次の問いに答えよ。

(1) 小球が点 B を通過する直前と直後では，面が小球におよぼす抗力の大きさはどれだけ変化するか。

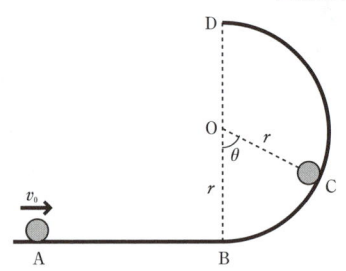

(2) 小球が点 C（∠BOC = θ）を通過する瞬間，面が小球におよぼす抗力の大きさはどれだけか。

(3) 小球が最高点 D を通過するためには，v_0 はいくら以上でなければならないか。

以下では，v_0 が(3)で求めた最小値であるとする。

(4) 小球が，点 B から r の高さ $\left(\theta = \dfrac{\pi}{2}\right)$ の点を通過する瞬間，小球にはたらく合力の大きさはいくらになるか。

(5) 小球は最高点 D を通過後，水平面 AB 上に落下する。落下点と点 B との間の距離はいくらになるか。

60 半球上を滑りおりる小球 [難易度 ☺☺😣☺☺]

半径 r，中心 O のなめらかな半球を床に固定し，頂点 P に質点を置き，水平方向に初速度 v_0 を与える。重力加速度の大きさを g とする。

(1) v_0 がある値より大きいと，質点は P で直ちに球面から離れる。この v_0 はどれだけか。

(2) v_0 がほとんど 0 であるとき，質点が点 R で面から離れるとする。∠POR = θ_0 として，$\cos \theta_0$ の値を求めよ。

[金沢大]

61 地球のまわりをだ円運動する小物体 [難易度 ☺☺☺☺😣]

地上の1点から鉛直上方へ質量 m [kg] の小物体を打ち上げる。地球は半径 R [m], 質量 M [kg] の一様な球で, 物体は地球から万有引力の法則にしたがう力を受けるものとする。図を参照して, 以下の問いに答えよ。ただし, 地上での重力加速度の大きさを g [m/s^2] とする。また, 地球の自転および公転は無視するものとする。

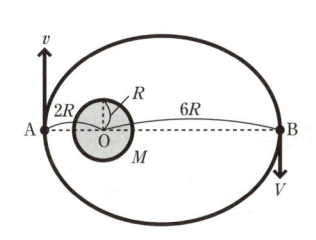

(1) 地上での重力加速度の大きさ g を万有引力定数 G [N·m^2/kg^2], および R, M を用いて表せ。

以下の問いでは, G を用いずに答えよ。

(2) 物体の速度が地球の中心 O から $2R$ の距離にある点 A で 0 になるためには, 初速度の大きさ v_0 [m/s] をどれだけにすればよいか。

物体の速度が点 A で 0 になった瞬間, 物体に大きさが v [m/s] で OA に垂直な方向の速度を与える。

(3) 物体が地球の中心 O を中心とする等速円運動をするためには, v をどれだけにすればよいか。

実際には, 点 A で物体に与える速さ v が (3) で求めた値からずれてしまい, 物体の軌道は, 地球の中心を1つの焦点とし, AB を長軸とするだ円となる。

(4) 点 B における物体の速さ V [m/s] を v を用いて表せ。ただし, 点 B の地球の中心からの距離は $6R$ である。

(5) 物体が AB を長軸とするだ円軌道をえがくためには, v をどれだけにすればよいか。

(6) (3)の結果を用いて, ケプラーの第3法則 $T^2 = ka^3$ (T:公転周期, a:半長軸の長さ) の比例定数 k を求めよ。

(7) AB を長軸とするだ円運動の周期を求めよ。

[改 大阪市大]

7. 単振動

要点

1 単振動の変位
$$x = A\sin\omega t$$

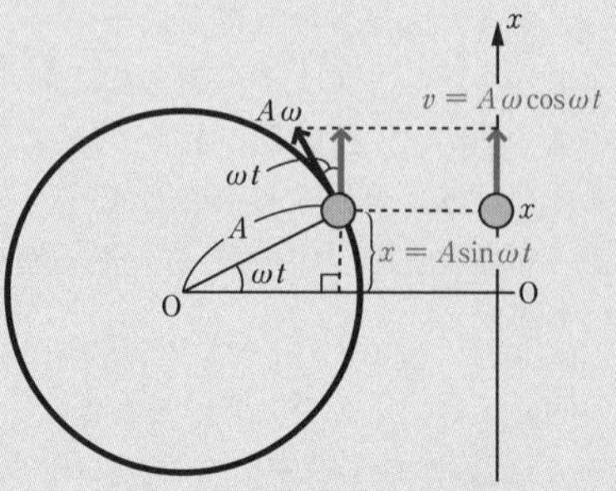

2 単振動の速度
$$v = A\omega\cos\omega t$$

3 単振動の加速度
$$a = -A\omega^2\sin\omega t$$
（振動の**中心向き**）

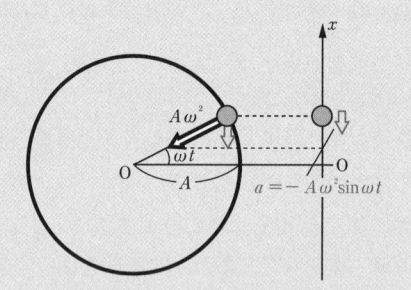

4 単振動の一般式
$$a = -\omega^2 x$$

5 ばね振り子 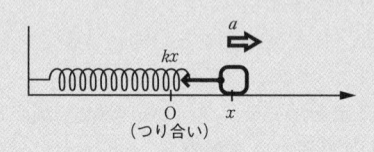
$$ma = -kx$$
$$a = -\frac{k}{m}x$$

単振動の一般式 $a = -\omega^2 x$ と比べて

$$\omega^2 = \frac{k}{m}$$

$\omega > 0$ だから $\omega = \sqrt{\dfrac{k}{m}}$

周期 $T = \dfrac{2\pi}{\omega} = 2\pi\sqrt{\dfrac{m}{k}}$

7. 単振動

62 等速円運動と単振動の関係 [難易度]

図のように，物体Pが点Oを中心として，半径A，角速度ωで反時計回りに等速円運動をしている。

(1) Pの円運動の速度を図中に矢印でかけ。また，その大きさはいくらか。
(2) Pの円運動の加速度を図中に矢印でかけ。また，その大きさはいくらか。

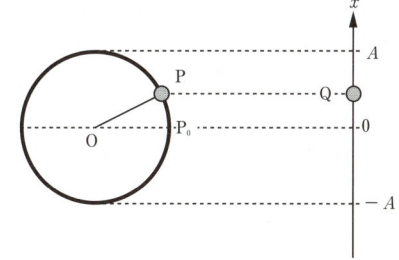

次に，Pのx軸上への正射影Qの運動（単振動）について考える。

(3) Qの単振動の振幅，周期，振動数はそれぞれいくらか。
(4) Pは時刻$t=0$のとき位置P_0にあったとすると，時刻tにおけるQの単振動の位置座標xは，どのような式で表されるか。
(5) 時刻tにおけるQの単振動の速度vは，どのような式で表されるか。
(6) Qの単振動の速さ$|v|$が最大となる位置座標xはどこか。また，$|v|$の最大値はいくらか。$|v|$が0となる位置座標xはどこか。
(7) 時刻tにおけるQの単振動の加速度aは，どのような式で表されるか。
(8) Qの単振動の加速度の大きさ$|a|$が最大となる位置座標xはどこか。また，$|a|$の最大値はいくらか。$|a|$が0となる位置座標xはどこか。
(9) Qの単振動の加速度aを，位置座標xを用いて表せ。

63 水平ばね振り子と単振動 [難易度]

図のように，ばね定数kのばねの一端を固定し，他端に質量mの物体をつけてなめらかな水平面上に置き，ばねが自然長から$2d$だけ伸びた位置で物体を静かにはなした。この瞬間を時刻$t=0$とする。ばねが自然長のときの物体の位置を原点Oとし，ばねが伸びる向きをx軸正の向きとして，次の各問いに答えよ。

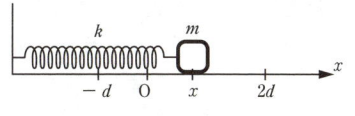

(1) 物体が座標xにあるときの加速度aを，物体の運動方程式を立てて求めよ。
(2) 物体の振動について，振幅，中心座標，周期をそれぞれ求めよ。
(3) 物体の速さが最大となる位置座標はどこか。また，速さの最大値はいくらか。
(4) 物体の加速度の大きさが最大となる位置座標はどこか。また，加速度の大きさの最大値はいくらか。
(5) 物体がはじめて座標$x=-d$を通過する時刻を求めよ。

64 天井からつり下げられたばね振り子 [難易度 ☺☺☺☹☹]

図のように，ばね定数 k のばねの一端を天井に固定し，他端に質量 m の小球をつり下げたところ，つり合って静止した。重力加速度の大きさを g として，次の各問いに答えよ。

(1) 小球がつり合って静止しているとき，ばねの自然長からの伸び s はいくらか。

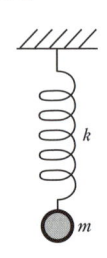

その後，小球を少し引いてはなすと，小球は鉛直方向に振動を始めた。

(2) はじめ小球がつり合って静止した位置を原点 O とし，鉛直下向きを x 軸正の向きとする。小球が座標 x にあるときの加速度 a を，小球の運動方程式を立てて求めよ。また，振動の中心の座標はどこか。

(3) ばねが自然長のときの小球の位置を原点 O とし，鉛直下向きを x 軸正の向きとする。小球が座標 x にあるときの加速度 a を s を用いて表せ。また，振動の中心の座標はどこか。

(4) 小球の振動の周期はいくらか。

65 おもりをつけた水平ばね振り子 [難易度 ☺☺☺☹☹]

図のように，ばね定数 k のばねの一端を固定し，他端に質量 m の物体をつけてなめらかな水平面上に置く。物体に糸をつけ，滑車を通して糸の他端に質量 M のおもりをつるしたところ，つり合って静止した。重力加速度の大きさを g とする。

(1) つり合って静止しているとき，ばねの自然長からの伸びはいくらか。

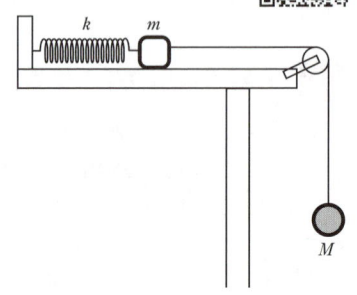

次に，おもりをもち上げ，ばねが自然長になる位置から静かにはなす。

(2) 物体が単振動をすることを示せ。ただし，ばねが自然長のときの物体の位置を原点とし，水平右向きを x 軸正の向きとする。また，物体が座標 x にあるときの加速度を a とする。

(3) 振動の中心と周期を求めよ。

(4) おもりの最下点は，はなした位置からどれほど下方にあるか。

(5) 物体が振動の中心を通るときの速さはどれだけか。

66 台車上のばね振り子 [難易度 ☺☺☺☺☹]

　図のように，水平な床の上に長くなめらかな上面をもつ台車が静止している。台車の左側面には自然長 ℓ_0，ばね定数 k のばねが固定され，他端には質量 m の小球がとりつけられ台車上面で静止している。突然，台車が大きさ α の加速度で左向きに運動を始めた。

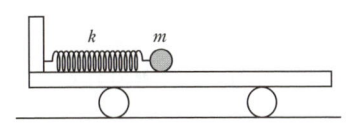

(1) 台車上に固定された座標で見ると，小球は単振動をすることを示せ。ただし，ばねが自然長のときの小球の位置を原点とし，台車上に固定された右向き正の x 軸上で考える。また，小球が座標 x にあるときの加速度を a とする。
(2) 単振動の中心は，ばねの長さがいくらになったところか。
(3) 単振動の振幅はいくらか。
(4) 単振動の周期はいくらか。

67 水に浮いた木片の単振動 [難易度 ☺☺☺☺☹]

　図のように，長さ L，密度 ρ の円柱の木片が，密度 ρ_0 の水に浮いている。底面は常に水面に平行であり，重力加速度の大きさを g として，各問いに答えよ。

(1) 水面から木片の底面までの長さはいくらか。

　木片を少し押し下げ静かにはなすと，木片は振動を始めた。木片が振動しても水位に変動はなく，また，水や空気の抵抗は無視できるものとする。

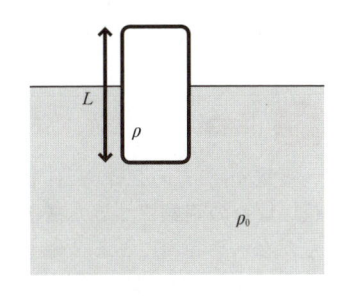

(2) 木片はどのような振動をするか。ただし，つり合いの状態にあるときの底面の位置を原点とし，鉛直上向きを x 軸正の向きとする。また，底面が座標 x にあるときの木片の加速度を a とする。
(3) 振動の周期を求めよ。

68 地球トンネル [難易度 ☺☺☺☻☺]

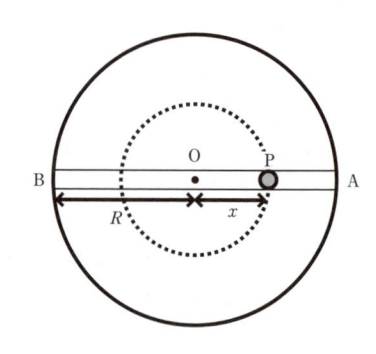

図のように，地表面の2点A, Bと地球の中心Oを通るまっすぐなトンネルを掘る。地球を半径Rの一様な球とし，地表面での重力加速度の大きさをgとする。また，地球内部で中心Oから距離xの点Pにある物体が地球から受ける万有引力は，中心Oから半径xの球内にある質量が，中心Oに集中していると考えたときの引力に等しいことが数学的にわかっている。空気の抵抗や摩擦は無視して，次の問いに答えよ。

(1) 質量mの物体を点Aから静かに落とした。点Pにおいて，物体にはたらく力はいくらか。ただし，Oを原点，O→Aの向きにx軸をとる。
(2) その後，物体はどのような運動をするか。ただし，物体が座標xにあるときの加速度をaとする。
(3) 物体がAからBに達するまでの時間はいくらか。
(4) 物体が中心Oを通過する瞬間の速さはいくらか。

69 ばねにつながれた2物体の運動 [難易度 ☺☺☺☺☻]

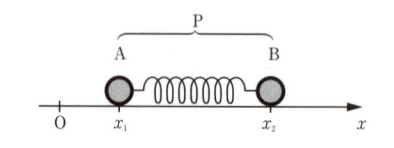

質量m_1, m_2の2球A, Bをばね定数kの軽いばねの両端につけた構造物Pが，なめらかな水平面内にあるx軸上に置かれている。はじめ，ばねは自然長でありA, Bの位置座標はそれぞれx_1, x_2であった。
(1) Pの重心の位置座標x_Gを式で表せ。

ここで，Aにx軸方向の撃力を加えると，A, Bは別々の速度で動き始める。A, Bの速度をそれぞれv_1, v_2として，以下の問いに答えよ。
(2) Pの重心速度v_Gを式で表し，それがどのような運動になるかを簡潔に述べよ。
(3) 重心から見たA, Bの速度（重心に対するA, Bの相対速度）u_1, u_2を，v_Gを用いて表せ。
(4) 重心から見たA, Bの運動量の和を求めよ。
(5) 重心から見たA, Bの運動は，逆向きで同じ周期の振動になる。この理由を簡潔に述べよ。また，この振動の周期を求めよ。

第2章

熱力学

1. 熱と気体の法則

要点

1 絶対温度

分子の熱運動がなくなる温度（－273℃）を絶対零度 0 K（ケルビン）とし，温度差 1 K が 1℃と等しくなるように定めた温度を絶対温度という。絶対温度 T〔K〕とセ氏温度 t〔℃〕との関係は次の式で表される。

$$T = t + 273$$

2 熱量

- 物体の熱容量 C

$$Q = C \Delta T$$

$\begin{cases} Q & ：物体が得た熱量〔J〕 \\ C & ：物体の熱容量〔J/K〕 \\ \Delta T & ：物体の温度上昇〔K〕 \end{cases}$

- 物質の比熱 c

$$Q = mc \Delta T$$

$\begin{cases} Q & ：物質が得た熱量〔J〕 \\ m & ：物質の質量〔g〕 \\ c & ：物質の比熱〔J/g·K〕 \\ \Delta T & ：物質の温度上昇〔K〕 \end{cases}$

- 熱量保存の法則

高温物体が失った熱量＝低温物体が得た熱量

3 ボイル・シャルルの法則

$$\frac{P_0 V_0}{T_0} = \frac{PV}{T}$$

圧力 P_0
体積 V_0
絶対温度 T_0
（変化前）

⇒

圧力 P
体積 V
絶対温度 T
（変化後）

4 理想気体の状態方程式

$$PV = nRT$$

$\begin{cases} P：圧力〔Pa〕, \ V：体積〔m^3〕, \ n：モル数〔mol〕 \\ R：気体定数（8.31）〔J/mol·K〕, \ T：絶対温度〔K〕 \end{cases}$

1．熱と気体の法則

70　比熱と熱容量，熱量の保存　[難易度 ☺☺☺☹☹]

(1) 下の文中の（ ）内に入る語または式を答えよ。

単位質量（1g, 1kgなど）の物質の温度を1K上昇させるのに必要な熱量を，その物質の（ ア ）という。（ ア ）の単位には，J/kg·K や J/g·K などが用いられる。c〔J/g·K〕の物質 m〔g〕の温度を ΔT〔K〕上昇させるのに必要な熱量 Q〔J〕は，（ イ ）と表される。

また，物体は単一の物質からできているとは限らない。そこで，いろいろな物質からできている物体全体の温度を1K上昇させるのに必要な熱量を考え，これをその物体の（ ウ ）という。（ ウ ）の単位には，J/Kなどが用いられる。C〔J/K〕の物体の温度を ΔT〔K〕上昇させるのに必要な熱量 Q〔J〕は，（ エ ）と表される。

(2) 熱容量20J/Kの容器に水を 1.0×10^2g 入れたところ，全体の温度が5.0℃で一定になった。95℃に温めた 1.1×10^2g のステンレス球を水の中に入れたところ，全体の温度が15℃で一定になった。ステンレスの比熱はいくらか。ただし，水の比熱を 4.2 J/g·K とし，熱は容器の外へは逃げないものとする。

71　ボイル・シャルルの法則　[難易度 ☺☹☹☹☹]

(1) 下の文中の（ ）内に入る語または式を答えよ。

一定質量の気体の体積 V は，圧力 P に（ ア ）し，絶対温度 T に（ イ ）する。これを（ ウ ）の法則といい，次のように表される。
$$（ エ ）= k \quad (k \text{は定数})$$

(2) 温度27℃，圧力 1.0×10^5Pa，体積 3.0m^3 の理想気体がある。この気体の温度を87℃，圧力を 2.0×10^5Pa にすると，体積はいくらになるか。

72　ピストンにはたらく力のつり合い　[難易度 ☺☺☹☹☹]

質量 m〔kg〕，断面積 S〔m²〕のピストンがついた円筒容器に理想気体を入れ，図(a)のように水平面上に置いたところ，ピストンと容器底面の間の距離が ℓ〔m〕となった。次に，円筒容器内の温度を一定に保ったまま，図(b)のように静かに容器を立てた。このとき，容器内の気体の圧力，ピストンと容器底面の間の距離をそれぞれ求めよ。

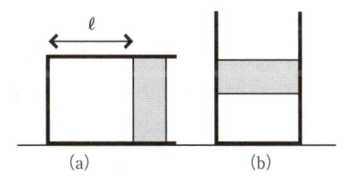

ただし，大気圧を P_0〔Pa〕，重力加速度の大きさを g〔m/s²〕とする。

73 P-V グラフと V-T グラフ

圧力 P_0 [Pa]，体積 V_0 [m³]，絶対温度 T_0 [K] の一定質量の理想気体があり，この状態を A とする。まず，状態 A から温度を一定に保って，体積が $3V_0$ [m³] の状態 B に変化させる。次に，状態 B から圧力を一定に保って，体積が V_0 [m³] の状態 C に変化させる。最後に，状態 C から体積を一定に保って，状態 A に戻す。次の各問いに答えよ。

(1) 状態 B での圧力はいくらか。
(2) 状態 C での絶対温度はいくらか。
(3) 圧力 P [Pa] を縦軸にとり，体積 V [m³] を横軸にとって，状態変化 (A → B → C → A) を表すグラフ (P-V グラフ) をかけ。
(4) 体積 V [m³] を縦軸にとり，絶対温度 T [K] を横軸にとって，状態変化 (A → B → C → A) を表すグラフ (V-T グラフ) をかけ。

74 理想気体の状態方程式

(1) 一定質量の理想気体において，圧力 P，体積 V，絶対温度 T の間に成り立つ関係式 (ボイル・シャルルの法則) をかけ。
(2) 標準状態 (0℃ = 273K，1atm = 1.013×10^5Pa) のもとで，1mol の理想気体は何 ℓ ($\times 10^{-3}$m³) を占めるか。また，1mol の理想気体におけるボイル・シャルルの法則の定数 k を R と表し，R の値を有効数字3ケタで求めよ。
(3) n [mol] の理想気体において，圧力 P，体積 V，絶対温度 T および定数 R の間に成り立つ関係式をかけ。
(4) 温度27℃，圧力 2.0×10^5Pa，質量12g のヘリウムは，どれだけの体積を占めるか。ただし，ヘリウムの原子量は 4.0，気体定数を 8.3J/mol·K とする。

75 定圧・定積変化における状態方程式

理想気体 n モルが，圧力 P，絶対温度 T のもとで体積 V を占めている。気体定数を R として，次の各問いに答えよ。

(1) P，V，T の間に成り立つ関係式 (理想気体の状態方程式) をかけ。
(2) 圧力 P は一定のままで，絶対温度を ΔT 上昇させたところ，体積が ΔV 増加した。ΔT と ΔV の間に成り立つ関係式 (理想気体の状態方程式) をかけ。
(3) 体積 V は一定のままで，絶対温度を ΔT 上昇させたところ，圧力が ΔP 増加した。ΔT と ΔP の間に成り立つ関係式 (理想気体の状態方程式) をかけ。

2. 気体の分子運動と内部エネルギー

要点

1 気体の分子運動と圧力

面 S が N 個の分子より受ける圧力 P

$$P = \frac{Nm\overline{v^2}}{3V}$$

- m：気体分子の質量
- $\overline{v^2}$：分子の速さの2乗平均値
- V：容器の体積

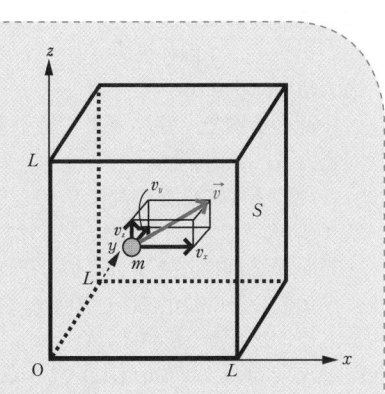

2 分子1個あたりの平均運動エネルギー

$$\overline{e} = \frac{3}{2}kT \quad \left(\text{ボルツマン定数} \quad k = \frac{R}{N_A}\right)$$

3 単原子分子理想気体の内部エネルギー

$$U = \frac{3}{2}nRT$$

内部エネルギーの増加 ΔU

$$\Delta U = \frac{3}{2}nR\Delta T \quad (\Delta T：気体の温度上昇〔K〕)$$

4 気体がした仕事

$W = F \cdot \Delta x = PS \cdot \Delta x = P \cdot \Delta V$

$$W = P\Delta V$$

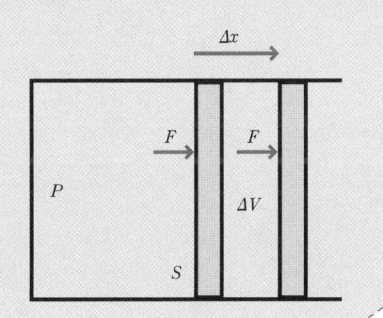

76 立方体中の気体分子運動 [難易度 😊😊😊😠😊]

図のように，質量 m の分子 N 個からなる理想気体が，1辺の長さ L，体積 V $(V=L^3)$ の立方体の容器に入っている。ある分子の速度の x 成分を v_x とする。

(1) この分子が1回の衝突で壁 S_x から受けた力積はいくらか。

(2) 1回の衝突で，壁 S_x がこの分子から受けた力積はいくらか。

(3) この分子は時間 Δt の間に壁 S_x と何回衝突するか。

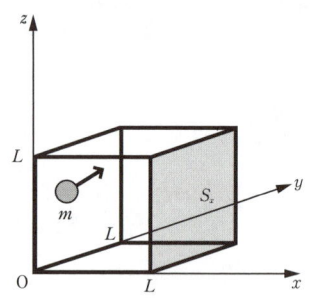

(4) 時間 Δt の間に，壁 S_x がこの分子から受けた力積の和はいくらか。

(5) N 個の分子について，v_x^2 の平均を $\overline{v_x^2}$ とする。時間 Δt の間に，壁 S_x が全分子から受けた力積の総和はいくらか。

(6) 壁 S_x が受けた平均の力はいくらか。

(7) 気体分子はどの方向にも同じように運動しているとする。壁 S_x が受けた平均の力を $\overline{v^2}$ を用いて表せ。ただし，$\overline{v^2} = \overline{v_x^2} + \overline{v_y^2} + \overline{v_z^2}$ とする。

(8) 壁 S_x が受けた圧力，すなわち気体の圧力 P を，容器の体積 V を用いて表せ。

(9) 分子1個がもつ平均運動エネルギー $\overline{e}$ を，気体定数 R，絶対温度 T，アボガドロ数 N_A を用いて表せ。ただし，この理想気体は単原子分子であるとする。

(10) N 個の分子からなる単原子分子理想気体の内部エネルギー U を，この気体のモル数 n を用いて表せ。

77 球形容器内での気体分子運動 [難易度 ☺☺☺☺☹]

下の文中の（ ア ）〜（ キ ）に適する式を記入せよ。

半径 r の球形の容器に，質量 m の単原子分子の理想気体が 1mol 入っている。容器の中に存在する N_A（アボガドロ数）個の分子が球形の壁と弾性衝突することで，圧力 P が生じるしくみを考える。

分子はさまざまな速さと方向をもって容器内で運動しているが，図のように，壁の法線方向と θ のなす角度で壁に衝突する速さ v の分子を考える。衝突後，壁の接線方向の速度は変化しないので，1回の衝突でこの分子は壁に大きさ（ ア ）の力積を与える。この分子は壁に衝突したあと，次に衝突するまでに距離（ イ ）だけ進むので，1秒間あたりにこの分子が壁に与える力積の大きさは（ ウ ）となる。したがって，N_A 個の分子についての v^2 の平均を $\langle v^2 \rangle$ とすると，分子全体が壁におよぼす力の大きさは（ エ ）となる。圧力 P を $\langle v^2 \rangle$ で表すと，$P =$（ オ ）となるので，容器の体積を V とすれば，$PV =$（ カ ）となる。また，1mol の理想気体の状態方程式は $PV = kN_A T$ なので（k はボルツマン定数，T は温度），分子の運動エネルギーの平均値は $\frac{1}{2}m\langle v^2 \rangle =$（ キ ）となって，温度 T に比例することがわかる。

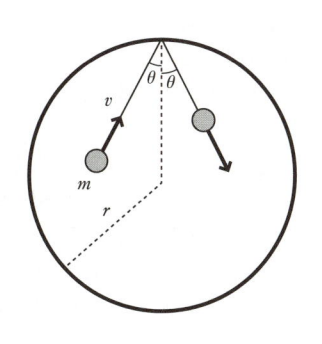

［改 上智大］

78 断熱容器内の気体の混合 [難易度 ☺☺☺☺☺]

図のように，容積 V の容器1と容積 $2V$ の容器2をコックのついた細管でつなぎ全体を断熱材でおおう。コックははじめ閉じられており，容器1には圧力 P，絶対温度 T の単原子分子理想気体が，容器2には圧力 $3P$，絶対温度 $4T$ の単原子分子理想気体がそれぞれ入れられている。コックを開けて気体が平衡状態になったとき，容器全体を占める気体の圧力および絶対温度はいくらになるか。

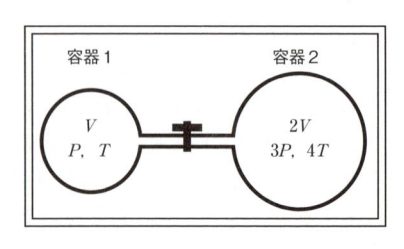

79 気体のした仕事・された仕事 [難易度 ☺☺☺☺☺]

図のように，大気圧 P_0 のもとにシリンダーを置き，なめらかに動くピストンでモル数 n の気体を封じる。気体に熱を加えたところ，体積が ΔV だけ増加した。気体定数を R として，次の問いに答えよ。 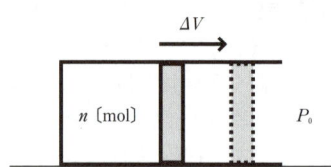
(1) 気体がした仕事はいくらか。
(2) 温度上昇はいくらか。

次に，気体から熱を奪ったところ，体積が ΔV だけ減少した。
(3) この間に気体がされた仕事はいくらか。また，これを気体がした仕事として表すとどうなるか。
(4) 温度上昇はいくらか。

80 ばねつきピストン [難易度 ☺☺☺☺☹]

図のように,断面積 S のシリンダーを置き,なめらかに動くピストンで気体を封じる。ピストンにはばね定数 k のつる巻きばねがつけられ,その他端はシリンダーの壁に固定されている。はじめ,シリンダー内の気体の体積は V_0,シリンダー内外の気体の圧力は P_0 で,ばねは自然の長さになっている。次に,内部の気体に熱を加えたところ,ばねは縮み始めた。

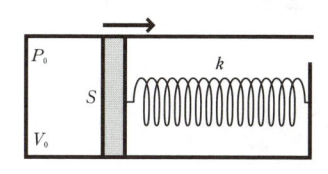

(1) ばねの縮みが x のとき,気体の体積を V とする。V を x を用いて表せ。
(2) ばねの縮みが x のとき,気体の圧力を P とする。P を x を用いて表せ。
(3) P を V の関数で表し,P-V グラフの概形をかけ。
(4) ばねが ℓ だけ縮むまでに,気体が外部にした仕事を求めよ。

3. 気体の状態変化

要点

1. P-V グラフ上の等温曲線

ボイル・シャルルの法則より

$$\frac{PV}{T} = k \quad (一定)$$

$$P = \frac{kT}{V} \quad 一定$$

等温曲線（$T = (一定)$）は，双曲線になる。

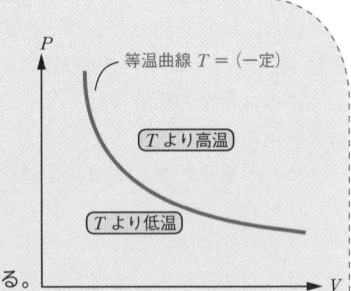

2. 熱力学の第1法則

$$Q = \Delta U + W$$

- Q：気体が吸収した熱量
- ΔU：気体の内部エネルギーの増加
- W：気体が外部にした仕事

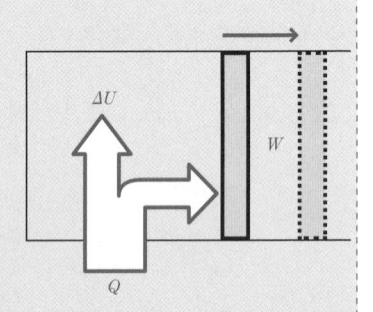

3. 単原子分子理想気体の状態変化

B → C は等温変化で，気体が吸収した熱量を Q_{BC} とする。

	W	ΔU	Q
A → B	0	$\frac{3}{2}\Delta P \cdot V$	$\frac{3}{2}\Delta P \cdot V$
B → C	Q_{BC}	0	Q_{BC}
C → A	$-P\Delta V$	$-\frac{3}{2}P\Delta V$	$-\frac{5}{2}P\Delta V$

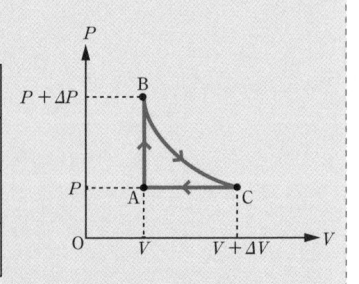

3. 気体の状態変化

81 状態変化における Q, ΔU, W の符号 [難易度 ☺☺☺☺☺]

一定質量の理想気体が右図に示すように，状態 A → B → C → A の順に，気体の圧力 P と体積 V を変化させた。ここで，状態変化 B → C は温度を一定にした変化である。

また，気体が吸収した熱量を Q，気体の内部エネルギーの増加を ΔU，気体が外部にした仕事を W とするとき，次の問いに答えよ。

(1) Q を ΔU と W を用いて表せ。
(2) 各状態変化において，ΔU, W, Q は正・負または 0 のいずれか。右の表を完成せよ。

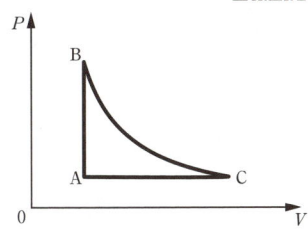

	ΔU	W	Q
A → B			
B → C			
C → A			

82 状態変化と P-V グラフ [難易度 ☺☺☺☺☺]

シリンダーの中になめらかに動くピストンを装着して，単原子分子の理想気体（以下気体とよぶ）n [mol] を入れた。そして，その圧力 p [Pa] と体積 V [m³] が図の p-V グラフのように最初の状態 A（体積 V_A [m³]，温度 T_A [K]）から B, C の順に変化し，状態 A に戻った。これらの変化（過程）について以下の問いに答えよ。

なお，必要があればシリンダー内の気体のモル数 n，気体定数 R [J/mol·K]，V_A, T_A, および過程 2（B → C）で気体が外部にした仕事 W_2 [J] を用いよ。

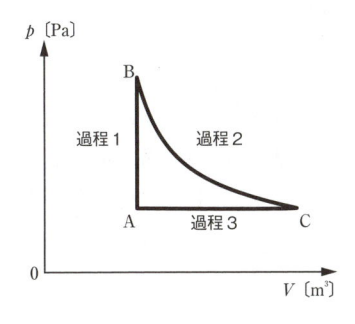

過程 1（A → B）ではピストンを動かさずに圧力が 3 倍になるまで熱を与えた。
(1) 状態 B の温度 [K] を求めよ。
(2) 過程 1 における気体に与えた熱量 [J]，気体が外部にした仕事 [J]，気体の内部エネルギーの増加量 [J] を求めよ。

過程 2（B → C）では温度一定で圧力が状態 A と同じになるまで膨張させた。
(3) 状態 C の体積 [m³] を求めよ。
(4) 過程 2 で気体が外部にした仕事 W_2 を，p-V グラフ上に斜線で示せ。

※問題は次ページに続きます。

(5) 過程2における気体への熱の出入り，および気体の内部エネルギーの変化を，必要があれば W_2 を用いて簡単に説明せよ。

過程3（C → A）では圧力を一定のまま気体から熱を奪って状態 A に戻した。

(6) 過程3における気体から奪った熱量〔J〕，気体が外部からされた仕事〔J〕，および気体の内部エネルギーの減少量〔J〕を求めよ。

(7) この1サイクル（A → B → C → A）で，気体が外部にした正味の仕事〔J〕を求めよ。

[北海道大]

83 ピストンつきシリンダー

図のようなシリンダーに，なめらかに動くピストンで単原子分子理想気体を封入する。このシリンダーには熱の出し入れが自由にできるコントローラーがついている。はじめ，シリンダー内外の圧力は P_1，シリンダー内部の気体の体積は V_1，絶対温度は T_1 である。この状態を A とする。次に，ピストンを固定して気体に熱を加えたところ，圧力が P_2 になった。この状態を B とする。

(1) 状態 B における気体の絶対温度はいくらか。
(2) 状態 AB 間における気体の内部エネルギーの増加はいくらか。
(3) 状態 AB 間で気体が外部にした仕事はいくらか。
(4) 状態 AB 間で気体に加えた熱量はいくらか。

さらに，気体の温度を B の温度に保ちながらピストンをゆっくり操作して，圧力を P_1 に戻した。この状態を C とする。状態 BC 間で気体に加えた熱量を Q_{BC} とする。

(5) 状態 C における気体の体積はいくらか。
(6) 状態 BC 間における気体の内部エネルギーの増加はいくらか。
(7) 状態 BC 間で気体が外部にした仕事はいくらか。

最後に，ピストンを自由にして気体から熱を奪ったところ，気体は体積が V_1 となりはじめの状態 A に戻った。

(8) 状態 CA 間における気体の内部エネルギーの増加はいくらか。
(9) 状態 CA 間で気体が外部にした仕事はいくらか。
(10) 状態 CA 間で気体から奪った熱量はいくらか。
(11) 状態変化 A → B → C → A を P-V グラフで表せ。

⑿ 1サイクル A → B → C → A で，気体が外部にした正味の仕事はいくらか。また，この仕事は上の P-V グラフ上のどこに表れるか。

84 断熱自由膨張と気体の混合 [難易度 ☺☺☺😣☹]

図のように，断熱材で包まれた3連の容器が細管部を介して連結されている。それらの容積はそれぞれ V_1，V_2，V_3 である。A，B は栓であり，これらを開けば3つの容器は1つにつながる。最初，栓 A，B は閉じられており，容器2に単原子分子理想気体 n_2 モルが圧力 P_2 で封入されている。また，容器3には単原子分子理想気体 n_3 モルが圧力 P_3 で封入されている。また，容器1は真空である。このとき，細管部の容積，容器の熱容量は無視できるものとして，以下の問いに答えよ。気体定数は R 〔J/mol·K〕とせよ。また単位は，圧力〔Pa〕，温度〔K〕，容積〔m³〕，エネルギー〔J〕である。

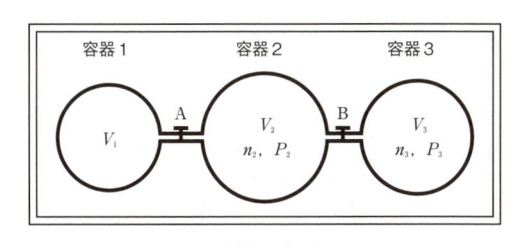

(1) 容器2，3内の気体の内部エネルギー U_2，U_3 はいくらか。
(2) 今，栓 A を開けてしばらく時間をおき，容器1，2内の気体を平衡状態にした。このとき，容器1，2を占める気体の温度 T_A および圧力 P_A を求めよ。
(3) 続いて，栓 B も開けてしばらく時間をおき，容器1，2，3内の気体を平衡状態にした。このとき，全容器を占める気体の温度 T_B および圧力 P_B を求めよ。

4. 断熱変化とモル比熱

要点

1 断熱変化

- 断熱膨張
  $Q = 0, W > 0$ だから
  $Q = \Delta U + W$ より $\Delta U < 0$
  となり**温度は下降**する。

- 断熱圧縮
  $Q = 0, W < 0$ だから
  $Q = \Delta U + W$ より $\Delta U > 0$
  となり**温度は上昇**する。

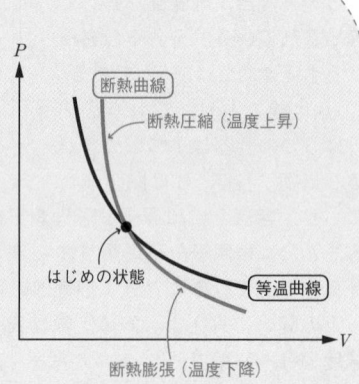

2 モル比熱

- 定積変化において成り立つ関係式
  $$Q = nC_V \Delta T \quad C_V:\text{定積モル比熱}$$
  $\left(\text{単原子分子の場合}\quad C_V = \dfrac{3}{2}R\right)$

- 定圧変化において成り立つ関係式
  $$Q = nC_P \Delta T \quad C_P:\text{定圧モル比熱}$$
  $\left(\text{単原子分子の場合}\quad C_P = \dfrac{5}{2}R\right)$

3 熱学解法の3本柱

1. ボイル・シャルルの法則 $\dfrac{PV}{T} = (\text{一定})$
   (気体の状態方程式 $PV = nRT$)
2. 気体の内部エネルギー $\Delta U = nC_V \Delta T$
   (単原子分子の場合 $C_V = \dfrac{3}{2}R$)
3. 熱力学第1法則 $Q = \Delta U + W$

4 熱効率

$$熱効率\, e = \dfrac{(差し引きで)外にした仕事}{高熱源から得た熱量}$$

85 断熱変化を含む状態変化 [難易度 ☺☺☹☺☺]

なめらかに動くピストンのついたシリンダー容器に単原子分子理想気体が1mol入っている。ピストンを十分にゆっくりと動かして，図のように，この気体の圧力 P と体積 V を，A→B(過程①)，B→C(過程②)，C→A(過程③)の順に変化させた。C→A(過程③)は断熱変化である。過程①において，気体に与えた熱量を $Q_①$，気体が外部にした仕事を $W_①$，気体の内部エネルギーの増加を $\Delta U_①$ とする。過程②，③についても同様に表すとして，次の各問いに答えよ。

ただし，答えは P_0, V_0 を用いて表すこと。

(1) 過程①における $Q_①$，$\Delta U_①$，$W_①$ を求めよ。
(2) 過程②における $Q_②$，$\Delta U_②$，$W_②$ を求めよ。
(3) 過程③における $Q_③$，$\Delta U_③$，$W_③$ を求めよ。

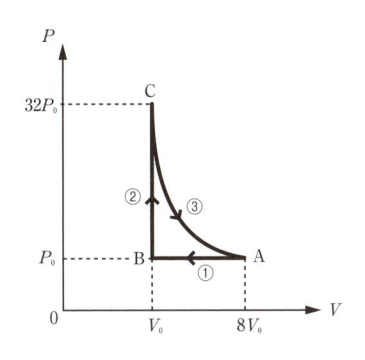

86 等温曲線と断熱曲線 [難易度 ☺☺☺☺☹]

図に示すように，シリンダーと気密なピストンの間に n [mol] のヘリウムガスが詰められている。シリンダーとピストンはいずれも熱を通さない。また両者の間に摩擦ははたらかないものとする。シリンダー内には水を通すパイプがつけられており，ヘリウムガスと外部の間で熱交換ができるようになっている。また外気圧は常に P_0 [Pa] に保たれている。このヘリウムガスに以下の変化をさせた。

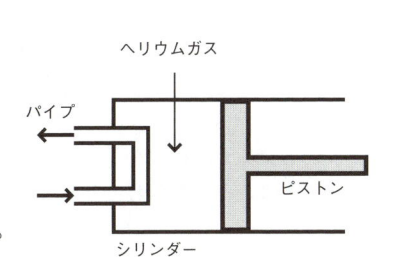

(i) 最初ピストンに力を加え，ヘリウムガスの圧力が $2P_0$ [Pa] となるようにしたあと，ピストンを固定した。このとき，ヘリウムガスの体積は V_0 [m³]，温度は T_0 [K] であった (状態 A)。

(ii) この状態でピストンを固定したままパイプに冷却水を通したところ，ヘリウムガスの圧力は，P_0 [Pa] に減少した (状態 B)。

(iii) 次にピストンが自由に動くようにしたあと，パイプに温水を通したところ，ヘリウムガスの体積は，$2V_0$ [m³] に増加した (状態 C)。

※問題は次ページに続きます。

(iv) 最後に，温水を抜いてパイプを通じての熱交換が生じないようにしたあと，ピストンに力を加え，ヘリウムガスが体積 V_0 [m³] になるまで圧縮した（状態 D）。以上の過程について，次の問いに答えよ。答えは，ヘリウムガスのモル数 n [mol]，気体定数 R [J/mol·K]，状態 A でのヘリウムガスの温度 T_0 [K] を用いて表せ。

(1) 状態 B のヘリウムガスの温度 T_B [K] を求めよ。
(2) 状態 C のヘリウムガスの温度 T_C [K] を求めよ。
(3) 状態 B から状態 C に至る段階(iii)において，パイプを通る温水が供給した総熱量 Q [J] を求めよ。また，総熱量 Q [J] のうち，ピストンを動かすのに使われた熱量 Q_W [J] を求めよ。
(4) 状態 A から状態 D に至るまでの，ヘリウムガスの状態変化を，横軸を体積 V，縦軸を圧力 P にとってグラフにかけ。このとき，横軸および縦軸の目盛りの値を記入するとともに，A, B, C, D の各状態がグラフ上のどの点にあたるかを記せ。状態 D の圧力の値 P_D [Pa] と，状態 C から状態 D への変化については定性的でよいが，状態 D と状態 A のヘリウムガスの圧力 P_D [Pa] と $P_A = 2P_0$ [Pa] の大小関係は明示し，その理由を述べよ。 [筑波大]

87 定積モル比熱と内部エネルギー

体積を一定に保った n モルの理想気体に Q [J] の熱を与えると，温度が ΔT [K] 上昇した。
(1) この状態変化における気体の比熱（定積モル比熱）C_V [J/mol·K] はいくらか。
(2) 定積モル比熱 C_V [J/mol·K] を，気体の内部エネルギーの増加量 ΔU [J] を用いて表せ。
(3) この気体が単原子分子理想気体だとすると，C_V は気体定数 R [J/mol·K] を用いてどのように表されるか。

88 定圧モル比熱とマイヤーの関係式

圧力を一定に保った n モルの理想気体に Q [J] の熱を与えると，温度が ΔT [K] 上昇した。
(1) この状態変化における気体の比熱（定圧モル比熱）C_P [J/mol·K] はいくらか。
(2) $\Delta U = nC_V \Delta T$ であることを利用して，C_P と C_V の関係を気体定数 R を用いて表せ。
(3) この気体が単原子分子理想気体だとすると，C_P は R を用いてどのように表されるか。

89 $Q = nc\Delta T$ の利用 [難易度 ☺☺☺☺☺]

圧力 P を一定に保った単原子分子理想気体に熱を与え、体積を ΔV だけ増加させた。気体に与えた熱量を次の2通りの方法で求めよ。

(1) 外部にした仕事と内部エネルギーの増加を求め、熱力学の第1法則を用いて計算せよ。

(2) 単原子分子理想気体の定圧モル比熱が $\dfrac{5}{2}R$ であることを用いて計算せよ。

90 微小変化 Δ の扱いかた [難易度 ☺☺☺☺☺]

一定量の理想気体があり、状態 $S(P, V, T)$ になっている。ただし、P, V, T は圧力、体積、絶対温度を表す。ここで、この気体をゆっくりと状態 $S'(P + \Delta P, V + \Delta V, T + \Delta T)$ に変化させた。ただし、$\Delta P, \Delta V, \Delta T$ は微小量で、これらの2次以上の量は無視できる。下の文の空欄に適する式を埋めよ。

2つの状態 S, S' に理想気体の状態方程式を適用すると、$\Delta P, \Delta V, \Delta T$ の間には（ ア ）$= nR\Delta T\cdots$① の関係が成り立つ。ただし、n はモル数、R は気体定数である。この関係から定積変化の場合（ イ ）$= nR\Delta T$、定圧変化の場合（ ウ ）$= nR\Delta T$、等温変化の場合 $P\Delta V =$（ エ ）の関係が得られる。

ところで、断熱変化の場合、気体が吸収する熱量 $Q =$（ オ ）であるから、内部エネルギーの増加を ΔU、外部にした仕事を W とすると、熱力学の第1法則は（ カ ）とかける。ここで、定積モル比熱を C_V とすると $\Delta U =$（ キ ）、$W = P\Delta V$ であるから、これらを用いると、熱力学の第1法則は（ ク ）$\cdots$② とかくことができる。また、定圧モル比熱を C_P とすると、マイヤーの関係式は $R =$（ ケ ）とかける。①、②、マイヤーの関係式の3つの式から

$$\dfrac{\Delta P}{P} = (\text{ コ })\dfrac{\Delta V}{V}$$

の関係が得られる。

91 熱機関の熱効率

なめらかなピストンを備えたシリンダーに n モルの理想気体を入れ，図のように気体の状態を $A \to B \to C \to D \to A$ の順に変化させた。この気体の定積モル比熱を C_V，状態 A における絶対温度を T_1，気体定数を R として，次の問いに答えよ。

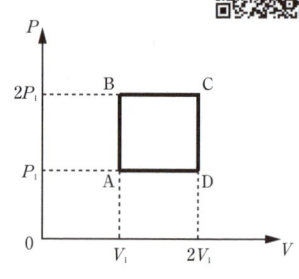

(1) 状態 B, C, D における気体の絶対温度 T_B, T_C, T_D はいくらか。T_1 を用いて表せ。

(2) 状態変化 $A \to B \to C \to D \to A$ の絶対温度 T（縦軸）と体積 V（横軸）の関係をグラフにかけ。

(3) 状態変化 $A \to B, B \to C, C \to D, D \to A$ において，気体が吸収した熱量 $Q_{AB}, Q_{BC}, Q_{CD}, Q_{DA}$ はいくらか。C_V を含む式で表せ。

(4) この1サイクルの間に，気体が差し引きで外にした仕事を n, T_1, R を用いて表せ。

(5) このサイクルを熱機関とみなし，気体が単原子分子であったとすると，熱効率は約何％になるか。整数で答えよ。

第3章

波動

1. 波の性質

要点

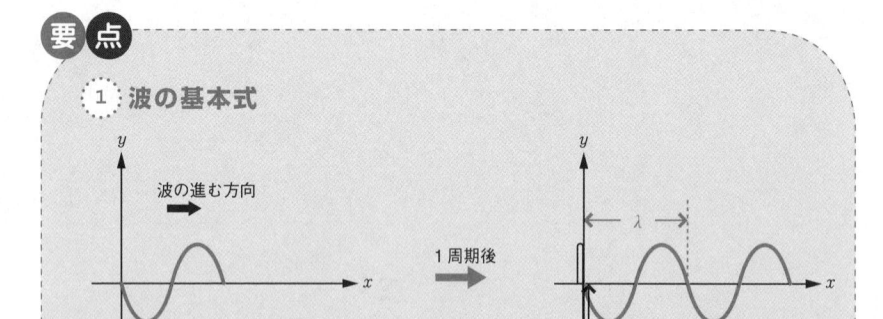

1 波の基本式

波は媒質が1回振動する間（周期 T）に1波長 λ だけ進むので，波の進む速さ v は

$$v = \frac{\lambda}{T} = f\lambda$$

2 横波と縦波

- 横波 ⇨ 媒質の振動方向と波の進行方向がたがいに垂直な波。
- 縦波 ⇨ 媒質の振動方向と波の進行方向が一致している波（疎密波）。

3 波の干渉条件

複数の波が重なって，振動を強め合ったり弱め合ったりする現象を波の干渉という。2つの波源から同位相，同波長 λ で出る波の干渉は，次式のように表される。

強め合う条件⇒ （経路差）$= m\lambda$ ……①

弱め合う条件⇒ （経路差）$= \left(m + \dfrac{1}{2}\right)\lambda$ ……②

$(m = 0, 1, 2, \cdots\cdots)$

右図において，実線の双曲線は①式をみたし，点線の双曲線は②式をみたしている。

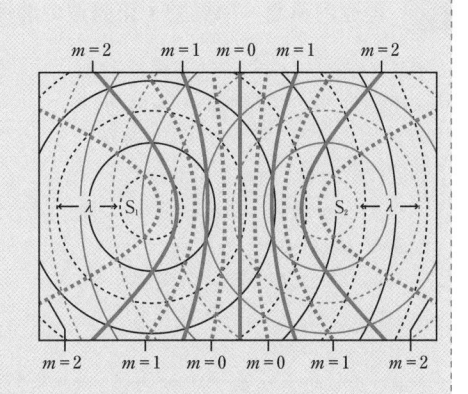

4 ホイヘンスの原理による反射・屈折の法則

- 反射の法則

   入射角 i ＝反射角 i'

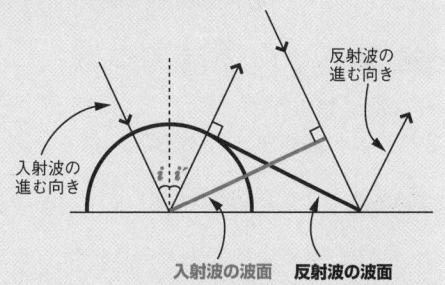

- 屈折の法則

   媒質1に対する媒質2の屈折率 n_{12}

   $$n_{12} = \frac{v_1}{v_2} = \frac{\lambda_1}{\lambda_2} = \frac{\sin i}{\sin r}$$

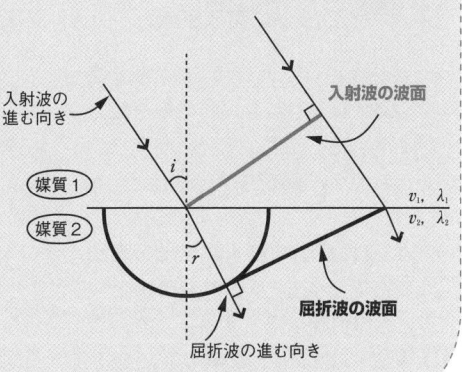

92 等速円運動・単振動・正弦波の関係 [難易度 ☺☺☻☹☹]

右図のように，点Pが半径Aの円周上を，周期Tで反時計回りに等速円運動している。点PがO'を通過する瞬間の時刻を$t=0$とする。

(1) 点Pのy軸上への正射影Q_0の運動をなんというか。

(2) 時刻tにおける点Q_0の変位yを，tの式で表せ。

$x=0$のy軸上で起こった点Q_0の振動が，x軸上等間隔で並んだ点Q_1，Q_2，Q_3，……に一定の速さで伝わり，点Q_1，Q_2，Q_3，……は，$\frac{1}{8}T$ずつ遅れて振動を始める。

(3) 点Q_0の動きを$t=0$から$t=\frac{9}{8}T$までグラフに図示せよ。

(4) 点Q_1の動きを$t=\frac{1}{8}T$から$t=\frac{9}{8}T$までグラフに図示せよ。

(5) 点Q_2から点Q_9までの動きをすべて図示し，各点を連ねた線を結びグラフを完成せよ。

(6) このようにして生じた波形をなんというか。

(7) 点Q_0の振動を表す(2)で求めた式において，点Q_0がこの波の山となるときの位相は何radか。また，点Q_0がこの波の山となるときと谷となるときの位相差は何radか。0radから2πradまでの間の値で答えよ。

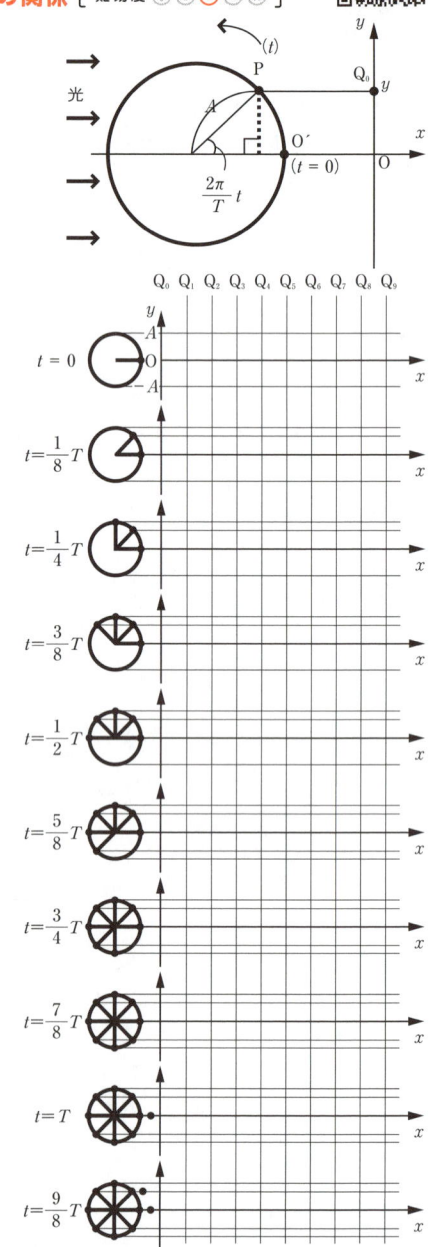

93 正弦波の y-x グラフと y-t グラフ [難易度 ☺☺☺☹☹]

　x軸正の向きに，正弦波が進んでいる。図1は，時刻 $t=0$ のときの波形（位置 x での媒質の変位 y）を表している。図2は，ある位置 x での媒質の単振動（時刻 t のときの媒質の変位 y）を表している。ただし，距離の単位は〔m〕，時間の単位は〔s〕とする。

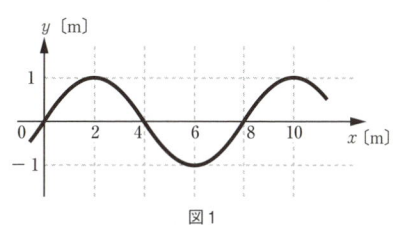

(1) この正弦波の振幅，波長，周期，振動数，速さを求めよ。
(2) 媒質が図2のように振動するのは，図1のグラフ中のどの位置か。
(3) 時刻 $t=0$ のとき，媒質の速度が上向き（y軸正の向き）に最大になっているのは，図1のグラフ中のどの位置か。また，その速さはいくらか。円周率 π を用いて答えよ。
(4) 時刻 $t=0$ のとき，媒質の加速度が上向き（y軸正の向き）に最大になっているのは，図1のグラフ中のどの位置か。また，その加速度の大きさはいくらか。円周率 π を用いて答えよ。
(5) 位置 $x=8$ が山となる時刻 t を n ($n=1, 2, 3, \cdots\cdots$) を用いて表せ。
(6) 位置 $x=8$ での媒質の単振動を表すグラフ（y-t グラフ）をかけ。
(7) 時刻 $t=1.5$ のときの波形を表すグラフ（y-x グラフ）をかけ。

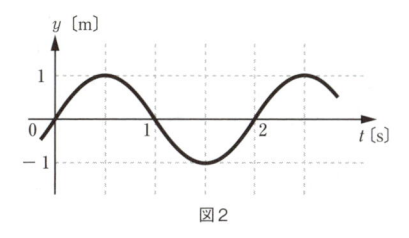

94 正弦波の式 [難易度 ☺☺☺☹☹]

　正弦波の式の求め方を示した次の文中の（ 1 ）～（ 7 ）に適する語または式を記入せよ。
　原点Oの媒質で起こった単振動が x 軸正の向きに伝わり正弦波が生じる。いま，原点Oでの時刻 t における変位が $y=A\sin\dfrac{2\pi}{T}t$ であることがわかっている。ここで，A はこの正弦波の（ 1 ），T は（ 2 ）を表す。正弦波の速さを v とすると，原点Oから座標 x の点Pまで波が伝わるのに（ 3 ）だけ時間がかかるから，点Pでの時刻 t における変位 y は，時刻（ 4 ）における原点Oでの変位に等しい。したがって，座標 x の点Pでの時刻 t における変位 y を表す式は（ 5 ）

※問題は次ページに続きます。

と書くことができる。また，この正弦波の波長 λ と v, T との間には $\lambda =$（ 6 ）の関係があるから（5）は λ を用いて（ 7 ）と表すこともできる。

95 縦波

右の図は，x 軸正の向きに進行する縦波のある時刻における変位を表したものである。媒質中の点の平均位置を $0 \sim 10$ で表し，その点における x 軸正の向きの変位を y 軸正の向きにとってある。媒質が(1)～(6)の状態になっている点の位置を $0 \sim 10$ の番号で答えよ。また，(7)はグラフをかけ。

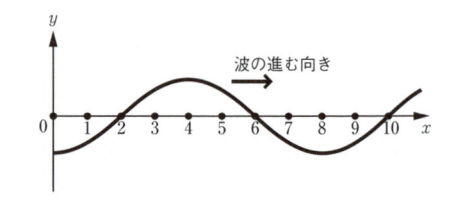

(1) 正の向きの変位が最大の点
(2) 変位が 0 の点
(3) 最も密な点
(4) 最も疎な点
(5) 負の向きの速度が最大の点
(6) 速度が 0 の点
(7) 媒質の圧力 P と位置 x の関係を示すグラフ（P-x グラフ）を横軸の数字 $0 \sim 10$ を付してかけ。ただし，縦波が伝わっていないときの媒質の圧力を P_0 とする。

96 定常波の腹と節

15m 離れた水面上の 2 点 A，B を波源として，振幅 1m，波長 4m，周期 2s の水面波を連続的に同位相で送り出している。水面波は減衰せず同心円状に広がっていくものとして，次の問いに答えよ。

(1) AB 間にできる腹の数は何個か。
(2) AB 間にできる節の数は何個か。
(3) A から 10m，B から 14m の点 P において，時刻 t に対する変位を表すグラフをかけ。ただし，時刻 $t = 0$ s において A，B は山であったとする。また，A から 12m，B から 18m の点 Q についても同様のグラフをかけ。
(4) A と B の位相が π〔rad〕ずれているとすると，AB 間にできる節の数は何個になるか。

97 定常波の式 [難易度 ☺☺☺☺😣]

振幅 A，周期 T，波長 λ が等しく x 軸上を互いに逆向きに進む2つの正弦波がある。2つの正弦波の位置 x での時刻 t における y 軸方向の変位が，それぞれ

$$y_1 = A\sin 2\pi\left(\frac{t}{T} - \frac{x}{\lambda}\right) \qquad y_2 = A\sin 2\pi\left(\frac{t}{T} + \frac{x}{\lambda}\right)$$

と表されるとき，次の各問いに答えよ。

(1) 位置 x での時刻 t における合成波の変位 y を式で表せ。
(2) 時刻 $t = \dfrac{5}{8}T$ のときの合成波の波形をかけ。
(3) 合成波の変位 y が位置に関係なく 0 である時刻 t を整数 n を用いて表せ。
(4) 合成波の変位 y が時刻に関係なく 0 である位置（節の位置）x を整数 n を用いて表せ。
(5) $x = \dfrac{\lambda}{3}$ の位置における合成波の振幅を求めよ。

98 ホイヘンスの原理による作図 [難易度 ☺☺☺😣☺]

図のように，波が媒質1から入射角 60° で境界面に入射し，一部は反射し媒質1の中に戻り，一部は屈折し媒質2の中を進んだ。媒質1での波の速さは，媒質2での波の速さの $\sqrt{3}$ 倍であるとして，次の各問いに答えよ。

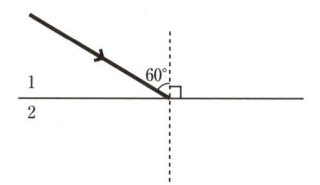

(1) ホイヘンスの原理を用いて，反射波を作図せよ。
(2) ホイヘンスの原理を用いて，屈折波を作図せよ。
(3) 媒質1に対する媒質2の屈折率はいくらか。
(4) 屈折角はいくらか。
(5) 波が媒質1から媒質2に進むとき，振動数，波長はそれぞれ何倍になるか。

2. 音波

要点

1 うなり
わずかに異なる振動数 f_1, f_2 によるうなり
うなりの振動数 $f = |f_1 - f_2|$

2 弦を伝わる波の速さ
$$v = \sqrt{\frac{S}{\rho}}$$

S：張力の大きさ
ρ：線密度（単位長さあたりの質量）

3 ドップラー効果

- 観測者が静止し、音源が動く場合

  〔音源が進む前方〕

  波長 $\lambda' = \dfrac{V - u_s}{f}$

  観測する振動数 f' は

  $f' = \dfrac{V}{\lambda'} = \dfrac{V}{V - u_s} f$

  〔音源が進む後方〕

  波長 $\lambda'' = \dfrac{V + u_s}{f}$

  観測する振動数 f'' は

  $f'' = \dfrac{V}{\lambda''} = \dfrac{V}{V + u_s} f$

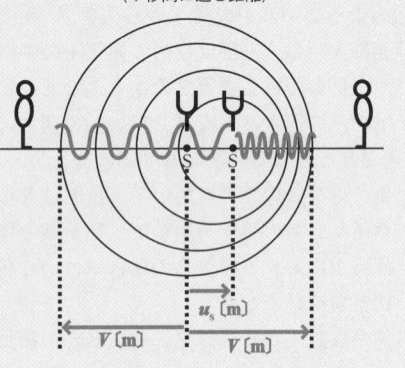

- 音源が静止し、観測者が動く場合

  〔音源から遠ざかる観測者〕

  $V' = V - u_O$

  $f' = \dfrac{V'}{\lambda} = \dfrac{V - u_O}{V} f$

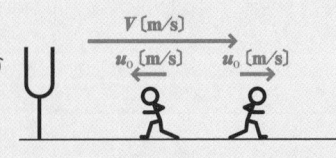

〔音源に近づく観測者〕
$V'' = V + v_0$
$f'' = \dfrac{V''}{\lambda} = \dfrac{V+v_0}{V}f$

- 音源と観測者がともに動く場合

$f' = \dfrac{V-u_0}{V-u_s}f$

- 音源が斜めに動く場合

$f' = \dfrac{V}{V-u\cos\theta}f$

99 音波の干渉 [難易度 ☺☺☺😣😣]

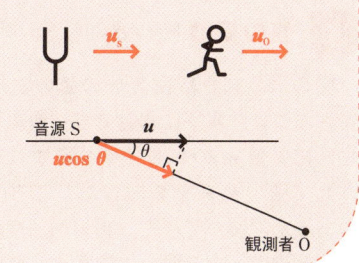

図のように，2点 A, B に2つの小さなスピーカーを置き，これらから 2.00×10^3Hz で同位相の音波を送り出す。AB と平行で 2.04m 離れた直線 CD 上を C から D に向かってゆっくり歩いていくと，音の聞こえかたに変化がみられた。音速を 340m/s として，次の問いに答えよ。

(1) AB の垂直二等分線と CD との交点 O では，音はどのように聞こえるか。
(2) 交点 O を通り過ぎて，はじめて最も小さく(極小)聞こえる点を P とすると，AP − BP はいくらか。
(3) 次に，最も大きく(極大)聞こえる点を Q とすると，AQ − BQ はいくらか。
(4) 交点 O を通り過ぎて，3回目に最も大きく聞こえる点 R は，点 B に最も近づく点であった。AB 間の距離はいくらか。

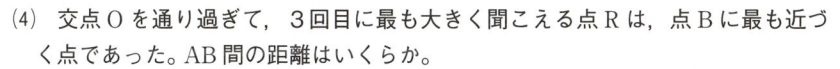

点 R で立ち止まり，音波の観測を続けた。

(5) 2つのスピーカーから出る音波の振動数を徐々に上げていったところ，音が小さくなっていった。最も小さく聞こえたときの振動数はいくらか。このときも，2つのスピーカーから出る音波は同位相であるとする。

100 うなり [難易度 ☺☺☺☺☺]

350Hzの音さAと353Hzの音さBと振動数不明の音さCがある。AとCを同時に鳴らすと毎秒2回のうなりが生じ、BとCを同時に鳴らすと毎秒5回のうなりが生じた。音さCの振動数はいくらか。

101 弦の振動 [難易度 ☺☺☺☺☺]

図のように、線密度 ρ の弦の左端を電磁音さにつけ、水平に移動できる滑車を通して右端に質量 m のおもりをつるす。滑車を動かして弦の長さを ℓ にしたところ、腹が3つある定常波ができた。重力加速度の大きさを g として、次の問いに答えよ。

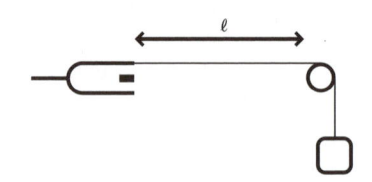

(1) 電磁音さの振動数 f_1 はいくらか。

次に、電磁音さの振動数はそのままにして、質量 M のおもりをもう1つ加えてつり下げたところ、定常波の腹が2つになった。

(2) M は m の何倍か。

さらに、電磁音さの振動数を調節し、おもり、腹の数を(2)の状態に保ちながら、弦の長さだけを1.5倍にした。

(3) 電磁音さの振動数は、f_1 の何倍にすればよいか。

102 気柱の共鳴 [難易度 ☺☺☹☹☹]

図のように，長さ ℓ のシリンダーの左端 O 付近に音源を置く。音源の振動数を f にして厚さの無視できるピストンを O から引いていくと，O からの距離が d のところではじめて共鳴が起こり，右端 ℓ のところで 2 回目の共鳴が起こった。

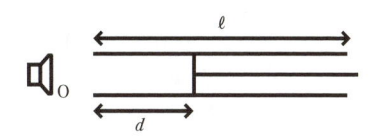

(1) この音波の波長はいくらか。
(2) 音速はいくらか。
(3) 開口端補正はいくらか。

さらに，ピストンをシリンダーから抜きさると共鳴がなくなるが，ここで音源の振動数を下げていくと再び共鳴が起こった。ただし，開口端補正の値は変わらないものとする。

(4) このときの音源の振動数はいくらか。

(4)の振動数から，今度は振動数を上げていく。

(5) 次に共鳴が起こるときの音源の振動数はいくらか。

103 音源が動くドップラー効果 [難易度 ☺☺☹☹☹]

次の文中の(1)〜(9)にあてはまる式をかけ。

図のように，観測者 A，B が静止していて，振動数 f [Hz] の音源 S が A から B に向かって一定の速さ u [m/s] で動いている。空気中の音速を V [m/s] とし，$u < V$ とする。

ある瞬間に S から出た音波の波面は，1 秒後には半径(1)_____[m] の球面の位置まで広がる。S は 1 秒間に(2)_____個の波を送り出しながら(3)_____[m] だけ B に向かって動く。したがって，(2)_____個の波面が S が進む前方(B 側)では(4)_____[m] の距離に，S が進む後方(A 側)では(5)_____[m] の距離の間に，それぞれ等間隔に並ぶ。したがって，S が進む前方(B 側)での音波の波長は(6)_____[m] となり，B が聞く音の振動数は(7)_____[Hz] のようになる。また，S が進む後方(A 側)での音波の波長は(8)_____[m] となり，A が聞く音の振動数は(9)_____[Hz] のようになる。

104 観測者が動くドップラー効果 [難易度 ☺☺☺☺☺]

次の文中の(1)〜(10)にあてはまる言葉または式をかけ。

図のように，振動数 f [Hz] の音源Sが静止していて，観測者Aが一定の速さ u [m/s] でSから遠ざかり，観測者Bが u [m/s] でSに近づいている。空気中の音速を V [m/s] とし，$u < V$ とする。

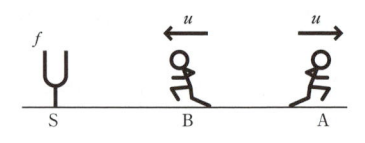

Sから出た音波はある時刻にAの位置に達し，1秒後にはそこから(1)____[m]右の位置に達する。一方，Aはこの1秒間に(2)____[m]右向きに進む。したがって，Aから見ると音波は，1秒間に(3)____[m]右向きに進んだことになり，Aから見た音波の速さは(4)____[m/s]となる。同様に考えると，Bから見た音波の速さは(5)____[m/s]となる。ところで，この音波の波長は(6)____[m]であるからAが聞く音の振動数は(7)____[Hz]であり，Aが静止している場合に比べて音は(8)____く聞こえる。同様に，Bが聞く音の振動数は(9)____[Hz]であり，Bが静止している場合に比べて音は(10)____く聞こえる。

105 音源と観測者が動くドップラー効果 [難易度 ☺☺☺☺☺]

普通列車が1440Hzの警笛音を出しながら20m/sで進んでいる。観測者が乗っている特急列車が一直線の軌道上を30m/sで普通列車とすれ違った。すれ違う前後で聞く警笛音の振動数はそれぞれいくらか。ただし，音速を340m/sとする。

106 反射壁のあるドップラー効果 [難易度 ☺☺☺☺☺]

図のように，観測者Oの両側に振動数 f [Hz] の音源Sと反射壁Rがある。OはSからの直接音とRによる反射音とを聞く。音速を V [m/s] とし，問題中に出てくる u_O, u_R, u_S はすべて V よりも小さな値をとるものとする。

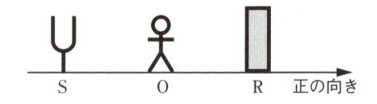

〔A〕SとRが静止し，Oが速さ u_O [m/s] で正の向きに動く。
(1) Oが聞く直接音の振動数はいくらか。
(2) Oが聞く反射音の振動数はいくらか。
(3) このとき聞こえるうなりは1秒間に何回か。

〔B〕SとOが静止し，Rが速さ u_R [m/s] で正の向きに動く。
(4) Oが聞く反射音の振動数はいくらか。
〔C〕Sが速さ u_S [m/s] で，Oが速さ u_O [m/s] で，Rが速さ u_R [m/s] でいずれも正の向きに動く。
(5) Oが聞く直接音の振動数はいくらか。
(6) Oが聞く反射音の振動数はいくらか。
(7) $u_R > u_O$ であるとき，聞こえるうなりは1秒間に何回か。

107 風があるドップラー効果 [難易度 ☺☺☻☺☺]

図のように，振動数 f [Hz] の汽笛を鳴らしながら速さ u [m/s] で岸壁に垂直な方向に進んでいる船Aがある。風がないときの音速は V [m/s] であるが，風が船の進む向きに w [m/s] で吹いている。

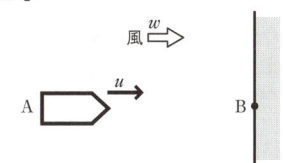

(1) 岸壁上のB地点に立っている人が聞く汽笛の振動数はいくらか。
(2) 船Aに乗っている人は汽笛の岸壁による反射音を聞いた。その振動数はいくらか。

108 音源が斜めに動くドップラー効果 [難易度 ☺☺☺☺☻]

図のように，観測者が点Oに静止していて，音源が一定速度 u [m/s] で点Aから点Bに向かって運動している。点Aと点Bの間を運動している微小時間 Δt [s] の間だけ，音源は f [Hz] の音波を発する。∠OAB $= \theta$，音速を V [m/s] ($u < V$) として，次の問いに答えよ。

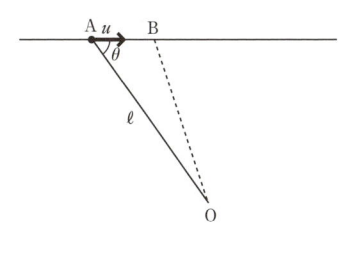

(1) OB間の距離はいくらか。ただし，OA $= \ell$ [m] として，$u\Delta t$ は ℓ に比べて十分に小さく，$\left(\dfrac{u\Delta t}{\ell}\right)^2$ は0とみなしてよいものとする。また，必要があれば，$|x| \ll 1$ のとき $\sqrt{1+x} ≒ 1 + \dfrac{x}{2}$ を用いてもよい。
(2) 点Oで音波が観測されている時間はいくらか。
(3) 点Oで観測される音波の振動数はいくらか。

109 音源が円運動するドップラー効果 [難易度 😊😊😊😑😖]

図のように，振動数 f_0 [Hz] の音源 S が，点 O を中心として反時計回りに，半径 r [m]，角速度 ω [rad/s] の等速円運動をしている。S から発せられる音波を点 O から $2r$ [m] 離れた点 P で観測する。音速を V [m/s]，S は時刻 $t=0$ s に図中の点 A を通過するものとして，次の問いに答えよ。

(1) 点 P で最も高い音が聞こえるのは，音源が円軌道上のある点を通過するときに発せられた音であった。この点と点 P との距離はいくらか。また，音源がこの点をはじめて通過した時刻はいつか。

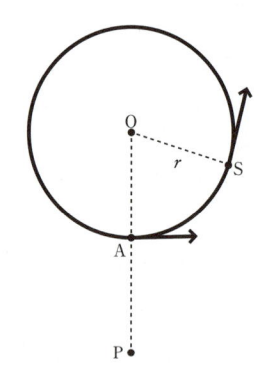

(2) 点 P で聞こえる最も高い音の振動数と最も低い音の振動数はそれぞれいくらか。

(3) 点 P で最も低い音が聞こえてから，次に最も高い音が聞こえるまでの時間はいくらか。

(4) 点 P ではじめて振動数 f_0 [Hz] の音が聞こえてから，次に振動数 f_0 [Hz] の音が聞こえるまでの時間はいくらか。

(5) 時刻 t [s] に S から発せられる音波が，点 P で観測されるときの振動数を $f(t)$ [Hz] とする。$f(t)$ の変化の様子を $t=0$ s から音源が 1 周して点 A を通過するまでの範囲でグラフにかけ。

3. 光波

要点

1 絶対屈折率
- 屈折率 $n = \dfrac{c}{v} = \dfrac{\lambda}{\lambda'} = \dfrac{\sin i}{\sin r}$

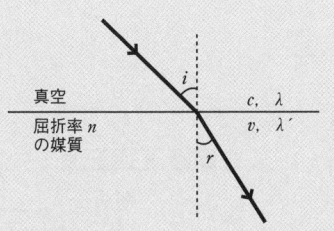

2 絶対屈折率と相対屈折率
- 媒質1に対する媒質2の屈折率 n_{12}(相対屈折率)

$$n_{12} = \dfrac{n_2}{n_1}$$

n_1:媒質1の(絶対)屈折率
n_2:媒質2の(絶対)屈折率

3 全反射

$$\sin\theta_C = \dfrac{1}{n} \quad (\theta_C:臨界角)$$

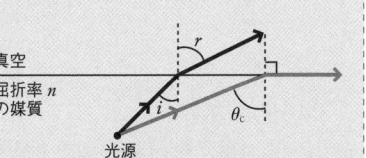

4 ヤングの干渉実験
- 明線条件 $\dfrac{xd}{L} = m\lambda$
- 暗線条件 $\dfrac{xd}{L} = \left(m + \dfrac{1}{2}\right)\lambda$

$(m = 0, 1, 2, \cdots\cdots)$

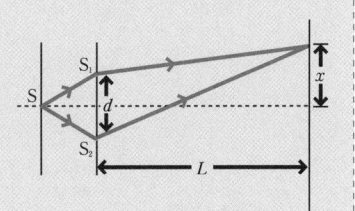

5 薄膜干渉
- 明線条件 $2nd\cos r = \left(m - \dfrac{1}{2}\right)\lambda$
- 暗線条件 $2nd\cos r = m\lambda$

$(m = 1, 2, \cdots\cdots)$

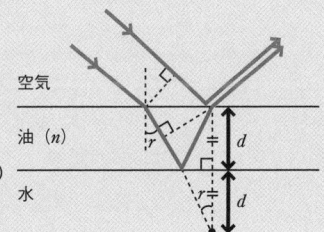

6 ニュートンリング

- 明環条件 $\dfrac{r^2}{R} = \left(m + \dfrac{1}{2}\right)\lambda$

- 暗環条件 $\dfrac{r^2}{R} = m\lambda$

$(m = 0, 1, 2, \cdots\cdots)$

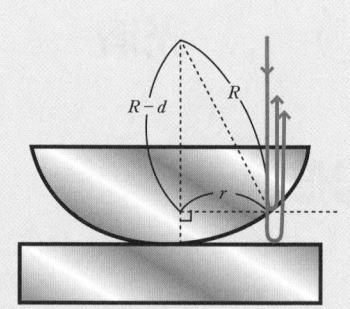

7 くさび形薄膜干渉

- 明線条件 $\dfrac{2xd}{L} = \left(m + \dfrac{1}{2}\right)\lambda$

- 暗線条件 $\dfrac{2xd}{L} = m\lambda$

$(m = 0, 1, 2, \cdots\cdots)$

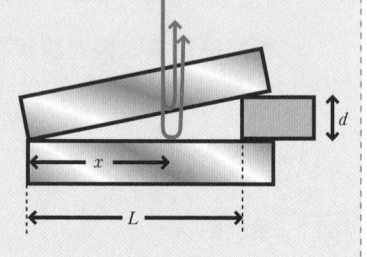

8 回折格子

$d\sin\theta = m\lambda \quad (m = 0, 1, 2, \cdots\cdots)$

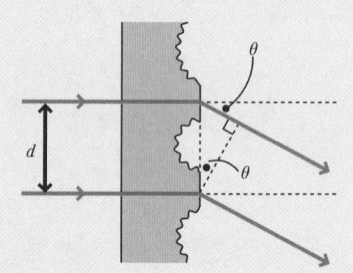

9 写像公式

$\dfrac{1}{a} + \dfrac{1}{b} = \dfrac{1}{f}$, 倍率 $\left|\dfrac{b}{a}\right|$

$\begin{pmatrix} a：レンズから物体までの距離 \\ b：レンズから像までの距離 \\ f：レンズの焦点距離 \end{pmatrix}$

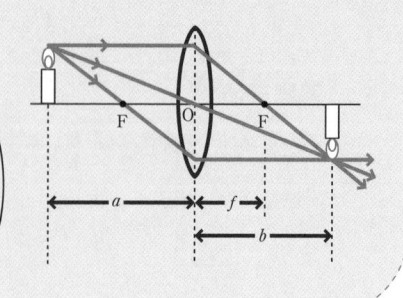

110 見かけの深さ [難易度 😊😊😐😟😫]

下の各問に答えよ。ただし，物理量を表す各文字は各問に共通である。

問1．点光源とみなせる小さい光源が，水平方向に十分広い水そう中の水深 d [cm] のところに置かれている。その光源を真上の空気中から見ると，その光源は深さ d' [cm] のところに浮き上がって見えた。空気に対する水の屈折率を n とするとき

$$d' = \frac{d}{n}$$

が成り立つ。ただし，水中から空気中への光の入射角 (i) と屈折角 (r) は十分小さく，近似式 $\tan i \fallingdotseq \sin i$，$\tan r \fallingdotseq \sin r$ が成り立つものとする。

上式を導くための図をかいて，上式を導け。計算過程も記せ。必要があれば，上記の近似式を使用してもよい。

問2．問1にある光源の真上の水面の点をOとする。光を通さない黒い正方形の板で，板の中心をO点に合わせて，水面をおおった。このとき，水面より上方の水そう中のどこから見ても，光源が見えなくなった。このことから，この板の1辺の長さが，ある値 a_0 より小さくないことがわかる。

ただし，板の厚さは無視できるほど薄いものとし，水そう内壁での光の反射はないものとする。また，光が水から空気へ進むときの臨界角を θ_0 とする。

(1) a_0 を d と θ_0 で表す式を導け。式を導くのに必要な図をかき，計算過程も記せ。
(2) a_0 を d と n で表す式を導け。計算過程も記せ。　　　　　　　　[高知大]

111 光ファイバー [難易度 😊😊😐😟😫]

光通信において重要な役割を担っている光ファイバー中の光の伝達の原理を簡単なモデルを用いて考察してみよう。

屈折率 n_A の円柱状の透明媒質A（コアとよばれる）がある。その端面は中心軸に垂直であり，側面は屈折率 n_B の媒質B（クラッドとよばれる）で囲まれているものとする。図は中心軸を含む断面を示したものであり，以下では現象を単純化するため，光軸を適切に調節し，光はこの平面内を進行するものとする。また，外側の空気の屈折率は1とし，$n_A > n_B > 1$ であるとする。

(1) 図のようにコアに外側から光が入射角 θ_1 で入射したとき，入射角 θ_1 と屈折角 θ_2 はどのような関係になるかを求めよ。
(2) コアに入射した光はクラッドとの境界面で一部は反射し，また一部はクラッドに入る。光がクラッドに入るときの屈折角 θ_3 と角 θ_2 の間の関係を求めよ。

※問題は次ページに続きます。

(3) 光が屈折率の大きな媒質から屈折率の小さな媒質へ進む場合，その境界面で全反射が起こりうる。コアからクラッドに光が進む場合，臨界角を θ_0 として，n_A，n_B，θ_0 の間に成り立つ関係を求めよ。
(4) 光がコア内を進んでいくためには光がクラッドの中に入らず，コアとクラッドの境界面で全反射を繰り返さなければならない。そのためには外部から入射させる光の入射角 θ_1 がどのような条件をみたす必要があるかを求めよ。

[愛知教育大]

112 ヤングの干渉実験

右の図は，ヤングの干渉実験の原理図である。複スリット S_1, S_2 の間隔は d で，複スリットとスクリーンの間隔は L である。S_1S_2 の垂直二等分線上に波長 λ の光源 S を置き，S_1S_2 の垂直二等分線とスクリーンの交点を原点 O とする。スクリーン上に上向きを正とする座標軸をとり，点 P の位置座標を x とする。

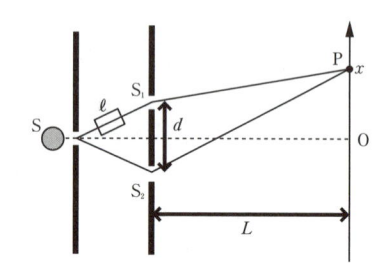

(1) 経路長 S_1P と経路長 S_2P をそれぞれ求めよ。
(2) 経路差 $S_2P - S_1P$ を求めよ。ただし，$d \ll L$，$x \ll L$ とし，必要ならば y が 1 より十分小さいときに成り立つ近似式 $(1 \pm y)^n \fallingdotseq 1 \pm ny$ を用いよ。
(3) 点 P が明線となる条件を，整数 m を用いて表せ。
(4) 明線と明線の間隔 Δx を求めよ。
(5) スリット間隔 d を小さくすると，明線間隔 Δx はどうなるか。
(6) 複スリットとスクリーンの間を屈折率 n の媒質でみたすと，明線間隔 Δx は，媒質でみたす前の何倍になるか。
(7) 光源を白色光に変えると，スクリーン上の明線が色づいて見える。1つの明線の中で，原点 O に近い側は何色になるか。
(8) 図のように，光源 S とスリット S_1 の間に，屈折率 n，厚さ ℓ の透明板を置く。光は透明板の厚さ ℓ の方向に沿って通過すると考えてよい。透明板を置くと，明線の位置はどちらにどれだけ移動するか。

113 薄膜干渉

水たまりに浮いた油の薄膜は美しく色づいて見える。これは図のように，油膜の表面で反射した光 (A'CD) と，一度油膜の中に入り，油膜の裏面で反射してきた光

(ABCD) との干渉によって起こる現象である。油膜の厚さを d,屈折角を θ,空気中での光の波長を λ,空気・油・水の屈折率をそれぞれ n_1, n_2, n_3（ただし $n_1 = 1$, $n_2 > n_3$）として以下の問いに答えよ。

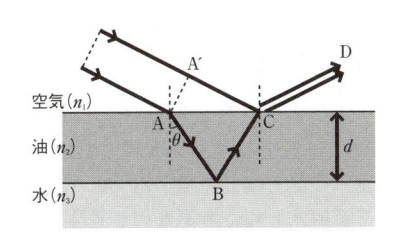

(1) 油膜中での光の波長 λ' を求めよ。
(2) 油膜の表面で反射する光（A'CD）と油膜の裏面で反射する光（ABCD）の光路差を θ を用いて求めよ。
(3) 油膜の表面で反射した光は反射により位相が π だけ（半波長分）変化することを考慮して，反射した光が干渉により強め合う条件を求めよ。
(4) 実際に水たまりに浮いている油膜は何色にも色づいて見える。この理由を簡単に述べよ。

[島根大]

114 ニュートンリング [難易度 ☺☺☺☹☹]

図のように平面ガラス板の上に曲率半径 R の平凸レンズを置き，その上方から波長 λ の単色光をあてる。このとき反射光を上から観察すると同心円の明暗の縞模様が見える。次の問いに答えよ。

(1) レンズの下面の点 A，ガラスの上面の点 B の反射で光の位相はそれぞれどうなるかを説明せよ。そのことと関連づけて，縞模様の現れる理由を説明せよ。
(2) m 番目の明るい縞の半径 r を R と λ を用いた式で表せ。ただし，ガラスとレンズの間にはさまれた空気の層の厚さは，R に比べて十分小さいものとする。
(3) ガラスとレンズの間を屈折率 n の液体でみたしたところ，同心円の縞模様の半径が変化した。その理由を説明せよ。このとき，中心から m 番目の明るい縞の半経 r' は，間が空気の場合の m 番目の半経 r の何倍になるか。n はガラスの屈折率より小さいものとし，空気の屈折率は 1 とする。 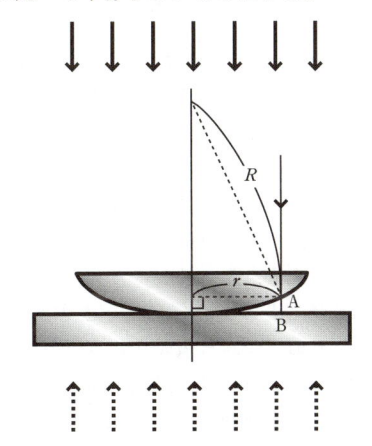
(4) ガラスの下方から波長 λ の単色光をあてて透過光を上から観察した場合も，同心円の縞模様が見える。反射光の場合の縞模様との違いとそのようになる理由を説明せよ。

[島根大]

115 くさび形薄膜干渉 [難易度 ☺☺☺☺☺]

平板ガラスを2枚重ね、左端OからLの位置に厚さdの薄い板をはさんで、くさび状の空気の層を作り、暗室内で上から単色光をあてて反射光を見たら干渉縞が見えた。次の問いに答えよ。

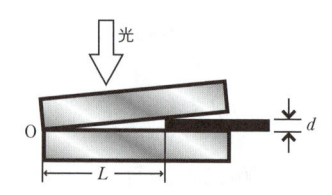

(1) 観測される干渉縞として、最も適切なものを選び、記号で答えよ。ただし、下図の左端が上図のO端とし、白い部分が明るく見えるとする。

(2) 入射光の波長をλとする。下のガラスの上面と上のガラスの下面との距離がyの場合で、この両面から反射する光がたがいに干渉して打ち消し合うための条件式を求めよ。

(3) 隣り合う暗線と暗線の間隔Δxをλ, L, dを用いて表せ。

(4) $L = 1.0 \times 10^{-2}$ [m], $d = 1.8 \times 10^{-6}$ [m], $\lambda = 5.8 \times 10^{-7}$ [m] のとき、隣り合う暗線の間隔を求めよ。

(5) 光源に白色光を用いたら、明線は色づいて見えた。どのように色づくのか、理由を含め、160字以内で説明せよ。

[改 山口大]

116 透過型・反射型回折格子 [難易度 ☺☺☺☺☺]

真空中に2種類の回折格子を置き、波長λのレーザー光を入射させる。格子間隔はいずれもdである。下の(1)〜(3)の場合、格子面の法線に対し、図の角度rの方向に明線が生じるための条件を、整数mを用いて表せ。

(1) 図1のように、格子面に対し垂直な方向から光を入射させる場合。

(2) 図2のように、格子面の法線に対し角度θの方向から入射させる場合。

(3) 図3のように、格子面の法線に対し角度θの方向から入射させ、格子面で光が反射する場合。

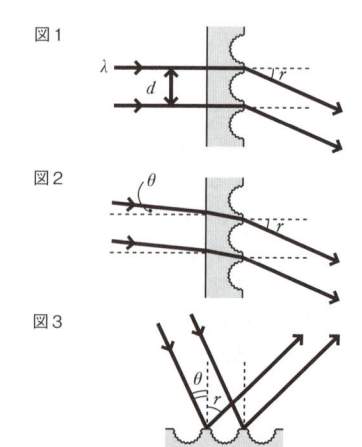

(4) (3)の結果を用いて，コンパクトディスクに白色光をあてたとき，色づいて見える理由を説明せよ。

117 回折格子 [難易度 ☺☺☺☺☹]

ガラス板の片面に等間隔 d で溝がきざまれている回折格子 G がある。図のように，G と平行にスクリーン S を置き，G に垂直にレーザー光線をあてた。回折された光によって生じた S 上の明点を観察する。波長 λ_0 のレーザー光線を用いたときの，最も明るい中央の明点の位置を P_0，中央の明点から数えて m 番目の明点の位置を P_m ($m = 1, 2, \cdots\cdots$) として，以下の問いに答えよ。ただし，G と S の距離を L とする。

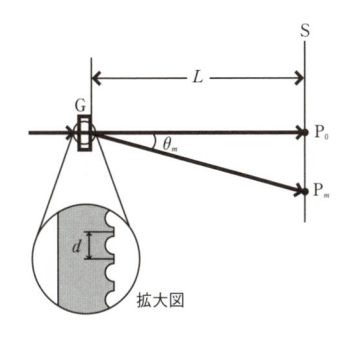

(1) 入射光の方向に対して θ_m ($m = 1, 2, \cdots\cdots$) の角をなす方向に P_m があるとき，θ_m がみたす関係式を d, m, λ_0 を用いて表せ。

(2) P_m と P_0 の距離 x_m ($m = 1, 2, \cdots\cdots$) を L, d, m, λ_0 を用いて表せ。ただし，L は x_m に比べて十分大きく，$\tan\theta_m \fallingdotseq \sin\theta_m$ が成り立つとする。

(3) レーザー光線の波長を連続的に変化させて S 上の明点を観察したところ，波長が λ' ($\neq \lambda_0$) のときにも P_1 の位置に明点が現れた。λ' と λ_0 がみたす関係式を示せ。

(4) レーザー光線の代わりに白色光を G に垂直にあて，各波長における $m = 1$ に対応する明点を利用してこの白色光のスペクトルを観察したい。$m = 2$ 以上に対応する明点が観察したいスペクトルに重ならないようにするためには，入射する白色光の波長域（最小値 λ_S，最大値 λ_L）を制限する必要がある。λ_S と λ_L の間に成り立つ関係式を示せ。 [改 弘前大]

118 写像公式の使いかた [難易度 ☺☺☺☺😡]

図1を参照して，凸レンズによる結像を考えよう。凸レンズの中心をOとし，距離 a だけ左にある物体ABは，レンズの結像作用によりレンズの右，距離 b にA'B'の像を結ぶ。レンズの焦点距離を f とすると，これらの間の関係は次のようにして求められる。なお，以下の設問では，レンズの厚さは無視できるものとする。

△ABO は△A'B'O に相似なので

$$\frac{A'B'}{AB} = \frac{[1]}{OB} = \frac{[2]}{a}$$

△OPF は△B'A'F に相似なので

$$\frac{[3]}{OP} = \frac{FB'}{OF} = \frac{[4]}{f}$$

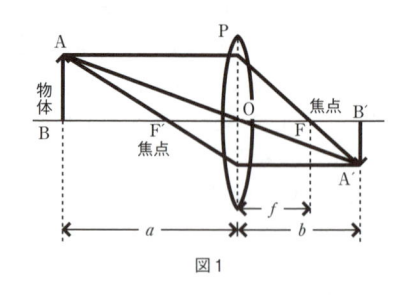

AB = OP から $\frac{b}{a} =$ [5]。よって写像公式 (a, b, f の最も簡単な関係式) [6] が導かれる。このとき物体の大きさに対する結像の倍率は a, b を用いて [7] で示される。

(1) 空欄 [1]〜[7] に適当な記号，文字を記入せよ。
(2) 焦点距離50cmの凸レンズの左25cmのところにAB = 4cmの物体を置いた。
  (a) レンズによって，どこの位置にどのような大きさの像A'B'ができるかを答えよ。
  (b) この像は実像であるか虚像であるかを答えよ。
(3) 次に，同じ光軸上に，焦点距離30cmの凸レンズ L_1, L_2 の2枚を L_1 を左，L_2 を右にして30cmはなして置き，レンズ L_1 の左40cmのところにAB = 4cmの物体を置いた。
  (a) まずレンズ L_1 によって（L_2 がないと仮定），どこの位置にどのような大きさの像A'B'ができるか。またこの像は実像か虚像かも答えよ。
  (b) 次にレンズ L_2 によって，どこの位置に像A''B''ができるかを答えよ。
(4) 図2のようにレンズの直前に遮蔽物を置き，上半分をおおい隠す。このときA'B'の像はどのようになるかを簡単に述べよ。

[北見工大]

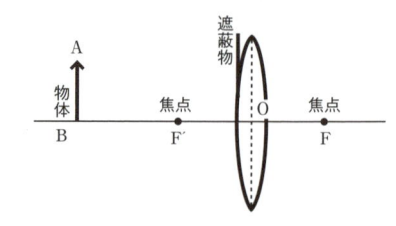

図1

図2

第4章

電磁気

1. 静電気力と電場

要点

1 クーロンの法則
- 2つの点電荷の間にはたらく静電気力の大きさ F

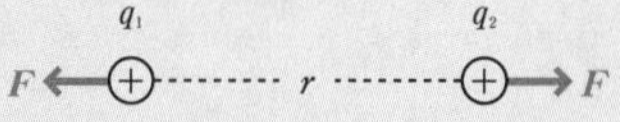

$$F = k\frac{q_1 q_2}{r^2} \quad (k は比例定数)$$

(q_1, q_2 が同符号なら斥力,異符号なら引力)

2 電場
- 電場 ⇒ +1C の電荷が受ける静電気力
- 電荷が電場から受ける力
$$\vec{F} = q\vec{E}$$

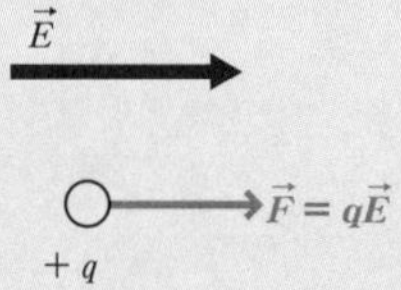

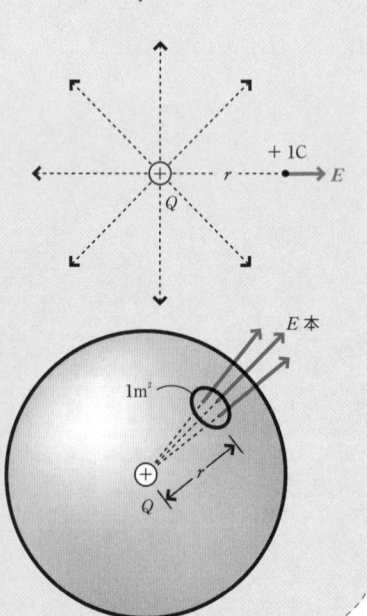

- 点電荷による電場
$$E = k\frac{Q}{r^2}$$

3 ガウスの法則
$+Q$ [C] の帯電体から出る電気力線の総本数 N
$$N = 4\pi k Q$$

119 クーロンの法則 [難易度 ☺☺☺☺☺]

図のように，絶縁された糸の一端に小球A，Bをつるし正に帯電させ，他端を点Oに固定したところ，OAは鉛直線と45°，OBは30°の角をなして，2球は水平となり静止した。Aは質量m〔kg〕でq〔C〕の電荷が帯電している。A，Bと点Oの高低差をh〔m〕，クーロンの法則の比例定数をk〔N・m^2/C^2〕，重力加速度の大きさをg〔m/s^2〕として，Bの質量と電気量を求めよ。

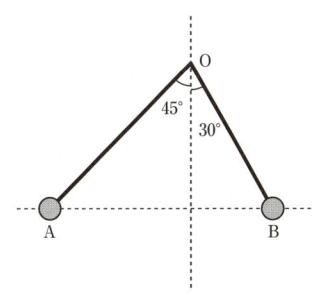

120 電場 [難易度 ☺☺☺☺☺]

図のように，xy平面上の点A$(3a, 0)$にq〔C〕の正の点電荷Aが，点B$(-3a, 0)$に$4q$〔C〕の点電荷Bが固定されている。クーロンの法則の比例定数をk〔N・m^2/C^2〕として，下の問いに答えよ。

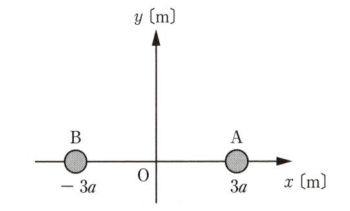

(1) 電場が0となる位置座標を求めよ。

(2) Bの電気量を変えたところ，点C$(0, 4a)$における電場の向きがx軸負の向きになった。Bの電気量と点Cにおける電場の大きさをそれぞれ求めよ。

121 ガウスの法則 [難易度 😊😊😐😵😵]

電気力線に関する文中の（　）内に入る語または式を答えよ。

電場の中に正の試験電荷を置き，これを電場から受ける力の向きに少しずつ動かすと，1つの線をえがく。この線に正の試験電荷が動いた向きの矢印をつけたものを電気力線という。したがって，電気力線は（ア）の電荷から出て（イ）の電荷に向かい，電気力線上の各点における接線の方向は，その点における（ウ）の方向を表している。

電場が強いところほど電気力線は（エ）するので，電場の強さは電気力線の密度を用いて表現することができる。そこで，電場の強さが E [N/C] のところでは，電気力線を電場と垂直な断面 $1m^2$ あたり E 本の割合で引くものとする。

ここで，Q [C] の正電荷から出る電気力線の総本数 N を求めてみよう。Q [C] の正電荷を中心とする半径 r [m] の球面 S 上での電場の強さ E [N/C] は，クーロンの法則の比例定数 k [N·m²/C²] を用いて，$E=$（オ）と表される。一方，球面 S を貫く電気力線は，$1m^2$ あたり E 本で，S の面積は（カ）[m²] だから，S を貫く電気力線の総本数は，Q を用いると（キ）となり，これが N を表している。

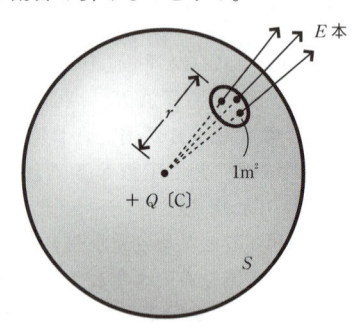

一般に，電気量 Q [C] の帯電体から出る電気力線の総本数 N は一定で，$N=$（キ）と表される。これをガウスの法則という。

問）無限に広い平面に，面積 S [m²] あたり Q [C] の割合で電荷が一様に分布している。クーロンの法則の比例定数を k [N·m²/C²] として，平面のまわりの電場を求めよ。

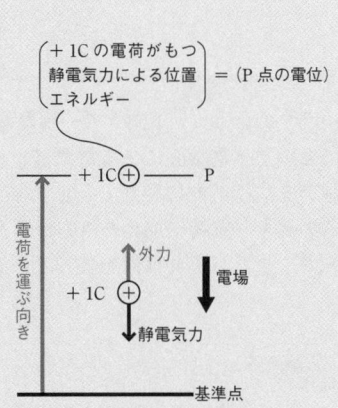

2. 電場と電位

要点

1 電位
- 電位 ⇒ ＋1C の電荷がもつ静電気力による **位置エネルギー**
  ⇓
  ＋1C の電荷を基準点からその点まで運ぶとき，外力のした仕事

$$\begin{pmatrix} +1C の電荷がもつ \\ 静電気力による位置 \\ エネルギー \end{pmatrix} = (P 点の電位)$$

- ＋q [C] の電荷がもつ静電気力による位置エネルギー U [J]
  $$U = qV$$
- 点電荷 Q [C] から r [m] 離れた点の電位 V [V]
  $$V = k\frac{Q}{r}$$

2 電場と電位
- 電場の強さ E [V/m] と電位差 V [V] の関係
  $$V = Ed$$
- 電場の向き
  高電位 → 低電位
- 電場が電荷にする仕事 W [J]
  $$W = qV$$

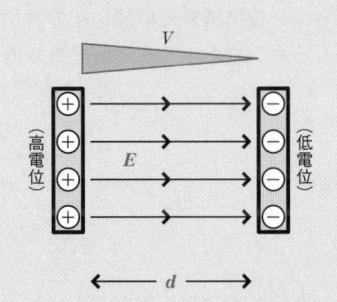

122 電位 [難易度 😊😊😐😐😐]

(1) 図1のように，下向きの重力加速度 g 〔m/s^2〕が生じている場において，基準面にある質量 m 〔kg〕の物体を，準静的に（つり合いを保ちながらゆっくりと）高さ h 〔m〕の点Pまで運ぶ。このとき，物体に加えた外力がした仕事はいくらか。また，それは何を表しているか。

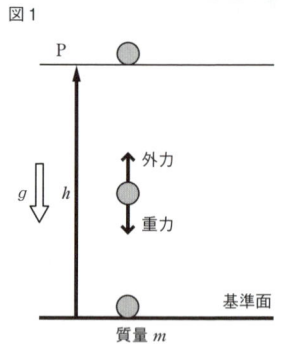

(2) 図2のように，下向きの一様な電場 E 〔N/C〕において，基準面にある電気量 $q\,(>0)$ 〔C〕の電荷を，準静的に距離 d 〔m〕の点Pまで運ぶ。このとき，電荷に加えた外力がした仕事はいくらか。また，それは何を表しているか。

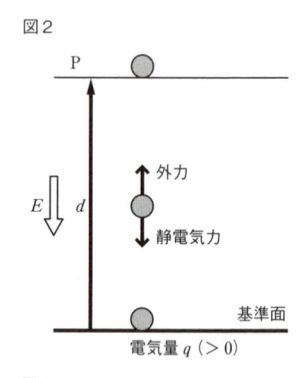

(3) 図3のように，下向きの一様な電場 E 〔N/C〕において，基準面にある単位試験電荷（＋1C）を，準静的に距離 d 〔m〕の点Pまで運ぶ。このとき，単位試験電荷に加えた外力がした仕事はいくらか。また，それは何を表しているか。

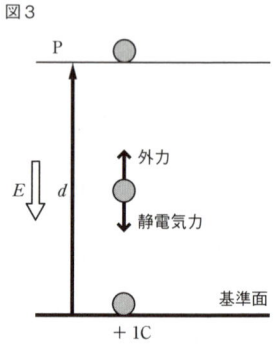

2．電場と電位

123 電場と電位 [難易度 ☺☺☻☹☠]

図のように，1辺の長さが r [m] の正三角形 ABC の2つの頂点 B，C に，q [C] の正電荷を置く。クーロンの法則の比例定数を k [N·m^2/C^2] として，次の各問いに答えよ。

(1) 点 A における電場の向きと強さを求めよ。

(2) 電位の基準を無限遠とするとき，点 A の電位を求めよ。

(3) B，C の中点を D とする。2点 A，D の電位差を求めよ。また，A，D どちらが高電位か。

(4) 点 D に置かれた $-q$ [C] の負電荷がもつ静電気力による位置エネルギーを求めよ。

(5) 点 D に置かれた $-q$ [C] の負電荷を点 A まで運ぶとき，要する仕事を求めよ。

124 電場がする仕事 [難易度 ☺☺☻☹☠]

図1のように，たがいに平行で d [m] 離れた極板 A，B を電池につなぐと，A，B 間には E [V/m] の一様な電場が生じる。

(1) A，B 間に生じる電場の向きを答えよ。

(2) $+1$C の電荷を B から A まで運ぶのに要する仕事を求めよ。また，これは何を表しているか。

(3) A，B はどちらが高電位か。

次に，図2のように，上と同じ極板 A，B に小さな穴をあけ，m [kg]，q [C] の正電荷を極板 A に垂直に速さ v_0 [m/s] で入射させる。

(4) 極板 B を通過する瞬間の正電荷の速さはいくらか。

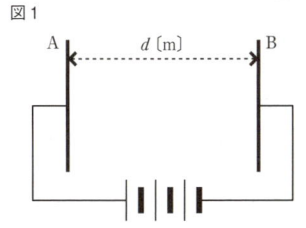

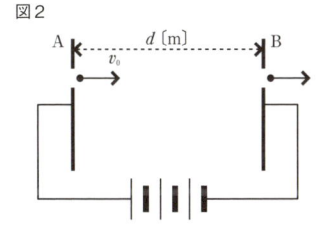

125 電場の強さと電位差 [難易度 ☺☺☺😣]

x 軸上に平行な電場 E [V/m] があり，その電位 V [V] の分布が右のグラフで表されている。

(1) x に対する E の変化をグラフにかけ。ただし，x 軸正の向きを電場 E の正の向きとする。

x 軸正の向きに，質量 m [kg]，正電荷 q [C] の粒子を入射させる。原点 O における粒子の速度を v_0 [m/s] とする。

(2) この粒子が $x = d$ [m] を通過するための v_0 の条件を求めよ。また，$x = d$ における粒子の速度を求めよ。

(3) $x = 4d$ [m] における粒子の速度を求めよ。

(4) 粒子が原点 O に入射する時刻を $t = 0$ [s] とし，$x = d, 2d, 4d$ [m] を通過する時刻をそれぞれ t_1, t_2, t_3 [s] として，時刻 t [s] に対する粒子の速度 v [m/s] の変化をグラフにかけ。ただし，v_0 は(2)の条件をみたしているものとし，x 軸正の向きを速度 v の正の向きとする。

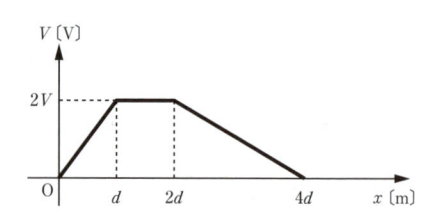

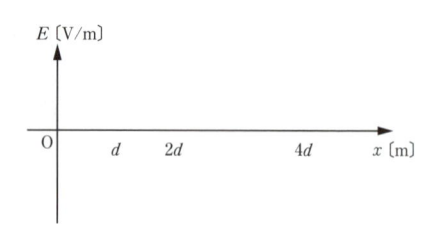

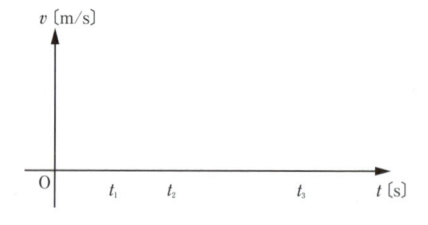

3. 静電場内の導体と平行板コンデンサー

要点

1 静電場内の導体

- 導体内部の電場は 0
  ⇩
  電気力線は導体内部に入り込めない

- 導体全体は等電位
  ⇩
  電気力線は導体表面に垂直

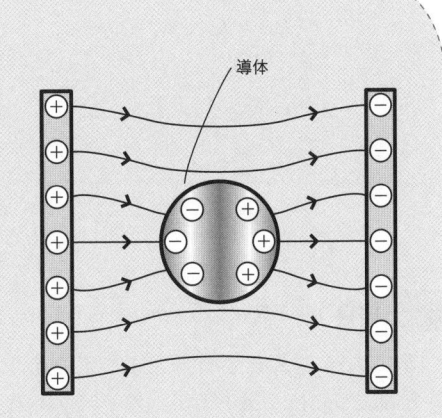

2 平行板コンデンサー

- コンデンサーに蓄えられる電気量 Q は，極板間の電位差 V に比例する。

$$Q = CV$$

（C：電気容量）

- 平行板コンデンサーの電気容量 C は極板の面積 S に比例し，極板間隔 d に反比例する。

$$C = \varepsilon \frac{S}{d}$$

（ε：誘電率）

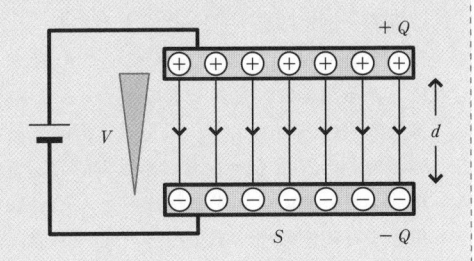

- 静電エネルギー U

$$U = \frac{1}{2}QV = \frac{1}{2}CV^2 = \frac{Q^2}{2C}$$

- コンデンサーの合成容量 C

  並列接続
  $$C = C_1 + C_2 + \cdots + C_n$$

  直列接続
  $$\frac{1}{C} = \frac{1}{C_1} + \frac{1}{C_2} + \cdots + \frac{1}{C_n}$$

並列接続

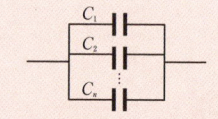

直列接続

126 導体

図のように，原点 O に Q [C] の正の点電荷を固定し，内半径 r_1 [m]，外半径 r_2 [m] の帯電していない導体球殻で点電荷をおおう。原点 O から距離 r [m] 離れた点の様子について，次の各問いに答えよ。ただし，クーロンの法則の比例定数を k [N・m²/C²] とする。

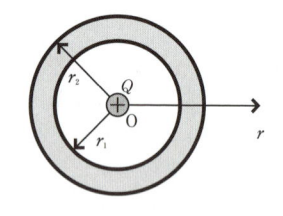

(1) 球殻内部の点，すなわち $r_1 < r < r_2$ の点における電場の大きさを求めよ。
(2) 球殻内側の表面 ($r = r_1$) にある電荷の総量を求めよ。
(3) 球殻外側の表面 ($r = r_2$) にある電荷の総量を求めよ。
(4) 球殻より外側の点，すなわち $r > r_2$ の点における電場の大きさを求めよ。
(5) 球殻より内側の点，すなわち $r < r_1$ の点における電場の大きさを求めよ。
(6) 正の点電荷から出る電気力線の概略図をかけ。
(7) 球殻より外側 ($r > r_2$) の点における電位を求めよ。ただし，無限遠方を電位の基準とする。
(8) 球殻外側表面における電位を求めよ。
(9) 球殻内側表面における電位を求めよ。
(10) 球殻より内側 ($r < r_1$) の点における電位は，点電荷を球殻でおおう前の電位に比べて高くなるか，それとも低くなるか。

3．静電場内の導体と平行板コンデンサー

127 平行板コンデンサー [難易度 ☺☺☹☹☹]

コンデンサーに関する以下の問いに答えよ。ただし，クーロンの法則の比例定数を k 〔N・m²/C²〕とする。

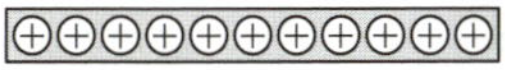

[A] 1図のように，真空中に面積 S〔m²〕の十分に薄い金属平板があり，その上に電荷 Q ($Q > 0$)〔C〕が一様に分布している。
(1) 電荷 Q から出ている電気力線の総数 N を求めよ。
(2) 電気力線が金属平板に垂直で外を向いているとして，金属平板のまわりの電場の大きさ E〔V/m〕を求めよ。

[B] 2図のように，真空中に面積 S〔m²〕の十分に薄い金属平板が2枚，間隔 d〔m〕で平行に置かれている。この平行金属平板からなるコンデンサーの静電容量を求める。
(1) 金属平板 A，B に，それぞれ電荷 Q〔C〕，$-Q$〔C〕が一様に分布しているとき，金属平板間の電場の強さ E_1〔V/m〕を求めよ。
(2) 金属平板 B から見た，A の電位 V〔V〕を求めよ。
(3) コンデンサーの静電容量 C〔F〕を求めよ。　　　　　〔改 信州大〕

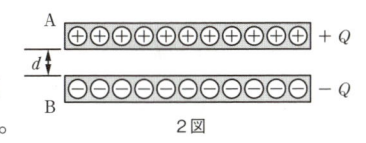

128 静電エネルギー [難易度 ☺☺☹☹☹]

電気容量 C〔F〕の平行板コンデンサーに蓄えられる静電エネルギーを，次のようにして求めた。(ア)～(オ)に適する式を入れ，下の(1)～(4)に答えよ。

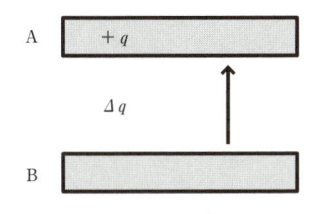

はじめ極板 A，B に電荷が蓄えられておらず，極板 B から極板 A に少しずつ電荷を運んでいくことを考える。いま，A の電荷が $+q$〔C〕，すなわち B の電荷が (ア)〔C〕になったとき，AB 間の電位差は (イ)〔V〕となっている。この状態で，微小電荷 Δq〔C〕を電場に逆らって B から A まで運ぶのに要する仕事 ΔW〔J〕は，Δq が十分に小さければ，その間の AB 間の電位差を一定と見てよいから $\Delta W =$ (ウ) となる。ΔW は(2) v-q グラフ中の斜線部分の面積で表される。0 から Q〔C〕まで充電するために要した仕事 W〔J〕は，Δq を限りなく小さくしていくと，(3) v-q グラフ中の太線の囲む面積で表され，$W =$ (エ) となる。これがコンデンサーに蓄えられる静電エネルギー U〔J〕になり，$U =$ (オ) と表される。

※問題は次ページに続きます。

(1) 横軸には極板 A の電気量 q [C]，縦軸には AB 間の電位差 v [V] をとる。q と v の関係を表すグラフ（v–q グラフ）を，q が Q [C] になる範囲までかけ。

(2) ΔW を上でかいたグラフ中に斜線をつけて表せ。

(3) W を太線で囲め。

(4) 極板 A の電気量が Q [C] になったとき，極板間の電位差を V [V] とする。U を C と V で表せ。また，U を Q と V で表せ。

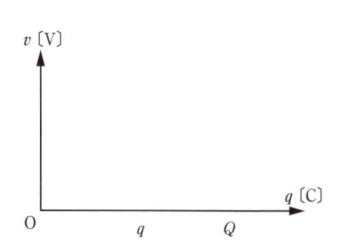

129 スイッチの開閉と電気容量の変化

図のように，極板間隔 d [m]，電気容量 C [F] の平行板コンデンサーを，スイッチを経て電圧 V [V] の電池につなぐ。

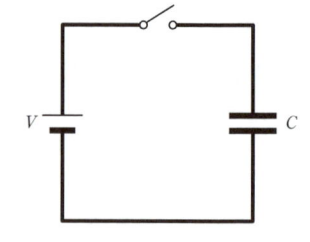

(1) スイッチを閉じた。このとき，次の①〜④の値はそれぞれいくらになるか。
  ① コンデンサーに蓄えられる電気量 Q [C]
  ② 極板間の電位差 v [V]
  ③ 電場の強さ E [V/m]
  ④ コンデンサーに蓄えられる静電エネルギー U [J]

(2) (1)の充電後，スイッチを閉じたまま極板間隔を $\dfrac{d}{2}$ [m] にした。上の①〜④の値は，(1)のときの何倍になるか。

(3) (1)の充電後，スイッチを開いてから極板間隔を $\dfrac{d}{2}$ [m] にした。上の①〜④の値は，(1)のときの何倍になるか。

3．静電場内の導体と平行板コンデンサー　107

130 誘電率を用いたガウスの法則 [難易度 ☺☺☻☺☺]

次の各問いに答えよ。ただし，①〜⑧は真空の誘電率 ε_0 [F/m]と，下で与えられる Q, q, r, d, S より必要な文字を用いて答え，ア〜クは適する言葉または数を記入せよ。

(1) 真空中で，$+Q$ [C]の点電荷から r [m]離れた点に $+q$ [C]の点電荷を置くと，点電荷にはたらく静電気力の大きさ F [N]は

$$F = \frac{1}{4\pi\varepsilon_0} \frac{qQ}{r^2}$$

と表される。

電場は，（ア）[C]の電荷にはたらく静電気力で定められるから，波線の位置での電場の強さ E [V/m]は

$$E = （①）$$

と表される。

電場の強さが E [V/m]の場所では，電気力線を電場の方向に垂直な面 $1\mathrm{m}^2$ あたり E 本通過するように引くことにすると，半径 r [m]の球の表面積は $4\pi r^2$ [m^2]だから，$+Q$ [C]の点電荷から放射状に出る電気力線の総数は，（②）本となる。この関係は電荷が大きさをもつ物体に分布していても成り立つ。

(2) 真空中に置かれた，極板間の距離が d [m]，極板の面積が S [m^2]の平行板コンデンサーが，両極板にそれぞれ $+Q$，$-Q$ [C]の電荷を蓄えている。距離 d が極板の大きさに比べて非常に小さいとすると，電場は（イ）にだけ存在し，正の極板から負の極板に向かう電気力線は，極板の面に（ウ）で一様であり，その総数は（③）本で，ここでの電場の強さは（④）[V/m]となる。いま，この電場の中に $+1\mathrm{C}$ の電荷を置くと，電場からこの電荷が受ける力は（⑤）[N]である。この $+1\mathrm{C}$ の電荷をコンデンサーの負の極板から正の極板まで運ぶのに要する（エ）が，両極板間の電位差 V [V]となるから

$$V = （⑥）$$

と表される。この式から求められる $\dfrac{Q}{V} = （⑦）$ は，極板間に $1\mathrm{V}$ の電位差を与えるときのコンデンサーに蓄えられる電気量を表し，コンデンサー自身によって決まる定数で（オ）とよばれる。これを C とおくと，Q は C と V を使って

$$Q = （⑧）$$

と表すことができる。この式から Q は V に（カ）し，C は極板の面積 S に（キ）し，極板間の距離 d に（ク）することがわかる。

131 誘電体 [難易度 ☺☺☻☺]

図のように，真空中に面積 S [m²]，極板間隔 d [m] の平行平板コンデンサーが置かれている。極板Aには Q [C] の正電荷が，接地された極板Bには $-Q$ [C] の負電荷がそれぞれ蓄えられている。真空の誘電率を ε_0 [F/m] として，次の問いに答えよ。

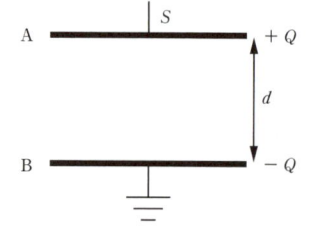

(1) 極板AB間の電場の強さはいくらか。
(2) 極板Aの電位はいくらか。
(3) 電気容量はいくらか。

次に，厚さ $\dfrac{d}{2}$ [m]，比誘電率 ε_r の誘電体を極板Bの内側に接するように挿入した。

(4) 誘電体内および，誘電体と極板Aの間の電場の強さはそれぞれいくらか。
(5) 極板Aの電位はいくらか。
(6) コンデンサー全体の電気容量はいくらか。
(7) 誘電体表面に生じた電荷（分極電荷）はいくらか。
(8) 静電エネルギーは誘電体挿入前の何倍になったか。

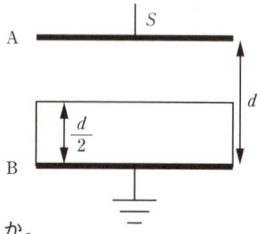

132 極板間引力(1) [難易度 ☺☺☻☺☺]

図のように，$\pm Q$ の電荷を蓄えた面積 S の極板A，Bが，誘電率 ε_0 の真空中に置かれている。Bを固定したまま，Aに外力を加えてゆっくりと極板間隔を Δd 増加させた。

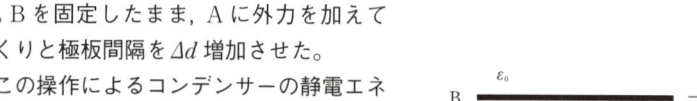

(1) この操作によるコンデンサーの静電エネルギーの変化量 ΔU を求めよ。

この操作の間，Aに加えた外力の大きさ F は一定とみなすことができる。

(2) 外力のした仕事 W を F を用いて表せ。
(3) ΔU と W の間の関係をかけ。
(4) (3)の関係を用いて，極板A，B間にはたらく静電気力を求めよ。
(5) 極板間の電場の強さ E を求めよ。
(6) (4)で求めた静電気力の大きさ f を E を用いて表せ。

133 極板間引力(2) [難易度 😊😊😊😖]

図のように，極板間隔 d，面積 S の極板 A，B が，誘電率 ε_0 の真空中に置かれている。A，B に電圧 V の電池をつないだまま，A に外力を加えてゆっくりと極板間隔を微小距離 Δd 増加させた。

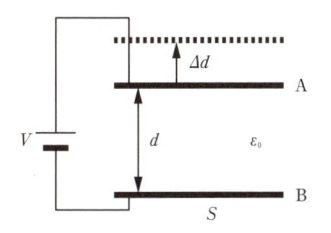

(1) この操作による静電エネルギーの変化量 ΔU を求めよ。
　ただし，$x \ll 1$ のとき $(1 \pm x)^n = 1 \pm nx$ として，これを用いてもよい。

この操作の間，A に加えた外力の大きさ F は一定とみなすことができる。

(2) 外力のした仕事 $W_外$ を F を用いて表せ。
(3) 電池のした仕事 $W_電$ を求めよ。
(4) ΔU，$W_外$，$W_電$ の間の関係を式で表せ。
(5) (4)の関係を用いて，極板 A，B 間にはたらく静電気力を求めよ。

134 合成容量 [難易度 😊😊😐😐]

(1) 異なる電気容量 C_1, C_2, ……, C_n の n 個のコンデンサーを並列接続したとき，合成容量はいくらになるか。
(2) 異なる電気容量 C_1, C_2, ……, C_n の n 個のコンデンサーを直列接続したとき，合成容量はいくらになるか。

135 金属板を挿入したコンデンサーの電気容量 [難易度 😊😐😐😐]

図のように，極板間隔 d，電気容量 C の平行板コンデンサーに，極板と同形で厚さ ℓ の金属板を極板 A から距離 x の位置に挿入すると，全体の電気容量はいくらになるか。ただし，金属板には電荷は蓄えられていないものとする。

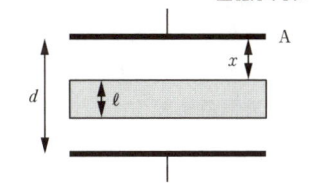

136 誘電体を挿入したコンデンサーの電気容量 [難易度 ☺☺☹☹☹]

図のように，極板間隔 d，電気容量 C の平行板コンデンサーに，面積が極板の半分で厚さ $\dfrac{d}{2}$，比誘電率 ε_r の誘電体を極板 B に接するように挿入すると，全体の電気容量はいくらになるか。

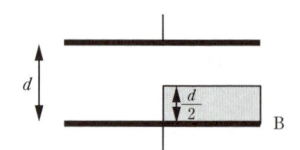

137 電荷を蓄えているコンデンサー(1) [難易度 ☺☺☹☹☹]

図のように，$5.0\,\mu\mathrm{C}$ の電荷を蓄えた電気容量 $2.0\,\mu\mathrm{F}$ のコンデンサー C_1 と，電荷を蓄えていない電気容量 $3.0\,\mu\mathrm{F}$ のコンデンサー C_2 が，スイッチを介して電圧 10V の電池に接続されている。ここで，スイッチを閉じて十分に時間が経過した。 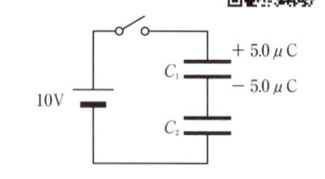
(1) C_1，C_2 に蓄えられた電気量はそれぞれいくらになるか。
(2) 全体に蓄えられた静電エネルギーは，はじめ C_1 に蓄えられていた静電エネルギーの何倍になるか。

138 電荷を蓄えているコンデンサー(2) [難易度 ☺☺☹☹☹]

電圧 V の電池，電気容量 $2C$ のコンデンサー A，電気容量 C のコンデンサー B が，スイッチを介して図のように接続されている。はじめ A，B には電荷は蓄えられていない。スイッチを左に入れてから右に入れる一連の操作を 1 回と数える。 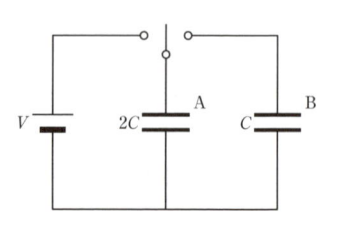
(1) 1 回目の操作後，A，B に蓄えられる電気量はそれぞれいくらになるか。
(2) 2 回目の操作後，A，B に蓄えられる電気量はそれぞれいくらになるか。
(3) 無限回の操作後，A，B の極板間の電位差はそれぞれいくらになるか。

139 極板間への金属板の挿入 [難易度 ☺☺☺☹☹]

極板間隔 d，電気容量 C の平行板コンデンサーに，電圧 V の電池がスイッチを介して接続されている。スイッチを閉じて十分に時間が経過した。

(1) コンデンサーに蓄えられた静電エネルギーはいくらか。

次に，スイッチを開き，極板と同形で厚さ $\dfrac{d}{3}$ の金属板（電気量0）を極板と平行に極板間へゆっくりと挿入した。

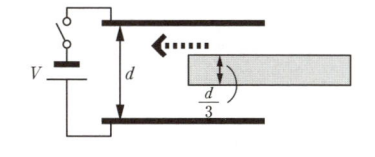

(2) 挿入後，コンデンサーに蓄えられた静電エネルギーはいくらになるか。

(3) 挿入に要した仕事（外力がした仕事）はいくらか。また，挿入の際，金属板はコンデンサーからどちら向きに力を受けたか。

140 極板間にある金属板の移動 [難易度 ☺☺☺☹☹]

図のように，極板間隔 d，電気容量 C の平行板コンデンサーに電圧 V の電池が接続されており，極板と同形で厚さ $\dfrac{d}{5}$ の金属板 M（電気量0）を極板 A, B から等距離の位置に挿入する。スイッチを入れ十分に時間が経過した。

(1) M に蓄えられた電気量はいくらか。

(2) スイッチを入れたまま，AM の間隔が $\dfrac{d}{5}$ になるまで M をゆっくりと移動した。M を移動している間に電池のした仕事はいくらか。

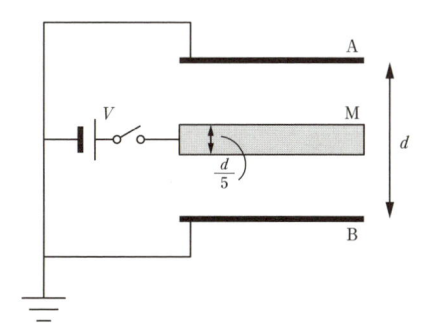

(3) M の移動に要した仕事（外力がした仕事）はいくらか。また，M は移動中コンデンサーからどちら向きに力を受けるか。

(4) 次に，スイッチを切り M をもとの位置に戻す。M の電位はいくらか。

4. 直流回路

要点

1 電流
- 電流 ⇒ 単位時間（1秒）あたりに導体の断面を通過する電気量

  電流 $I = \dfrac{\Delta Q}{\Delta t}$

- 自由電子の運動と電流の大きさ I

  $I = envS$ （ただし $e>0$）

  $\begin{pmatrix} -e：電子の電荷 \\ n：単位体積あたりの電子数 \\ v：電子の平均の速さ \\ S：導体の断面積 \end{pmatrix}$

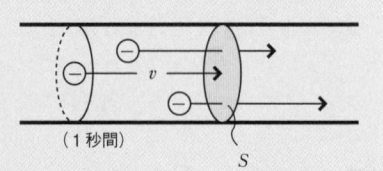

2 オームの法則
- 導体に流れる電流の大きさ I は，導体の両端に加えた電圧 V に比例する。

  $V = RI$ （R：抵抗）

3 電気抵抗
- 導体の抵抗 R は，導体の長さ ℓ に比例し，断面積 S に反比例する。

  $R = \rho \dfrac{\ell}{S}$ （ρ：抵抗率）

4. 直流回路

(4) キルヒホッフの法則
- 第1法則：**電流保存則**
  ⇒分岐点に流れ込む電流の和は，分岐点から流れ出る電流の和に等しい。
  $I = I_1 + I_2$
- 第2法則：**電位差の式**
  ⇒閉回路を1周するとき，電圧上昇を正，電圧降下を負にとると，それらの和は0になる。
  $V - R_1 I - R_2 I = 0$

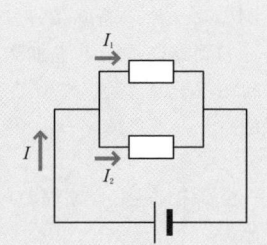

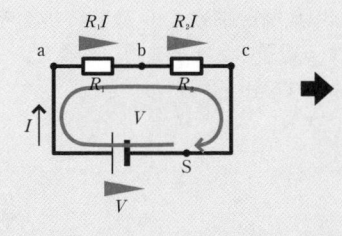

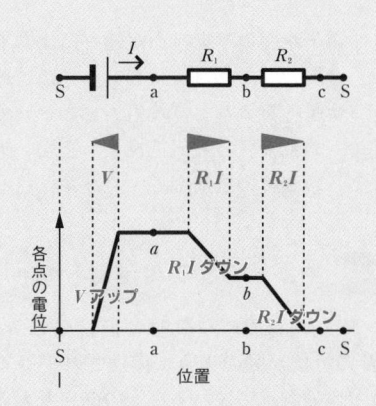

(5) 合成抵抗
- 直列接続　$R = R_1 + R_2 + \cdots + R_n$
- 並列接続　$\dfrac{1}{R} = \dfrac{1}{R_1} + \dfrac{1}{R_2} + \cdots + \dfrac{1}{R_n}$

(6) 電力
- 電力　$P = IV = RI^2 = \dfrac{V^2}{R}$

141 金属内の自由電子の運動 [難易度 ☺☺☻☺☺]

図のように，断面積が S，長さが ℓ の金属棒の両端に電圧 V を加えたときの金属内の自由電子の運動について考える。ただし，自由電子の電気量を $-e$，単位体積中の個数を n とする。

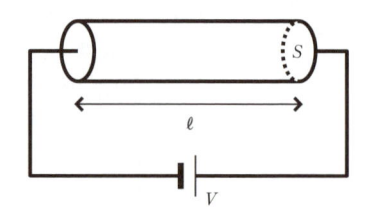

(1) 金属内に生じた電場の向きと大きさを求めよ。
(2) 金属内の自由電子が電場から受ける力の向きと大きさを求めよ。

電場から力を受けた電子は加速されるが，熱振動をしている金属イオンと衝突し減速する。このように，電子は実際には加速と減速を繰り返しながら金属中を進んでいるが，時間的に平均すれば，抵抗力を受けて一定の速さ v で進んでいるとみなせる。

(3) 電子が受ける抵抗力が速さに比例する（比例定数 k）として，v の値を求めよ。
(4) 金属の断面を単位時間あたりに通過する電子の数を v を用いて表せ。
(5) 金属内を流れる電流の大きさを v を用いて表せ。
(6) この金属棒の電気抵抗を v を用いずに表せ。
(7) この金属の抵抗率はいくらか。

142 キルヒホッフの法則 [難易度 ☺☺☻☺☺]

電圧が V，$2V$ の電池と抵抗値が R，$2R$，$4R$ の抵抗が図のように接続されている。それぞれの抵抗に流れる電流の向きと大きさを求めよ。

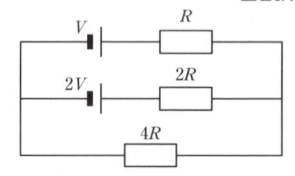

143 コンデンサーを含む直流回路 [難易度 ☺☺☹☹☒]

電圧 V の電池 V，抵抗値 R, $2R$ の抵抗 R, 2R，電気容量 C のコンデンサー C が，図のように接続されている。はじめコンデンサーには電荷は蓄えられていないものとして，次の問いに答えよ。

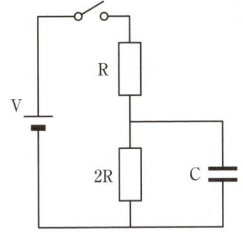

(1) スイッチを閉じた直後，コンデンサーにかかる電圧はいくらか。また，それぞれの抵抗に流れる電流はいくらか。
(2) スイッチを閉じてから十分に時間が経過したとき，それぞれの抵抗に流れる電流はいくらか。また，コンデンサーに蓄えられる電気量はいくらか。
(3) (2)のあと，再びスイッチを切った。スイッチを切った直後，それぞれの抵抗に流れる電流はいくらか。

144 合成抵抗 [難易度 ☺☹☹☹☒]

(1) 異なる抵抗値 R_1, R_2, ……, R_n の n 個の抵抗を直列接続したとき，合成抵抗 R はどのように表されるか。
(2) 異なる抵抗値 R_1, R_2, ……, R_n の n 個の抵抗を並列接続したとき，合成抵抗を R とすると，$\dfrac{1}{R}$ はどのように表されるか。

145 ホイートストン・ブリッジ [難易度 ☺☹☹☹☒]

抵抗値 $2R$, $3R$ の2つの抵抗 2R, 3R と，大きさを調節できる可変抵抗と，未知の抵抗値 r の抵抗を図のようにつないだ。可変抵抗の値を $4R$ に調節すると，検流計 G に流れる電流が0になった。未知の抵抗値 r はいくらか。

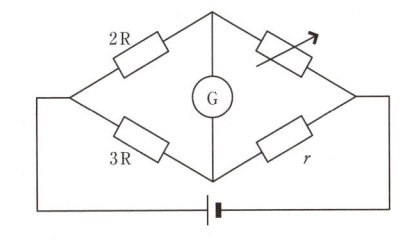

146 非オーム抵抗 [難易度 😊😊😣]

グラフは，電球に加えた電圧と流れる電流の関係を表したものである。

(1) 12Vの電池と10Ωの抵抗と右のグラフで表される性質をもつ電球を，①のように接続した。電池から流れ出る電流の大きさはいくらか。

(2) 同じ性質をもつ電球を②のように直列に接続した。電池から流れ出る電流の大きさはいくらか。

(3) 同じ性質をもつ電球を③のように並列に接続した。電池から流れ出る電流の大きさはいくらか。

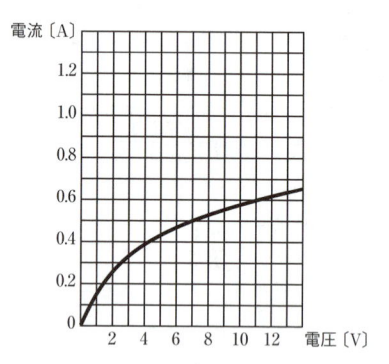

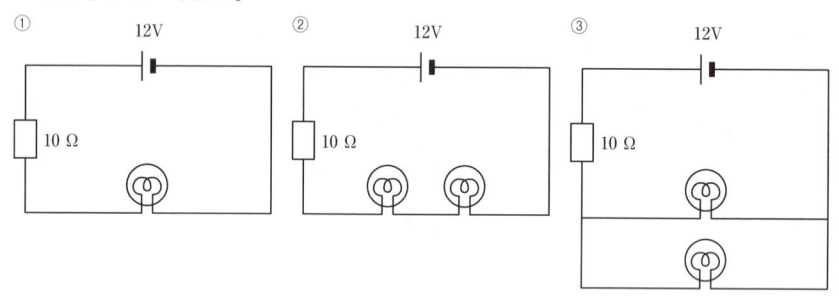

147 未知起電力の測定 [難易度 😊😣😣]

図は，内部抵抗のある電池の未知起電力 E_x を測定するための装置である。起電力 E が正確にわかっている電池，未知起電力 E_x の電池，長さ ℓ の一様な抵抗線 AB をスイッチを介して，図のようにつないだ。スイッチを E 側に入れたとき検流計Ⓖの値が 0 になるのは，接点 C を A から $\dfrac{\ell}{4}$ の位置にしたときで，

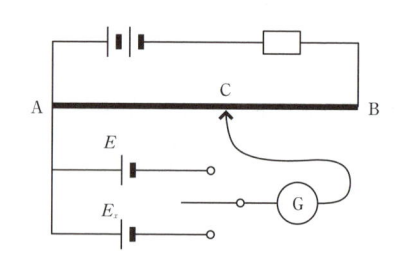

E_x 側に入れたときⒼの値が 0 になるのは，C を A から $\dfrac{\ell}{3}$ の位置にしたときであった。未知起電力 E_x はいくらか。また，この方法を用いると，電池の内部抵抗の影

響を受けることなく未知起電力を測定することができるが，その理由を簡単に説明せよ。

148 自由電子の運動とジュール熱 [難易度 ☺☺☻☺☺]

　断面積 S が一様で長さ ℓ の導体の両端に，電圧 V をかけたところ，一定の電流が流れた。このとき導体内の自由電子に着目すると，電子は電場によって加速され，電場と反対方向に動くが，熱振動するイオンと衝突を繰り返すため，平均として一定の速さで導体中を移動しているとみなすことができる。この様子を図のような単純化したモデルで考えてみよう。

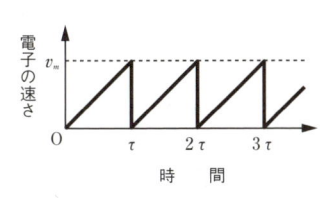

　導体中の1つの自由電子は，時刻 $t=0$ にイオンに衝突して速さが0の状態となり，その後電場によって加速され，τ 秒後に v_m なる速さに達する。ここで再び衝突して速さ0の状態になり，その後一定時間 τ ごとに，衝突，加速を繰り返す。その結果，この電子は時間的に平均すると，一定の速さ v で導体中を移動しているように見える。導体中には単位体積あたり n 個の自由電子があり，その数は電場や温度によらずほぼ一定とみなせる。これらの自由電子はすべて同じ運動を行っているものと仮定しよう。

(1) 電子の電荷を $-e$ とするとき，電子が電場から受ける力の大きさはいくらか。
(2) 電子がイオンと衝突する直前の速さ v_m はいくらか。ただし，電子の質量を m とする。
(3) 導体内を流れる電流の大きさを，電子の平均の速さ v を用いて表せ。
(4) 導体の抵抗 R が，$R = \dfrac{2m\ell}{ne^2\tau S}$ で表されることを示せ。
(5) 電子がイオンとの衝突ごとに失う運動エネルギーから，この導体中のすべての自由電子が毎秒消費する運動エネルギー P を R を用いて表せ。

[改 広島大]

149 分流器・倍率器 [難易度 ☺☺☺☺☺]

(1) 未知抵抗 R に流れる電流を測定したい。電流計Ⓐをどのように接続したらよいか。回路図をかけ。

(2) この電流計は最大 I〔A〕まで測定することができる。nI〔A〕$(n>1)$ まで測定できるようにするには，何Ωの抵抗をどのように接続すればよいか。(1)でかいた回路図にかき加えよ。ただし，電流計の内部抵抗を r_A〔Ω〕とする。

(3) 未知抵抗 R にかかる電圧を測定したい。電圧計Ⓥをどのように接続したらよいか。回路図をかけ。

(4) この電圧計は最大 V〔V〕まで測定することができる。nV〔V〕$(n>1)$ まで測定できるようにするには，何Ωの抵抗をどのように接続すればよいか。(3)でかいた回路図にかき加えよ。ただし，電圧計の内部抵抗を r_V〔Ω〕とする。

150 電流計・電圧計の測定誤差 [難易度 ☺☺☺☺☺]

未知の抵抗値（その真の値を R としておく）を測定するため，内部抵抗 r_V の電圧計Ⓥと内部抵抗 r_A の電流計Ⓐを用いて図1，2のような回路を作った。抵抗の測定値 R' は，測定電圧 V と測定電流 I を用いて，$R' = \dfrac{V}{I}$ で求められるものとする。

(1) 図1の回路において，抵抗の測定値 R' を R，r_V，r_A より必要なものを用いて表せ。

(2) 図2の回路において，抵抗の測定値 R' を R，r_V，r_A より必要なものを用いて表せ。

測定値 R' と真の値 R との間には差 $\Delta R = R' - R$ があり，測定の正確さの目安として相対誤差 $\left|\dfrac{\Delta R}{R}\right|$ が用いられる。

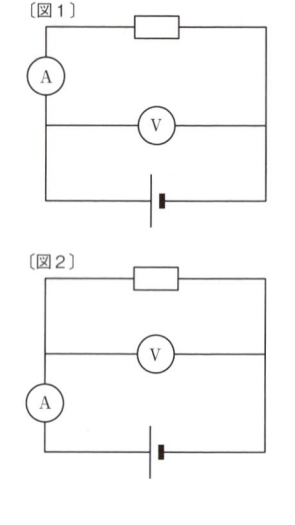

(3) $R = 1\text{k}\Omega$ の抵抗を，1%以下の相対誤差で測定したい。図1，図2のそれぞれの回路で測定するとき，r_V，r_A にはどのような条件が必要か，それぞれの場合について答えよ。

5. 電流と磁場

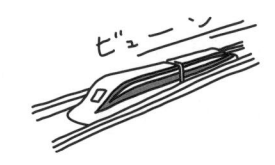

要点

1. 磁場とは
- 電流または電場の時間的変化によって形成される。
- 電場と同じくベクトル量である。

2. 電流が作る磁場
- 直線電流が作る磁場 H

$$H = \frac{I}{2\pi r}$$

（向きは電流の向きに進む右ねじが回転する向き。）

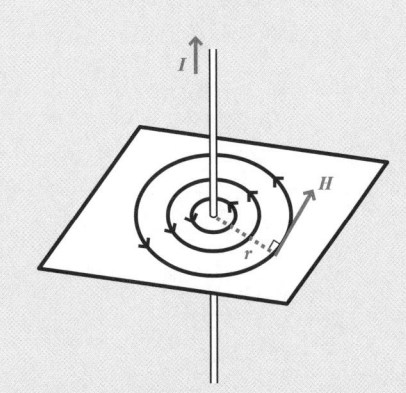

- 円形電流がその中心に作る磁場 H

$$H = \frac{I}{2r}$$

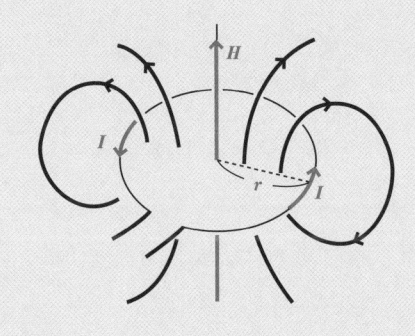

- ソレノイドに流れる電流がその内部に作る磁場 H

$$H = nI$$

$\left(\begin{array}{l}n：単位長さあたり\\ の巻数\end{array}\right)$

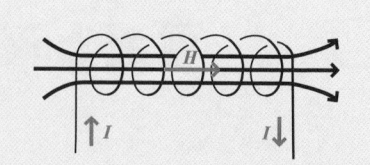

③ **磁場の強さ H と磁束密度 B**

$$B = \mu H \quad (\mu：透磁率)$$

④ **電流が磁場から受ける力**

$$F = \ell IB$$

（ℓ：導体棒の長さ）

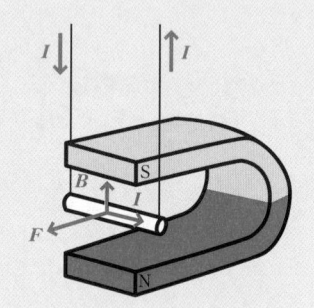

⑤ **ローレンツ力**

$$f = qvB$$

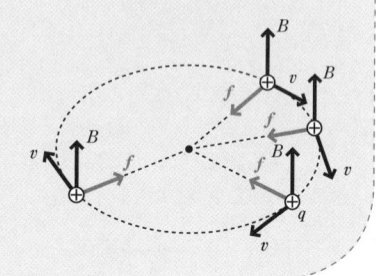

151 電流の作る磁場 [難易度 ☺☺☺☺☺]

図のように，2本の長い直線平行導線 A，B と円形コイル C が，同じ平面内に置かれている。C の半径は r で，その中心 O は A，B から等距離で $2r$ の位置にある。はじめ，A にだけ電流 I が上向きに流れていた。

(1) A，B と同じ平面内で B から距離 r 右側に点 P がある。P における磁場を 0 にするには，B にどの向きにいくらの電流を流せばよいか。

(2) (1)に続いて，点 O の磁場を 0 にするには，C にどの向きにいくらの電流を流せばよいか。

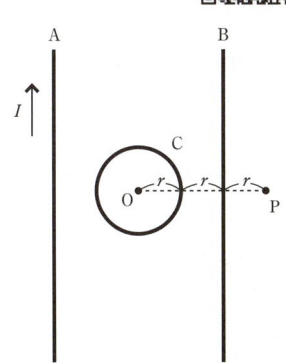

152 正方形コイルが磁場から受ける力 [難易度 ☺☺☺☺☺]

図のように，長い直線導線と1辺の長さが ℓ の正方形コイル ABCD が同じ平面内に置かれている。直線導線には電流 I_1 が上向きに，正方形コイルには電流 I_2 が A→B→C→D→A の向きに流れている。辺 AD は直線導線に平行で距離 ℓ だけ離れている。

直線導線に流れる電流 I_1 によって生じる磁場から，正方形コイル全体が受ける力の大きさと向きを求めよ。ただし，この空間の透磁率を μ とせよ。

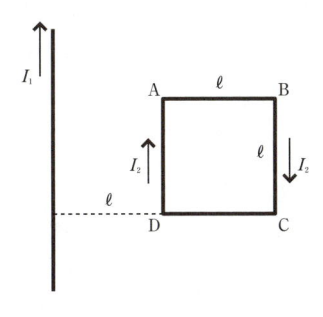

153 導線内の自由電子が受けるローレンツ力 [難易度 ☺☺☹☹☹]

図のように，一様な磁束密度 B の磁場中に，断面積 S，長さ ℓ の直線導線が磁場と垂直に置かれている。

(1) 導線中を流れる電流の大きさを I として，導線が磁場から受ける力の大きさ F とその向きを求めよ。

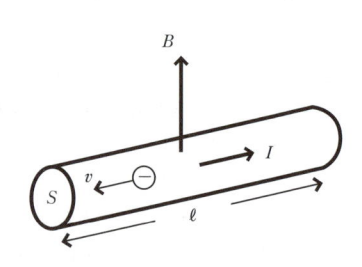

導線中には電気量 $-e$ の自由電子が，平均の速さ v で流れているとみなせる。導線中の単位体積あたりの自由電子の個数を n とする。

(2) 導線中を流れる電流の大きさ I は，e を用いるとどのように表されるか。
(3) 導線が磁場から受ける力の大きさ F は，e を用いるとどのように表されるか。
(4) 導線中の自由電子の総数 N はいくらか。
(5) 導線が磁場から受ける力は，導線中を流れる自由電子が磁場から受ける力（ローレンツ力）の合力であると考えられる。導線中を流れる自由電子1個が磁場から受ける力（ローレンツ力）の大きさ f とその向きを求めよ。

154 磁場中の荷電粒子の運動 [難易度 ☺☺☹☹☹]

図のように，質量 m，電気量 q (>0) の荷電粒子が，真空中にある座標系の原点Oに静止している。また，y 軸正の向きには磁束密度 B の一様な磁場がかけられている。

(1) 荷電粒子に x 軸正の向きの速さ u を与えると，荷電粒子はこのあとどのような運動をするか。
(2) 荷電粒子に y 軸正の向きの速さ v を与えると，荷電粒子はこのあとどのような運動をするか。
(3) 荷電粒子に x 成分が u，y 成分が v である初速度を与えると，荷電粒子はこのあとどのような運動をするか。

155 サイクロトロン [難易度 ☺☺☺☹☺]

下の文中の（ ）に適する式を記入せよ。

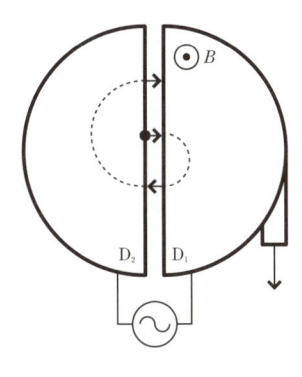

図のように，半円形で中空の加速電極 D_1，D_2 をわずかに隔てて置き（このすき間をギャップという），D_1，D_2 に垂直に磁束密度 B をかける。D_2 右端のイオン源にある質量 m，電気量 q のイオンが，D_1，D_2 間にかけられた電圧 V によって加速され D_1 に速さ（1）で入射する。イオンは D_1 内を半径（2）の等速円運動で半周して，再びギャップに現れる。D_1，D_2 には周期的に向きが変わる電圧 V がかけられており，イオンがギャップを通過するたびに加速されるようにするには，この電圧の周期を（3）にすればよい。イオンは n 回加速されたあと，加速電極の半径に近づき外部に飛び出す。このとき，イオンの速さは（4）になっている。

156 ホール効果 [難易度 ☺☺☹☺☺]

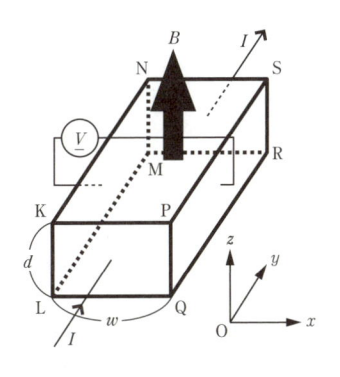

自由電子が移動することによって導体には電流が流れる。導体中の自由電子の数密度（単位体積あたりの個数）n は，その導体を特徴づける基本的な量の1つである。n を求める実験を考えよう。

図のように，幅が w，高さが d の長方形の断面をもつまっすぐな導体中を大きさ I の電流が y 軸の正の向きに流れている。導体の幅と高さの方向にそれぞれ x 軸と z 軸をとる。また，導体の両方の側面 KLMN と PQRS の間の電位差を測定できるように電圧計が接続されている。電子の電荷を $-e$ ($e>0$) として，以下の問いに答えよ。

(1) 自由電子はすべて速さ v で y 軸に平行に運動しているものとして，電流の大きさ I を w, d, n, e, v を用いて表せ。

※問題は次ページに続きます。

(2) この導体に z 軸の正の向きに,磁束密度 B の一様な磁場をかけた。このとき,自由電子1個の受けるローレンツ力の大きさはいくらか。また,力の向きは x 軸の正または負のどちらか。

(3) 自由電子はローレンツ力により,導体側面の一方へ集まり,他方は少なくなる。この結果,両方の側面にはたがいに反対符号で等しい量の電荷が現れ,導体内部には x 軸方向に電場が発生する。最終的には,この電場から受ける力と磁場によるローレンツ力がつり合って自由電子は(1)と同じように y 軸に平行に運動する。このときの電場の強さ E を v と B を用いて表せ。

(4) (3)で自由電子が y 軸に平行に運動するようになったとき,導体の両方の側面の間の電位差 V を測定した。自由電子の数密度 n を,この V と,I, B, d, e を用いて求めよ。

[奈良女大]

6. 電磁誘導

要点

1 磁束

$$\Phi = BS$$

(Φ：磁束　B：磁束密度
S：磁場と垂直な断面積)

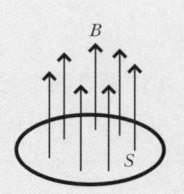

2 ファラデーの電磁誘導の法則

$$V = -N\frac{\Delta\Phi}{\Delta t}$$

(V：誘導起電力，N：コイルの巻き数
$\Delta\Phi$：磁束の変化，Δt：磁束が変化する時間)

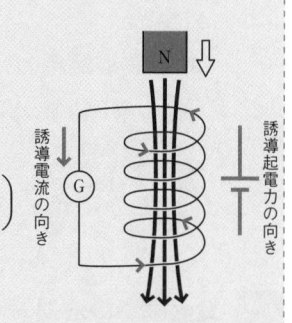

3 導体棒に生じる誘導起電力

$$V = \ell v \times B$$

(V：誘導起電力，ℓ：導体棒の長さ
v：導体棒の速さ　B：磁束密度)

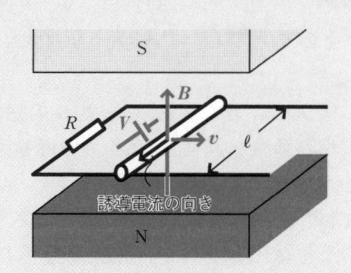

4 自己誘導起電力

$$V = -L\frac{\Delta I}{\Delta t}$$

(V：誘導起電力　L：自己インダクタンス
ΔI：電流の変化　Δt：電流が変化する時間)

電流の増加を妨げる向きに誘導起電力が生じる

5 コイルに蓄えられるエネルギー

$$U = \frac{1}{2}LI^2$$

6 相互誘導起電力

$$V = -M\frac{\Delta I}{\Delta t}$$

(M：相互インダクタンス)

---

157 電磁誘導の法則　[難易度 ☺☺☺☺☺]

下の文中の（　）内に入る語，式，単位および記号を答えよ。

図1のように，磁束密度Bの磁場中に，磁場と垂直な面積S〔m²〕の断面を考えるとき，BSを，この断面を貫く（ア）という。すなわち，（ア）Φは，$\Phi = BS$と表される。Φの単位はWbなので，磁束密度Bの単位は（イ）と表されるが，これを（ウ）と表すこともある。

1巻きのコイルを貫く（ア）Φ〔Wb〕が，図2①のように時間Δt〔s〕の間に$\Delta\Phi$〔Wb〕だけ変化したとする。このとき，コイルに生じる起電力V〔V〕は，図2②のように正の向きをとると，（エ）と表される。（エ）の式中

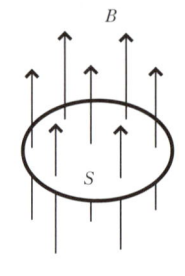

[図1]

の符号の意味は，Φ の変化を妨げる向きに起電力 V が生じることを表し，これを（オ）の法則という。ここで，$\Delta\Phi > 0$ すなわち上向きの磁束が増加した場合を考えると，コイルに生じる起電力は，図2①の2点 a, b において，点（カ）のほうが $|V|$〔V〕だけ高電位になるように生じる。

コイルが N 巻きの場合，1巻きのコイルを N 個直列に接続したことになるから，コイルに生じる起電力 V〔V〕は，（キ）と表される。

このように，コイルを貫く Φ の変化によって，コイルに起電力 V が生じる現象を（ク）といい，生じた起電力を（ケ），流れた電流を（コ）という。（オ）の法則やコイルの巻き数も含めた（ク）の法則を，（サ）の法則という。

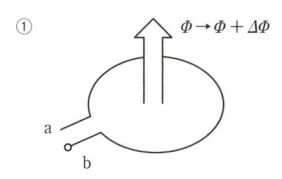

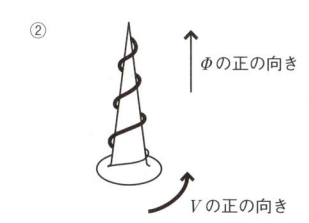

158 誘導起電力とローレンツ力 [難易度 ☺☺☺☺☺]

図のように，一様な磁束密度 B の磁場中に，長さ ℓ の導体棒 PQ が磁場と垂直に置かれている。導体棒 PQ を磁場，導体棒 PQ のどちらにも垂直な方向に速さ v で動かす。

(1) 導体棒 PQ 内にある電気量 $-e$ の自由電子が，磁場から受けるローレンツ力の大きさと向きを求めよ。

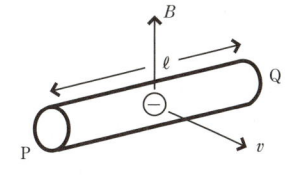

(2) (1)で求めたローレンツ力は，導体棒 PQ とともに動く観測者から見ると，PQ 内に生じた誘導電場から受ける力とみなすことができる。この誘導電場の大きさと向きを求めよ。

(3) 導体棒 PQ に生じる誘導起電力の大きさを求めよ。また，P, Q どちらが高電位になるか。

159 磁場中を横切る導体棒 [難易度]

図のように，鉛直上向きの一様な磁束密度 B の磁場中に 2 本の導体レール ab, cd を間隔 ℓ で平行かつ水平に固定し，ac 間に抵抗値 R の抵抗を接続する。導体棒 PQ を導体レールと垂直に接しながら，速さ v で右向きに動かす。

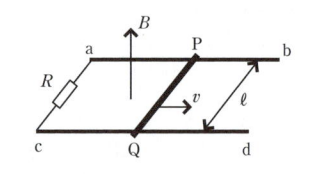

(1) PQ 間に生じる誘導起電力の大きさはいくらか。
(2) PQ 間に流れる電流の大きさ I とその向きを求めよ。
(3) PQ が磁場から受ける力の大きさとその向きを求めよ。
(4) PQ を一定の速さ v で動かすには，外力を加え続けなければならない。この外力がする仕事率を I を用いて表せ。

160 磁場中の斜面上にある導体棒 [難易度]

図のように，鉛直上向きの一様な磁束密度 B の磁場中に，2 本の導体レール ab, cd が間隔 ℓ，傾斜角 θ で平行に固定されている。bd 間には，スイッチを介して抵抗値 R の抵抗と内部抵抗の無視できる電池がつながれている。はじめスイッチは 1 に接続されており，質量 m の導体棒 PQ をレールと垂直に置くと，PQ はレール上に静止した。レールと PQ の間には摩擦がなく，常に垂直に保たれている。重力加速度の大きさを g として，次の問いに答えよ。

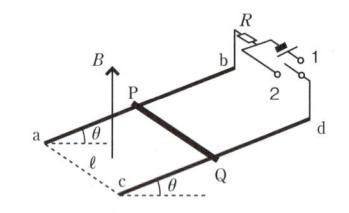

(1) 電池の起電力はいくらか。

次に，スイッチを 2 に切り替えたところ，PQ はレール上を滑り始めた。

(2) PQ の速さが v となった瞬間，PQ に生じる誘導起電力の大きさ，および PQ に流れる電流値はいくらになるか。また，PQ の加速度の大きさはいくらになるか。
(3) 十分に時間が経過したあと，PQ は一定の速さで滑るようになる。その理由を説明し，このときの速さ v_m を求めよ。
(4) このとき，抵抗で消費される電力を m, v_m, g, θ を用いて表せ。

161 磁場を横切る正方形コイル [難易度 ☺☺☺☹☹]

図のように，$0 \leq x \leq L$ の領域に紙面裏から表に向かう磁束密度 B の一様な磁場がある。この磁場中で，1辺の長さ a $(< L)$，抵抗値 R の正方形の一重コイルを，$+x$ 方向に一定の速度 v で移動させる。このコイルの各辺は，x 軸または y 軸に平行に保たれている。コイルの右端が $x=0$ から $x=L+a$ の点に達するまでの範囲について，次の(1)〜(4)で与える物理量はどのような変化を示すか，グラフをかいて答えよ。ただし，いずれのグラフも，横軸にはコイルの右端の位置 x をとるものとする。また，(5)の問いに答えよ。

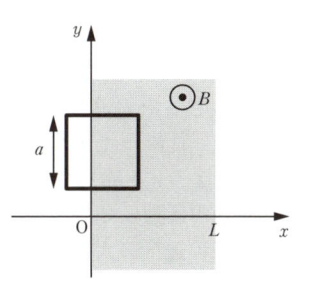

(1) コイルを貫く磁束 Φ の変化をグラフにかけ。ただし，紙面裏から表に向かう向きの磁束を正とする。
(2) コイルに流れる電流 I の変化をグラフにかけ。ただし，図においてコイルを反時計回りに流れる電流を正とする。
(3) コイルで消費される電力 P の変化をグラフにかけ。
(4) コイルを一定速度で移動させるために必要な力 F の変化をグラフにかけ。ただし，$+x$ 方向の力を正とする。
(5) 上で考えた範囲でコイルが磁場内を通過する間に力 F がする仕事を求めよ。

162 磁場中を回転する導体棒 [難易度 ☺☺☺☺☹]

図のように，鉛直上向きの一様な磁束密度 B の磁場中に，半径 r の導体円環が水平に固定されている。導体円環の中心 O と円環上の1点 a は抵抗値 R の抵抗を含む導線でつながれている。また，導体棒 OP が O を中心に円環に接しながら角速度 ω で反時計回りに回転している。また，R 以外の抵抗値は無視できるものとする。

(1) OP に生じる誘導起電力の大きさはいくらか。
(2) OP に流れる電流の大きさはいくらか。また，電流の向きを答えよ。
(3) 抵抗で消費される電力はいくらか。

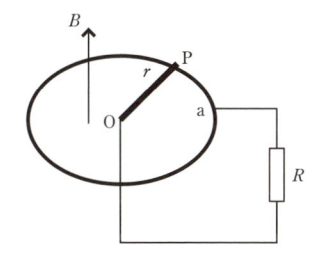

163 ベータトロン [難易度 ☺☺☺☺☺]

z軸の正の方向を向いた磁場があり，その磁束密度の大きさはz軸からの距離のみによって決まる。z軸を中心軸とする半径rの円周上での磁束密度の大きさをB_rとする。z軸に垂直な方向に，電荷$-e$，質量mをもつ電子を打ち込んだところ，図のようにz軸を中心とする半径rの円軌道上を等速円運動した。

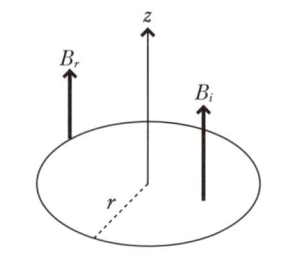

(1) 電子の速度の大きさvとその向きを求めよ。ただし，向きはz軸の正の方向から見て時計回りか反時計回りかで答えよ。

次に，この円軌道で囲まれた円の内部での磁束密度の大きさの平均をB_iとし，B_iを時間Δtの間にΔB_iだけ増加させて電子を加速した。

(2) このとき半径rの円軌道上に生じる電場の大きさE_rとその向きを求めよ。また，この電場による電子の加速度の大きさ$\dfrac{\Delta v}{\Delta t}$を求めよ。

(3) B_iの増加の際にB_rを適当な割合$\dfrac{\Delta B_r}{\Delta t}$で増加させると，電子が加速しても円軌道の半径が変化しないようにすることができる。そのときの$\dfrac{\Delta B_r}{\Delta t}$のみたすべき条件を求めよ。

[横浜市大]

164 自己誘導 [難易度 ☺☺☺☺☺]

下の文は，ソレノイドコイルが作る磁場について述べたものである。（　）に入る式をS，ℓ，N，I，μ，Δt，ΔIを用いて答えよ。

図のように，断面積S，長さℓ，巻き数Nのソレノイドコイルの矢印の向きに，電流Iが流れている。このとき，ソレノイドコイルの内部に生じる磁場の強さHは，$H=$（1）であり，内部の透磁率をμとすると磁束密度Bは，$B=$（2）となり，コイルを貫く磁束Φは，$\Phi=$（3）となる。

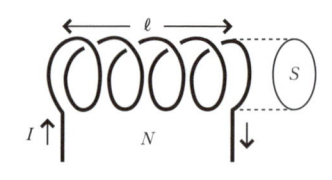

ここで，電流 I を微小時間 Δt の間に ΔI だけ増加させると，電磁誘導の法則より，コイルに生じる誘導起電力 V は，電流 I と同じ向きの誘導起電力を正として，$V=$（4）となる。したがって，このソレノイドコイルの自己インダクタンスは（5）と表される。

165 コイルに蓄えられるエネルギー [難易度 ☺☺☹☹☹]

下の文は，ソレノイドコイルに蓄えられるエネルギーについて述べたものである。（　）に入る式を $L, i, \Delta i, \Delta t, I$ を用いて答えよ。

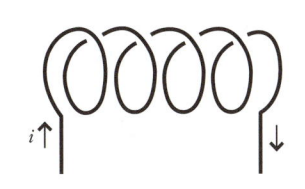

自己インダクタンス L のソレノイドコイルに流れる電流 i を，微小時間 Δt の間に Δi だけ増加させると，生じる誘導起電力 V は，$V=$（1）となる。ただし，電流 i と同じ向きの誘導起電力を正とする。これに逆らって電流 i を流していくには，微小時間 Δt の間に電気量 $\Delta q =$（2）の電荷を運ばなければならず，この間に誘導起電力に逆らってする仕事 ΔW は，$\Delta W =$（3）となる。これは電流が i のとき，Δi だけ増加するためになすべき仕事である。電流 i を $i=0$ から $i=I$ に増加するときになすべき仕事 W は，$W=$（4）となる。この仕事量が，電流 I が流れているコイルに蓄えられるエネルギーと解釈できる。

166 スイッチ操作による過渡的な現象 [難易度 ☺☺☺☹☹]

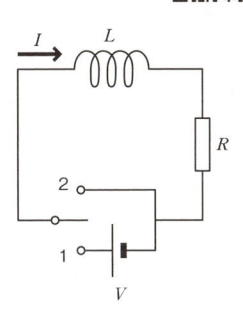

起電力 V の電池，自己インダクタンス L のコイル，抵抗値 R の抵抗をスイッチを介して図のように接続する。電池の内部抵抗は無視できるものとして，次の問いに答えよ。

(1) 時刻 $t=t_1$ のときスイッチを1に入れ，十分に時間が経過したあと，時刻 $t=t_2$ のときスイッチを2に切り替える。矢印の向きに流れる電流 I を正として，時刻 t に対する電流 I の変化を表すグラフの概形をかけ。
　また，時刻 $t=t_1$ および $t=t_2$ におけるグラフの傾きは，それぞれいくらか。

(2) コイルの代わりに電気容量 C のコンデンサーを接続する。はじめ，コンデンサーには電荷は蓄えられていない。(1)と同様の操作を行い，時刻 t に対する電流 I の変化をグラフにかけ。

167 キルヒホッフの法則と過渡現象 [難易度 ☺☺☺☺😣]

図のように，電圧を変えることができる直流電源，抵抗，コイルをスイッチを介して直列につなぐ。はじめ，電源電圧を一定値 E_0 にして，時刻 $t=0$ のときスイッチを閉じる。時刻 $t=t_1$ で回路に流れる電流は，ほぼ一定値 I_1 になる。それ以後は，右のグラフに示すような電流が回路に流れるように，電源電圧を変化させていく。グラフの実線は回路に流れる電流の時間変化を表し，点線は $t=0$ におけるグラフの接線を表している。

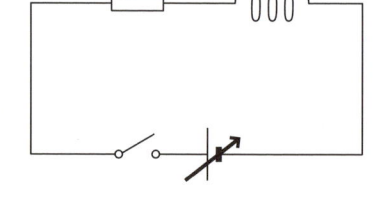

(1) コイルの自己インダクタンスはいくらか。
(2) 抵抗の抵抗値はいくらか。
(3) 時刻 $t=2t_1$ から $3t_1$ までの間，電源電圧 V を時刻 t とともにどのように変化させればよいか。V を t の式で表せ。
(4) 電源電圧を 0 にしてから電流値が 0 になるまでの時間はいくらか。

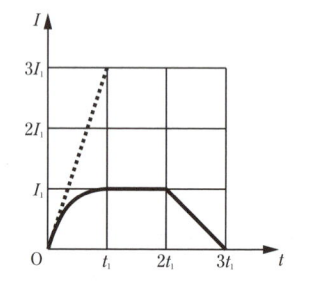

168 相互誘導 [難易度 ☺☺☺😐☹]

空気の透磁率は真空の透磁率 μ_0 に等しいとする。
(1) 図1に示すように，断面積 S 〔m^2〕，長さ ℓ 〔m〕，巻き数 N_1 〔回〕の中空ソレノイドコイル1がある。コイル1に電流 I 〔A〕を流したとき内部には一様な磁場ができるとする。
　(a) コイル1を貫く磁束 Φ 〔Wb〕はいくらか。
　(b) 微小時間 Δt 〔s〕の間に電流が ΔI 〔A〕変化したときの誘導起電力をコイル1を貫く磁束変化を考えて導き，コイル1の自己インダクタンス L 〔H〕を示せ。
　(c) コイル1の内部を透磁率 μ の物質でみたした。このコイルに I 〔A〕の電流を流したとき，内部の磁束密度はみたす前の磁束密度の何倍になるか。

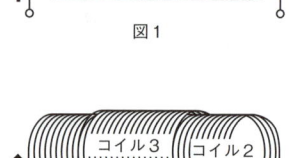

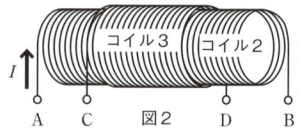

(2) 図2に示すように，中空ソレノイドコイル2 ($S = 1.0 \times 10^{-4}\text{m}^2$, $\ell = 0.13\text{m}$, $N_2 = 3000$ 回) の外側に接して $N_3 = 500$ 回巻のコイル3を巻いた。コイル2に図3に示すような時間とともに変化する電流 I を流した。コイル3に生じる誘導起電力の値〔V〕をグラフに示せ。ただし，電流 I は図2の矢印方向を正，誘導起電力は C より D の電位が高いときを正，$\mu_0 = 1.3 \times 10^{-6}$ Wb/A·m として計算せよ。

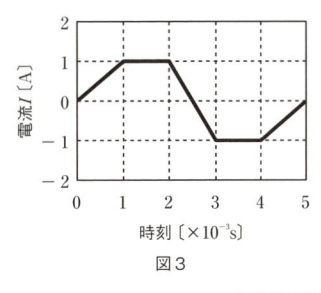

[信州大]

169 変圧器 [難易度 ☺☺☺☹☺]

下の文中の（　）内に入る言葉または式を答えよ。

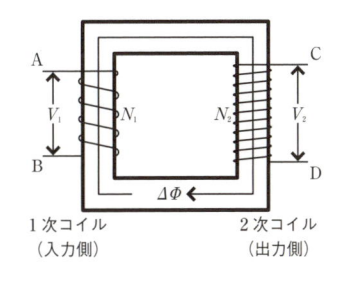

相互誘導を利用して電圧を変化させる装置を変圧器という。図のように，変圧器の鉄心に導線を N_1 回巻いて1次コイル，N_2 回巻いて2次コイルとする。

1次コイルに流す電流を変化させると，微小時間 Δt の間にコイルを貫く磁束は，矢印の向きに $\Delta \Phi$ (> 0) だけ増加する。磁束は鉄心からもれずに2次コイル中を貫くとすると，2次コイルに生じる誘導起電力 V_2（D に対する C の電位）は，$V_2 =$（1）となる。このとき，同時に1次コイルには（2）による逆起電力が生じるが，電流を流し続けるためには，この逆起電力につり合う電圧（B に対する A の電位）$V_1 =$（3）を加えなければならない。したがって，1次コイル側（入力側）の電圧と2次コイル側（出力側）の電圧の間には，$\left| \dfrac{V_2}{V_1} \right| =$（4）の関係が成り立つ。このように，変圧器を利用して，時間変化する電圧（交流電圧など）を1次コイル側に加えると，（5）に比例した電圧を2次コイル側に得ることができる。

7. 交流

要点

① 交流の発生

$$交流電圧\ V = V_0 \sin \omega t$$

$\begin{pmatrix} V_0：交流電圧の最大値 \\ \omega：角周波数 \end{pmatrix}$

② 交流の実効値

交流の場合，コイルやコンデンサーで電流と電圧の位相がずれるため，ムダな電力が発生してしまう。そのため，実効値は V_0, I_0 より小さくなる。

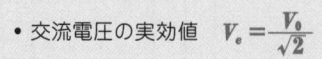

- 交流電圧の実効値　$V_e = \dfrac{V_0}{\sqrt{2}}$

- 交流電流の実効値　$I_e = \dfrac{I_0}{\sqrt{2}}$

（V_0, I_0 は瞬間値の最大値）

- 抵抗で消費される電力の時間平均 $\overline{P}$

$$\overline{P} = \dfrac{I_0 V_0}{2} = I_e V_e$$

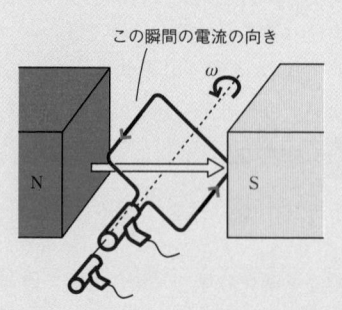

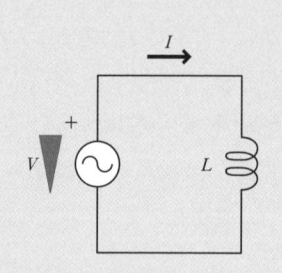

③ コイルに流れる交流

- コイルに流れる電流は，コイルにかけられた電圧よりも位相が $\dfrac{\pi}{2}$ 遅れている。

- 実効値の関係：$V_e = \omega L I_e$
- 誘導リアクタンス：ωL

$\begin{pmatrix} リアクタンスとは \\ ・電圧と電流の比のこと \\ ・単位は〔\Omega〕 \end{pmatrix}$

7. 交流

4 コンデンサーに流れる交流

- コンデンサーに流れる電流は、コンデンサーにかけられた電圧よりも位相が $\dfrac{\pi}{2}$ 進んでいる。

- 実効値の関係：$V_e = \dfrac{1}{\omega C} I_e$

- 容量リアクタンス：$\dfrac{1}{\omega C}$

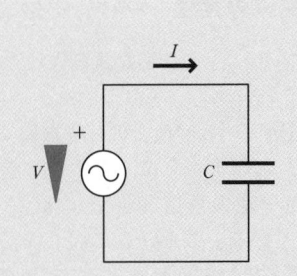

5 RLC 直列回路

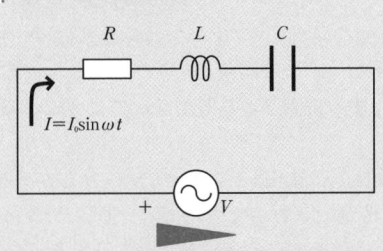

$$V = \sqrt{R^2 + \left(\omega L - \dfrac{1}{\omega C}\right)^2} \, I_0 \sin(\omega t + \alpha)$$

ただし，$\tan\alpha = \dfrac{\omega L - \dfrac{1}{\omega C}}{R}$

- インピーダンス $Z = \sqrt{R^2 + \left(\omega L - \dfrac{1}{\omega C}\right)^2}$

（インピーダンスとは直流の抵抗の概念を拡張して交流に適用したもの。）

- 実効値の関係：$V_e = Z I_e$

6 電気振動

- LC 回路の固有周波数

$$f = \dfrac{1}{2\pi\sqrt{LC}}$$

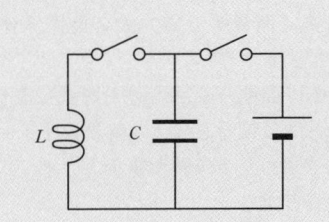

170 交流の発生 [難易度 ◎◎●◎◎]

下の文中の( )に適切な式を入れよ。

磁束密度 B [Wb/m²] の一様な磁場中で,磁場に垂直な軸のまわりに,1巻きの長方形コイル PQRS が一定の角速度 ω [rad/s] で時計回りに回転している。長辺 PQ の長さを a [m],短辺 QR の長さを b [m] とする。コイルの抵抗はないものとする。

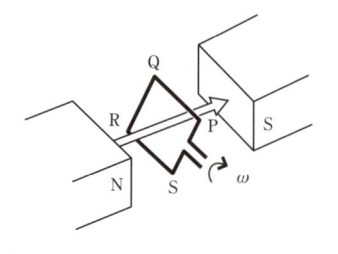

コイルの面が辺 PQ を上にして,磁場に垂直な面と一致する瞬間を時刻 $t=0$ とし,コイルを右図のように貫く磁束の向きを正の向きとする。$t=0$ のとき,コイルを貫く磁束は $\Phi(0)=$ (1) [Wb] である。t [s] 後,コイルの面と磁場に垂直な面とのなす角度は(2)[rad] になる。その時刻に,コイルを貫く磁束は $\Phi(t)=$ (3)[Wb] である。さらに,ごく短い時間 Δt [s] 後の磁束は,$\Phi(t+\Delta t)=$ (4)[Wb] である。したがって,Δt [s] 間に変化する磁束 $\Delta\Phi$ [Wb] は次のようになる。

$$\Delta\Phi = \Phi(t+\Delta t) - \Phi(t)$$

Δt が十分小さいとき,$\Delta\Phi$ は Δt に近似的に比例し,$\Delta\Phi =$ (5)$\cdot \Delta t$ とかける。ファラデーの電磁誘導の法則により,時刻 t においてコイルに生じる誘導起電力 $V(t)$ は,S→R→Q→P の向きを正として,$V(t)=$ (6)[V] になる。

171 交流の実効値 [難易度 ◎◎●◎◎]

抵抗値 R の抵抗に交流電圧 $V = V_0 \sin\omega t$ を加えると,回路には交流電流 I が流れる。ただし,V は A が B より高電位である場合を正,I は矢印の向きを正とする。

(1) 交流電流 I の時間変化を式とグラフで表せ。また,I の最大値はいくらか。
(2) 抵抗で消費する電力 P の時間変化を式とグラフで表せ。
(3) P の1周期分の平均値 $\overline{P}$ を式で表せ。
(4) $\overline{P}$ と同じ電力を与える直流電圧 V_e を交流電圧の実効値という。V_e を V_0 で表せ。
(5) (1)で求めた I の最大値を I_0 として,$\overline{P}$ を I_0 で表せ。また,交流電流の実効値 I_e を I_0 で表せ。

172 コイルに流れる交流 [難易度 ☺☺☺☺☺]

次の文中の（　）の中に適する式または言葉を入れよ。また，(3)の問いに答えよ。

図のように，自己インダクタンス L のコイルが交流電源に接続され，交流電流 $I = I_0\sin\omega t$ が流れている。ここで，I_0 は最大電流，ω は角周波数（角振動数），t は時刻である。電流は矢印の方向を正とし，電圧は図において A 点の電位が B 点より高いときを正とする。電源とコイルの内部抵抗は無視できるものとする。

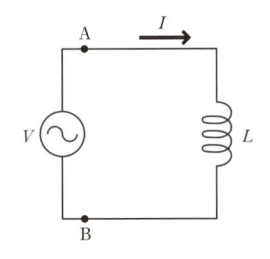

(1) 時間 Δt の間に交流電流 I が ΔI だけ変化すれば，コイルに生じる誘導起電力 V_r は，$V_r =$（ア）である。このとき，抵抗がないから，電源電圧 V は
$$V = （イ） \qquad \cdots ①$$
である。

(2) 時間 Δt が小さいとき，$\Delta I = I_0\sin\omega(t + \Delta t) - I_0\sin\omega t$ は近似的に
$$\Delta I = （ウ）\cdot \Delta t \qquad \cdots ②$$
である。このとき，式②を式①に代入して計算すると，電源電圧 V は
$$V = （エ）$$
となる。このとき，電源電圧 V の最大値 V_0 は，ω, I_0, L を用いてかくと
$$V_0 = （オ） \qquad \cdots ③$$
である。

(3) 交流電流 I と電源電圧 V の時間変化をグラフにかけ。ただし，グラフの横軸の T は $\dfrac{2\pi}{\omega}$ である。

(4) (3)のグラフからわかるように，コイルに流れる交流電流 I は，コイルにかけられた電源電圧 V より位相が（カ）ことがわかる。

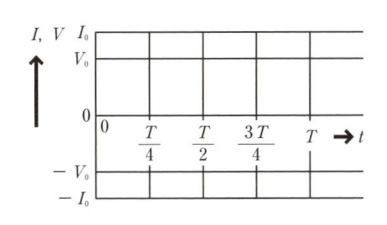

(5) 式③より，交流電圧の実効値 V_e と交流電流の実効値 I_e の関係は（キ）となり，コイルのリアクタンスは（ク）であることがわかる。

173 コンデンサーに流れる交流 [難易度 ☺☺☹☹☹]

次の文中の（　）の中に適する式または言葉を入れよ。また，(3)の問いに答えよ。

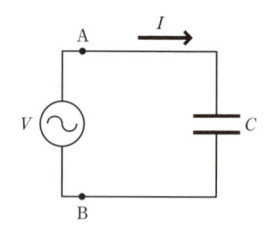

電気容量Cのコンデンサーが図のように交流電源に接続されている。電源電圧Vは，$V = V_0 \sin \omega t$である。ここで，V_0は最大電圧，ωは角周波数（角振動数），tは時刻である。電圧は，図においてA点の電位がB点より高いときを正とし，電流は矢印の方向を正とする。電源の内部抵抗は無視できるものとする。

(1) 時間Δtの間に，コンデンサーの上の極板に蓄えられている電気量がΔQだけ増加すれば，交流電流Iは，$I =$（ア）である。この式に，コンデンサーに蓄えられる電気量Qと電源電圧Vの関係を考えて，時間Δtの間の電源電圧Vの変化ΔVを用いると，交流電流Iは
$$I = （イ） \quad \cdots ①$$
となる。

(2) 時間Δtが小さいとき，$\Delta V = V_0 \sin \omega (t + \Delta t) - V_0 \sin \omega t$は，近似的に
$$\Delta V = （ウ）\cdot \Delta t \quad \cdots ②$$
である。式②を式①に代入して計算すると，交流電流Iは
$$I = （エ）$$
となる。このとき，交流電流Iの最大値I_0は，ω，V_0，Cを用いてかくと
$$I_0 = （オ） \quad \cdots ③$$
である。

(3) 交流電流Iと電源電圧Vの時間変化をグラフにかけ。ただし，グラフの横軸のTは$\dfrac{2\pi}{\omega}$である。

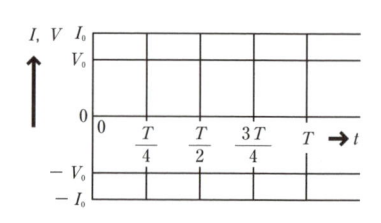

(4) (3)のグラフからわかるように，コンデンサーに流れる交流電流Iは，コンデンサーにかけられた電源電圧Vより位相が（カ）ことがわかる。

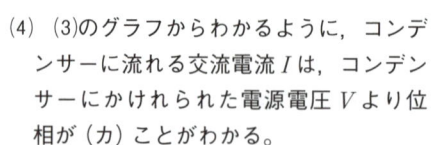

(5) 式③より，交流電圧の実効値V_eと交流電流の実効値I_eの関係は（キ）となり，コンデンサーのリアクタンスは（ク）であることがわかる。

174 交流のまとめ [難易度 ☺☺☺☺☺]

図の点線の中に，抵抗値 R の抵抗，自己インダクタンス L のコイル，または電気容量 C のコンデンサーを接続する。このときの様子をまとめた下の表を完成せよ。ただし，電流 I は矢印の向きを正とし，電圧 V は A が B より高電位のときを正とする。

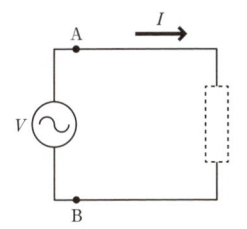

(1) 交流電圧 $V = V_0 \sin\omega t$ を加えるとき，回路に流れる電流 I を①～③に記入せよ。

(2) 交流電流 $I = I_0 \sin\omega t$ が回路に流れるとき，AB 間の電圧 V を④～⑥に記入せよ。

(3) 交流電圧の実効値 V_e と交流電流の実効値 I_e の関係式を⑦～⑨に記入せよ。

(4) 消費電力の時間平均 $\overline{P}$ を⑩から⑫に記入せよ。

	(1) $V = V_0\sin\omega t$ を加える	(2) $I = I_0\sin\omega t$ が流れている	(3) 実効値 V_e, I_e の関係	(4) 消費電力の時間平均 $\overline{P}$
R	① $I=$	④ $V=$	⑦ $V_e=$	⑩ $\overline{P}=$
L	② $I=$	⑤ $V=$	⑧ $V_e=$	⑪ $\overline{P}=$
C	③ $I=$	⑥ $V=$	⑨ $V_e=$	⑫ $\overline{P}=$

175 RLC 直列回路 [難易度 ☺☺☺☺☹]

図のように，抵抗値 R の抵抗，自己インダクタンス L のコイルおよび電気容量 C のコンデンサーを直列に連結する。その両端 a, d に，a が d よりも高電位であるときを正として，電圧 V の交流電源を接続する。時刻 t において，図中の矢印の向きに流れる電流 I を $I = I_0\sin\omega t$ とする。

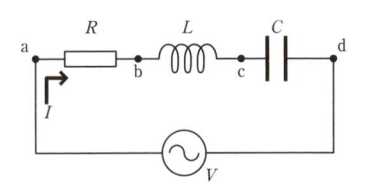

(1) 時刻 t において，抵抗にかかる電圧（b に対する a の電位）V_R を式で表せ。

(2) 時刻 t において，コイルにかかる電圧（c に対する b の電位）V_L を式で表せ。

(3) 時刻 t において，コンデンサーにかかる電圧（d に対する c の電位）V_C を式で表せ。

※問題は次ページに続きます。

(4) $V = V_R + V_L + V_C$ の関係を用いて，下の（ア）（イ）に入る式を答えよ。
$$V = （ア）\times I_0 \sin(\omega t + \alpha) \quad \text{ただし，} \tan\alpha = （イ）$$
(5) I は V よりも位相がどれだけ遅れているか，あるいは進んでいるか。
(6) 電源電圧 V の最大値 V_0 はいくらか。
(7) 電源電圧の実効値 V_e と回路に流れる電流の実効値 I_e との関係をいえ。
(8) 回路全体のインピーダンスはいくらか。

176 RLC 並列回路

図のように，抵抗値 R の抵抗，自己インダクタンス L のコイルおよび電気容量 C のコンデンサーを並列に接続する。その両端 a，b に，a が b よりも高電位であるときを正として電圧 $V = V_0 \sin\omega t$ の交流電源を接続する。時刻 t において，図中の矢印の向きに流れる電流をそれぞれ I_R，I_L，I_C とする。

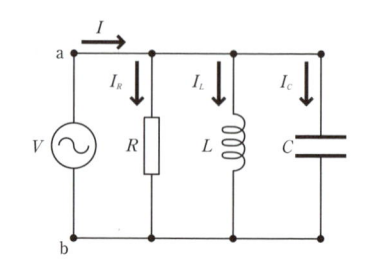

(1) 時刻 t において，抵抗に流れる電流 I_R を式で表せ。
(2) 時刻 t において，コイルに流れる電流 I_L を式で表せ。
(3) 時刻 t において，コンデンサーに流れる電流 I_C を式で表せ。
(4) 回路全体を流れる電流 I は，図中の矢印の向きを正として，次の式で表される。下の（ア）（イ）に入る式を答えよ。
$$I = （ア）\times V_0 \sin(\omega t + \alpha) \quad \text{ただし，} \tan\alpha = （イ）$$
(5) I は V よりも位相がどれだけ遅れているか，あるいは進んでいるか。
(6) I の最大値 I_0 はいくらか。
(7) 電源電圧の実効値 V_e と回路に流れる電流の実効値 I_e との関係をいえ。
(8) 回路全体のインピーダンスはいくらか。

177 電気振動

問1) 図1のように，ばね定数 k の軽いばねに質量 m の小球をつけ，これをなめらかな水平面上に置く。ばねが自然長のときの小球の位置を O とし，O を原点として x 軸をとり，右向きを正の向きにとる。

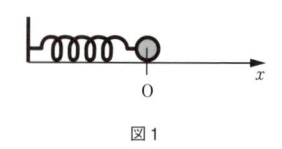

図1

(1) 小球を $x = x_0$ の位置まで移動させると，ばねはエネルギーを蓄える。このとき，ばねのもつエネルギーを式で表せ。

次に，小球を $x = x_0$ の位置で静かにはなすと，小球は単振動運動を行う。

(2) 任意の時刻における小球の速度を v，位置座標を x とする。このとき，小球とばねのもつエネルギーの和を式で表せ。

(3) 上の2つの状態の間で成り立つエネルギー保存則を式で表せ。

問2）図2のように，自己インダクタンス L のコイル，電気容量 C のコンデンサーを電池に接続する。はじめ，スイッチはどちらも開いてある。

(4) スイッチ S_1 を閉じると，コンデンサーには Q_0 の電荷が蓄えられる。このとき，コンデンサーのもつエネルギーを式で表せ。

次に，S_1 を開き S_2 を閉じると，コンデンサーとコイルの間には振動電流が流れ，電気振動が起こる。

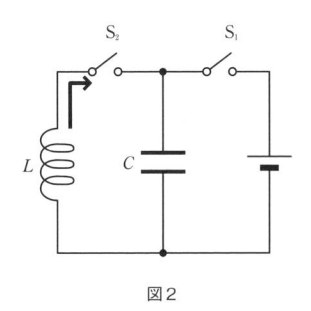

(5) 任意の時刻において，矢印の向きに流れる電流を I，コンデンサーの上の極板に蓄えられる電荷を Q とする。このとき，コイルとコンデンサーのもつエネルギーの和を式で表せ。

(6) 上の2つの状態の間で成り立つエネルギー保存則を式で表せ。

問3）問2の電気振動は，問1の単振動と対応させて考えることができる。L, C, Q, I は，それぞれ問1の何と対応しているか。また，微小時間 Δt の間に小球の位置が Δx だけ変化するとして，小球の速度 v を式で表せ。同様にして，電流 I を式で表せ。

問4）問1の単振動の周期はいくらか。また，単振動と電気振動の対応を考え，問2の電気振動の周波数（固有周波数）を求めよ。

図2

178 共振回路

図のように，自己インダクタンス L のコイルと電気容量 C のコンデンサーを並列に接続し，抵抗値 R の抵抗を直列に加える。ab 間には，電源電圧（b に対する a の電位）が $V = V_0 \sin \omega t$ で表される交流電源をつなぐ。各素子に流れる電流は，矢印の向きを正として I_R, I_L, I_C とする。電源の周波数 $f \left(= \dfrac{\omega}{2\pi} \right)$ を変化させていき f が f_0 になると，I_R が t に関係なく 0 となった。$f = f_0$ のとき，次の各問いに答えよ。

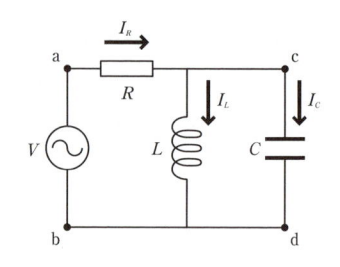

(1) cd 間の電圧（d に対する c の電位）V_{cd} は，t を用いてどのように表されるか。
(2) I_L は t を用いてどのように表されるか。
(3) I_C は t を用いてどのように表されるか。
(4) $I_R = 0$ となることを用いて，f_0（共振周波数）を求めよ。

交流電源をはずし ab 間にアンテナを接続すると，アンテナからとり込まれる電気信号のうち，共振周波数 f_0 以外の電気信号は急激に弱められ，f_0 と同じ周波数の電気信号のみをとり出すことができる。このようにして，テレビやラジオでは受信する放送局の選局を行っている。

第 5 章

原子

1. 電子と光子

要点

1 半導体
- 半導体のキャリア（電流のにない手）
  - n 型半導体 → **電子**
  - p 型半導体 → **ホール（正孔）**
- 半導体ダイオード
  - p 型が高電位（順方向）
    → 電流は p から n へ流れる
  - n 型が高電位（逆方向）
    → 電流は流れない

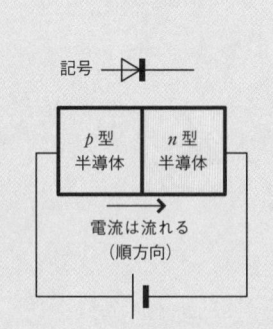

2 光電効果
- 光量子説

  振動数 ν，波長 λ の光は

  エネルギー $E = h\nu = \dfrac{hc}{\lambda}$　　h：プランク定数　c：光速

  をもつ**光子**（＝光の粒）の集団である。

- 光電効果

  ある一定の振動数以上の光を当てたときに限り，電子が飛び出す現象。

  $$h\nu = W + \dfrac{1}{2}mv_{max}^2$$

  仕事関数　$W = h\nu_0$
  　h：プランク定数
  　ν_0：限界振動数

  光電子の最大運動エネルギー　$\dfrac{1}{2}mv_{max}^2 = eV_0$

  V_0：阻止電圧

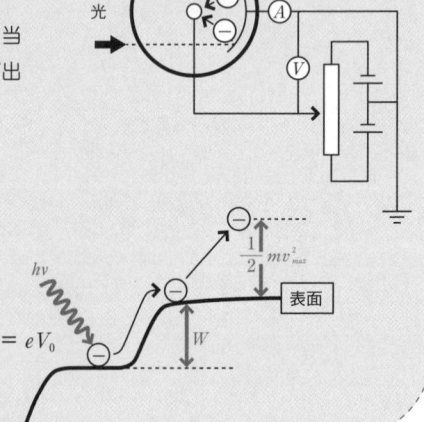

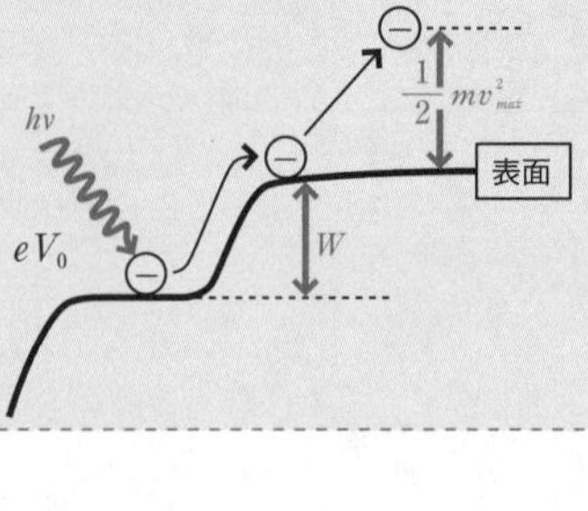

179 トムソンの実験

(1) 次の文は，電子の比電荷の測定方法について述べたものである。
（ ア ）～（ サ ）に適する式または言葉を記入せよ。

図のように，x 軸，y 軸をとり，2枚の偏向電極 A, B 間に A が高電位となる電圧 V を加え，d だけ隔てて x 軸に平行に置く。A, B 間に生じた電場中に，電荷 $-e$，質量 m の電子を原点 O から $+x$ 方向に速度 v_0 で入射させると，電子は（ ア ）軸（ イ ）の向きに，大きさ（ ウ ）の静電気力を受けるから，電子は同じ向きに，大きさ（ エ ）の加速度で運動する。また，偏向電極の長さを ℓ とすると，電子が電場を通過するのに要する時間は（ オ ）となるから，電子が電場から出る点 P における速度の x 成分と y 成分は，それぞれ（ カ ）と（ キ ），点 P の y 座標は（ ク ）となる。電場を出ると，電子は力を受けないから，等速直線運動をして，スクリーン上の点 Q にあたる。電極の右端からスクリーンまでの距離を L とすると，点 Q の y 座標は（ ケ ）となり，y は V に（ コ ）することがわかる。したがって，電子の比電荷 $\frac{e}{m}$ は（ サ ）となり，v_0 がわかっているとき，V, d, ℓ, L, y を測定すれば，$\frac{e}{m}$ の値を求めることができる。

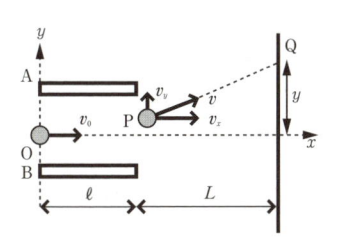

(2) 次の文は，電子の速度 v_0 の測定方法について述べたものである。
（ シ ）～（ ソ ）に適する式または言葉を記入せよ。

上の図の偏向電極 A, B の間に，電場と垂直に紙面の（ シ ）から（ ス ）に向かう一様な磁束密度 B を加える。B の強さを適当に調節すると電子は直進し，これにより v_0 を測定することができる。v_0 は，V, d, B を用いて（ セ ）と表される。$\frac{e}{m}$ は，V, d, ℓ, L, y, B を用いて（ ソ ）と表すことができ，電子の比電荷を測定値より求めることができる。トムソンは以上のような方法で，電子の比電荷の測定に成功した。

180 磁場中の電子の運動と比電荷

磁束密度 B の一様な磁場がある。電圧 V で加速した電子を磁場に垂直に入射したところ，電子は半径 r の等速円運動を行った。電子の比電荷を B, V, r を用いて表せ。

181 ミリカンの油滴実験

図は電気素量 e の値を測定したミリカンの油滴実験の概略を示している。油滴は上部の霧吹きで作られる。小さな穴をもった間隔 ℓ の平行な極板間には、電位差を与えて一様な電場を作ることができるようになっている。また、油滴の電荷は、窓から X 線を照射することによって変えられる。電位差がある場合とない場合について、それぞれ等速運動をする油滴の速さを測定し、油滴の電荷を求める。油の密度を d、空気の密度を d_0、重力加速度の大きさを g とする。また、油滴は半径 r の球とし、この油滴が空気中を速さ v で運動するとき、抵抗 krv (k は比例定数) を受けるものとして、以下の問いに答えよ。

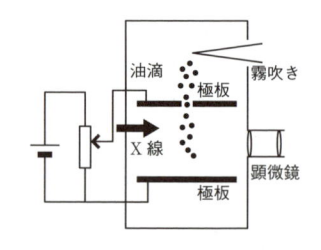

I. 極板間に電位差がないとき、油滴は極板間を一定の速さ v_1 で落下した。
 (1) 油滴にはたらく浮力の大きさを求めよ。
 (2) 油滴にはたらく力のつり合いの式を導け。また、油滴の半径 r を求めよ。

II. 次に、極板間に電位差 V を与えたところ、この油滴は極板間で上昇し始め、やがて一定の速さ v_2 になった。
 (3) 油滴の電荷を $-q$ として、この油滴にはたらく力のつり合いの式を求めよ。
 (4) 油滴の電荷の大きさ q を $v_1, v_2, \ell, V, d, d_0, g$ および k を用いて表せ。
 (5) 繰り返し行われた測定から求められた油滴の電荷の大きさを、その値の小さい順に並べたら表のようになった。どの油滴の電荷の値もそれぞれ電気素量 e の整数倍になっているものとして、表の測定結果を用いて、電気素量 e の値を有効数字 2 桁まで求めよ。

順　　序	1	2	3	4	5	6
油滴の電荷の大きさ q ($\times 10^{-19}$ [C])	4.9	6.5	9.7	11.3	14.5	17.6

[新潟大]

182 半導体ダイオード [難易度 ☺☺☺☺☹]

次の文章の（ ア ）～（ セ ）に適当な語句，記号，式，または数値を入れよ。

(1) 図1のように，異なる性質をもつ2個の半導体a，bを接合してダイオードを作った。半導体aは4個の最外殻電子をもつ純粋なSi（ケイ素）に，不純物として5個の最外殻電子をもつSb（アンチモン）をわずかに加えた（ ア ）型半導体であり，（ イ ）の移動によって電気伝導が生じる。一方，半導体bは　純粋なSiに，不純物として3個の最外殻電子をもつIn（インジウム）をわずかに加えた（ ウ ）型半導体であり，（ エ ）によって電気伝導が生じる。このダイオードは端子Bの電位が端子Aの電位より（ オ ）なると電流が流れ，電位がこの逆になると電流はほとんど流れない。

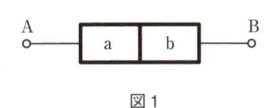

図1

(2) 図2に示すように，図3の電圧電流特性をもつダイオードDと150Ωの抵抗とを直列にして，1.2Vの電源につないだとき，この回路に流れる電流を知りたい。回路の中でのダイオードDにかかる電圧をV〔V〕，回路に流れる電流をi〔A〕とすると，キルヒホッフの法則から電流iと電圧Vの関係は，

$i = $（ カ ）

で表される。この式と図3の電圧電流特性曲線との交点を求めると，回路を流れる電流の値は（ キ ）〔A〕となる。また，このときダイオードDで消費される電力の値は（ ク ）〔W〕である。

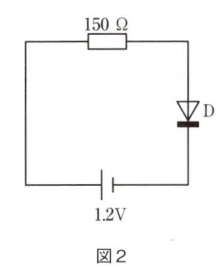

図2

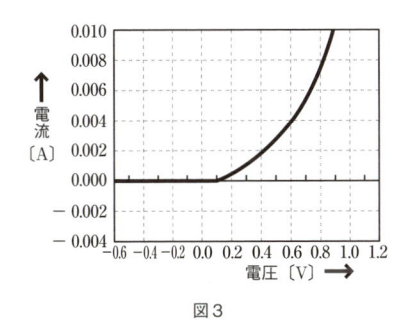

図3

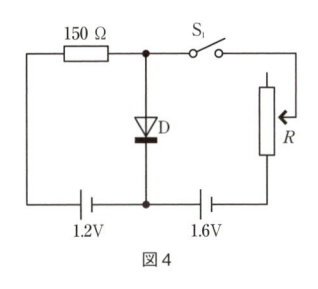

図4

※問題は次ページに続きます。

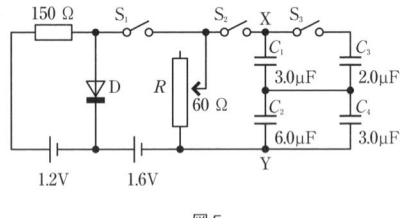

(3) 図2の回路に，抵抗値が十分大きな滑り抵抗器 R，1.6V の電源，スイッチ S_1 をつけ加えて図4の回路を作った。スイッチ S_1 を閉じたのち，滑り抵抗器 R の抵抗値を最大抵抗値から減少させたとき，（　ケ　）〔Ω〕以下になると，ダイオード D にかかる電圧は逆方向となり，ダイオード D には電流が流れなくなった。さらに，滑り抵抗器 R の抵抗値を減少させて $60\,\Omega$ に設定すると，滑り抵抗器 R の両端の電位差は（　コ　）〔V〕になった。

(4) 次に，滑り抵抗器 R の抵抗値を $60\,\Omega$ にしたままで，電気容量がそれぞれ $3.0\,\mu\mathrm{F}$, $6.0\,\mu\mathrm{F}$, $2.0\,\mu\mathrm{F}$, $3.0\,\mu\mathrm{F}$ のコンデンサー C_1, C_2, C_3, C_4, スイッチ S_2, S_3 を回路につけ加えて図5のような回路を作った。このとき，どのコンデンサーにも電荷は蓄積されていなかったとする。

図5

(i) スイッチ S_3 を開いた状態で，S_1 と S_2 を閉じたとき，端子 XY 間を1つのコンデンサーとみなすと，XY 間の電気容量は（　サ　）〔F〕となる。その後，十分時間が経過したのち，このコンデンサーに蓄えられる電荷は（　シ　）〔C〕となる。また，コンデンサー C_1 に蓄積される電荷は，（　ス　）〔C〕となる。

(ii) この状態から，スイッチ S_2 を開いて S_3 を閉じる。その後，時間が経過して S_3 を通る電流の変化がなくなったとき，コンデンサー C_1 に蓄積される電荷は（　セ　）〔C〕となる。

[長崎大]

183 光電効果 [難易度 ☺☺☺☺😡]

光電管を用いた図1のような回路がある。今，陰極Kに一定の強さで，ある波長の光をあて，陽極Pに加える電圧（Kに対するPの電位）を変えて電流計Ⓐに流れる電流を測定したところ，図2のような結果が得られた。電子の電荷を$-e$〔C〕，プランク定数をh（$h = 6.6 \times 10^{-34}$〔J·s〕）とする。以下の問いに答えよ。

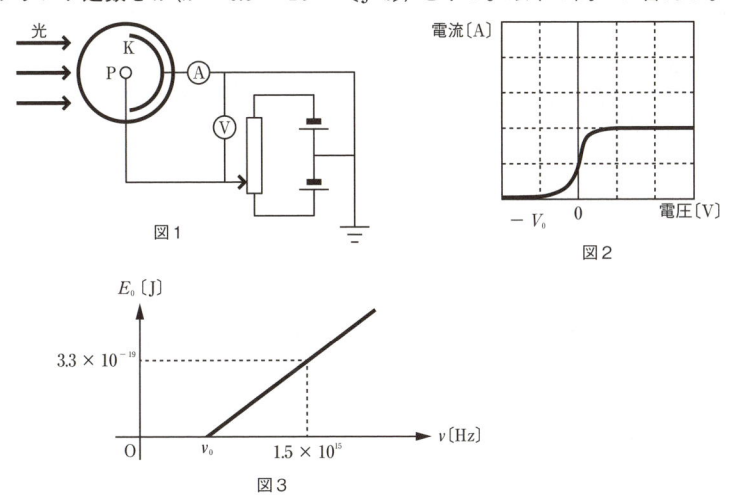

図1

図2

図3

(1) 図2によると，$-V_0$〔V〕を境に電流が流れなくなる。この理由を述べよ。
(2) 陰極から飛び出す電子がもっている運動エネルギーの最大値E_0〔J〕をV_0〔V〕を用いて表せ。
(3) 光の強度を2倍にして実験を行った場合，予想される結果を図2にかき加えよ。なお，図中の曲線は光の強度を2倍にする前の結果である。

次に，陰極Kにあてる光の波長を変えて同様な実験を行った。実験の結果を，光の振動数ν〔Hz〕に対する電子の運動エネルギーの最大値E_0〔J〕の関係としてグラフにかくと，図3のようになった。グラフが横軸と交わる点の光の振動数ν_0〔Hz〕を限界振動数という。

(4) ν_0〔Hz〕より小さな振動数の光をKにあてると，電流計に電流が流れなくなる。この理由を述べよ。
(5) E_0をν，ν_0，hを用いて表せ。
(6) 陰極Kの金属に対する限界振動数ν_0〔Hz〕の値はいくらか。
(7) 陰極Kの金属の仕事関数の値はいくらか。
(8) 陰極Kの金属を，仕事関数がより小さい金属にかえて，実験を行った。予想される結果を図3にかき加えよ。

2. X線

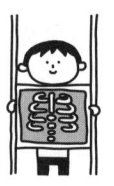

要点

① X線

- 連続X線の最短波長 λ_0

$$eV = \frac{hc}{\lambda_0}$$

$$\lambda_0 = \frac{hc}{eV}$$

- ブラッグの反射条件
  光路差が波長の整数倍になる。
  $$2d\sin\theta = n\lambda$$
  $(n = 1, 2, \cdots\cdots)$

- 光子の運動量 P
  $$P = \frac{h}{\lambda} = \frac{h\nu}{c}$$

- コンプトン効果
  2次X線の波長が入射X線より大きくなる現象。
  光子（X線）と電子が弾性衝突するとき、以下の2つが成立。
  $\begin{cases} \text{運動量保存則}(x, y \text{方向}) \\ \text{エネルギー保存則} \end{cases}$
  衝突後の光子（X線）の波長は衝突前より長くなる。

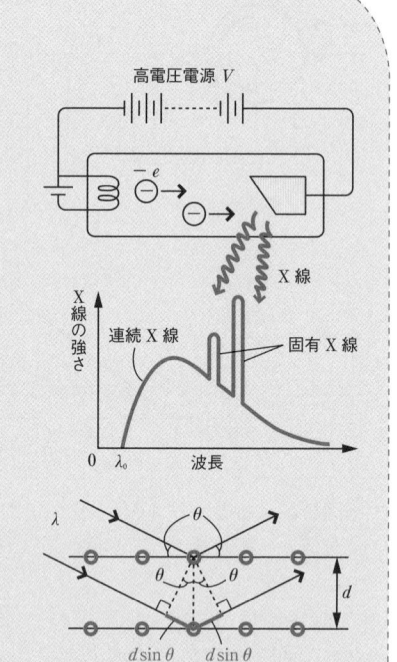

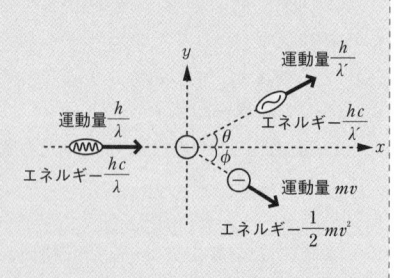

2. X線

184 X線の発生 [難易度 ☺☺☹☺☺]

図のように，高真空のガラス管に2つの電極を封入し，両極間に V [V] の高電圧をかける。陰極から初速 0 m/s で放出された質量 m [kg]，電気量 $-e$ [C] の熱電子は高電圧により加速され，高速で陽極に衝突する。

(1) 陽極に衝突する直前の電子の速さはいくらか。

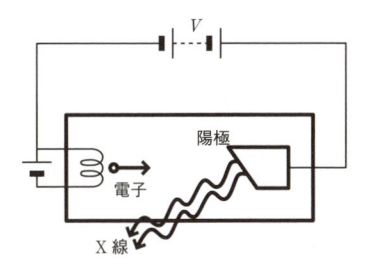

電子が衝突により急激に止められると，X線が発生する。発生するX線の強さと波長の関係を調べてみると，発生するX線には，ある限界波長（最短波長）よりも長い波長成分が連続的に含まれている連続X線と，特定の波長に強く現れる固有（特性）X線の2種類があることがわかる。

(2) 限界波長はいくらか。ただし，光速を c [m/s]，プランク定数を h [J·s] とする。

(3) 電圧 V を大きくすると，連続X線の最短波長はどうなるか。また，固有（特性）X線の波長はどうなるか。

185 ブラッグ反射とコンプトン効果 [難易度 ☺☺☺☹☺]

下の文中の（ ）に適切な式または語句を記入せよ。

X線は波としての性質（波動性）と粒子としての性質（粒子性）の両方を合わせもっている。図1のように，X線を結晶にあてると，X線は結晶内の等間隔で平行な格子面で反射され，特定の方向に強い反射X線が観測される。入射X線の波長を λ [m]，入射X線と格子面とのなす角度を θ [rad]，格子面の間隔を d [m] とすると，θ が

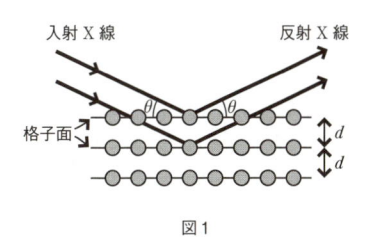

（ 1 ）$= n$　　（n は自然数）

の条件をみたす場合に反射したX線は強め合う。これは，X線の（ 2 ）性を示すものである。ここで，入射X線の波長を $\lambda = 1.5 \times 10^{-10}$ m として，θ を0から徐々に大きくしていくと，$\theta = \dfrac{\pi}{6}$ rad で反射X線の強さが初めて極大になった。このことから格子面の間隔は，（ 3 ）m と考えられる。

図1

※問題は次ページに続きます。

一方，X線を物質にあてたとき，散乱されたX線には入射X線とは異なる波長のX線が含まれている。これはX線の（　4　）性を示すものである。図2のように，静止している質量 m [kg] の電子に波長 λ [m] のX線をあてる場合を考える。衝突後，X線は入射X線に対して α [rad] の角度に散乱され，電子は β [rad] の角度にはね飛ばされたとする。散乱X線の波長を λ' [m]，衝突後の電子の速さを v [m/s]，プランク定数を h [J·s]，光速を c [m/s] とする。この衝突においては運動量とエネルギーが保存されるので，次の関係式が成り立つ。

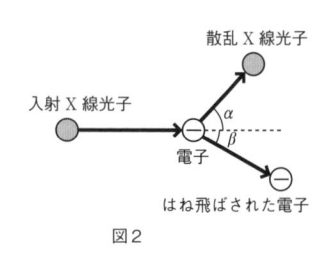

$$\frac{h}{\lambda} = (\ 5\ ), \quad 0 = (\ 6\ ), \quad \frac{hc}{\lambda} = (\ 7\ )$$

これらの関係式より，λ' と λ の差が小さく $\frac{\lambda'}{\lambda} \fallingdotseq 1$，$\frac{\lambda}{\lambda'} \fallingdotseq 1$ とみなせるとき，波長のずれ $\lambda' - \lambda$ は

$$\lambda' - \lambda = (\ 8\ )$$

と導かれる。この結果から，散乱角が（　9　）X線ほど，その波長は長くなることがわかる。

[改 岩手大]

3. 原子と原子核

要点

1 ボーアの水素原子模型

- **量子条件**
  電子が安定したまま，円軌道に存在する条件。

  $$mvr = n\frac{h}{2\pi} \quad (n = 1, 2, \cdots)$$

  n：量子数

  ド・ブロイの物質波 $\left(\lambda = \dfrac{h}{mv}\right)$ による解釈

  $$2\pi r = n\lambda = n \cdot \frac{h}{mv}$$

- **振動数条件**

  $$\frac{hc}{\lambda} = E_n - E_{n'}$$

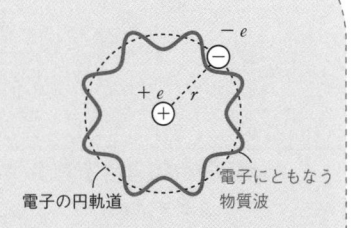

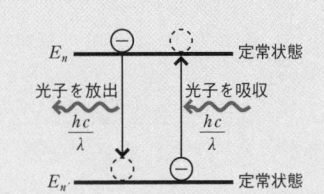

2 原子核

- **原子核の表記法**

  $${}^{A}_{Z}\mathrm{X}$$

  A：質量数　　X：元素記号　　Z：原子番号

  陽　子：${}^{1}_{1}\mathrm{H}\,({}^{1}_{1}\mathrm{P})$
  中性子：${}^{1}_{0}\mathrm{n}$
  電　子：${}^{\;\;0}_{-1}\mathrm{e}$

- **原子核反応式**

  ⇩

  左右両辺の $\begin{cases} \text{質量数の和} \\ \text{原子番号の和} \end{cases}$ は等しい

3 半減期

半減期 T の放射性原子核の数が，はじめ N_0 個あり，時間が t 経過したあと N 個になったとすると，次の式が成り立つ。

$$N = N_0 \left(\frac{1}{2}\right)^{\frac{t}{T}}$$

4 原子核の結合エネルギー

$$\Delta E = \Delta m c^2$$

$\begin{pmatrix} \Delta m：質量欠損 \\ c：光速 \end{pmatrix}$

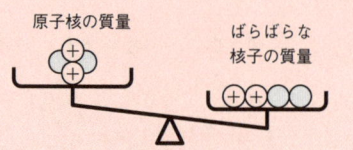

186 物質波

次の文中の（　）に適切な語句あるいは式を記入せよ。

アインシュタインは，光は波の性質をもつだけでなく粒子の性質ももつとする（　ア　）仮説を唱え，光電効果を説明することに成功した。この考えをさらに発展させて，ド・ブロイは，波と考えられている光に粒子性があるのなら，電子のような粒子と考えられているものにも波の性質があるのではないかと考えた。この波は（　イ　）波といい，質量 M〔kg〕の粒子が速さ v〔m/s〕で動くとき，その波長 λ〔m〕はプランク定数 h〔J·s〕を用いて $\lambda =$（　ウ　）〔m〕で与えられる。静止した電子を電圧 V〔V〕で加速したときの電子の波長は，電子の質量を m〔kg〕，その電荷の大きさを e〔C〕とすると，（　エ　）〔m〕となる。これより，加速電圧を増加させていくと電子の波長は（　オ　）なり，適当な電圧ではX線の波長と同程度になるため，X線回折と同じ回折実験ができる。

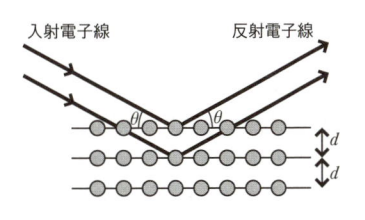

図のように等しい面間隔 d〔m〕の格子面をもつ結晶に電子線をあて回折実験を行う。ここでは，格子面に対して入射方向を一定にして連続的に波長を変える方法を用いる。電子線を格子面と θ〔rad〕をなす方向から入射させ，電子の加速電圧を増加させていくと，反射電子線の強度には繰り返しピークが現れる。ピークが現れるのは，積み重なった平行な格子面から反射されてくる電子線の位相がそろうときである。すなわち，X線回折の場合の（　カ　）条件と同じように d, λ, θ の間に（　キ　）（ここで $n = 1, 2, 3, \cdots\cdots$）の関係があるときである。これから，反射強度がピークになるときの電子の加速電圧は（　ク　）〔V〕と表される。

［改 愛媛大］

187 ボーアの水素原子模型 [難易度 ☺☺☺☺😣]

水素原子内で定常状態にある電子は，原子核のまわりを半径 r，速さ v で等速円運動をしているとみなすことができる。下の各問いに答えよ。ただし，電子の電荷を $-e$，質量を m，プランク定数を h，クーロンの法則の比例定数を k_0，光速を c とする。

(1) 電子の運動方程式をかけ。

(2) 電子が定常状態を保って軌道上を運動し続けるためには，電子にともなう物質波が軌道の周に沿って定常波を作っていなければならない。このときみたすべき条件式（量子条件）を示せ。ただし，n（量子数）を自然数として，これを用いること。

(3) (1), (2)の結果より，半径 r を m, n, h, k_0, e を用いて表せ。

(4) 電子の全エネルギーを m, n, h, k_0, e を用いて表せ。ただし，電子が原子核から無限に離れているときの位置エネルギーを 0 とする。

(5) 水素原子による光の吸収・放出のスペクトルは次式で与えられる。

$$\frac{1}{\lambda} = R\left(\frac{1}{n_1^2} - \frac{1}{n_2^2}\right)$$

ここで，λ は光の波長，n_1, n_2 は自然数で $n_1 < n_2$ である。(4)の結果を用いて，R を m, h, k_0, e, c で表せ。

(6) 水素原子のイオン化エネルギーを R, h, c を用いて表せ。

188 半減期

以下の文章中の空欄（ ）に適した記号または数値（有効数字3桁）を記入せよ。

炭素 $^{14}_{6}\text{C}$ の β 崩壊を利用した年代測定法を考えよう。上空の大気中で高エネルギーの宇宙線によって生成される中性子 $^{1}_{0}\text{n}$ と単独では安定な窒素 $^{14}_{7}\text{N}$ の原子核との反応によって，放射性の炭素 $^{14}_{6}\text{C}$ が次の過程で作り出される。

$$^{14}_{7}\text{N} + ^{1}_{0}\text{n} \rightarrow ^{14}_{6}\text{C} + (\text{ ア })$$

生成された $^{14}_{6}\text{C}$ は半減期5730年で β 崩壊を起こし，安定な原子核（ イ ）に変わる。

これらの反応により大気中の $^{14}_{6}\text{C}$ の量は安定な $^{12}_{6}\text{C}$ と一定の存在比で平衡が保たれている。光合成を行っている植物内に存在するこれら2つの種類の炭素の量の比も大気中の存在比と同じ値と考えられる。しかし，植物が枯れると代謝が止まり，そのため $^{14}_{6}\text{C}$ の β 崩壊により植物内における2種類の炭素存在比は変化する。

したがって，2種類の炭素の存在比が現在生きている植物内の存在比の $\frac{1}{5}$ 倍になっている木材の，枯れてからの年数は（ ウ ）年と推定できる。

ただし，$\log_{10}2 = 0.301$，$\log_{10}5 = 0.699$ とする。

[山口大]

189 結合エネルギー [難易度 ☺☺☺☺☹]

下の図と表を用いて(1)〜(5)の問いに答えよ。答えの数値は有効数字2桁まで求め、途中の計算と解答を記せ。

図は原子核の結合エネルギーを質量数で割った、1核子あたりの結合エネルギーの実測値を、横軸に質量数をとって示したものである。ただし、計算に必要な実測値は表に示してある。

(1) 原子核 ^{12}C の結合エネルギーは何 MeV か。

(2) 原子核 ^{12}C の質量欠損は、電子の質量の何倍か。ただし、電子が静止状態でもつエネルギーは 0.51MeV である。

(3) 2つの原子核 ^{3}H と ^{2}H が核融合を起こし、^{4}He と中性子が作られたとする。このときに発生するエネルギーはいくらか。

(4) 原子核 ^{235}U が核分裂を起こし、質量数のほぼ等しい2つの原子核に分裂したとする。このときに放出されるエネルギーはおよそいくらになるか。次の数値から近いものを選び、その理由を簡単に記せ。

　　(50MeV, 100MeV, 200MeV, 500MeV, 1000MeV)

(5) 質量数の小さい軽い原子核では(3)のような核融合が起こり、ウランのように重い原子核では(4)のように核分裂が起こる。図よりその理由を説明せよ。

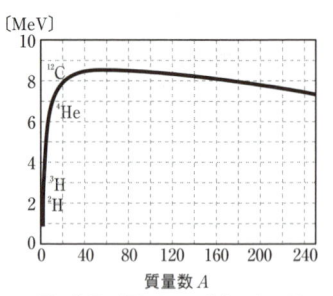

図　核子1個あたりの結合エネルギー

表　核子1個あたりの結合エネルギー

原子核	^{2}H	^{3}H	^{4}He	^{12}C
核子1個あたりの結合エネルギー〔MeV〕	1.1	2.7	7.1	7.7

[九州工大]

3. 原子と原子核

最後までよく頑張りました。あなたの頑張りは必ず"力"に変わっています。1周やり終えても，まだ自信のない人のほうが多いと思います。解けなかった問題を中心に2周，3周と繰り返して，この1冊の問題集を完ペキに仕上げてください。そうすれば，試験会場で安心して問題に立ち向かえるはずです。

みなさんの成功を祈っております。

ひとりで学べる
秘伝の物理問題集
（力学・熱・波動・電磁気・原子）

デザイン・イラスト
山本光徳

編集協力
秋下幸恵　江川信恵　野口光伸
菅あかり　須田百恵　渡辺泰葉
校正
岡田成美　光山倫央　林千珠子

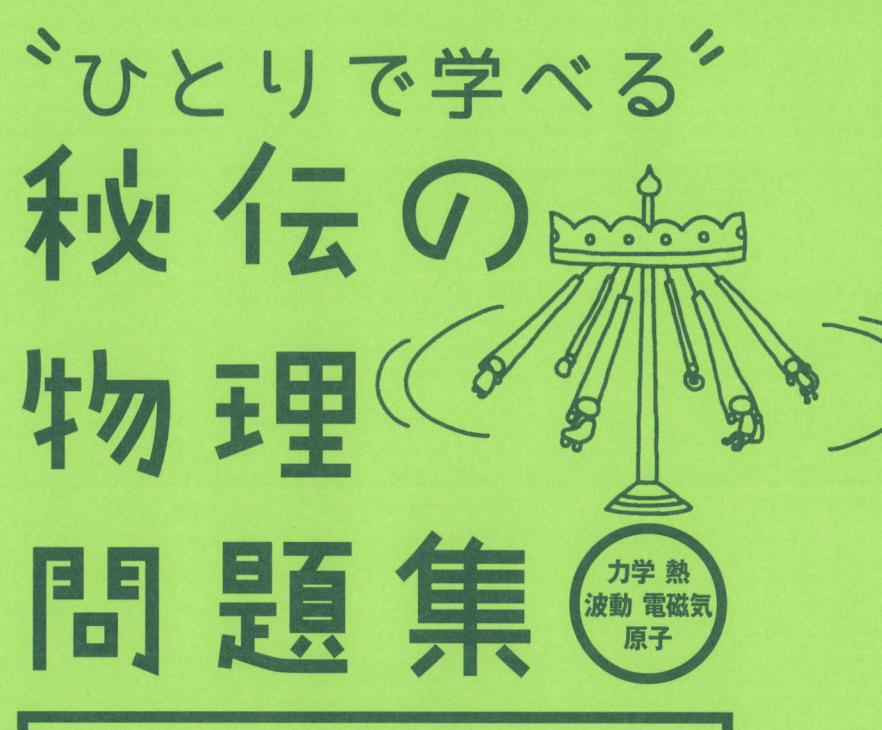

"ひとりで学べる" 秘伝の物理問題集

力学 熱 波動 電磁気 原子

解答編

> 🖥マークのある問題は動画での解説をYouTubeで公開しています。問題編に掲載されているQRコードを読みとるか，YouTubeの検索窓で「秘伝の物理問題集」と「問題番号」と「問題のタイトル」を入力して検索してください。
>
> 【例】 秘伝の物理問題集　1　速度の定義とx−tグラフ　検索
>
> ※動画撮影後，誌面に編集を加えた点があるため，動画上の誌面とお手元の誌面の問題番号などが異なる場合があります。どちらも内容が間違っているわけではございませんので，安心してご使用ください。

本書は2011年8月に発行された『秘伝の物理』に，新しい問題を追加し改訂したものです。

Gakken

1. 物体の運動

解説 1 速度の定義と x-t グラフのテーマ

- 距離と変位，速さと速度の違い
- 速度の定義
- x-t グラフの見かた

(1) 時刻 $t=8 \sim 10$s の移動距離は
$12-8=4$ [m]，
時刻 $t=10 \sim 13$s は静止し，
時刻 $t=13 \sim 16$s の移動距離は
$|0-12|=12$ [m] だから
$4+12=\mathbf{16}$ **[m]** …**答**

> 移動距離は，通過した道のりのことだから，**必ず正の値**(絶対値)になる。**距離はスカラー**である。

(2) 時刻 $t=13 \sim 16$s の変位は
$0-12=\mathbf{-12}$ **[m]** …**答**

> **変位はベクトル**である。-12 [m] のマイナスの符号は負の向きを表している。すなわち，負の向きに12[m]移動したことになる。
>
> ⚠ 距離は必ず正の値になり，変位の符号は向きを表すよ。

(3) 物体は，8秒間に8m移動しているので，その間の平均の速さは

$$\frac{8\text{m}}{8\text{s}} = \mathbf{1} \text{ [m/s]} \cdots \text{答}$$

> 平均の速さは
> $$\text{平均の速さ} = \frac{\text{移動距離}}{\text{経過時間}}$$
> で表される。平均の速さ1[m/s]は，x-t グラフにおいて，(t, x) 座標の2点 $(0, 0)$，$(8, 8)$ を結ぶ線分の傾きになっていることに注意せよ。

(4) 時刻7sの瞬間の速度は，x-t グラフにおいて，$t=7$s での接線の傾きだから

$$\frac{(12-3) \text{ m}}{(13-7) \text{ s}} = \mathbf{1.5} \text{ [m/s]} \cdots \text{答}$$

(5) 速度 v は x-t グラフの傾きで表されるから

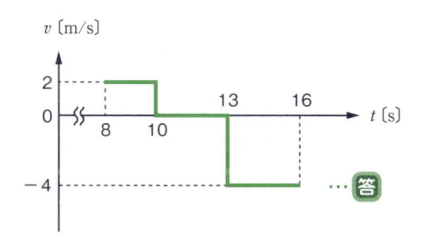

> **速度(瞬間の速度)** v は，微小時間 Δt の間の変位を Δx として
> $$v = \frac{\Delta x}{\Delta t}$$
> で定義され，x-t グラフの傾きで表される。グラフが曲線の場合，その時刻における接線の傾きで表される。
>
> ⚠ 速度の定義式
> $$v = \frac{\Delta x}{\Delta t}$$
> はここで覚えちゃおう。

…**答**

002　第 1 章　力学

> **Point!**
> ・距離，速さ　→　**スカラー**
> ・変位，速度　→　**ベクトル**
> ・速度の定義式　　$v = \dfrac{\Delta x}{\Delta t}$
> ・$x\text{-}t$ グラフの傾き　→　**速度**

解説　2　**相対速度**のテーマ

・A に対する B の相対速度（A から見た B の速度）

(1)　東向きに **30 〔km/h〕** …答

(2)　西向きに **30 〔km/h〕** …答

(3)　観測者は B だから，A の速度 80〔km/h〕から B の速度 −50〔km/h〕を引いて求める。

　　$80 - (-50) = \mathbf{130}$ **〔km/h〕** …答

(4)　観測者は A だから

　　$(-50) - 80 = \mathbf{-130}$ **〔km/h〕** …答

(5)　A，B の速度は一直線上にないので，それぞれの速度をベクトル（矢印）で表し，作図によって解いていく。観測者は B だから，A の速度ベクトルから B の速度ベクトルを引いて求める。

　　図より，B から見た A の速度は，**南東に 141〔km/h〕** …答

> まずは，自分が自動車 B に乗ったつもりになって，直感で答えてみよう。

> 直感で答えることもできるが，ここでは計算によって求める方法を身につけよう。
> 　　$80 - 50 = 30$〔km/h〕
> すなわち，B から見た A の速度は，A の速度から B（観測者）の速度を引いて求めることができる。一般に，相対速度は，**観測者の速度を引く**ことにより求められる。

> 観測者は A だから，B の速度 50〔km/h〕から A の速度 80〔km/h〕を引いて求める。
> 　　$50 - 80 = -30$〔km/h〕
> したがって，負の向き（西向き）に 30〔km/h〕である。

> この答えが，自分の直感と一致しているか，確認しておこう。

B の速度
100〔km/h〕

B から見た A の速度
141〔km/h〕

A の速度
100〔km/h〕

(6) 図より，Aから見たBの速度は，**北西に141〔km/h〕**…**答**

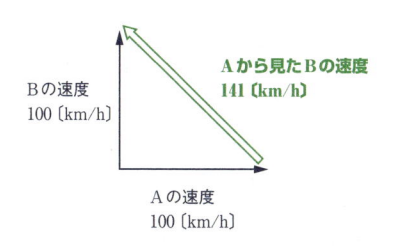

```
            Aから見たBの速度
            141〔km/h〕
Bの速度
100〔km/h〕

        Aの速度
        100〔km/h〕
```

> **㊙ テクニック！**
>
> 相対速度は
>
> **観測者の速度を引く**
>
> ことにより求められる。
>
> ❗ 月日が経つと，相対速度の細かな内容は忘れてしまいそうだけど，このキーワード"観測者の速度を引く"だけは，絶対に忘れないでね！

解説

3 等加速度直線運動の3公式の導出のテーマ

- 加速度の定義
- v-t グラフの見かた
- 等加速度直線運動の3つの関係式

(1) 加速度 a は $a = \dfrac{\Delta v}{\Delta t}$ と定義される。本問において，速度の変化 $\Delta v = v - v_0$，

> 加速度の定義式 $a = \dfrac{\Delta v}{\Delta t}$ は，ここで覚えちゃおう。

> ○○の変化は，（変化後の値）－（変化前の値）で求められる。
>
> ❗ ○○の変化は，"(あと)－(まえ)"と覚えてね。

経過時間 $\Delta t = t$ だから

$$a = \frac{v - v_0}{t} \qquad \boldsymbol{v = v_0 + at} \quad \cdots ①$$

…答

> 加速度 a は，微小時間 Δt の間の速度の変化を Δv として，$a = \frac{\Delta v}{\Delta t}$ と定義される。本問においては，加速度 a が一定なので Δt を微小時間にしなくてもよい。

(2) (1)で求めた式 $v = v_0 + at$ より，v は t の1次関数となっているから $v\text{-}t$ グラフは切片 v_0，傾き a の直線になる。

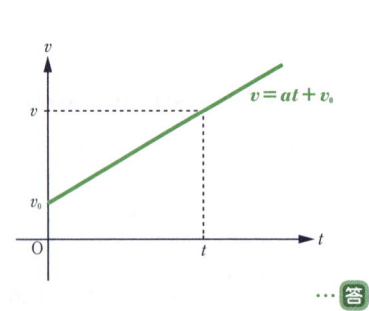

> ⚠ 中学数学で学習した1次関数 $y = ax + b$ において，a は傾き，b は切片だったよね。あれと同じだよ。

($v\text{-}t$ グラフ：$v = at + v_0$，切片 v_0，傾き a の直線)

> $a = \frac{\Delta v}{\Delta t}$ だから，加速度 a が $v\text{-}t$ グラフの傾きを表すのは，当然のことである。

…答

(3) 位置座標 x は，$v\text{-}t$ グラフと t 軸の間の台形の面積で表されるから

$$x = (v_0 + v) \times t \times \frac{1}{2}$$

①を代入して

$$\boldsymbol{x = v_0 t + \frac{1}{2} at^2} \quad \cdots ②$$

…答

> 位置座標 x は，原点Oからの変位を表している。

> $v\text{-}t$ グラフと t 軸の間の面積は，位置座標（変位）x を表している。

> ⚠ 台形の面積
> ＝(上底＋下底)×高さ×$\frac{1}{2}$
> だったよね。

(4) ①より $\quad t = \dfrac{v - v_0}{a}$

これを②に代入し，t を消去して

$$x = v_0 \times \frac{(v - v_0)}{a} + \frac{1}{2} a \times \left(\frac{v - v_0}{a}\right)^2$$

$$\boldsymbol{v^2 - v_0^2 = 2ax} \cdots 答$$

以上のような方法を用いて，等加速度直線運動の3公式を導くことができる。

Point!

- 加速度の定義式　　$a = \dfrac{\Delta v}{\Delta t}$

- $v\text{-}t$ グラフの傾き　→　加速度
  $v\text{-}t$ グラフの面積　→　変位

- 等加速度直線運動の3公式

  ①　$v = v_0 + at$

  ②　$x = v_0 t + \dfrac{1}{2}at^2$

  ③　$v^2 - v_0^2 = 2ax$

! 等加速度直線運動の3公式は、これからもよく出てくるので、ここで全部覚えちゃおう。

㊙テクニック！

○○の変化＝（あと）－（まえ）

4　$v\text{-}t$ グラフと相対速度のテーマ

- $v\text{-}t$ グラフの見かた
- 相対速度の応用

---

(1) 平均の速さ＝$\dfrac{\text{移動距離}}{\text{経過時間}}$ である。

$t = 3 \sim 7\text{s}$ の間のAの移動距離は，$v\text{-}t$ グラフと t 軸の間の面積より求まり

$$(2+4) \times 4 \times \dfrac{1}{2} = 12 \text{ (m)}$$

時間は4s要したので，Aの平均の速さは

$$\dfrac{12}{4} = 3 \text{ (m/s)} \cdots \text{答}$$

! ここまでの学習の総まとめ問題だよ。どれだけ定着しているか試してみよう。

(2) v-tグラフとt軸の間の面積は変位を表すが，ここでは移動距離を求めるのだから，面積をすべて正の値として和を求めればよい。

$$(1+3)\times 2\times \frac{1}{2}+1\times 2\times \frac{1}{2}=\mathbf{5 (m)}$$

…答

(3) <u>変位を求めればよい。符号に注意し面積の和を求めると</u>

$$-(1+3)\times 2\times \frac{1}{2}$$
$$+(1+3)\times 4\times \frac{1}{2}=\mathbf{4 (m)}\cdots 答$$

> 時刻$t=0$sと$t=3$sの間，Aのv-tグラフは$v<0$の範囲にあるので，変位は負の値になる。v-tグラフとt軸の間の面積は台形なので
>
> $$-(1+3)\times 2\times \frac{1}{2}$$
>
> となる。また，時刻$t=3$sと$t=6$sの間の変位は正の値で，これも台形なので
>
> $$(1+3)\times 4\times \frac{1}{2}$$
>
> となり，これらの和を求めればよい。

(4) v-tグラフの傾きが加速度aを表すから

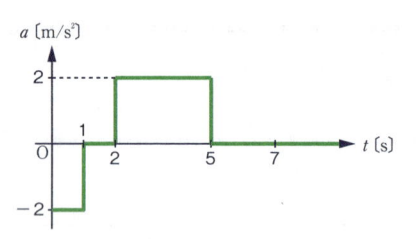

（グラフ：a [m/s²]，t [s]，値 2 および -2，時刻 1, 2, 5, 7）

(5) <u>Aの速度からBの速度を引いたとき，1 [m/s] になる時刻を答えればよい。</u>
$t=4$sのときAの速度は2 [m/s]，Bの速度は1 [m/s]。$t=6$sのときAの速度は4 [m/s]，Bの速度は3 [m/s]。したがって

4sと6s…答

> ! 観測者すなわちBの速度を引くと1 [m/s] になるということだね。

> （Aのv座標）−（Bのv座標）＝1となる時刻tを見つければよい。

(6) $t=7$sのとき，A，Bの位置（変位）がともに$x=8$mで同じになる。

$t=\mathbf{7s}$…答

A, Bのグラフとt軸の間の面積が，時刻t〔s〕のときに同じになるとして，次のように計算で求めることもできる。
0sから3sまでのAの変位は-4〔m〕
3sからt〔s〕までのAの変位（台形の面積）は（$t>5$より）
$$(t-5+t-3) \times 4 \times \frac{1}{2}$$
3sからt〔s〕までのBの変位（三角形の面積）は
$$(t-3)^2 \times \frac{1}{2}$$
だから，A, Bの変位（面積）が同じになる時刻tは
$$-4+(t-5+t-3) \times 4 \times \frac{1}{2} = (t-3)^2 \times \frac{1}{2}$$
$$t^2-14t+49=0$$
$$(t-7)^2=0$$
$$t=\mathbf{7s} \cdots 答$$

5 鉛直投げ上げのテーマ

- 等加速度直線運動の3公式の使いかた
- 鉛直投げ上げ運動の特徴

地上を原点にとり，鉛直上向きを正の向きとする。

(1)

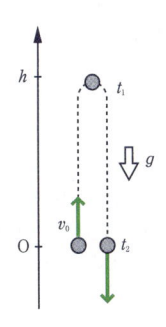

本問のように，座標軸が設定されてない場合，ボールを**投げ出す位置を原点とし，初速度の向き**，または，**これから進む向きを座標軸正の向きにとる**と解きやすい。

$v = v_0 + at$ において，$v = 0$, $a = -g$, $t = t_1$ として

$$0 = v_0 - gt_1 \qquad \boldsymbol{t_1 = \dfrac{v_0}{g}} \cdots \text{答}$$

$v^2 - v_0^2 = 2ax$ において，$v = 0$, $a = -g$, $x = h$ として

$$0^2 - v_0^2 = 2 \cdot (-g) \cdot h$$

$$\boldsymbol{h = \dfrac{v_0^{\,2}}{2g}} \cdots \text{答}$$

(2) $x = v_0 t + \dfrac{1}{2} at^2$ において，$x = 0$, $t = t_2$, $a = -g$ として

$$0 = v_0 t_2 - \dfrac{1}{2} g t_2^{\,2}$$

$t_2 \neq 0$ だから

$$\boldsymbol{t_2 = \dfrac{2v_0}{g}} \cdots \text{答}$$

$v^2 - v_0^2 = 2ax$ において，$v = v_2$, $a = -g$, $x = 0$ として

$$v_2^{\,2} - v_0^{\,2} = 2 \times (-g) \times 0$$
$$v_2^{\,2} = v_0^{\,2}$$

ここで，v_2 は鉛直下向きなので，$v_2 < 0$ だから

$$\boldsymbol{v_2 = -v_0} \cdots \text{答}$$

> 投げ出された物体は，鉛直下向きの重力だけを受けて運動するので，鉛直下向きで大きさgの加速度の等加速度直線運動をする。したがって，**鉛直方向の運動に対しては等加速度直線運動の3公式を用いることができる**。

> ボールの速度は，**最高点で一瞬0と**なるから$v = 0$，加速度は負の向きで大きさgだから，$a = -g$とする。

> $x = v_0 t + \dfrac{1}{2} at^2$ を用いてもよい。その場合，$x = h$, $t = t_1 = \dfrac{v_0}{g}$, $a = -g$ として
> $$h = v_0 \cdot \left(\dfrac{v_0}{g}\right) + \dfrac{1}{2} \cdot (-g) \cdot \left(\dfrac{v_0}{g}\right)^2$$
> $$= \dfrac{v_0^{\,2}}{2g}$$

> 時間t_2のとき，ボールは地上に戻ってくるので，このとき変位$x = 0$となる。

> 速度v_0で投げ上げたボールが，速度$-v_0$すなわち，同じ速さで逆向きに落ちてくるのは，感覚的にも理解できるはずである。

Point!

最高点 → 速度の鉛直成分が0

1．物体の運動

6 水平投射のテーマ
- 水平投射の特徴
- 等加速度直線運動の3公式の使いかた
- 座標軸のとりかた

ボールを**投げ出す位置を原点，初速度の向きをx軸正の向き，鉛直下向きをy軸正の向きとする。**

! 座標軸のとりかたにも慣れておこうね。

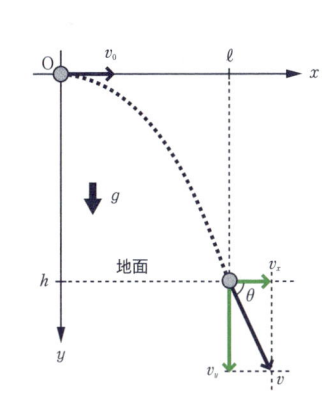

(1)

ボールを投げ出してから地面に達するまでの時間をTとすると

$x = v_0 t + \dfrac{1}{2} a t^2$ において，$x = h$, $v_0 = 0$, $t = T$, $a = g$ として

$$h = \dfrac{1}{2} g T^2$$

$T > 0$ だから　　$T = \sqrt{\dfrac{2h}{g}}$ …**答**

(2) 水平方向には等速度運動するから，求める水平距離ℓは

$$\ell = v_0 T = \boldsymbol{v_0 \sqrt{\dfrac{2h}{g}}}$$ …**答**

投げ出されたボールは，鉛直下向きの重力だけを受けて運動しているので，y方向の運動は，初速度0，加速度gの等加速度直線運動になる。したがって，y方向の運動に対しては，等加速度直線運動の3公式を用いることができる。

重力加速度の向きが，y軸正の向きと一致しているので$a = g$とする。

! 一般に，ある物理量の向きが，座標軸正の向きであれば正の値として公式に代入し，座標軸負の向きであれば負の値として公式に代入しよう。

投げ出されたボールは，水平方向には力を受けないので，水平方向には等速度運動する。

(3) ボールが地面に達する直前の速度の x 成分, y 成分をそれぞれ v_x, v_y とする。
$v_x = v_0$ である。

次に v_y を求める。
$v = v_0 + at$ において, $v = v_y$, $v_0 = 0$, $a = g$, $t = T = \sqrt{\dfrac{2h}{g}}$ として

$$v_y = g\sqrt{\dfrac{2h}{g}} = \sqrt{2gh}$$

したがって, ボールが地面に達する直前の速さ v は, 前ページの図より

$$v = \sqrt{v_x^2 + v_y^2} = \sqrt{v_0^2 + 2gh} \quad \cdots \text{答}$$

> $v^2 - v_0^2 = 2ax$ を用いて, $v = v_y$, $v_0 = 0$, $a = g$, $x = h$ として
> $$v_y^2 = 2gh$$
> $v_y > 0$ だから $v_y = \sqrt{2gh}$
> と求めることもできる。

(4) 前ページの図より

$$\tan\theta = \dfrac{v_y}{v_x}$$

$$\tan\theta = \dfrac{\sqrt{2gh}}{v_0} \quad \cdots \text{答}$$

㊙ テクニック！

問題文に座標軸が設定されていなかったら……
　物体を**投げ出す位置を原点**とし, **初速度の向きまたはこれから進む向きを正の向き**として, 座標軸を設定する。

1. 物体の運動　011

解説　7　斜方投射のテーマ
・斜方投射の特徴
・等加速度直線運動の3公式の使いかた

(1)

> 今までの学習は，斜方投射を理解するための準備運動といっても過言ではない。斜方投射は，それだけ重要なテーマと考えて，じっくりとり組んでね。

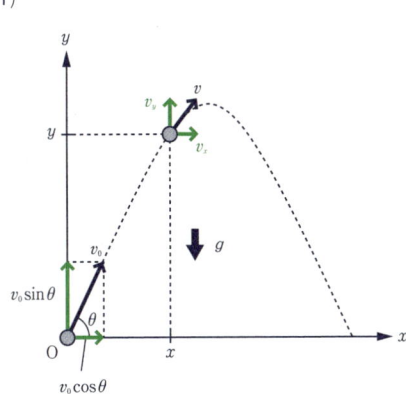

(ア) $v_0\cos\theta$　　(イ) 0
(ウ) 等速度（等速直線）　(エ) $v_0\sin\theta$
(オ) $-g$　　(カ) 等加速度直線

(2) x方向の運動は，速度$v_0\cos\theta$の等速度運動になるから

$$v_x = v_0\cos\theta \cdots \text{答}$$

$x = v_x t$

$$x = (v_0\cos\theta)t \quad \cdots ① \quad \cdots \text{答}$$

(3) y方向の運動は，初速度$v_0\sin\theta$，加速度$-g$の等加速度直線運動になるから，$V = V_0 + at$において，$V = v_y$, $V_0 = v_0\sin\theta$, $a = -g$として

$$v_y = v_0\sin\theta - gt \quad \cdots ② \quad \cdots \text{答}$$

$x = V_0 t + \dfrac{1}{2}at^2$において，$x = y$, $V_0 = v_0\sin\theta$, $a = -g$として

> 問題文中の初速度v_0と，公式中の初速度を混同しないように，3公式の文字を一部大文字に変えている。

$$y = (v_0 \sin\theta)t - \frac{1}{2}gt^2 \quad \cdots ③$$

$$\cdots 答$$

> そろそろ等加速度直線運動の3公式の使いかたにも慣れてきたよね。

(4) ①より $t = \dfrac{x}{v_0 \cos\theta}$

これを③に代入し，t を消去して

$$y = (v_0 \sin\theta) \times \frac{x}{v_0 \cos\theta}$$

$$- \frac{1}{2} g \left(\frac{x}{v_0 \cos\theta} \right)^2$$

$$\underline{y = (\tan\theta)x - \frac{gx^2}{2v_0{}^2 \cos^2\theta}} \quad \cdots ④$$

$$\cdots 答$$

> 原点Oから斜方投射した小球の運動の経路は，④式より，原点Oを通る上に凸の放物線になっていることがわかる。

(5) ②式において，$v_y = 0$ のとき $t = t_1$ となるから

$$0 = v_0 \sin\theta - gt_1$$

$$t_1 = \frac{v_0 \sin\theta}{g} \quad \cdots 答$$

> 最高点で速度の y 成分は0になるんだったよね。

(6) $V^2 - V_0{}^2 = 2ax$ において，$V = 0$，$V_0 = v_0 \sin\theta$，$a = -g$，$x = y_1$ として

$$0^2 - (v_0 \sin\theta)^2 = 2 \cdot (-g) \cdot y_1$$

$$y_1 = \frac{v_0{}^2 \sin^2\theta}{2g} \quad \cdots 答$$

> $t_1 = \dfrac{v_0 \sin\theta}{g}$ を③式に代入しても求められるよ。

(7) ③式において，$y = 0$，$t = t_2$ として

$$0 = (v_0 \sin\theta)t_2 - \frac{1}{2}gt_2{}^2$$

ここで，$t_2 \neq 0$ だから

$$t_2 = \frac{2v_0 \sin\theta}{g} \quad \cdots 答$$

> t_2 が t_1 の2倍になるのはあたり前だね。

(8) ①式において $x = x_2$，$t = t_2 = \dfrac{2v_0 \sin\theta}{g}$ として

1. 物体の運動　013

$$x_2 = (v_0\cos\theta)t_2$$
$$x_2 = (v_0\cos\theta) \times \frac{2v_0\sin\theta}{g}$$
$$\boldsymbol{x_2 = \frac{2v_0{}^2\sin\theta\cos\theta}{g}} \left(= \frac{v_0{}^2\sin 2\theta}{g}\right)$$
　　　　　　　　　　　…答

> 数学で2倍角の公式
> $$\sin 2\theta = 2\sin\theta\cos\theta$$
> を習っている者は
> $$x_2 = \frac{v_0{}^2\sin 2\theta}{g}$$
> まで変形せよ。また，v_0 が一定の場合，$\theta = 45°$ のとき $\sin 2\theta = 1$ となり，水平到達距離 x_2 が最大になる。

解説 8 モンキーハンティングのテーマ

- 自由落下と斜方投射
- 2物体が衝突するための条件
- 相対速度の応用

(1) 時刻 t における P, Q の位置座標を (x_P, y_P) (x_Q, y_Q) とする。

$$\begin{cases} x_P = \ell \\ y_P = h_0 - \frac{1}{2}gt^2 \end{cases}$$

$$\begin{cases} x_Q = v_0 t\cos\theta \\ y_Q = v_0 t\sin\theta - \frac{1}{2}gt^2 \end{cases}$$

次ページの図より
$$\overline{PQ} = \sqrt{(x_P - x_Q)^2 + (y_P - y_Q)^2}$$
$$\overline{PQ} = \sqrt{(\ell - v_0 t\cos\theta)^2 + (h_0 - v_0 t\sin\theta)^2}$$
　　　　　　　　　　　…①　…答

> いうまでもなく，x 方向は等速度運動，y 方向は等加速度直線運動だから3公式を使うんだよね。

> 時刻 t における P から Q までの距離 $\overline{PQ}$ は，三平方の定理を用いて求めることができる。

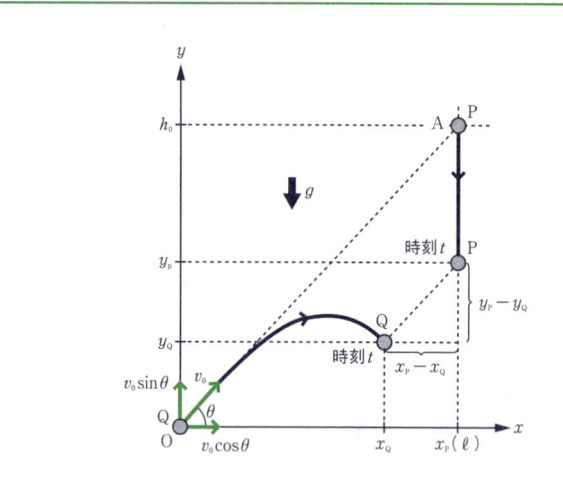

(2) 時刻 t における P の速度の x, y 成分を v_{Px}, v_{Py}, Q の速度の x, y 成分を v_{Qx}, v_{Qy} とする。

$$\begin{cases} v_{Px} = 0 \\ v_{Py} = -gt \end{cases}$$

$$\begin{cases} v_{Qx} = v_0 \cos\theta \\ v_{Qy} = v_0 \sin\theta - gt \end{cases}$$

時刻 t における P から見た Q の速度の x, y 成分を v_{PQx}, v_{PQy} とすると

$v_{PQx} = v_{Qx} - v_{Px} = \boldsymbol{v_0 \cos\theta}$ …**答**

$v_{PQy} = v_{Qy} - v_{Py} = \boldsymbol{v_0 \sin\theta}$ …**答**

> 相対速度は，**観測者の速度を引く**ことにより，求めることができる。この場合，観測者は P だから，P の速度を引けばよい。

(3) Q が P に命中するためには，(1)で求めた $\overline{PQ}$ が 0 になればよいから，①式において

$$\begin{cases} \ell - v_0 t \cos\theta = 0 & \cdots ② \\ h_0 - v_0 t \sin\theta = 0 & \cdots ③ \end{cases}$$

②÷③より

> (3)の別解
> 〈相対速度による解法〉
> (2)の結果より，P から見た Q の速度の x, y 成分 v_{PQx}, v_{PQy} は，$v_{PQx} = v_0 \cos\theta$, $v_{PQy} = v_0 \sin\theta$ となり，どちらも定数なので，P から見た Q の運動は等速直線運動になる。P から見た Q の速度が，はじめから P を向いていれば，

$$\frac{\ell}{h_0} - \frac{1}{\tan\theta} = 0$$

$$\tan\theta = \frac{h_0}{\ell} \cdots \text{答}$$

(4) Pが地上($y=0$)に達する時刻をt_Pとすると

$$h_0 = \frac{1}{2}g t_P^2$$

$t_P > 0$ だから

$$t_P = \sqrt{\frac{2h_0}{g}}$$

Qが$x=\ell$に達する時刻をt_Qとすると

$$\ell = v_0\cos\theta \times t_Q \qquad t_Q = \frac{\ell}{v_0\cos\theta}$$

Pが地上($y=0$)に達する前にQがPに衝突するためには，$t_P > t_Q$でなければならない。
よって

$$\sqrt{\frac{2h_0}{g}} > \frac{\ell}{v_0\cos\theta}$$

ここで，図より$\cos\theta = \dfrac{\ell}{\sqrt{\ell^2+h_0^2}}$だから

$$\sqrt{\frac{2h_0}{g}} > \frac{\sqrt{\ell^2+h_0^2}}{v_0}$$

$$v_0 > \sqrt{\frac{g(\ell^2+h_0^2)}{2h_0}} \cdots \text{答}$$

QはPに必ず衝突する。$t=0$のときPの速度は0なので，Pから見たQの速度は，Qの初速度と一致する。したがって，前ページの図でQの初速度の向きがA点を向いていれば，QはPに衝突する。よって，図より

$$\tan\theta = \frac{h_0}{\ell} \cdots \text{答}$$

(4)の別解
Qが再び地面($y=0$)に達する点が，$x=\ell$より右にあればよい。Qが地面に達する時刻をTとすると

$$0 = v_0\sin\theta \times T - \frac{1}{2}gT^2$$

$T \neq 0$ だから

$$T = \frac{2v_0\sin\theta}{g}$$

よって，Qが地面に落ちる点のx座標は

$$x = v_0\cos\theta \times T$$
$$= v_0\cos\theta \times \frac{2v_0\sin\theta}{g}$$

ここで図より，$\sin\theta = \dfrac{h_0}{\sqrt{\ell^2+h_0^2}}$，$\cos\theta = \dfrac{\ell}{\sqrt{\ell^2+h_0^2}}$だから

$$x = \frac{2v_0^2}{g} \times \frac{\ell h_0}{\ell^2+h_0^2}$$

ここで，$x > \ell$であればよいから

$$\frac{2v_0^2}{g} \times \frac{\ell h_0}{\ell^2+h_0^2} > \ell$$

$$v_0 > \sqrt{\frac{g(\ell^2+h_0^2)}{2h_0}} \cdots \text{答}$$

9 座標軸の変換 のテーマ

- 重力加速度の x, y 成分
- 座標軸変換による放物運動の見かたの変化

(1) 重力加速度は，大きさが g で鉛直下向きのベクトルである。このベクトルを x, y 方向に分解すると，図のようになる。

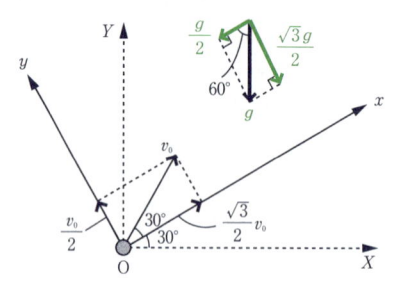

> 座標軸のとりかたは自由である。入試のテクニックとしては，合理的なとりかたはあるが，学問的にはどのようにとってもかまわない。
> 本問では，2通りの座標軸によって放物運動を考え，結果が同じになることを確かめたい。

> ⚠ x, y 方向に分解した g のベクトルはどちらも負の向きになるので，重力加速度の x, y 成分はどちらもマイナスになるよ。

x 成分：$-\dfrac{g}{2}$ …答

y 成分：$-\dfrac{\sqrt{3}\,g}{2}$ …答

(2) x 方向：初速度 $\dfrac{\sqrt{3}\,v_0}{2}$，加速度 $-\dfrac{g}{2}$ の等加速度直線運動 …答

y 方向：初速度 $\dfrac{v_0}{2}$，加速度 $-\dfrac{\sqrt{3}\,g}{2}$ の等加速度直線運動 …答

> 1つの放物運動を x 方向，y 方向で分けて考えると，どちらの方向の運動も，初速度と加速度をもつ等加速度直線運動になる。

(3) y 軸方向の運動を考える。

$x = v_0 t + \dfrac{1}{2} a t^2$ を用いて

> 質点は再び x 軸に戻るのだから，y 軸方向の変位は0である。

$0 = \dfrac{v_0}{2} t + \dfrac{1}{2} \cdot \left(-\dfrac{\sqrt{3}\,g}{2}\right) \cdot t^2$

$t \neq 0$ だから　　$t = \dfrac{2 v_0}{\sqrt{3}\,g}$ …答

(4) x軸方向の運動を考える。

$x = v_0 t + \dfrac{1}{2}at^2$ を用いて

$x = \dfrac{\sqrt{3}\,v_0}{2} \times \dfrac{2v_0}{\sqrt{3}\,g} + \dfrac{1}{2}\left(-\dfrac{g}{2}\right)$
$\qquad\qquad\qquad \times \left(\dfrac{2v_0}{\sqrt{3}\,g}\right)^2$

$x = \dfrac{2v_0^{\,2}}{3g}$ …答

> x軸に戻るまでの時間
> $t = \dfrac{2v_0}{\sqrt{3}\,g}$ を代入すればよい。

(5) 原点Oを通る傾き $\dfrac{1}{\sqrt{3}}$ の直線だから

$Y = \dfrac{1}{\sqrt{3}}X \quad \cdots ① \qquad \cdots$答

(6) 質点の運動は，X方向には速度 $\dfrac{v_0}{2}$ の等速度運動，Y方向には，初速度 $\dfrac{\sqrt{3}\,v_0}{2}$，加速度 $-g$ の等加速度直線運動になるから

$\begin{cases} X = \dfrac{v_0}{2}t & \cdots ② \\ Y = \dfrac{\sqrt{3}\,v_0}{2}t - \dfrac{1}{2}gt^2 & \cdots ③ \end{cases}$

②より $t = \dfrac{2X}{v_0}$

これを③に代入して

$Y = \dfrac{\sqrt{3}\,v_0}{2} \times \dfrac{2X}{v_0} - \dfrac{1}{2}g\left(\dfrac{2X}{v_0}\right)^2$

$Y = \sqrt{3}\,X - \dfrac{2g}{v_0^{\,2}}X^2 \quad \cdots ④ \quad \cdots$答

> 水平方向をX軸，鉛直方向をY軸とする座標軸のとりかたは，普段使っている方法であろう。

第1章　力学

(7) ①と④を連立させて，Yを消去すると

$$\frac{1}{\sqrt{3}}X = \sqrt{3}X - \frac{2g}{v_0^2}X^2$$

ここで$X \neq 0$だから

$$\frac{2g}{v_0^2}X = \sqrt{3} - \frac{1}{\sqrt{3}} = \frac{2}{\sqrt{3}}$$

$$X = \frac{v_0^2}{\sqrt{3}g} \cdots 答$$

ここで，右下の図よりXをxに変換して

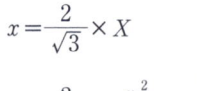

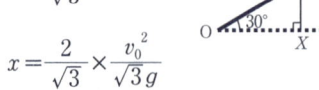

$$x = \frac{2}{\sqrt{3}} \times X$$

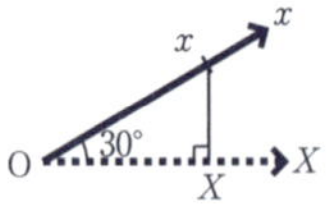

$$x = \frac{2}{\sqrt{3}} \times \frac{v_0^2}{\sqrt{3}g}$$

$$x = \frac{2v_0^2}{3g} \cdots 答$$

たしかに(4)で求めた答えと同じ値になる。…答

> ! x軸と質点の軌道（放物線）との交点のX座標を求める。

> ! 「質点が再びx軸に戻った点のx座標」の求めかたは，どちらの座標軸が簡単だったかな。難しい問題でも，座標軸のとりかたを工夫すると，やさしくなることもあるよ。

解説 10 物体にはたらく力のテーマ

- 物体にはたらく力の見つけかた
- 力の分解の方法
- フックの法則

㊙テクニック！

『物体にはたらく力の見つけかた』
1. 重力
2. 近接力
3. 慣性力

> ! 物体にはたらく力は，1.重力，2.近接力，3.慣性力と順に唱えながら見つけるようにしよう。

2．力とそのはたらき　019

1. **重力**は，**遠隔力**といってもよい力で，離れた物体との間にはたらく力である。力学で扱う物体は，そのほとんどが地球上にあるので，地球との間にはたらく力である重力をいちばんに考える。力学以外の分野では，遠隔力として，静電気力なども考えられるが，くわしくは電磁気分野を学習するときに説明しよう。
2. **近接力**は，考えている物体に外から触れてはたらく力である。この力の見つけかたは，**物体の表面をひとまわりなでて（もちろん，イメージの中で），外部と接触している点を見つけ，そこからはたらく力を考えればよい**。あとで，具体例を使って説明していくことにしよう。
3. 慣性力は，少しあとに出てくる力なので，出てきたときにくわしく説明する。

!　とても**大切な㊙テクニック**なので，確実に身につけよう。

(1) (ア) **重力**　(イ) **鉛直下**　(ウ) mg
　　(エ) **張力**　(オ) **抗力（垂直抗力）**

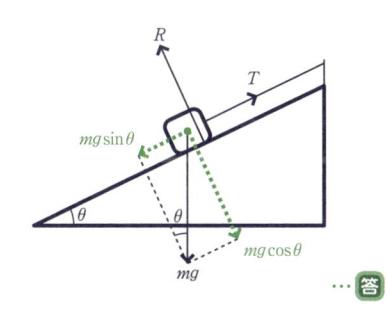

　質量 m〔kg〕の物体にはたらく重力の大きさは，mg〔N〕である。

…答

(2)

　物体にはたらく**張力**の向きは，糸の方向で**物体を引く向き**である。

　物体にはたらく**抗力（垂直抗力）の向き**は，面に垂直で**物体を押す（支える）向き**である。
　本来，垂直抗力と抗力は，別の力であるが，摩擦力を考えなければ同じ力とみなせる。垂直抗力と抗力の違いは，摩擦力の学習の際，くわしく述べる。

…答

T：張力の大きさ
R：抗力の大きさ

(3)

…答

図中の点線の矢印が，重力を分解した力である。

(4) 力のつり合い

斜面に平行な方向

$T = mg\sin\theta$ …答

斜面に垂直な方向

$R = mg\cos\theta$ …答

(5) (4)の式より

張力：$mg\sin\theta$ [N] …答

抗力：$mg\cos\theta$ [N] …答

(6) ばねの伸びをx [m]とする。

斜面に平行な方向の力のつり合いより

$kx = mg\sin\theta$

$x = \dfrac{mg\sin\theta}{k}$ [m] …答

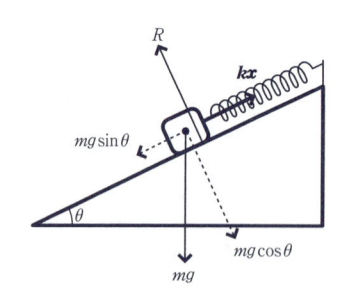

> 伸びている（縮んでいる）ばねは，自然長に戻ろうとして接触している他の物体に力をおよぼす。この力を弾性力という。**弾性力の大きさF [N] は，ばねの伸び（縮み）x [m] に比例し**
>
> $F = kx$（フックの法則）
>
> と表される。ここで，**比例定数kは，ばね定数といい，1 m伸ばす（縮める）のに何Nの力が必要であるかを表している。**

Point!

フックの法則

$F = kx$

F：弾性力の大きさ
k：ばね定数
x：伸び，縮み

2. 力とそのはたらき　021

> 解説 **11 物体が面から離れる条件**のテーマ
> ・物体が面から離れる条件
> ・力のつり合いが成り立つ条件

> おもりにはたらく力を見つけよう。
> **1. 重力** mg と唱えながら，鉛直下向きに矢印をかき，mg と記す。
> **2. 近接力** と唱えながら，おもりの表面をなでてみる。
>
> > ! 2. 近接力がはたらく場所を見つけるために，物体の表面を**一周なでてみるイメージ**は，まさに㊙テクニックだよ。
>
> 外部と接触しているのは，ばね，台との接点2ヶ所である。ばねは x だけ伸びているので，物体はばねから引かれ，ばねとの接点から鉛直上向きの矢印をかき弾性力 kx と記す。おもりは台によって支えられているので，台との接点から鉛直上向きに矢印をかき，抗力 R と記す。 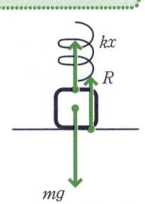 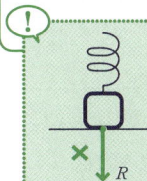
>
> > ! 台との接点からの力を，左図のように考えた人がいるんじゃないかな。この力は，"**物体が台におよぼす抗力**"，すなわち，**台にはたらく力**だよ。考えているのは，**おもりにはたらく力**だから，解答の図のようになるよね。

(1)　おもりにはたらく力のつり合いより
$$kx + R = mg$$
$$R = -kx + mg \,[\text{N}] \quad \cdots ① \cdots \text{答}$$

> 注目している物体が，静止または等速運動しているとき，その物体にはたらく力はつり合っている。いい換えれば，**静止または等速度運動している物体に対しては，力のつり合いの式を立てることができる。**

> ㊙**テクニック！**
>
> **静止または等速度運動**　　⇔　　**力のつり合いの式**
> している物体

(2) おもりが台から離れるのは，$R=0$ のときだから，①式より

$$0 = -kx + mg$$

$$x = \frac{mg}{k} \text{ [m]} \cdots \text{答}$$

> ばねを引き上げていき，ばねの伸び x が大きくなると，弾性力 kx は大きくなり，それにともなって台がおもりを支える力 R は小さくなっていく。やがて，$R=0$ となり，おもりは台から離れる。**"物体が面から離れるのは，抗力 $R=0$ のときである。"** これは，今後も使う重要なポイントなので，しっかり理解しておくこと。

㊙テクニック！
物体が**面から離れる** ⇔ 抗力 $R=0$

(3) ①式 $R = -kx + mg$ より，R は x の一次関数である。傾きが $-k$，切片が mg であることに注意して，グラフをかくと下図のようになる。

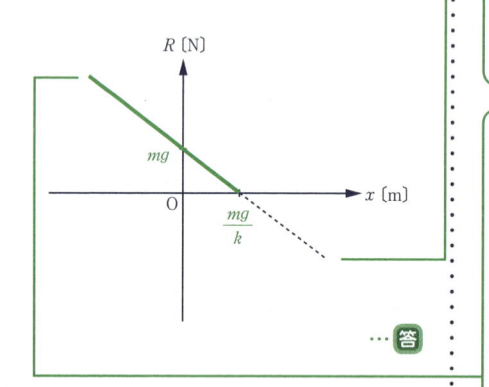

> おもりが台から離れたあとについて考える。ばねの伸びは，$x = \frac{mg}{k}$ のまま変わらず，抗力も $R=0$ のままなので，グラフは途中で切れてしまう。

> ばねの伸び x が負の値をとる場合について考える。伸び x が負ということは，ばねは自然長より縮んでいるということである。すなわち，おもりが受ける弾性力は，鉛直下向きになる。抗力 R によって，重力と弾性力の2つの力を支えることになり，R の大きさは mg よりも大きくなっていく。

…答

12 つり合いの式の立てかた (1) のテーマ

- 力のつり合いの式の立てかた
- 力の分解の方法

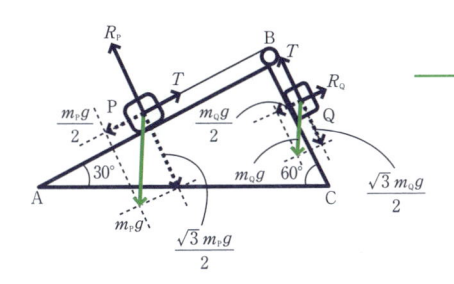

Pにはたらく力は，**1.重力** $m_P g$ である。**2.近接力**は，**抗力** R_P と**張力** T である。

! 斜面上の物体にはたらく力は，斜面に平行な方向と斜面に垂直な方向に分けて考えよう。水平方向と鉛直方向に分けるよりも，計算がラクになるよ。

P, Qの質量をそれぞれ m_P, m_Q, 斜面がP, Qにおよぼす抗力の大きさをそれぞれ R_P, R_Q, 糸の張力の大きさを T とする。物体は斜面上に静止しているので，物体にはたらく力はつり合っている。よって，P, Qにはたらく張力の大きさは同じである。

Pについての力のつり合い

　斜面に平行な方向

$$T = \frac{m_P g}{2} \quad \cdots ①$$

　斜面に垂直な方向

$$R_P = \frac{\sqrt{3}\, m_P g}{2} \quad \cdots ②$$

Qについての力のつり合い

　斜面に平行な方向

$$T = \frac{\sqrt{3}\, m_Q g}{2} \quad \cdots ③$$

　斜面に垂直な方向

$$R_Q = \frac{m_Q g}{2} \quad \cdots ④$$

Pにはたらく重力 $m_P g$ を，斜面に平行な方向と斜面に垂直な方向に分解してみよう。

(1) **重力 $m_P g$ が，長方形の対角線**となるように，斜面に平行な補助線と斜面に垂直な補助線を引く。

(2) 補助線に沿って，重力の斜面に平行な分力と斜面に垂直な分力をかく。

(3) 直角三角形の3辺の比（1：2：$\sqrt{3}$）を使って，分力の大きさを求める。

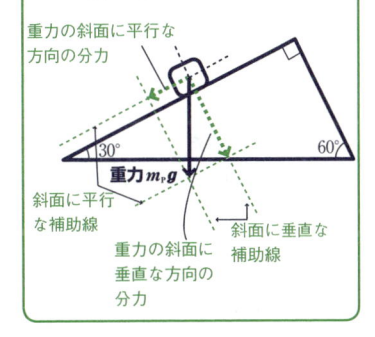

①, ③より

$$\frac{m_\text{P}\,g}{2}=\frac{\sqrt{3}\,m_\text{Q}\,g}{2} \qquad \frac{m_\text{P}}{m_\text{Q}}=\sqrt{3}$$

$m_\text{P}:m_\text{Q}=\sqrt{3}:1 \cdots$ 答

②, ④より

$$\frac{R_\text{P}}{R_\text{Q}}=\frac{\sqrt{3}\,m_\text{P}}{m_\text{Q}}=3$$

$R_\text{P}:R_\text{Q}=3:1 \cdots$ 答

> ！「力の分解」は、これからもよく出てくるので、確実にマスターしておこう。

13 つり合いの式の立てかた(2)のテーマ

・力のつり合いの式の立てかた
・力の分解の方法

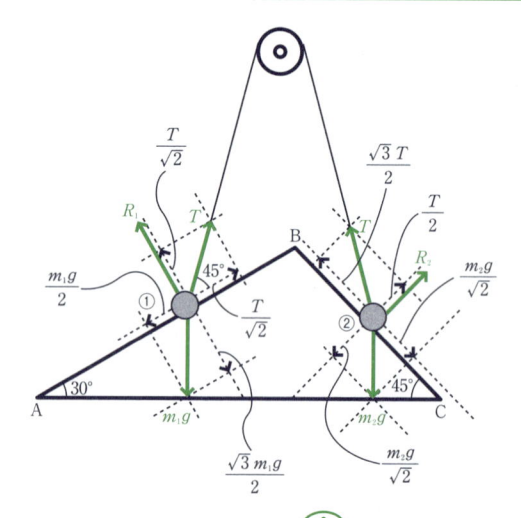

(1) 小球1にはたらく力は、**1. 重力** m_1g、**2. 近接力**は斜面からの**抗力** R_1 と糸の張力 T である。重力 m_1g と張力 T を斜面に平行な方向と斜面に垂直な方向に分解すると点線の矢印で示した分力になる。

> ！ここで確認！ 小球①に**実際にはたらいている力は、重力** m_1g **と抗力** R_1 **と張力** T **の3つの力(緑矢印で示した)だけ**だよ。点線の矢印を含めた7つの力がはたらいているとかん違いしないように注意しよう。

> ！物体にはたらく力の見つけかた
> 　　1. 重力
> 　　2. 近接力
> 　(3. 慣性力)
> の扱いには慣れてきたかな。

小球①の力のつり合い

　AB に平行な方向

$$\frac{T}{\sqrt{2}} = \frac{m_1 g}{2} \quad \cdots ①$$

　AB に垂直な方向

$$R_1 + \frac{T}{\sqrt{2}} = \frac{\sqrt{3}\, m_1 g}{2} \quad \cdots ②$$

小球②の力のつり合い

　BC に平行な方向

$$\frac{\sqrt{3}\, T}{2} = \frac{m_2 g}{\sqrt{2}} \quad \cdots ③$$

　BC に垂直な方向

$$R_2 + \frac{T}{2} = \frac{m_2 g}{\sqrt{2}} \quad \cdots ④$$

①，③より T を消去して

$$\frac{m_2}{m_1} = \frac{\sqrt{3}}{2} \cdots \boxed{答}$$

(2) ②に①を代入

$$R_1 + \frac{T}{\sqrt{2}} = \frac{\sqrt{3}\, T}{\sqrt{2}}$$

$$R_1 = \frac{(\sqrt{3}-1)\, T}{\sqrt{2}}$$

③を④に代入

$$R_2 + \frac{T}{2} = \frac{\sqrt{3}\, T}{2}$$

$$R_2 = \frac{(\sqrt{3}-1)\, T}{2}$$

上の2式より

$$\frac{R_2}{R_1} = \frac{(\sqrt{3}-1)\, T}{2} \times \frac{\sqrt{2}}{(\sqrt{3}-1)\, T}$$

$$= \frac{\sqrt{2}}{2} \cdots \boxed{答}$$

14 浮力の求めかた のテーマ

- 浮力の求めかた
- 圧力の定義
- 密度の定義
- 質量と重さの違い

面積Sに大きさFの力が垂直にはたらいているとき，この面が受ける圧力Pは

$$P = \frac{F}{S}$$

と表される。

単位をつけて表すと

$$P \,[\text{Pa}] = \frac{F\,[\text{N}]}{S\,[\text{m}^2]}$$

となり，**圧力は，単位面積（1m²）あたりの受ける力**を表している。
また，1 [N/m²] は，1 [Pa] と表される。

Point!

圧力　$P = \dfrac{F}{S}$

(1) 上の関係を用いると，上面が大気圧から受ける力の大きさF_1は

$$F_1 = P_0 S$$

$P_0 S$（鉛直下向き）…答

(2) 質量$m = \rho S h$だから，重さ(重力の大きさ)は

$$mg = \rho S h g \cdots 答$$

物質の密度ρ [kg/m³] は，物質の質量をm [kg]，体積をV [m³] とすると

$$\rho = \frac{m}{V}$$

と表される。したがって，**密度は，単位体積(1m³)あたりの質量**を表している。

重さとは重力の大きさのことである。 したがって，**質量m [kg] の物体の重さは，mg [N] である。**

(3)

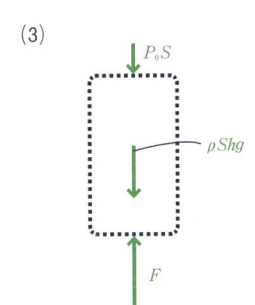

```
    ↓ P₀S
  ┌──────┐
  ┊      ┊
  ┊  ↓   ┊──── ρShg
  ┊      ┊
  └──────┘
    ↑
    F
```

四角柱にはたらく鉛直方向の力のつり合いは，上図より

$$F = P_0 S + \rho S h g \cdots \text{答}$$

(4) $P = \dfrac{F}{S} = P_0 + \rho h g \quad \cdots ①$

> ①式は，液体中の圧力について一般に成り立つ式だよ。

(5) ①式より

$$P_0 + \rho h g \cdots \text{答}$$

> (5)と(6)の圧力は，どちらも①式から求められるけど，向きの違いに注意しようね。

(6) ①式より

$$P_0 + \rho (h + \ell) g \cdots \text{答}$$

(7) 四角柱の側面が液体から受ける力は，水平方向にはたらきつり合っている。

> 四角柱の側面が液体から受ける力は，問題文中の図2のように深さとともに大きくなるが，相対する面でたがいに逆向きにはたらくので，合力は0となる。

(8)

```
──────液面──────
       ↓ (P₀+ρhg)S
    ┌──────┐
    │  ↓   │── ρ'Sℓg
    │      │
    └──────┘
       ↑
      {P₀+ρ(h+ℓ)g}S
```

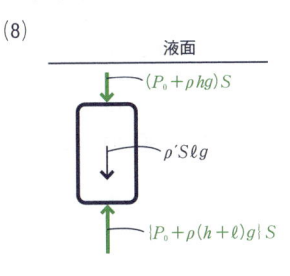

(7)より四角柱にはたらく力は，水平方向にはつり合っているので，鉛直方向にはたらく力の差を求めればよい。(5),(6)で求めた圧力による力の差が浮力になるから

$\{P_0 + \rho(h+\ell)g\}S$ － $(P_0 + \rho hg)S$
（鉛直上向き）　　　（鉛直下向き）

$= \rho S \ell g$

$\rho S \ell g$（鉛直上向き）…答

> 物体が排除した液体の質量
> $\underbrace{\rho \quad \underbrace{S \quad \ell}_{\text{物体の体積}} \quad g}$
> 物体が排除した液体の重さ

(9) **上，排除，重さ，アルキメデス** …答

(10) 物体の重さ＜浮力
であればよいから
$\rho' S \ell g < \rho S \ell g$
$\rho' < \rho$ …答

Point!
浮力　$F = \rho V g$（排除した液体の重さ）

---

15 作用・反作用のテーマ
- 作用・反作用の法則
- つり合いの関係にある力と作用・反作用の関係にある力

(1) 〔Aにはたらく力〕

R_1：BがAにおよぼす抗力の大きさ
W_A：Aにはたらく重力の大きさ

> 接触している2物体にはたらく力を図示する場合，**1物体ずつ別々に図をかく**こと。接触している2物体にすべての力をかき込むのは，間違いのもとである。
> また，『**物体にはたらく力の見つけかた**』
> 　1．重力
> 　2．近接力
> （3．慣性力）
> を参考にして，A・Bそれぞれにはたらく力を矢印で図示する。

2．力とそのはたらき　029

〔Bにはたらく力〕

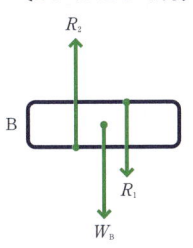

R_1：AがBにおよぼす抗力の大きさ
　　　（BがAにおよぼす抗力と同じ
　　　大きさ）
R_2：床がBにおよぼす抗力の大きさ
W_B：Bにはたらく重力の大きさ

㊙テクニック！

接触している２物体にはたらく力を図示する場合
１物体ずつ別々に図をかく

(2)　〔Aにはたらく力〕
　　R_1：BがAにおよぼす抗力
　　　　⇒「**BがAを押す力**」…**答**
　　W_A：Aにはたらく重力
　　　　⇒「**地球がAを引く力**」…**答**
　　〔Bにはたらく力〕
　　R_1：AがBにおよぼす抗力
　　　　⇒「**AがBを押す力**」…**答**
　　R_2：床がBにおよぼす抗力
　　　　⇒「**床がBを押す力**」…**答**
　　W_B：Bにはたらく重力
　　　　⇒「**地球がBを引く力**」…**答**

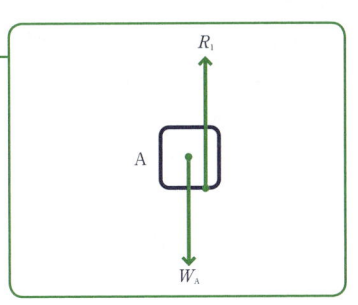

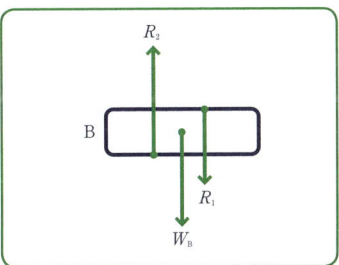

(3) 「BがAを押す力」と「AがBを押す力」
すなわち
「BがAにおよぼす抗力」と「AがBにおよぼす抗力」が，作用・反作用の関係にある2力である。　…答

> 「○が●を押す（引く）力」を作用とすると，「●が○を押す（引く）力」が反作用である。
>
> ! 「○が●を押す（引く）力」といういいかたに慣れておくと，作用・反作用の関係にある2力を見つけやすくなるよ。

(4) Aにはたらく力のつり合い
$R_1 = W_A$ …答
Bにはたらく力のつり合い
$R_2 = R_1 + W_B$ …答

> ! "作用・反作用の関係にある力"と"つり合いの関係にある力"を区別できるようにしよう。

Point!

作用・反作用の法則
AがBにおよぼす力を**作用**とすると，BがAにおよぼす力が**反作用**である。
作用・反作用の関係にある2力は，**大きさが同じで逆向き**である。

解説　16 ロープを引くゴンドラ上の人 のテーマ

・作用・反作用の法則の適用
・力のつり合いの応用
・物体が面と接触する条件

(1) 人はゴンドラの上に**静止**しているので，人にはたらく**力のつり合い**を考える。
右図より
$F + R = mg$　　$R = mg - F$ …答

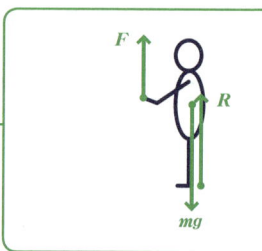

2. 力とそのはたらき　031

〔人にはたらく力の見つけかた〕
① まず，人の図をかく。
② 『物体にはたらく力の見つけかた』より，1.重力 mg，2.近接力の順に矢印をかく。
　2.近接力は，ゴンドラからの抗力 R とロープの張力 F である。

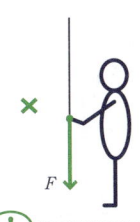

ここで，ロープとの間にはたらく力を，図のように下向きに考えた人がいるのではないだろうか。たしかに，図のような力は存在しているが，この力は，"人が**ロープを引く力**"，すなわち，**ロープにはたらいている力**であり，**人にはたらいている力ではない**ことに注意したい。

! 人にはたらく力は，"ロープが人を引く力"だから，この力と作用・反作用の関係にある力だよ。

(2) ゴンドラは床の上に**静止**しているので，ゴンドラにはたらく**力のつり合い**を考える。
<u>右図より</u>

$F + N = Mg + R$

R の値を代入して，

$N = Mg + mg - F - F$

$N = (M+m)g - 2F$ …① …答

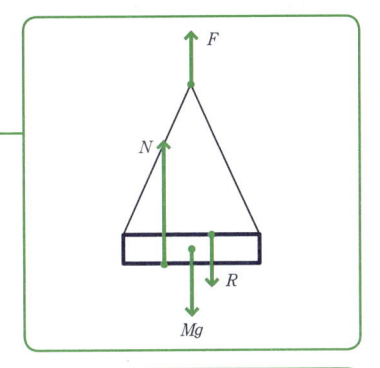

〔ゴンドラにはたらく力の見つけかた〕
① **ゴンドラの図を別にかく。**

! 人にはたらく力とゴンドラにはたらく力の両方を，同じ図にかき込むのは，間違いのもとなのでしてはいけないよ。

② **1.重力 Mg** は，すぐにかける。**2.近接力**は，床からの抗力 N，ロープからの張力 F，人からの抗力 R である。

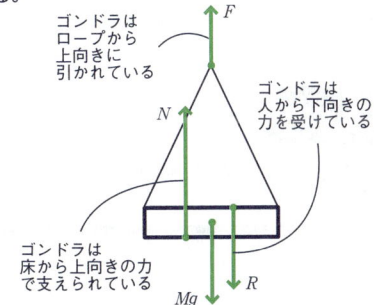

ゴンドラはロープから上向きに引かれている
ゴンドラは人から下向きの力を受けている
ゴンドラは床から上向きの力で支えられている

(3) ゴンドラが床から**離れる**のは，①式において，**N＝0のとき**だから
$$0 = (M+m)g - 2F$$
$$F = \frac{(M+m)g}{2} \cdots \text{答}$$

(4) 足がゴンドラから離れてしまった人の力のつり合いを考える。右図より
$$F = mg \cdots \text{答}$$

(5) 人の足がゴンドラから離れても，ゴンドラは床から**離れていない**。すなわち，①式において，$F=mg$ のとき **$N>0$** となるから
$$N = (M+m)g - 2 \cdot mg > 0$$
$$M + m > 2m$$
$$M > m \cdots \text{答}$$

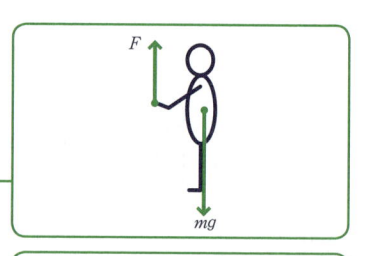

> 物体が面と接触しているとき，物体は面から抗力 N を受けているので，N は正の値をとる。すなわち，$N>0$ となる。

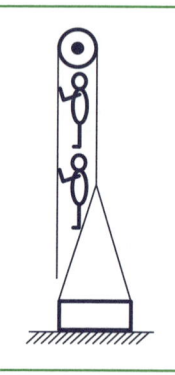

$M>m$ という結果は，考えてみればあたり前のことである。定滑車の右側には質量 M のゴンドラが，左側には質量 m の人がそれぞれつるされていて，左側の人が自分の体重 mg をかけてロープを引いても，右側のゴンドラがもち上がらないためには，ゴンドラの重さ Mg が，人の体重 mg よりも重ければよい。すなわち，$Mg > mg$ であればよい。

㊙テクニック！

物体が**面と接触している** ⇔ 抗力 $R > 0$

17 剛体のつり合いのテーマ

- 力のつり合い
- 力のモーメントのつり合い

(1)

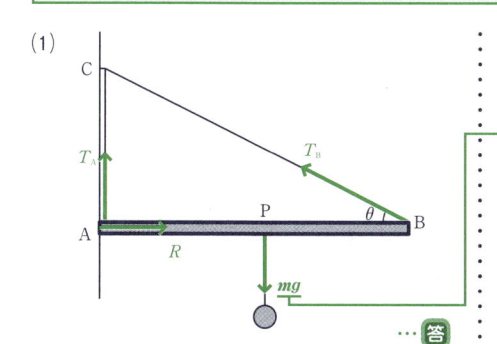

T_A：A点にはたらく糸の張力の大きさ
T_B：B点にはたらく糸の張力の大きさ
R：A点にはたらく壁からの抗力の大きさ

おもりをつるしている糸の張力の大きさをTとする。おもりにはたらく力のつり合いより
$$T = mg$$
となり，P点にはたらく糸の張力の大きさは，mgであるとわかる。

(2) 力のつり合い

水平方向　$R = T_B \cos\theta$　…①

鉛直方向　$T_A + T_B \sin\theta = mg$　…②

軽い棒とは，重さが無視できる棒という意味だよ。

(3) A点のまわりの力のモーメントのつり合い

$$T_B \times \ell \sin\theta = mg \times \frac{\ell}{2} \quad \cdots ③$$

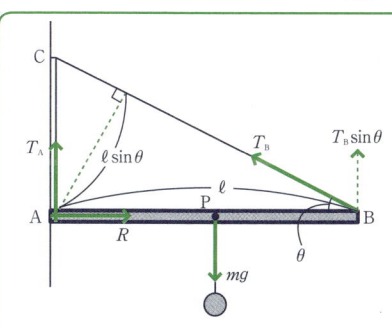

力のモーメント
＝（力の大きさ）×（うでの長さ）

で求められる。
たとえば，A点のまわりの，糸の張力T_Bによるモーメントについて考える。**うでの長さとは，回転の中心から力の作用線に下ろした垂線の長さ**のことだから，A点からBCに下ろした点線の長さ$\ell \sin\theta$である。したがって，A点のまわりのT_Bによるモーメントは

> $T_B \times \ell \sin\theta$
> となる。また，次のように考えてもよい。B点にはたらく張力で回転に役立つのは，分力 $T_B \sin\theta$ だから
> $T_B \sin\theta \times \ell$
> としてもよい。
> $T_B \ell \sin\theta$ は，A点を中心とする反時計回りに回転させるはたらき（反時計回りのモーメント）を表している。一方，P点での張力 mg は，Aを中心とする時計回りのモーメントである。うでの長さは $\dfrac{\ell}{2}$ なので，A点のまわりの mg による時計回りのモーメントは
>
> $$\dfrac{mg\ell}{2}$$
>
> となる。すなわち，**力のモーメントのつり合いの式**
>   **反時計回りのモーメント＝時計回りのモーメント**
> は
>
> $$T_B \ell \sin\theta = \dfrac{mg\ell}{2}$$
>
> である。また，力のモーメントのつり合いの式は，反時計回りのモーメントを正，時計回りのモーメントを負として
>   **力のモーメントの和＝0**
>
> $$T_B \ell \sin\theta + \left(-\dfrac{mg\ell}{2}\right) = 0$$
>
> としてもよい。

(4) ③式より

$$T_B = \dfrac{mg}{2\sin\theta} \quad \cdots \text{答}$$

(5) T_B の値を②式に代入して

$$T_A + \dfrac{mg}{2} = mg \qquad T_A = \dfrac{mg}{2} \quad \cdots \text{答}$$

(6) T_B の値を①式に代入して

$$R = \dfrac{mg}{2\sin\theta} \cdot \cos\theta = \dfrac{mg}{2\tan\theta} \quad \cdots \text{答}$$

Point!

力のモーメント
　　力のモーメント＝（力の大きさ）×（うでの長さ）
力のモーメントのつり合い
　　反時計回りのモーメント＝時計回りのモーメント
　（力のモーメントの和＝0）

㊙テクニック！

剛体のつり合いの問題は
　　1．**力のつり合いの式**
　　2．**力のモーメントのつり合いの式**
を立てて解く。

> ！ 剛体が静止しているとき，並進運動も回転運動もしていないので，力のつり合いと力のモーメントのつり合いが同時に成立しているよ。

18 支柱によって支えられた板のテーマ

・力のつり合いと力のモーメントのつり合い
・物体が面から離れる条件の適用

C, Dが板を支える力の大きさを，それぞれ R_C, R_D とする。

(1) 力のつり合いより
　　$R_C + R_D = 5.0 + 6.0 = 11$　…①
　Cのまわりの力のモーメントのつり合いより
　　$R_D \times 4.0 = 5.0 \times 2.0 + 6.0 \times 3.0$
　　$4R_D = 28$　　$R_D = \mathbf{7.0N}$…㊙
　R_Dの値を①式に代入して
　　$R_C + 7.0 = 11$　　$R_C = \mathbf{4.0N}$…㊙

板にはたらく力とCからの距離を記すと，下の図のようになる。

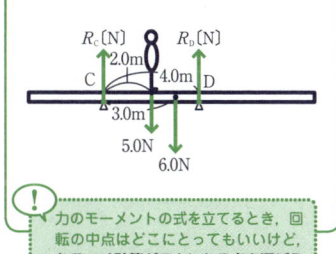

> ！ 力のモーメントの式を立てるとき，回転の中点はどこにとってもいいけど，**なるべく計算がラクになる点を選ぼう**ね。

(2) Dのまわりの力のモーメントのつり合いより

$$6.0 \times 1.0 = 5.0 \times (x - 7.0) + R_C \times 4.0$$

$$R_C = -\frac{5}{4}x + \frac{41}{4}$$

板がCから離れるのは，$R_C = 0$ のときだから

$$0 = -\frac{5}{4}x + \frac{41}{4}$$

$$x = 8.2\text{m} \cdots \text{答}$$

> 板にはたらく力とDからの距離を記すと，下の図のようになる。
>
> R_C [N]　R_D [N]
> x m
> 4.0m
> C　　D
> 1.0m
> 6.0N　5.0N
> $(x-7.0)$ m

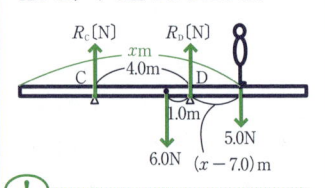

! 回転の中心をDにすると，モーメントのつり合いの式にR_Dが現れないので，計算がラクになるよね。

19 重心の定義のテーマ

・重心の定義式の導出

(ア) **重力**…答

(イ) **力のモーメント**…答

(ウ) 点Gのまわりの力のモーメントのつり合いより

$$m_1 g (x_G - x_1) = m_2 g (x_2 - x_G) \cdots \text{答}$$

> 重心とは，物体の各部分にはたらく重力の合力の作用点のことである。本問の場合，2つのおもりにはたらく重力$m_1 g$と$m_2 g$の合力が，図のように点Gに$(m_1 + m_2)g$としてはたらいている。
>
> 張力
> G
> 重力の合力$(m_1 + m_2)g$

> 点Gに糸をつけ構造物Aをつるすと，Aを水平に保つことができる。すなわち，このとき構造物Aは，力のつり合いと点Gのまわりの力のモーメントのつり合いが成り立っている。

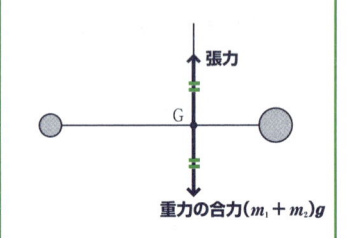

(エ) $m_1 x_G - m_1 x_1 = m_2 x_2 - m_2 x_G$
$(m_1 + m_2) x_G = m_1 x_1 + m_2 x_2$

$$x_G = \frac{m_1 x_1 + m_2 x_2}{m_1 + m_2} \cdots \text{答}$$

> 一般に，質量 m_1, m_2, m_3, ……の質点の位置座標を x_1, x_2, x_3, ……とすると，質点全体の重心の位置座標 x_G は
> $$x_G = \frac{m_1 x_1 + m_2 x_2 + m_3 x_3 + \cdots}{m_1 + m_2 + m_3 + \cdots}$$
> と表される。

補講 1

★運動方程式の立てかた

20 の解説に入る前に，運動方程式を立てる手順についてまとめておこう。

㊙テクニック！

手順① m：注目する物体を決める。
手順② a：加速度 a と座標軸 x, y を決め，その向きを一致させる。
手順③ F：力を図示し，x, y 方向に分解する。

上の手順すら忘れてしまいそうな人は，運動方程式 m（エム），a（エイ），$=$（イコール），F（エフ）と順に唱えながら，手順①，②，③と関連づけて覚えてしまうとよい。

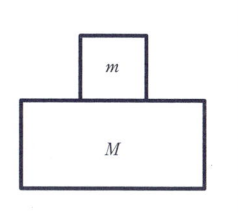

まず，"m（エム）"と唱える。質量 m を決めるということは『どの物体に注目するか』を決めるということである。左図のように，質量 M, m の2物体が重なっているような場合，注目する物体を「M にするのか」，「m にするのか」，「$M+m$ にするのか」によって，立てる運動方程式の形が全然違ってくる。

次に"a（エイ）"と唱える。加速度aは本来$\vec{a}$すなわちベクトルなので，座標軸を決めてはじめてaの値が決定される。そこで，**加速度aと座標軸正の向きを一致させて**，運動方程式を立てることにする。立てた運動方程式を解いた結果，aの値が正ならば加速度の向きは座標軸正の向きであった（厳密には，座標軸正の向きの成分をもっていた）といえるし，aの値が負ならば加速度は座標軸正の向きと逆向き（すなわち座標軸負の向き）であったということである。"a（エイ）"と唱えて，『**加速度aと座標軸x, yを決め，その向きを一致させる**』ことを思い出してほしい。

最後に，"F（エフ）"と唱えて，物体にはたらく力を図示する。すでに座標軸は決めてあるので，**力をx, y方向に分解する**ことはたやすく思い出せるであろう。

それでは，実際に手順①，②，③を使い 20 を解いてみよう。

! ここでの説明は，はじめは難しく感じると思うけど，何度か読み直していくうちに，理解できるようになると思う。実際に問題を解いていく中で，迷ったらここに返ってくるようにしよう。

解説 20 運動方程式の立てかた のテーマ

- 運動方程式の立てかたの基本
- 力のつり合いの用いかた
- 等加速度直線運動の適用

図をかき，手順①，②，③にしたがい，運動方程式を立てる。

! 運動方程式は，力学の中でも最も重要な単元なので，気合を入れていこう。

3. 運動の法則　039

(1)

「手順①　m：注目する物体を決める」
本問では，運動する物体は質量mの小物体だけなので，ここで迷うことはないだろう。

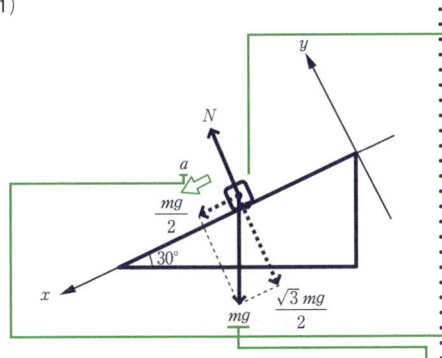

x軸方向の運動方程式を立てる。小物体にはたらくx方向の力は$\dfrac{mg}{2}$なので

$$ma = \dfrac{mg}{2} \qquad a = \dfrac{g}{2}$$

したがって，小物体の加速度は，**斜面に平行下向きに大きさ$\dfrac{g}{2}$** …答

(2) y軸方向の力のつり合いを考える。

$$N = \dfrac{\sqrt{3}\,mg}{2}$$

したがって，小物体にはたらく垂直抗力は，**斜面に垂直上向きに大きさ$\dfrac{\sqrt{3}\,mg}{2}$** …答

「手順②　a：加速度aと座標軸x，yを決め，その向きを一致させる」
直線運動の場合，運動の方向に加速度が生じるので，運動の向きをx軸，それに垂直な向きをy軸とする。本問では，斜面に平行下向きにx軸，斜面に垂直上向きにy軸をとる。

! 斜面に平行上向きにx軸をとってもかまわないけど，その場合，aの値を求めると負になるよ。

「手順③　F：力を図示し，x, y方向に分解する」
10 **物体にはたらく力**のテーマで学習した「物体にはたらく力の見つけかた」を参考にして，「1.重力，2.近接力（ここでは垂直抗力），3.……」を見つけ，矢印で図示する。そして，重力mgをx, y方向に分解する。

y軸方向の運動方程式を立ててもよい。加速度はy軸方向には0なので，y軸方向の運動方程式は，次のようになる。

$$m \times 0 = N - \dfrac{\sqrt{3}\,mg}{2}$$

$$N = \dfrac{\sqrt{3}\,mg}{2}$$

(3) 等加速度直線運動の関係式

$$s = v_0 t + \frac{1}{2}at^2$$

において，$v_0 = 0$, $a = \frac{g}{2}$, $s = \ell$ として

$$\ell = \frac{1}{2} \cdot \frac{g}{2} \cdot t^2$$

ここで，$t > 0$ だから

$$t = 2\sqrt{\frac{\ell}{g}} \cdots \text{答}$$

> x 軸方向の加速度は，$\frac{g}{2}$ で一定値なので，小物体は x 軸方向に等加速度直線運動をする。したがって，x 軸方向の運動には，等加速度直線運動の3つの関係式を用いることができる。
> ここでは，小物体の初速度 v_0 は 0，加速度 a は $\frac{g}{2}$，変位 s は ℓ とわかっていて，その間の時間 t を求めたいのだから，使う式は
> $$s = v_0 t + \frac{1}{2}at^2$$
> である。

！ 等加速度直線運動の3公式の使いかたは，もう完ペキだよね！

(4) 等加速度直線運動の関係式

$$v^2 - v_0^2 = 2as$$

において，$v_0 = 0$, $a = \frac{g}{2}$, $s = \ell$ として

$$v^2 - 0^2 = 2 \cdot \frac{g}{2} \cdot \ell$$

ここで，$v > 0$ だから

$$v = \sqrt{g\ell} \cdots \text{答}$$

> 小物体の初速度 v_0，加速度 a，変位 s がわかっていて，移動後の速さ v を求めたいのだから，使う式は
> $$v^2 - v_0^2 = 2as$$
> である。

---

21 定滑車にかけられた2物体 のテーマ

・定滑車を含む2物体の運動方程式の立てかた

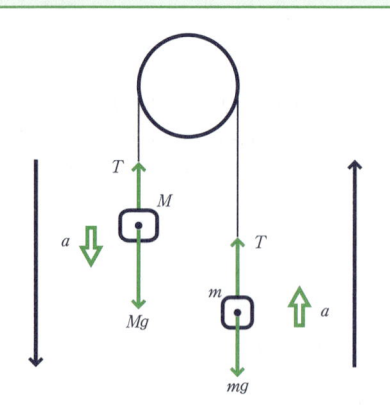

！ 図と対応させながら見ていこう。この図は自分でかけるようになろうね。

3. 運動の法則

質量M, mのおもりに対する座標軸を図のように設定し，加速度の大きさをa，糸の張力の大きさをTとする。<u>質量Mのおもりの運動方程式</u>は

$Ma = Mg - T$　…①

<u>質量mのおもりの運動方程式</u>は

$ma = T - mg$　…②

①+②より

$(M+m)a = (M-m)g$

$a = \dfrac{(M-m)g}{M+m}$ …答

aの値を②に代入して

$\dfrac{m(M-m)g}{M+m} = T - mg$

$T = \dfrac{mM - m^2 + Mm + m^2}{M+m}g$

$T = \dfrac{2Mmg}{M+m}$ …答

手順①　m：質量Mのおもりに注目する。
手順②　a：加速度と座標軸は，鉛直下向きを正とする。
手順③　F：はたらく力は，重力と張力である。糸の張力が，座標軸と逆向きなので，運動方程式の中では$-T$と表されることに注意する。

手順①　m：質量mのおもりに注目する。
手順②　a：加速度と座標軸は，鉛直上向きを正とする。質量Mのおもりが下がると，必ず質量mのおもりは上がるので，加速度と座標軸正の向きは，質量Mのおもりと逆向きにとらなければならない（これを束縛条件という）。加速度と座標軸の向きは，任意にとることができるが，それらを一致させることと，束縛条件は必ず守らなければならない。
手順③　F：重力が座標軸と逆向きなので，運動方程式の中では，$-mg$と表されることに注意する。

22 接触する2物体の運動 のテーマ

- 接触する2物体の運動方程式の立てかた
- 作用・反作用の法則の適用

図のように，水平右向きを正とし，両物体の加速度の大きさを a，両物体間にはたらく力の大きさを R とする。

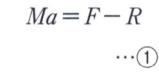

質量 M の物体の運動方程式

$$Ma = F - R \quad \cdots ①$$

質量 m の物体の運動方程式

$$ma = R \quad \cdots ②$$

①+② より

$$(M+m)a = F \quad a = \frac{F}{M+m} \cdots \text{答}$$

a の値を ② に代入して

$$m \cdot \frac{F}{M+m} = R \quad R = \frac{mF}{M+m} \cdots \text{答}$$

! 重力と床からの抗力は，運動方程式と無関係の力なので，図の中にかいてないよ。

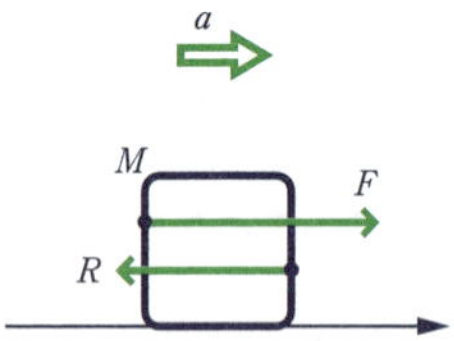

手順① m：質量 M の物体だけに注目する。
手順② a：加速度と座標軸は，水平右向きを正とする。
手順③ F：質量 m の物体から受ける力は，**水平左向きで大きさは R** である。座標軸負の向きなので，運動方程式の中では $-R$ となっている。

! M は m によって右向きの動きを妨げられているので，m から受ける力は左向きだよ。

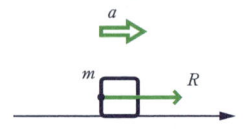

手順① m：質量 m の物体だけに注目する。
手順② a：加速度と座標軸は，水平右向きを正とする。
手順③ F：質量 M の物体から受ける力は，**水平右向きで大きさは R** である。

! m は M から受ける右向きの力によって，右向きに加速しているんだね。

3. 運動の法則

23 斜面上の物体と糸でつながれた物体 のテーマ

- 糸でつながれた２物体の運動方程式の立てかた
- 力のつり合いの用いかた

図のように，座標軸を設定する。

斜面が物体Aにおよぼす抗力の大きさを R，糸の張力の大きさを T，物体A，Bの加速度の大きさを a とする。

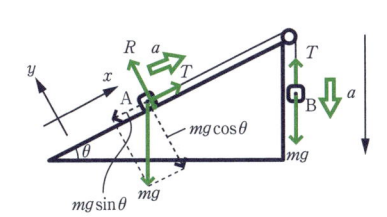

Aの運動方程式（x軸方向）

$ma = T - mg\sin\theta$ …①

Aの力のつり合い（y軸方向）

$R = mg\cos\theta$ …②

Bの運動方程式

$ma = mg - T$ …③

(1) ②より

$R = mg\cos\theta$ …**答**

(2) ①，③より

$T - mg\sin\theta = mg - T$

$2T = mg(1 + \sin\theta)$

$T = \dfrac{mg(1+\sin\theta)}{2}$ …**答**

(3) Tの値を③に代入して

$ma = mg - \dfrac{mg(1+\sin\theta)}{2}$

$a = \dfrac{g(1-\sin\theta)}{2}$ …**答**

手順① m： 物体A（質量m）に注目する。

手順② a： 加速度とx軸は，斜面に平行上向きを正とする。

手順③ F： 重力をx, y方向に分解する。

物体Aが，斜面に沿って加速度aで滑り上がると，物体Bは鉛直下向きに加速度aで降下する（束縛条件）。したがって，Bの加速度と座標軸は，鉛直下向きを正とする。

$\sin\theta < 1$ だから，aは正の値になる。

! 運動方程式を立てる手順には慣れたよね。次の問題からは，手順を確認せずに解説していくけど，迷ったら，これをよりどころとして解いていくようにしよう。

24 動滑車を含む物体の運動 のテーマ

・動滑車があるときの物体の運動
・運動方程式

(1) mが距離s上がるとすると，右の定滑車を経て，糸が定滑車の左側にsだけ送り出される。すると，左の動滑車をつるしている**2本の糸が$\frac{s}{2}$ずつ下がり**，Mは$\frac{s}{2}$下がる。したがって

　　Mの移動距離は$\frac{s}{2}$　…圉

! mが距離s下がったとしても
　（mの移動距離）：（Mの移動距離）＝2：1
　になるよ。

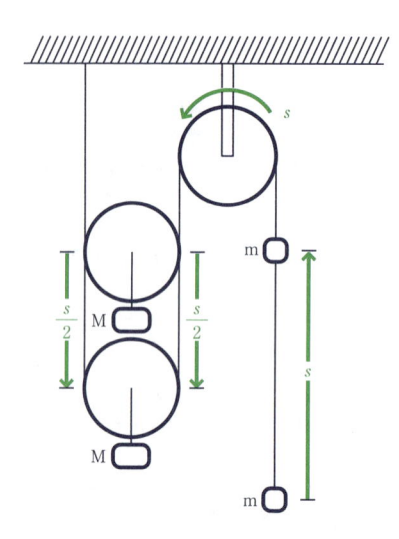

(2) mが1秒間にs〔m〕移動すると，Mは同じ1秒間に$\frac{s}{2}$〔m〕移動する。1秒間に移動する距離は，速さを表しているから，mの速さがvのとき

! 速さの間にも
　（mの速さ）：（Mの速さ）＝2：1
　の関係が成り立っているね。

Mの速さは $\frac{v}{2}$ …答

(3) はじめ静止していたm，Mが，1秒後に速さが v，$\frac{v}{2}$ になったとする。1秒間での速さの変化が加速度の大きさを表しているので，mの加速度の大きさが a のとき，Mの加速度の大きさは $\frac{a}{2}$ である。

糸の張力の大きさを T とすると，mの運動方程式は

$ma = T - mg$　　…①

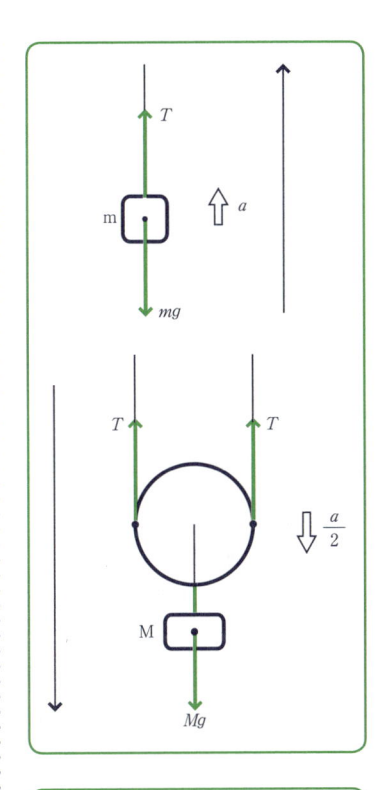

Mの運動方程式は

$M \cdot \dfrac{a}{2} = Mg - 2T$　　…②

②+①×2 より

$\dfrac{M+4m}{2}a = (M-2m)g$

$a = \dfrac{2g(M-2m)}{M+4m}$

m：$\dfrac{2g(M-2m)}{M+4m}$（鉛直上向き）

M：$\dfrac{g(M-2m)}{M+4m}$（鉛直下向き）…答

左の動滑車とMは一体となって動き，動滑車は軽く質量は無視できるので，動滑車とMを一体のものとして，運動方程式を立てる。この物体にはたらく力は，1.重力と2.近接力は2本の糸の張力である。

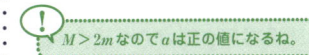

! $M > 2m$ なので a は正の値になるね。

解答では，はじめからmが上がりMが下がるとして，加速度の向きもmは上向き，Mは下向きに設定した。しかし，両物体の動きは，はじめからわかっているわけではないので，逆向きに設定した人もいるだろう。そこで，mの加速度を鉛直下向きに設定して，両物体の運動方程式を立て，aの値を求めてみる。結果は$a=-\dfrac{2g(M-2m)}{M+4m}$となり，$M>2m$なので，$a$の値は負になってしまう。すなわち，mの加速度は，はじめの設定と逆さの鉛直上向きであったということである。－（マイナス）は，設定と逆向きであることを表し，大きさは$\dfrac{2g(M-2m)}{M+4m}$なので，どちらの設定でも同じ答えになる。

! 座標軸のとりかたを変えても答えは変わらないよ。

25 傾斜面内での放物運動のテーマ

・運動方程式
・放物運動の応用
・運動のx, y成分

(1) 運動中の質点が板から受ける垂直抗力の大きさをN，質点の加速度のx, y成分をそれぞれa_x, a_yとする。質点のy軸方向の運動方程式は

$$ma_y = -\dfrac{mg}{2}$$

$$a_y = -\dfrac{g}{2}$$

加速度のx成分：0

加速度のy成分：$-\dfrac{g}{2}$ …答

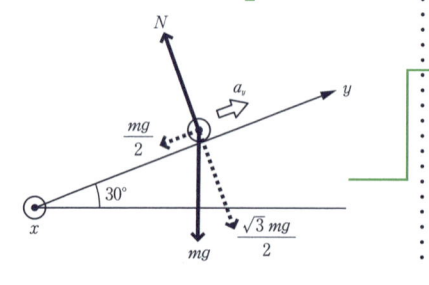

運動中の質点にはたらく力は，重力と板からの抗力である。運動中の質点をx軸正の方向から見ると図のようになり，この図から質点のy軸方向の運動方程式を立てることができる。
また，質点はx軸方向に力を受けていないので，$a_x=0$となる。

(2) x**方向：速度$\dfrac{v_0}{2}$の等速直線運動**

y**方向：初速度$\dfrac{\sqrt{3}\,v_0}{2}$，加速度$-\dfrac{g}{2}$の**

等加速度直線運動 …**答**

> $a_x = 0$なので，質点はx**方向には等速直線運動**をする。速度は初速度のx成分である$v_0 \cos 60° = \dfrac{v_0}{2}$が維持される。

> ! 初速度のy成分は，$v_0 \sin 60° = \dfrac{\sqrt{3}}{2} v_0$になるよね。

(3) $v^2 - v_0^2 = 2as$ を用いて

$$0^2 - \left(\dfrac{\sqrt{3}\,v_0}{2}\right)^2 = 2 \times \left(-\dfrac{g}{2}\right) \times y$$

$$\dfrac{3v_0^2}{4} = gy$$

$$y = \dfrac{3v_0^2}{4g} \quad \cdots \text{答}$$

> 最高点のy座標を求めるのだから，質点のy方向の運動について考える。**最高点での速度のy成分は0**，初速度のy成分は$\dfrac{\sqrt{3}\,v_0}{2}$，加速度のy成分は$-\dfrac{g}{2}$である。

(4) $s = v_0 t + \dfrac{1}{2} a t^2$ を用いて

$$0 = \dfrac{\sqrt{3}\,v_0}{2} \cdot t + \dfrac{1}{2} \cdot \left(-\dfrac{g}{2}\right) \cdot t^2$$

ここで，$t \neq 0$だから

$$t = \dfrac{2\sqrt{3}\,v_0}{g} \quad \cdots \text{答}$$

> (3)と同様に，質点のy方向の運動について考える。**変位$s = 0$となるまでの時間tを求めればよい**。

(5) $x = \dfrac{v_0}{2} t$

$$x = \dfrac{v_0}{2} \cdot \dfrac{2\sqrt{3}\,v_0}{g} = \dfrac{\sqrt{3}\,v_0^2}{g} \quad \cdots \text{答}$$

> (5)では，質点が$y = 0$に戻った点のx座標を求めるのだから，質点のx**方向の運動**について考えればよい。速度$\dfrac{v_0}{2}$の**等速直線運動**で，$y = 0$に戻るまでの時間は$\dfrac{2\sqrt{3}\,v_0}{g}$である。

---

26 静止摩擦力のテーマ

- 静止摩擦力と最大静止摩擦力
- 最大静止摩擦力の表しかた

(ア) つり合い

(イ) F

(ウ) mg

> 静止または等速直線運動している物体は，力のつり合いが成り立っている。

(エ) **静止摩擦力**
(オ) **最大静止摩擦力**
(カ) **垂直抗力**
(キ) $\mu N = \boldsymbol{\mu m g}$

> 物体にはたらく**静止摩擦力**は，物体に**加えた力によって決まる**んだね。

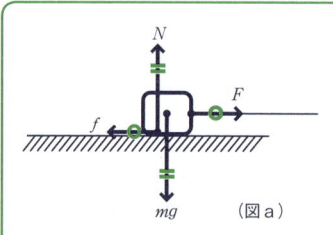

物体にはたらく水平面からの垂直抗力の大きさをN，静止摩擦力の大きさをfとすると，物体にはたらく力は図aのようになる。

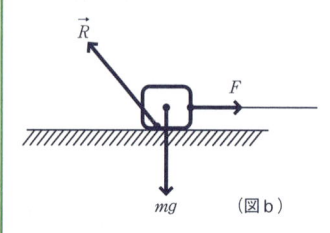

（図a）

力のつり合い
水平方向：$f = F$ →イ，鉛直方向：$N = mg$ →ウが成り立つ。
ところで，物体にはたらく力は，1.重力と，2.近接力は張力，水平面からの抗力$\vec{R}$である（図b）。

（図b）

抗力$\vec{R}$は，図aのように面に垂直な成分の垂直抗力と，面に平行な成分の摩擦力に分解できる。20〜25は，物体に摩擦力がはたらいていなかったので，"抗力＝垂直抗力"としてきたが，これからは，**抗力と垂直抗力をしっかり区別しなければならない**。

> あくまでも，物体にはたらいている力は，図bのように，重力，張力，抗力の3力だよ。解法のテクニックとして，図aのような，抗力を垂直抗力と摩擦力に分解した図をかくんだ。

Point!

最大静止摩擦力（滑り始める直前の摩擦力）の大きさF_0は次のように表される。

$$F_0 = \mu N$$

μ：静止摩擦係数
N：垂直抗力の大きさ

> μは接触する2物体の面の状態によって決まる定数だよ。

3. 運動の法則

27 直方体の転倒のテーマ
- 直方体が転倒する直前の様子
- 直方体が滑らずに転倒する条件
- 力のつり合い，最大静止摩擦力の応用

(1) …答

! 倒れる直前において，**垂直抗力**と**静止摩擦力**の作用点は，直方体の角になっているよ。

解答には，直方体が倒れる直前の様子をかいたが，それより傾斜角が小さい場合と大きい場合をかくと下の図のようになる。

〈傾斜角が小さい場合〉

抗力（静止摩擦力と垂直抗力の合力）

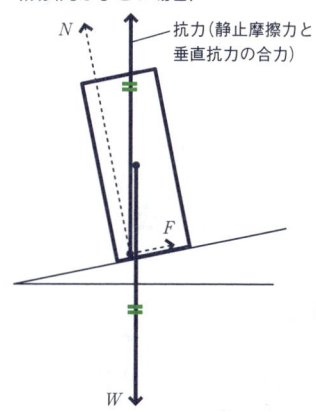

抗力が重力とつり合うようにはたらき，物体は静止できる。

! 抗力の作用点が**直方体の底面内にある**ので，つり合いが保たれ**安定**するよ。

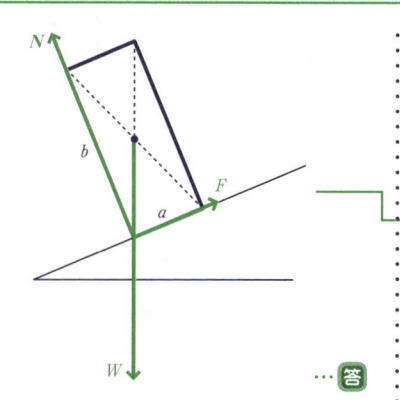

(2) 次ページの図のように，静止摩擦力と垂直抗力は，それぞれ直方体の長さ a の辺上と長さ b の辺上にあり，静止摩擦力と垂直抗力の合力である抗力は，2辺の対角線上にある。相似な2つの三角形の辺の比から

$$\frac{F}{N} = \frac{a}{b}$$

$$F = \frac{aN}{b} \quad \cdots ①$$

…答

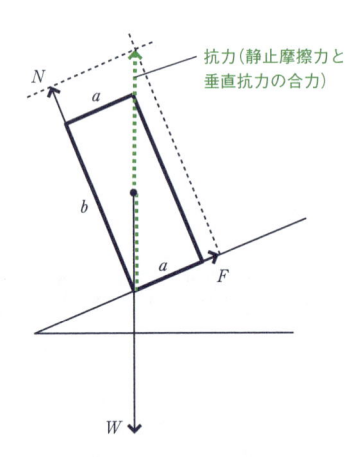

〈傾斜角が大きい場合〉

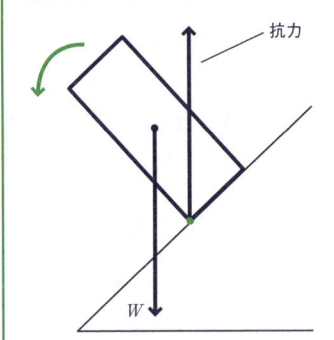

図のように，抗力の作用点が重力の作用線からずれてしまい，直方体の角を中心に回転してしまう。すなわち，直方体は倒れてしまう。

(3) 直方体は倒れる直前（上の図の状態）において，滑り出していないので，$F < \mu N$ が成り立つ。

①より

$$\frac{aN}{b} < \mu N$$

$$\mu > \frac{a}{b} \cdots \text{答}$$

! 滑り出していないということは，静止摩擦力 F が最大静止摩擦力 μN に至っていないということだよね。

解説 28 最大静止摩擦力と動摩擦力のテーマ

・粗い斜面上の物体が滑り出す条件
・摩擦角
・等加速度直線運動3公式の適用
・動摩擦力の表しかた
・摩擦力のはたらく向き

(1)

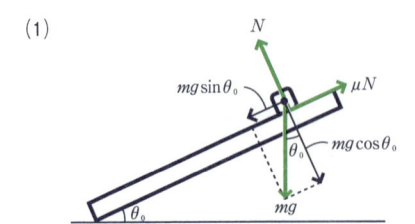

図のように $\theta=\theta_0$ のとき，物体は**滑り始める直前の状態**になっており，物体にはたらく摩擦力は**最大静止摩擦力**になっている。

垂直抗力の大きさを N とすると，物体にはたらく力のつり合いは

　　斜面に平行な方向：$\mu N = mg\sin\theta_0$
　　　　　　　　　　　　　　　　　　　　…①

　　斜面に垂直な方向：$N = mg\cos\theta_0$
　　　　　　　　　　　　　　　　　　　　…②

> 滑り始める直前の摩擦力が，最大静止摩擦力で，μN と表されることは，とても重要なことだったよね。

①÷②より

$$\dfrac{\mu N}{N} = \dfrac{mg\sin\theta_0}{mg\cos\theta_0} \quad \boxed{\mu = \tan\theta_0} \cdots \text{答}$$

> 物体が滑り始める直前の傾斜角 θ_0 を**摩擦角**という。静止摩擦係数 $\mu = \tan\theta_0$ の式は，これからもたびたび登場する。

(2)

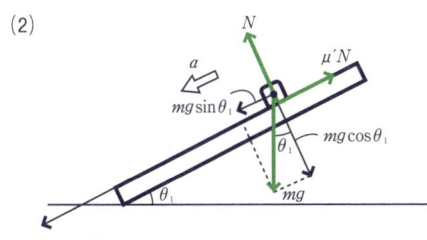

物体が滑りおりていく向きを座標軸正の向きとし，その向きの加速度を a とする。物体の運動方程式は

　　$ma = mg\sin\theta_1 - \mu' N$　　…③

斜面に垂直な方向の力のつり合いは

　　$N = mg\cos\theta_1$　　…④

④を③に代入して

　　$ma = mg\sin\theta_1 - \mu' mg\cos\theta_1$

　　$a = g(\sin\theta_1 - \mu'\cos\theta_1)$

斜面に平行下向きに

$\boldsymbol{g(\sin\theta_1 - \mu'\cos\theta_1)} \cdots$ 答

Point!

動摩擦力の大きさ F は次のように表される。

$F = \mu' N$

μ' ：動摩擦係数
N ：垂直抗力の大きさ

(3) 物体は<u>等加速度直線運動</u>する。

$x = v_0 t + \dfrac{1}{2} at^2$ において，$x = L$，

$v_0 = 0$，$a = g(\sin\theta_1 - \mu'\cos\theta_1)$ として

$L = \dfrac{1}{2} \cdot g(\sin\theta_1 - \mu'\cos\theta_1) \cdot t^2$

$t > 0$ だから

$$t = \sqrt{\dfrac{2L}{g(\sin\theta_1 - \mu'\cos\theta_1)}} \quad \cdots \text{答}$$

! (2)で求めた a が定数になり，物体は平板上を直線運動するので，等加速度直線運動の3公式を使うことができるね。

また，$v^2 - v_0^2 = 2ax$ において，$v_0 = 0$，
$a = g(\sin\theta_1 - \mu'\cos\theta_1)$，$x = L$ として

$v^2 - 0^2 = 2 \cdot g(\sin\theta_1 - \mu'\cos\theta_1) \cdot L$

$v > 0$ だから

$$v = \sqrt{2gL(\sin\theta_1 - \mu'\cos\theta_1)}$$

$\cdots \text{答}$

㊙テクニック！

物体にはたらく摩擦力の向き

「**物体が動いている向き，または動こうとする向きと逆向き**にはたらく」

3. 運動の法則 053

解説 29 摩擦のある板上の物体 のテーマ

- 重ねられた2物体の運動方程式
- 摩擦力の向きの見つけかた
- 最大静止摩擦力を含む運動方程式

水平右向きを正の向きとする。

板に対して水平右向きに大きさ F_1 の力を加えたとき,両物体の加速度を a_1,両物体の間にはたらく静止摩擦力の大きさを f とする。

(1) 運動方程式

物体：$ma_1 = f$　…①

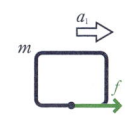

> 物体と板にはたらく摩擦力の向きが難しいね。でも,そこがいちばん大切なところだよ！

〈物体にはたらく摩擦力の向きの見つけかた〉

① 理屈(運動方程式)で考える。

　はじめ静止していた物体が,摩擦力を受けて右向きに動き始める。**加速度が右向きなのだから,摩擦力も右向きである**(運動方程式 $m\vec{a} = \vec{F}$ より**加速度 $\vec{a}$ の向きと力 $\vec{F}$ の向きは一致する**)。

② ㊙テクニックで考える。

　物体は板に対して**左向きに動こうとしている**ので,物体にはたらく**摩擦力は右向き**である。

③ 感覚的にとらえる。

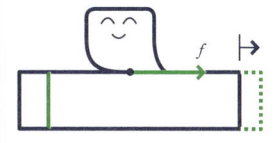

　自分が物体になったつもりで考える。足元の板が右向きに動き出し,それに引きずられるようにして,自分(物体)も右向きに動き出す。自分を右向きに引っ張る力の正体が摩擦力である。

板：$Ma_1 = F_1 - f$　…②

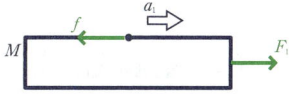

〈板にはたらく摩擦力の向きの見つけかた〉
① 理屈(作用・反作用の法則)で考える。
　板が物体から受ける摩擦力は，物体が板から受ける摩擦力と，作用・反作用の関係にある力なので，大きさは同じで向きは反対になる。物体が板から受ける摩擦力が右向きだったので，板が物体から受ける摩擦力は左向きになる。
② ㊙テクニックで考える。
　板は物体に対して**右向きに動こうとしている**ので，板にはたらく**摩擦力は左向き**である。
③ 感覚的にとらえる。
　自分が板になったつもりで考える。自分(板)は右向きの力F_1を受けて動き始めたが，上に乗っている物体によって，動きを妨げられている。右向きの動きを妨げている力の正体が左向きにはたらく摩擦力である。

F_1の力で引っぱってもらって，ボクは右に行きたいのに，頭の上の物体に，じゃまされた。

①+②より
$$(M+m)a_1 = F_1$$
$$a_1 = \frac{F_1}{M+m}$$

水平右向きに$\dfrac{F_1}{M+m}$…**答**

(2) ①式に$a_1 = \dfrac{F_1}{M+m}$を代入して
$$f = \frac{mF_1}{M+m}$$

水平右向きに$\dfrac{mF_1}{M+m}$…**答**

(3) 板に加える力の大きさがF_2のとき，両物体の加速度をa_2，物体にはたらく垂直抗力の大きさをNとする。このとき，物体と板の間にはたらく摩擦力は**最大静止摩擦力**になっている。

> 両物体の加速度a_1を求めるだけならば，両物体を一体の物体と考えて質量$(M+m)$の物体の運動方程式として
> $$(M+m)a_1 = F_1$$
> を直接立ててもよい。(2)において，両物体間にはたらく静止摩擦の大きさfを求めることになるので，解答では，物体と板の運動方程式を別々に立てて解いた。

物体が板上を**滑り始める直前**だからね。

運動方程式

　　物体：$ma_2 = \mu N$　　…③

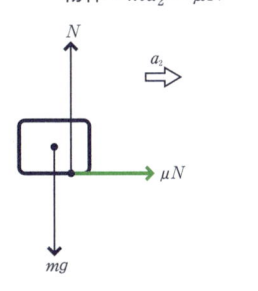

板：$Ma_2 = F_2 - \mu N$　　…④

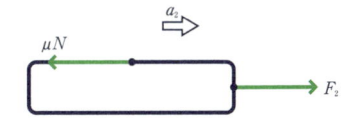

> ! このとき，**両物体はすでに運動している**ので，立てる式は"力のつり合い"ではなく，**"運動方程式"**だよ。

物体にはたらく鉛直方向の力のつり合い

$N = mg$　　…⑤

③より

$$a_2 = \frac{\mu N}{m}$$

これを④に代入して

$$\frac{M\mu N}{m} = F_2 - \mu N$$

$$F_2 = \frac{(M+m)\mu N}{m}$$

⑤を代入して

　　$\boldsymbol{F_2 = \mu(M+m)g}$ … 答

(4) 板に加える力の大きさがF_3のとき，物体，板の加速度をそれぞれa, Aとする。

運動方程式

　　物体：$ma = \mu' N$　　…⑥

> ! 動摩擦力のはたらく向きは，静止摩擦力のときと同じように考えればいいね。

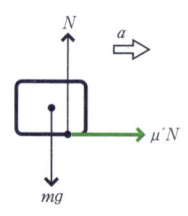

板：$MA = F_3 - \mu'N$ …⑦

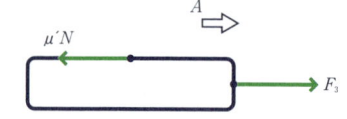

⑤を⑥に代入

$ma = \mu'mg$

$a = \mu'g$

⑤を⑦に代入

$MA = F_3 - \mu'mg$

$A = \dfrac{F_3 - \mu'mg}{M}$

板：$\dfrac{F_3 - \mu'mg}{M}$（水平右向き）

物体：$\mu'g$（水平右向き）…**答**

! 難しい問題だったけどとても重要なので，確実に理解しておこう。

30 斜面上に重ねられた2物体の運動 のテーマ

・力のつり合い
・滑車を介した2物体の運動方程式
・重ねられた2物体の運動方程式
・等加速度直線運動3公式の適用

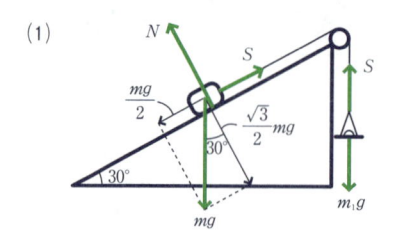

(1)

! 難しい問題が続くけど最後までがんばろう。

砂の質量を m_1,糸の張力の大きさを S とする。

物体にはたらく力の斜面に平行な方向のつり合いより

$$S = \frac{mg}{2}$$

> ❗ 2物体は静止しているので,2物体の力のつり合いの式を立てよう。

皿(砂)にはたらく力のつり合いより

$$S = m_1 g$$

上の2式より

$$m_1 g = \frac{mg}{2} \qquad m_1 = \frac{m}{2} \cdots 答$$

(2)

両物体の加速度の大きさを a_1,糸の張力の大きさを S_1 とする。

運動方程式

$$物体:ma_1 = S_1 - \frac{mg}{2} \quad \cdots ①$$

$$皿(砂):ma_1 = mg - S_1 \quad \cdots ②$$

①＋②より

$$2ma_1 = \frac{mg}{2}$$

$$a_1 = \frac{g}{4} \cdots 答$$

(3) $v = v_0 + at$ において,$v_0 = 0$,$a = \dfrac{g}{4}$,$t = T$ として

> a_1 は定数なので,両物体は等加速度直線運動し,3公式を用いることができる。

$$v = \frac{gT}{4} \cdots \text{答}$$

(4) $x = v_0 t + \frac{1}{2} at^2$ において,$v_0 = 0$,

$a = \frac{g}{4}$, $t = T$ として

$$x = \frac{1}{2} \cdot \frac{g}{4} \cdot T^2 = \frac{gT^2}{8} \cdots \text{答}$$

(5) 物体が板の上を滑り始める直前,砂の質量を m_2,すべての物体の加速度の大きさを a_2,糸の張力の大きさを S_2,物体にはたらく垂直抗力の大きさを N とする。また,静止摩擦係数 $\mu = \frac{1}{\sqrt{3}}$,動摩擦係数 $\mu' = \frac{1}{2\sqrt{3}}$ である。

〔物体と皿〕

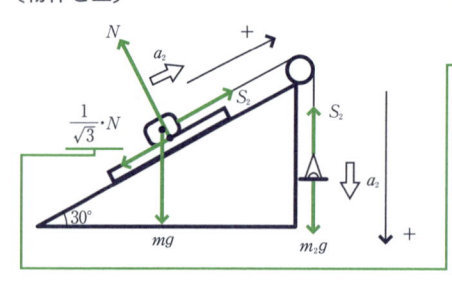

物体は板に対して**右上に滑り出そうとしている**ので,物体にはたらく**摩擦力の向きは,左下**である。また,このとき,物体は板上を**滑り始める直前**の状態なので,物体には**最大静止摩擦力**

$$\mu N = \frac{1}{\sqrt{3}} \cdot N = \frac{1}{\sqrt{3}} \cdot \frac{\sqrt{3}\,mg}{2}$$

$$= \frac{mg}{2}$$

がはたらく。

運動方程式

物体:$ma_2 = S_2 - \frac{mg}{2} - \frac{1}{\sqrt{3}} \cdot N$

$\cdots$ ③

皿(砂):$m_2 a_2 = m_2 g - S_2$ $\cdots$ ④

物体が板の上を滑り始める直前,すべての物体は,すでに同じ大きさ a_2 の加速度で運動している。したがって,ここで立てる式は運動方程式である。

〔板〕

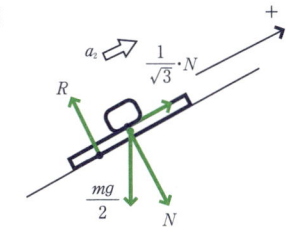

R：板が斜面から受ける垂直抗力の大きさ

板の運動方程式

$$\frac{m}{2}a_2 = \frac{1}{\sqrt{3}}\cdot N - \frac{mg}{4} \quad \cdots ⑤$$

物体にはたらく力の斜面に垂直な方向の力のつり合いより

$$N = \frac{\sqrt{3}\,mg}{2} \quad \cdots ⑥$$

⑥を⑤に代入して

$$\frac{m}{2}a_2 = \frac{1}{\sqrt{3}}\cdot\frac{\sqrt{3}\,mg}{2} - \frac{mg}{4}$$

$$a_2 = \frac{g}{2} \quad \cdots ⑦$$

⑥，⑦を③に代入して

$$\frac{mg}{2} = S_2 - \frac{mg}{2} - \frac{mg}{2}$$

$$S_2 = \frac{3mg}{2}$$

これと⑦を④に代入して

$$m_2 \cdot \frac{g}{2} = m_2 g - \frac{3mg}{2}$$

$$\frac{3mg}{2} = \frac{m_2 g}{2} \quad m_2 = 3m \cdots \text{答}$$

> あともう少し，がんばれ！

(6) 物体と板が別々の加速度で運動しているとき，物体と皿の加速度の大きさを

α，板の加速度の大きさをβ，糸の張力の大きさをS_3とする。3つの物体にはたらく力と加速度を図示すると次のようになる。

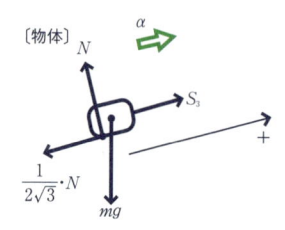

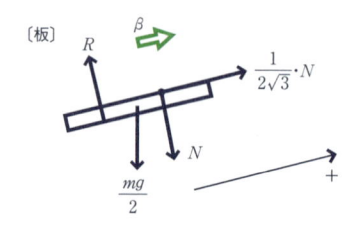

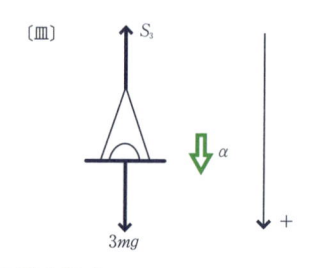

〔物体〕

〔板〕

〔皿〕

運動方程式

物体：$m\alpha = S_3 - \dfrac{mg}{2}$

$\qquad\qquad - \dfrac{1}{2\sqrt{3}} \cdot \dfrac{\sqrt{3}\,mg}{2}$ …⑧

板：$\dfrac{m}{2}\beta = \dfrac{1}{2\sqrt{3}} \cdot \dfrac{\sqrt{3}\,mg}{2} - \dfrac{mg}{4}$

$\qquad\qquad\qquad\qquad\qquad$ …⑨

皿：$3m\alpha = 3mg - S_3$ …⑩

⑧＋⑩より

$$4m\alpha = \frac{9mg}{4} \qquad \alpha = \frac{9}{16}g \cdots \boxed{答}$$

(7) $\alpha = \frac{9}{16}g$ を⑩に代入して

$$3m \cdot \frac{9g}{16} = 3mg - S_3$$

$$S_3 = \frac{21}{16}mg \cdots \boxed{答}$$

(8) ⑨より

$$\beta = 0 \cdots \boxed{答}$$

> ！ よくここまでがんばったね。えらかったぞ！これで運動方程式にもだいぶ自信がついてきたんじゃないかな。

---

31 空気抵抗力のある物体の運動 のテーマ

- 空気抵抗力のある物体の運動方程式
- 終端速度の求めかた
- v–t グラフと動摩擦係数
- v–t グラフと空気抵抗力の係数

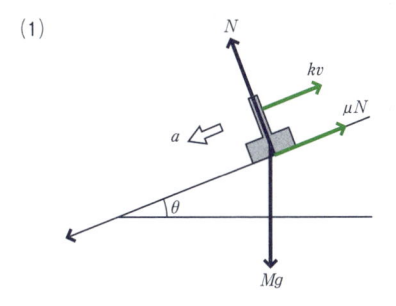

---

(1)

物体にはたらく垂直抗力の大きさを N とする。

斜面に平行な方向の運動方程式は

$$Ma = Mg\sin\theta - \mu N - kv \qquad \cdots ①$$

斜面に垂直な方向の力のつり合い

$$N = Mg\cos\theta \qquad \cdots ②$$

> 加速度と同じ向き,すなわち斜面に沿って下向きを座標軸正の向きとして,運動方程式右辺の合力を考える。

②を①に代入して
$$Ma = Mg\sin\theta - \mu Mg\cos\theta - kv \quad \cdots ③ \quad \cdots \boxed{答}$$

> 加速度の向きと座標軸の向きを一致させて，運動方程式を立てるんだったよね。

(2) ③式において，$a=0$ のとき $v=v_e$ だから
$$0 = Mg\sin\theta - \mu Mg\cos\theta - kv_e$$
$$v_e = \frac{Mg(\sin\theta - \mu\cos\theta)}{k} \quad \cdots ④$$
$$\cdots \boxed{答}$$

> 加速度 a は，$a = \dfrac{\Delta v}{\Delta t}$ と表される。
> 等速度運動では，$\Delta v = 0$ なので $a = 0$ となる。

(3) ③式において $\theta = 45°$ である。また，図2より $t=0$ のとき $v=0$，$a=3$（v-t グラフの原点における傾き）だから，これらを③式に代入して

$$M \times 3 = Mg \times \frac{1}{\sqrt{2}} - \mu Mg \times \frac{1}{\sqrt{2}} - k \times 0$$

$$3 = \frac{g}{\sqrt{2}}(1-\mu)$$

$$\mu = 1 - \frac{3\sqrt{2}}{g} \cdots \boxed{答}$$

> v-t グラフの傾き $\dfrac{\Delta v}{\Delta t}$ は，加速度 a を表している。
>
> ! v-t グラフの読みとりが決め手だね。

(4) 図2より，(2)で求めた v_e の値は4である。

④式に，$v_e = 4$，$\theta = 45°$，$\mu = 1 - \dfrac{3\sqrt{2}}{g}$

を代入して

$$4 = \frac{Mg\left(\dfrac{1}{\sqrt{2}} - \dfrac{\mu}{\sqrt{2}}\right)}{k}$$

$$\frac{4\sqrt{2}\,k}{Mg} = 1 - \mu$$

μ の値を代入して

$$k = \frac{3M}{4} \cdots \boxed{答}$$

4. 運動量の保存

解説 32 運動量の変化と力積の関係 のテーマ

- 運動量，力積の定義
- 運動量の変化と力積の関係

(1) 物体の加速度 a は，定義式より

$$a = \frac{\Delta v}{\Delta t} = \frac{v' - v}{\Delta t}$$

なので，物体の運動方程式は

$ma = F$

$$m \frac{v' - v}{\Delta t} = F \cdots \text{答}$$

> 加速度 a の定義式
> $a = \frac{\Delta v}{\Delta t}$
> は覚えているよね。

(2) 運動方程式の両辺を Δt 倍して

$$mv' - mv = F\Delta t \cdots \text{答}$$

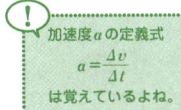

左辺の質量と速度の積（mv' および mv）を **運動量** といい，右辺の力と接触時間の積（$F\Delta t$）を **力積** という。運動量と力積はどちらも大きさと向きをもつので，**ベクトル** である。この式は，「**運動量の変化は，受けた力積に等しい**」ことを表している。このように，物体の運動量の変化と受けた力積との関係は，運動方程式から導くことができる。

> 運動量は，物体の運動の激しさを表しているんだよ。

〈運動量と力積の単位〉
力の単位Nは，運動方程式 $F = ma$ の関係から
　　$N = kg \cdot m/s^2$
である。よって，力積の単位 N·s は
　　$N \cdot s = kg \cdot m/s^2 \cdot s$
　　　　$= kg \cdot m/s$
となり，運動量 mv の単位と同じになっている。

Point!

運動量の変化は，受けた力積に等しい。

33 壁に衝突するボールのテーマ

・運動量の変化と力積の関係
・衝突時における作用・反作用の法則

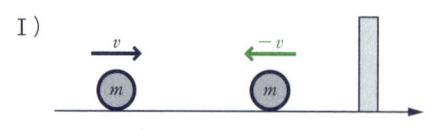

Ⅰ)

(1) ボールの運動量の変化は
$$m(-v) - mv = -2mv \cdots 答$$

(2) ボールの運動量の変化は，ボールが受けた力積に等しいので
$$-2mv \cdots 答$$

(3) ボールが壁から受けた力をFとすると，ボールが壁から受けた力積は，$F\Delta t$と表される。ボールの運動量の変化$-2mv$は，ボールが壁から受けた力積$F\Delta t$に等しいので

$$-2mv = F\Delta t \qquad F = -\frac{2mv}{\Delta t}$$

大きさ：$\dfrac{2mv}{\Delta t}$，向き：x軸負の向き
$\cdots 答$

> ○○の変化は
> 　(変化後の値)－(変化前の値)
> で求められる。(1)では，変化後の運動量は$m(-v)$，変化前の運動量はmvである。
> ! 「○○の変化＝(あと)－(まえ)」は㊙テクニックだったね。

> 運動量の変化は，受けた力積に等しい。
> ! これは，重要だぞ！

> 計算によって求めた答えをイメージしてみることは，物理にとって大変重要なことである。
> はじめ，右向きの運動量(mv)をもっていたボールが，壁から左向きの力積を受け，その結果，左向きの運動量($-mv$)をもつようになったと解釈することができる。

Ⅱ)
(4) ボールの運動量の変化を求める。
$$0 - mv = -mv$$

$-mv$は，ボールの運動量の変化，すなわちボールが壁から受けた力積である。求めるのは，壁がボールから受けた力積なので，作用・反作用の法則により，$-mv$と大きさが同じで向きが反対になる。したがって，壁がボールから受けた力積は$mv \cdots 答$

4. 運動量の保存

解説 34 運動量保存則の導出 のテーマ
- 衝突時における作用・反作用の法則
- 運動量保存則の導出
- 運動量保存則が成立する条件

(1) 球Aが球Bから受けた平均の力は，F と作用・反作用の関係にあるので，F と大きさは同じで，向きは反対になる。すなわち，球Aが球Bから受けた平均の力は，$-F$ … 答

また，これを求めるための法則は，**作用・反作用の法則** … 答

> 作用・反作用の法則は，運動中の2物体間にはたらく力についても成り立つ。

(2) 運動量の変化と受けた力積との関係

球A：$m_1 v_1' - m_1 v_1 = -F\Delta t$ …①

球B：$m_2 v_2' - m_2 v_2 = F\Delta t$ …②

… 答

(3) ①+②より

$$m_1 v_1' - m_1 v_1 + m_2 v_2' - m_2 v_2 = 0$$

$$\underbrace{m_1 v_1 + m_2 v_2}_{衝突前の運動量の和} = \underbrace{m_1 v_1' + m_2 v_2'}_{衝突後の運動量の和}$$

> この式のように，「**衝突前後で運動量の和が変わらない**」ことを示す法則が**運動量保存則**である。
> では，運動量保存則は，どのような場合に成り立つのだろうか？
> 本問のように，衝突時にはたらく力が，作用・反作用で表されるような力，すなわち内力だけならば，運動量保存則は成り立つ。いい換えれば，**衝突時に外力がはたらかなければ運動量保存則は成り立つ**。

Point!
運動量保存則
　　衝突前の運動量の和＝衝突後の運動量の和

Point!
　　外力を受けていない　⇔　運動量保存則が成立

35 2球の衝突 のテーマ

・運動量保存則の使いかた

> **Point!**
> 運動量はベクトルなので，運動量保存則を用いるときは，座標軸を設定する。また，式に値を代入するときは，符号に注意する。

図のように，Aの初速度の向きにx軸，それに垂直な向きにy軸を設定する。衝突後のA, Bの速さをそれぞれv_A, v_Bとする。

[衝突前]

[衝突後]

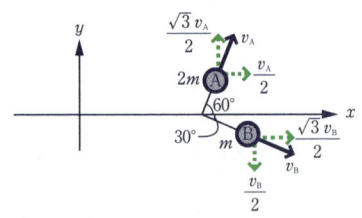

運動量保存則

x方向 $2mv = 2m \cdot \dfrac{v_A}{2} + m \cdot \dfrac{\sqrt{3}\,v_B}{2}$

…①

y方向 $0 = 2m \cdot \dfrac{\sqrt{3}\,v_A}{2} + m \cdot \left(-\dfrac{v_B}{2}\right)$

…②

②より

$v_B = 2\sqrt{3}\,v_A$

これを①に代入

運動量保存則は，x方向，y方向それぞれについて成り立っている。

〈x方向〉 $\underbrace{2mv}_{\text{衝突前の運動量の和}} = \underbrace{2m \cdot \dfrac{v_A}{2}}_{\text{衝突後のAの運動量}} + \underbrace{m \dfrac{\sqrt{3}\,v_B}{2}}_{\text{衝突後のBの運動量}}$

〈y方向〉 $\underbrace{0}_{\substack{\text{衝突前，}\\\text{運動量の}\\y\text{成分の和は}\\0\text{である}}} = \underbrace{2m \cdot \dfrac{\sqrt{3}\,v_A}{2}}_{\text{衝突後のAの運動量}} + \underbrace{m \cdot \left(-\dfrac{v_B}{2}\right)}_{\text{衝突後のBの運動量}}$

速度がy軸負の向きであることに注意

! 運動量mvのvは速度なので，**正・負に注意**して代入してね。

$$2mv = mv_A + \frac{\sqrt{3}\,m}{2} \cdot 2\sqrt{3}\,v_A$$

$$2v = v_A + 3v_A$$

$$v_A = \frac{v}{2}$$

$$v_B = 2\sqrt{3} \times \frac{v}{2} = \sqrt{3}\,v$$

Aの速さ $\frac{v}{2}$, Bの速さ $\sqrt{3}\,v$ …**答**

> 運動量保存則の使いかたは，とても重要なので完ぺきに理解しておこう。

36 摩擦のある板上に乗りうつる小物体のテーマ

- 重ねられた2物体の運動方程式
- 等加速度直線運動3公式の適用
- 運動量保存則の応用例

(1) 水平右向きを正の向きとし，小物体，板の加速度をそれぞれ a, A とする。小物体にはたらく垂直抗力の大きさを N とする。

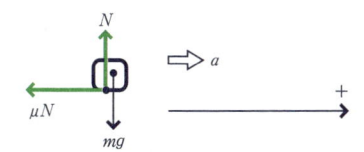

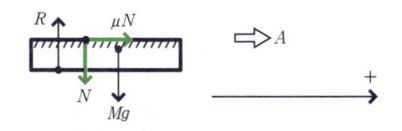

運動方程式

小物体： $ma = -\mu N$ …①

板： $MA = \mu N$ …②

小物体の鉛直方向の力のつり合いより

$N = mg$ …③

> 物体にはたらく力がわかっていて，加速度を求めるのだから，運動方程式を立てればよいと判断できる。

①, ③より

$ma = -\mu mg \quad a = -\mu g$

②, ③より

$MA = \mu mg \quad A = \dfrac{\mu mg}{M}$

小物体：水平左向きに μg

板：水平右向きに $\dfrac{\mu mg}{M}$ …答

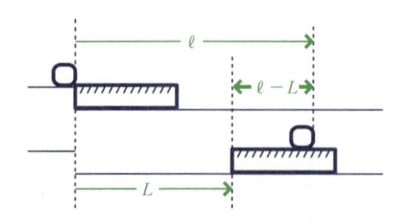

> a と A はどちらも定数なので，小物体と板はどちらも等加速度直線運動し，3公式を用いることができる。ここでは，$v = v_0 + at$ を用いた。

(2) 両物体の速度が，乗りうつってから時間 t 後に同じになったとして

$\underline{v_0 + at = At}$ …④

$v_0 - \mu g \cdot t = \dfrac{\mu mg}{M} \cdot t$

$t = \dfrac{Mv_0}{\mu(M+m)g}$ …答

> (3)は運動量保存則を用いて解くこともできる。小物体と板を1つの系とみなすと，小物体が板上で運動している間，**水平方向の外力ははたらかないので，水平方向の運動量保存則が成り立つ**。
>
> ! 小物体と板が，**接触時間の長い衝突を**したものと考えることもできるね。
>
> 同じになった両物体の速度を V とすると，水平方向の運動量保存則は
> $mv_0 = (M+m)V$
> $V = \dfrac{mv_0}{M+m}$ …答

(3) t の値を④式の右辺または左辺に代入する。

$At = \dfrac{\mu mg}{M} \cdot \dfrac{Mv_0}{\mu(M+m)g}$

$= \dfrac{mv_0}{M+m}$ …答

(4) 時間 t の間に，小物体が進んだ距離 ℓ と板が進んだ距離 L との差 $(\ell - L)$ を求めればよい。

> 板に対する小物体の運動（相対運動）をもとに，解答することもできる。
> $s = v_0 t + \dfrac{1}{2}\alpha t^2$ において
> v_0：板に対する小物体の初速度
> α：板に対する小物体の加速度
> t：(2)で求めた値
> とすれば，s すなわち，板に対する小物体の変位が求められる。
>
> ! 板に対する小物体の変位を求めるのだから，初速度も加速度も，板に対する小物体の初速度，加速度にしなければならないよ。
>
> v_0 は，はじめ板は静止しているので，v_0 のままでよい。α は，板から見た小物体の加速度なので，$a - A$ としなければならない。

4．運動量の保存 069

$$\ell = v_0 t + \frac{1}{2}at^2$$

$$= v_0 \cdot \frac{Mv_0}{\mu(M+m)g}$$

$$+ \frac{1}{2} \cdot (-\mu g) \cdot \left\{\frac{Mv_0}{\mu(M+m)g}\right\}^2$$

$$= \frac{M^2 + 2Mm}{2\mu(M+m)^2 g} v_0^2$$

$$L = \frac{1}{2}At^2$$

$$= \frac{Mmv_0^2}{2\mu(M+m)^2 g}$$

$$\ell - L = \frac{M(M+m)v_0^2}{2\mu(M+m)^2 g}$$

$$= \frac{Mv_0^2}{2\mu(M+m)g} \cdots \text{答}$$

> 相対速度と同じように，相対加速度というものがあるんだけど，こちらも**観測者の加速度を引く**ことにより求められるよ。

板に対する小物体の変位 s は

$$s = v_0 t + \frac{1}{2}(a-A)t^2$$

$$= v_0 \times \frac{Mv_0}{\mu(M+m)g} +$$

$$\frac{1}{2}\left(-\mu g - \frac{\mu mg}{M}\right) \times \left\{\frac{Mv_0}{\mu(M+m)g}\right\}^2$$

$$= \frac{Mv_0^2}{2\mu(M+m)g} \cdots \text{答}$$

解説 37 **はね返り係数の式**のテーマ

・運動量保存則立式の注意点
・はね返り係数の式
・運動量の変化と力積の関係

(1) 運動量保存則より

$$0.20 \times 5.0 + 0.30 \times (-3.0)$$
$$= 0.20 v_\text{A} + 0.30 v_\text{B} \quad \cdots ①$$

…答

> 速度 v はベクトルなので，v の値を代入するときは，符号に注意すること。また，v_A，v_B は未知数なので，とりあえず正の向きとしておき，計算した結果求められる符号により，向きを判断する。

> 衝突後，A が左に進みそうだからといって，はじめから $-v_\text{A}$ などとしないでね。

第 1 章　力学

> **㊙テクニック！**
>
> **未知数は，すべて正の値としておく。**

(2) はね返り係数の式より

$$0.50 = -\frac{v_A - v_B}{5.0 - (-3.0)} \quad \cdots ②$$

…答

> はね返り係数の式は，次のように覚えておくとよい。
>
> $$はね返り係数 = -\frac{(あと)}{(まえ)}$$
>
> （まえ）は衝突前の2物体の相対速度，（あと）は衝突後の2物体の相対速度である。
> 相対速度は，AからBの速度を引いても，BからAの速度を引いてもよいが，**（まえ）と（あと）で統一**しなければならない。

(3) ①，②より，v_A，v_B を求めると

$$v_A = -2.2 \text{ (m/s)}$$
$$v_B = 1.8 \text{ (m/s)} \cdots 答$$

> v_A が負の値ということは，衝突後のAの速度が負の向き（左向き）であることを意味する。このように，未知数（v_A，v_B）はとりあえず正の向きとしておけば，**求めた値の正・負によって，衝突後の速度の向きが判断できて都合がよい**。

> **㊙テクニック！**
>
> $$はね返り係数 = -\frac{(あと)}{(まえ)}$$
>
> ！ この式だけは，絶対に忘れないでね。

(4) 物体Aの受けた力積は，物体Aの運動量の変化で表されるので

$$0.20 \times (-2.2) - 0.20 \times 5.0$$
$$= -1.44$$
$$\fallingdotseq -1.4 \text{ (N·s)} \cdots 答$$

> ！ ○○の変化＝（あと）－（まえ），運動量の変化＝受けた力積 だったね。
> この問題は，有効数字2ケタということも忘れてはいけないよ！

4. 運動量の保存

38 2球の弾性衝突のテーマ

- 等質量の2球の弾性衝突
- 運動量保存則とはね返り係数
- 弾性衝突のイメージ

2球の質量をmとする。
運動量保存則より
$$mv_1 + mv_2 = mv_1' + mv_2'$$
$$v_1 + v_2 = v_1' + v_2' \quad \cdots ①$$
はね返り係数の式より
$$1 = -\frac{v_1' - v_2'}{v_1 - v_2}$$
$$v_1 - v_2 = -v_1' + v_2' \quad \cdots ②$$
①－②より
$$2v_2 = 2v_1' \quad \boldsymbol{v_1' = v_2} \cdots \boxed{答}$$
①＋②より
$$2v_1 = 2v_2' \quad \boldsymbol{v_2' = v_1} \cdots \boxed{答}$$
また，一方が静止している（$v_2 = 0$）の場合は
$$\boldsymbol{v_1' = 0,\ v_2' = v_1} \cdots \boxed{答}$$

本問は図がかかれておらず，しかも，v_1, v_2やv_1', v_2'の向きもはっきりしていない。このような場合，**速度はすべて正の向きとして考える。**

> ❗ 未知数は，**すべて正の値**としておくんだったよね。

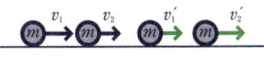

すなわち，図のようなイメージをもって解答を進めればよい。

はね返り係数 $e = -\dfrac{(あと)}{(まえ)}$

において，**弾性衝突なので$e = 1$**。次に，(あと) と (まえ) に2球の相対速度を代入する。解答では，
(球1の速度) − (球2の速度)
として，分母と分子を統一した。

衝突前後で2球の速度が入れ替わっていることに注意したい。「**等質量の2球が弾性衝突すると，衝突前後で速度が入れ替わる**」ことは，イメージをもって記憶しておくと便利である。

> ❗ 映像（イメージ）で記憶しておくと，忘れないよ。

動いていた球は静止し，静止していた球は動いていた球と同じ速度で動く。この場合も，衝突前後で速度が入れ替わると考えてよい。

> ❗ この映像（イメージ）も大切だよ。

39 小球と床との繰り返し衝突のテーマ

- 小球と床との繰り返し衝突
- 衝突前後の物理量の変化とはね返り係数

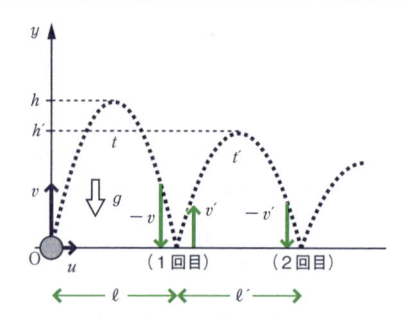

> この問題は，小球の速度のy成分v，滞空時間t，水平距離ℓ，最高点の高さhが，床との衝突ごとにそれぞれ何倍になっていくのかを調べる問題だよ。規則性をつかむように理解しよう。

(1) 1回目の衝突直前，速度のy成分は$-v$だから，1回目の衝突について，はね返り係数の式を適用すると

$$e = -\frac{v'-0}{-v-0} = \frac{v'}{v} \quad v' = ev \cdots \text{答}$$

> 小球と床との衝突の場合，床の速度を0として，床に対する小球の相対速度を考える。
>
> はね返り係数 $e = \dfrac{(あと)}{(まえ)}$ だったよね。

(2) 放物運動のy成分は，等加速度直線運動だから，3つの関係式を用いることができる。ここでは，$s = v_0 t + \dfrac{1}{2}at^2$ を用いて

$$0 = vt + \frac{1}{2} \cdot (-g) \cdot t^2$$

ここで，$t \neq 0$ なので

$$t = \frac{2v}{g} \cdots \text{答}$$

> 速度のy成分は，衝突するごとにe倍になっていく。

(3) 初速度 $v_0 = ev$ として，再び $s = v_0 t + \dfrac{1}{2}at^2$ を用いる。

$$0 = ev \cdot t' + \frac{1}{2} \cdot (-g) \cdot t'^2$$

ここで，$t' \neq 0$ なので
$$t' = \frac{2ev}{g}$$

$t = \frac{2v}{g}$ だから　　$\underline{t' = et}$ …答

> 滞空時間(放物運動をしている時間)は，衝突するごとに e 倍になっていく。

(4) 放物運動の x 成分は，等速度運動だから
$$\ell = ut$$
$t = \frac{2v}{g}$ だから　　$\underline{\ell = \frac{2uv}{g}}$ …答

(5) 　$\ell' = ut'$

$t' = \frac{2ev}{g}$ だから　　$\ell' = \frac{2euv}{g}$

$\ell = \frac{2uv}{g}$ なので ℓ を用いて表すと

$\underline{\ell' = e\ell}$ …答

> 水平距離は，衝突するごとに e 倍になっていく。

(6) 　$v^2 - v_0^2 = 2as$ を用いて
$$0^2 - v^2 = 2\cdot(-g)\cdot h$$
$\underline{h = \frac{v^2}{2g}}$ …答

(7) 　初速度 $v_0 = ev$ として，再び
$v^2 - v_0^2 = 2as$ を用いて
$$0^2 - (ev)^2 = 2\cdot(-g)\cdot h'$$
$$h' = \frac{e^2 v^2}{2g}$$
$h = \frac{v^2}{2g}$ だから　　$\underline{h' = e^2 h}$ …答

> 最高点の高さは，衝突するごとに e^2 倍になっていく。

㊙テクニック！

[小球と床との繰り返し衝突]

最高点の高さは衝突ごとに e^2 倍になる。

他はすべて e 倍になる。

! 例外的に，**最高点の高さだけが e^2 倍になるので，これを記憶するようにしよう。あとはすべて e 倍** だからね。

---

40 仕事の定義 のテーマ

・仕事の定義

(1) 加えた力の大きさを F，垂直抗力の大きさを N とする。

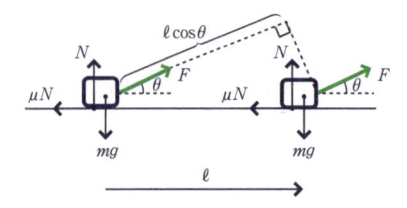

力のつり合い

水平方向：$F\cos\theta = \mu N$ …①

鉛直方向：$F\sin\theta + N = mg$ …②

①，②より

$$N = \frac{mg\cos\theta}{\cos\theta + \mu\sin\theta}$$

$$F = \frac{\mu mg}{\cos\theta + \mu\sin\theta} \cdots 答$$

(2) 加えた力がした仕事を W とする。

図より，加えた力の向きには $\ell\cos\theta$ だけ動いているので

$$W = F \times \ell\cos\theta$$

$$= \frac{\mu mg \ell\cos\theta}{\cos\theta + \mu\sin\theta} \cdots 答$$

! **等速度運動**している物体に対しては，**力のつり合いが成り立つ**よね。

分力 $F\cos\theta$ だけが仕事をすることになるから，分力 $F\cos\theta$ とその向きの移動距離 ℓ との積と考えて

$$W = F\cos\theta \times \ell$$

としてもよい。

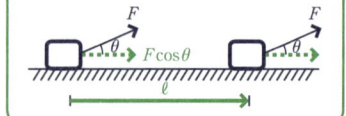

5. 仕事と力学的エネルギー

> **Point!**
>
> 仕事 $W = Fx$
> F：力の大きさ
> x：力の向きに動いた距離
>
> ! x は "距離" ではなく，**力の向きに動いた距離**と覚えるようにしよう。この場合の "距離" は向きも含めて考えるので，負の値になることもあるよ。

(3) 摩擦力の向きには $-\ell$ だけ動いているので

$$\mu N \times (-\ell) = -\frac{\mu mg\ell\cos\theta}{\cos\theta + \mu\sin\theta} \cdots \text{答}$$

> 摩擦力は左向きで，物体は右向きに動いているので，摩擦力の向きに動いた距離は $\ell\cos 180° = -\ell$ である。

(4) 重力の向きには動いていないので

$$mg \times 0 = 0 \cdots \text{答}$$

---

41 運動エネルギー のテーマ

・エネルギーの定義

・運動エネルギー $K = \dfrac{1}{2}mv^2$ の導出

> **Point!**
>
> **エネルギー**とは「他の物体に仕事をする能力」のことである。

(ア) エネルギー

(イ) Fs

(ウ) $-F$

> ! 仕事 $W = Fx$ の x は，**力の向きに動いた距離** だったよね。

(エ) ボールが手から $-F$ の力を受けている間，ボールの加速度を a とすると，運動方程式は

$$ma = -F \quad a = -\frac{F}{m} \cdots \text{答}$$

> "ボールが手から受ける力"は，"手がボールから受ける力 F" の反作用だから，$-F$ である。

(オ) **等加速度直線**

(カ) ボールの運動を $v^2 - v_0^2 = 2as$ にあてはめて

$$0^2 - v^2 = 2 \cdot \left(-\frac{F}{m}\right) \cdot s$$

$Fs = \dfrac{1}{2}mv^2 \cdots$ **答**

この式から、ボールが手に対してした仕事 Fs は $\dfrac{1}{2}mv^2$ であることがわかり、これが運動中のボールがもっているエネルギー（運動エネルギー）を表している。

> 質量 m のボールが速さ v で運動しているとき、このボールがもっている運動エネルギーは、$\dfrac{1}{2}mv^2$ と表される。

Point!

運動エネルギー　$K = \dfrac{1}{2}mv^2$

m：物体の質量
v：物体の速さ

解説 42 重力による位置エネルギーのテーマ

・位置エネルギーの定義
・重力による位置エネルギー $U = mgh$ の導出
・位置エネルギーと運動エネルギーの関係

(1)

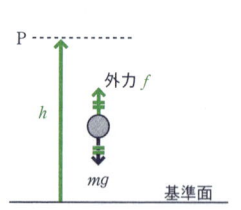

5. 仕事と力学的エネルギー　077

小球に加えた外力の大きさを f とする。力のつり合いより

$$f = mg$$

加えた外力の向きに h だけ動かしたので，外力による仕事 W は

$$W = fh = mgh \cdots 答$$

> 力のつり合いを保ちながら物体を移動させる変化を"**準静的変化**"という。静止している小球を動かす瞬間だけ，わずかに $f > mg$ とし，すぐに $f = mg$ とすると考えればよい。

(2) 基準面から高さ h の点にある質量 m の物体がもつ重力による位置エネルギー U は

$$U = mgh \cdots 答$$

> 位置エネルギーの定義は，とてもとても大切だよ！！

Point!
位置エネルギーの定義

　　　基準点からその点まで物体を運ぶとき，外力のした仕事

> 「その点から基準点まで物体を運ぶとき，重力のした仕事」と定義することもできるよ。

Point!
重力による位置エネルギー　$U = mgh$

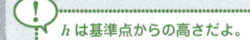

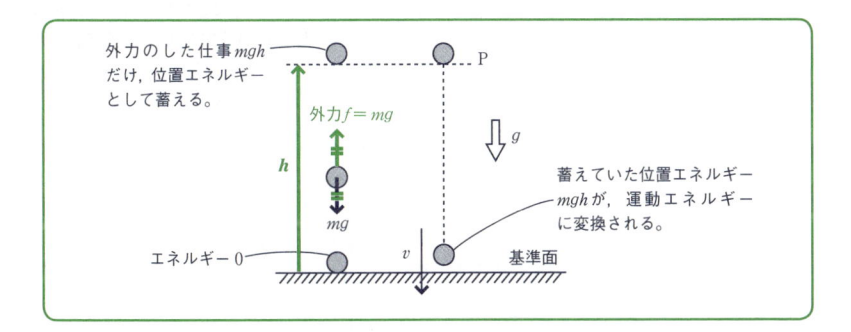

> h は基準点からの高さだよ。

外力のした仕事 mgh だけ，位置エネルギーとして蓄える。

外力 $f = mg$

h

mg

エネルギー0

P

g

蓄えていた位置エネルギー mgh が，運動エネルギーに変換される。

v　基準面

(3) 自由落下に $v^2 - v_0^2 = 2ax$ を適用する。
$v_0 = 0$, $a = g$, $x = h$ として
$$v^2 - 0^2 = 2 \cdot g \cdot h$$
$$v^2 = 2gh$$
したがって，小球が基準点に達する直前にもっている運動エネルギー $\frac{1}{2}mv^2$ は
$$\frac{1}{2}mv^2 = \frac{1}{2}m \cdot 2gh = \underline{mgh} \cdots \text{答}$$

> (1), (2), (3) の結果は，すべて mgh になった。これは次のことを表している。「基準面から高さ h の点Pにもち上げるために，小球に加えた**外力による仕事** mgh は，点Pで小球がもつ重力による**位置エネルギー** mgh として蓄えられ，はなされた小球は自由落下し，最終的には基準面で小球がもつ**運動エネルギー** mgh に変換される。」

43 運動エネルギーと仕事のテーマ

・運動方程式
・エネルギーと仕事の関係

(1) 力 F を加えている間の台車の加速度を a とする。

運動方程式より
$$ma = F \qquad a = \underline{\frac{F}{m}} \cdots \text{答}$$

> 質量 m と力 F が与えられていて，加速度 a を求めるのだから，運動方程式 $ma = F$ を立てるのは，あたり前だね。

(2) a は定数なので，台車は等加速度直線運動し，3公式を用いることができる。

$v^2 - v_0^2 = 2as$ において，$a = \frac{F}{m}$, $s = x$ として

$$v^2 - v_0^2 = 2 \cdot \frac{F}{m} \cdot x$$

$$\underbrace{\frac{1}{2}mv^2 - \frac{1}{2}mv_0^2}_{\text{(台車の運動エネルギーの増加)}} = \underbrace{Fx}_{\text{(台車がされた仕事)}}$$

したがって，台車はされた仕事の分だけ運動エネルギーが増加する。…答

> 一般に"**物体はされた仕事の分だけ，もっているエネルギーが増加する**"といえる。また，次のように考えることもできる。
> $$\frac{1}{2}mv^2 - \frac{1}{2}mv_0^2 = Fx$$
> $$\underbrace{\frac{1}{2}mv_0^2}_{\substack{\text{(はじめの}\\\text{エネルギー)}}} + \underbrace{Fx}_{\substack{\text{(外からさ}\\\text{れた仕事)}}} = \underbrace{\frac{1}{2}mv^2}_{\substack{\text{(あとの}\\\text{エネルギー)}}}$$

> このように，エネルギーと仕事はたがいに変換できる物理量なんだよ。

㊙テクニック!

エネルギーと仕事の関係

（はじめのエネルギー）＋（外からされた仕事）＝（あとのエネルギー）

! この関係は，運動エネルギーに限らずすべてのエネルギーに適用できる，**とても大切な関係**だよ。

44 木材に打ち込まれた弾丸のテーマ

- エネルギーと仕事の関係の用いかた
- 作用・反作用の法則
- 運動量保存則

(1) 弾丸が木材から受ける抵抗力の大きさを F とする。

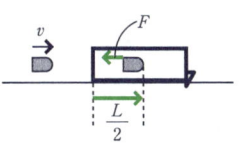

弾丸の運動に，エネルギーと仕事の関係を適用して

$$\underbrace{\frac{1}{2}mv^2}_{(はじめのエネルギー)} + \underbrace{F \cdot \left(-\frac{L}{2}\right)}_{(抵抗力によりされた仕事)} = \underbrace{0}_{(あとのエネルギー)}$$

$$F = \frac{mv^2}{L} \quad \cdots ① \quad \cdots 答$$

! ここでは，㊙テクニック「エネルギーと仕事の関係」
（はじめのエネルギー）＋（外からされた仕事）＝（あとのエネルギー）
をフル活用していくよ！

弾丸には大きさ F の抵抗力が左向きにはたらき，弾丸は右向きに $\frac{L}{2}$ だけ動いた。したがってこの間に，弾丸が抵抗力によりされた仕事は

$$F \cdot \left(-\frac{L}{2}\right) \text{ である。}$$

! 仕事 $W = Fx$ で x は"力の向きに動いた距離"だったよね。

(2) (1)と同様に，弾丸のエネルギーと仕事の関係から

$$\frac{1}{2}mv_1^2 - F \cdot L = 0$$

①より

$$\frac{1}{2}mv_1^2 - \frac{mv^2}{L} \cdot L = 0$$

速さ v_1 で打ち込まれた弾丸は，大きさ F の抵抗力を左向きに受けながら，木材の中を右向きに距離 L 進み，貫通直後に止まると考えられる。したがって，「弾丸は，**はじめ $\frac{1}{2}mv_1^2$ のエネルギー**をもっていたが，抵抗

第 1 章　力学

$v_1 > 0$ だから
$$v_1 = \sqrt{2}\,v \quad \cdots ② \quad \cdots 答$$

(3) 運動量保存則より
$$mv_1 = (M+m)v_2$$
②を代入して
$$m \cdot \sqrt{2}\,v = (M+m)v_2$$
$$v_2 = \frac{\sqrt{2}\,mv}{M+m} \quad \cdots ③ \quad \cdots 答$$

> 力により**負の仕事**$(-FL)$を受け，その結果，**エネルギーが0になった**」と解釈できる。

> ⚠ 合体の問題だから，運動量保存則が思いつくね。また，v_1，v_2は速さだけど，どちらも右向きなので右向きを正とすれば，速度としても使えるよ。

(4)

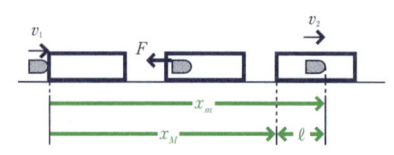

[図：弾丸が木材に進入する様子。v_1, F, v_2, x_m, x_M, ℓ が示されている]

弾丸だけに注目したとき，エネルギーと仕事の関係は，次のようになる。

$$\frac{1}{2}mv_1^2 - Fx_m = \frac{1}{2}mv_2^2$$

①，②，③を代入して

$$\frac{1}{2}m(\sqrt{2}\,v)^2 - \frac{mv^2}{L} \cdot x_m$$
$$= \frac{1}{2}m\left(\frac{\sqrt{2}\,mv}{M+m}\right)^2$$

$$1 - \frac{x_m}{L} = \frac{m^2}{(M+m)^2}$$

$$x_m = \frac{M^2 + 2Mm}{(M+m)^2}L$$

$$= \frac{ML(M+2m)}{(M+m)^2} \quad \cdots 答$$

> 「弾丸は，**はじめ**$\frac{1}{2}mv_1^2$のエネルギーをもっていたが，抵抗力により**負の仕事**$(-Fx_m)$を受け，その結果，エネルギーが$\frac{1}{2}mv_2^2$**になった**」と解釈でき，これを式にすればよい。

(5) **木材だけに注目**したとき，エネルギーと仕事の関係は，次のようになる。

5. 仕事と力学的エネルギー

$$\underbrace{0}_{(はじめのエネルギー)} + \underbrace{Fx_M}_{(抵抗力によりされた仕事)} = \underbrace{\frac{1}{2}Mv_2^2}_{(あとのエネルギー)}$$

> 木材には，大きさ F の抵抗力が右向きにはたらき，木材は右向きに x_M だけ動いたので，木材のされた仕事は正の値 Fx_M になる。

①，③を代入して

$$0 + \frac{mv^2}{L} \cdot x_M = \frac{1}{2}M\left(\frac{\sqrt{2}\,mv}{M+m}\right)^2$$

$$x_M = \frac{MmL}{(M+m)^2} \cdots \text{答}$$

> ⚠ 木材が受ける抵抗力は，弾丸が受ける抵抗力と作用・反作用の関係にあるので，**大きさは同じで逆向き（右向き）** になる。

(6) $\ell = x_m - x_M$ だから

$$\ell = \frac{ML(M+2m)}{(M+m)^2} - \frac{MmL}{(M+m)^2}$$

$$\ell = \frac{ML}{M+m} \cdots \text{答}$$

> (4)の図より，弾丸が木材に入り込む深さ ℓ は
> $$\ell = x_m - x_M$$
> になる。

---

45 弾性力による位置エネルギーのテーマ

・弾性力による位置エネルギー $U = \dfrac{1}{2}kx^2$ の導出

(ア) $F = kx'$ … 答
(イ) $F\Delta x = kx' \cdot \Delta x$ … 答

> ⚠ 弾性力による位置エネルギーも，外力のした仕事によって求められるよ。

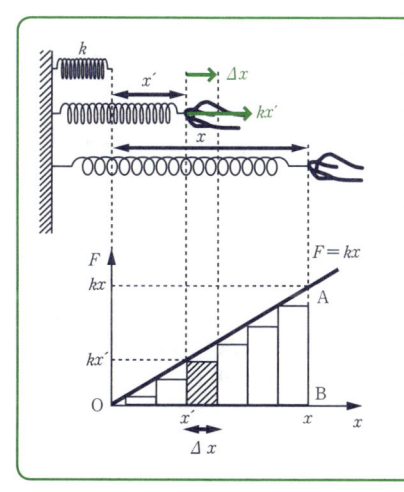

$kx' \cdot \Delta x$ は，ばねに対して右向きに kx' の力を加え，ばねを右向きに Δx だけ引き伸ばすのに必要な仕事を表している。
厳密には，Δx だけ引き伸ばしている間，弾性力は大きくなってしまうが，Δx を微小距離とすれば，その間 kx' は一定と考えられる。

(ウ) 斜線部分の長方形の面積
(エ) 長方形の面積
(オ) △OABの面積
(カ) $W = \dfrac{1}{2}kx^2$ …答
(キ) 弾性力による位置
(ク) $U = \dfrac{1}{2}kx^2$

> Δxを限りなく小さくしていくと、長方形の面積の総和は、△OABの面積に等しくなる。

> ！ xは自然長からの伸びだから、**弾性力による位置エネルギーの基準点は自然長**ということになるね。

Point!

弾性力による位置エネルギー（弾性エネルギー）U

$$U = \dfrac{1}{2}kx^2$$

k：ばね定数
x：自然長からの伸び，縮み

解説 46 力学的エネルギー保存則のテーマ

・力学的エネルギー保存則の使いかた

(1) 小物体が点Cを通過するときの速さを v_C とする。

力学的エネルギー保存則より

$$mgh = \dfrac{1}{2}mv_C^2$$

$v_C > 0$ だから　$v_C = \sqrt{2gh}$ …答

> 運動エネルギーと位置エネルギーの和を力学的エネルギーという。すなわち
> **（力学的エネルギー）**
> ＝（運動エネルギー）＋（位置エネルギー）

> 重力や弾性力（保存力）だけを受けて運動している物体の力学的エネルギーは一定に保たれる。すなわち
> （運動エネルギー）＋（位置エネルギー）
> ＝（一定）

5．仕事と力学的エネルギー

> **Point!**
>
> 力学的エネルギー保存則
>
> （運動エネルギー）＋（位置エネルギー）＝（一定）
>
> ❗ エネルギー保存則は，これからよく使う大変便利な法則だよ。完ペキにマスターしようね。

(2) 衝突直後の一体となった物体の速さを V とする。

運動量保存則より

$$mv_C = 2mV$$

$$V = \frac{v_C}{2} = \sqrt{\frac{gh}{2}} \quad \cdots \text{答}$$

> 衝突問題では，**運動量保存則**を用いる。

(3) 力学的エネルギー保存則より

$$\frac{1}{2} \cdot 2m \cdot V^2 = \frac{1}{2}kx^2$$

$x > 0$ だから

$$x = V \cdot \sqrt{\frac{2m}{k}} = \sqrt{\frac{gh}{2}} \cdot \sqrt{\frac{2m}{k}}$$

$$x = \sqrt{\frac{mgh}{k}} \quad \cdots ① \quad \cdots \text{答}$$

> 点Bでの重力による位置エネルギー mgh と，ばねの縮みが最大値 x のときの弾性力による位置エネルギー $\frac{1}{2}kx^2$ との間には，力学的エネルギー保存則は成り立っていないことに注意せよ。すなわち
>
> $$mgh \neq \frac{1}{2}kx^2$$
>
> である。小物体と板との衝突が**弾性衝突ではない**ので，衝突の際，**力学的エネルギーが減少**してしまう。

> **Point!**
>
> 力学的エネルギー保存則が**成立しない例**
> - **摩擦**のある運動
> - **抵抗力**のある運動
> - $e \neq 1$ の衝突
>
> ❗ ……ということは，$e=1$ の衝突では力学的エネルギー保存則が成立するということだね。

```
                          点Bにおける
                          (力学的エネルギー) = (運動エネルギー) + 位置エネルギー
                                              0                  mgh
                                           = mgh
       m
      B
  重力による       v_C    v_C    V
  位置エネルギーの基準 h        m+m   k
  ─────────────
点Cにおける           C                D
(力学的エネルギー)                     x
= (運動エネルギー) + (位置エネルギー)
    (1/2)mv_C²        0       衝突直後の2物体の     ばねがxだけ縮んだ点における
=(1/2)mv_C²           (力学的エネルギー)         (力学的エネルギー)
                    = (運動エネルギー) + (位置エネルギー)  = (運動エネルギー) + (位置エネルギー)
                       (1/2)·2m·V²      0              0              (1/2)kx²
                     =(1/2)·2m·V²                     =(1/2)kx²
```

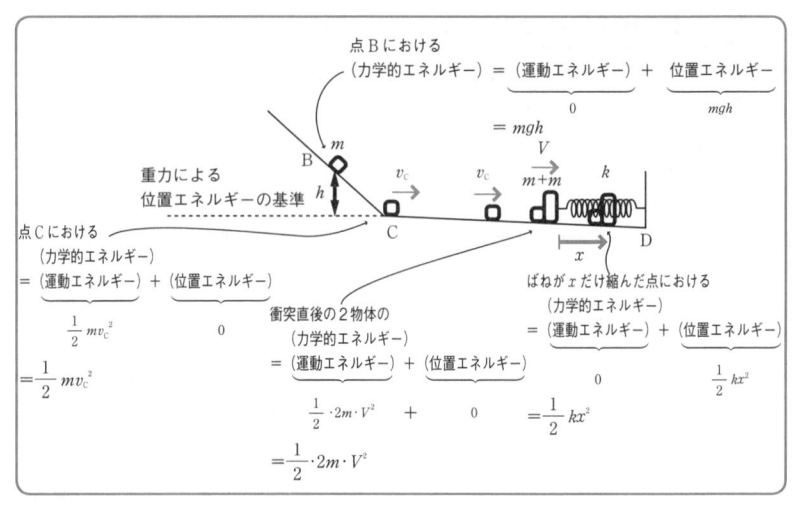

(4) 小物体が点Cを通過するときの速さを v_C' とする。

力学的エネルギー保存則より

$$mgh' = \frac{1}{2}mv_C'^2$$

$v_C' > 0$ だから $v_C' = \sqrt{2gh'}$

衝突直後の一体となった物体の速さを V' とする。

運動量保存則より

$$mv_C' = 2mV'$$

$$V' = \frac{v_C'}{2} = \sqrt{\frac{gh'}{2}}$$

力学的エネルギー保存則より

$$\frac{1}{2} \cdot 2m \cdot V'^2 = \frac{1}{2}k(\sqrt{2}x)^2$$

$$\frac{1}{2} \cdot 2m \cdot \left(\sqrt{\frac{gh'}{2}}\right)^2 = \frac{1}{2}k(\sqrt{2}x)^2$$

$$h' = \frac{2kx^2}{mg}$$

①を代入して

5. 仕事と力学的エネルギー　085

$$h' = \frac{2k}{mg}\left(\sqrt{\frac{mgh}{k}}\right)^2 = 2h$$

h' は h の 2 倍 …答

47 水平ばね振り子と鉛直ばね振り子のテーマ
- 水平ばね振り子におけるエネルギー保存則
- 鉛直ばね振り子におけるエネルギー保存則

(1) $\dfrac{1}{2}kA^2$ …答

> ！（運動エネルギー）＝0 だから，弾性エネルギーだけだね。

(2) $\dfrac{1}{2}mv^2 + \dfrac{1}{2}kx^2$ …答

> ！運動エネルギーも位置エネルギーもあるよ。

(3) 力学的エネルギー保存則より

$$\underline{\dfrac{1}{2}kA^2 = \dfrac{1}{2}mv^2 + \dfrac{1}{2}kx^2} \quad \cdots ①$$

…答

> ！この運動は摩擦も抵抗もないので，力学的エネルギー保存則は成立するね。

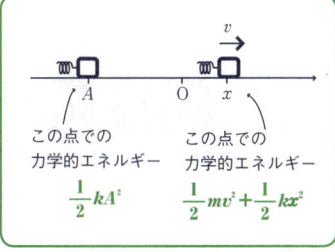

(4) 力のつり合いより

$$\underline{kx_0 = mg} \quad \cdots ②$$

…答

(5) この点において，ばねは自然長から $x_0 + A$ だけ縮んでおり，位置は基準点 (原点 O) より A だけ下がっているので，物体とばねがもつ力学的エネルギーは

$$\dfrac{1}{2}k(x_0 + A)^2 - mgA \text{ …答}$$

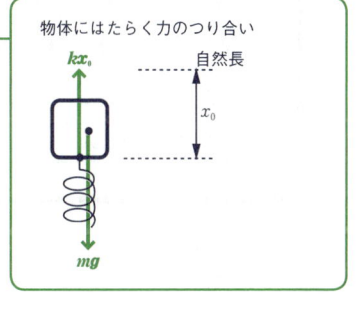

(6) この点において，物体の速さは v，ばねは自然長から $x_0 - x$ だけ縮んでおり，位置は基準点 (原点 O) より x だけ上がっているので，物体とばねがもつ力学的エネルギーは

$$\dfrac{1}{2}mv^2 + \dfrac{1}{2}k(x_0 - x)^2 + mgx \text{ …答}$$

(7) 力学的エネルギー保存則より

$$\frac{1}{2}k(x_0+A)^2 - mgA$$
$$= \frac{1}{2}mv^2 + \frac{1}{2}k(x_0-x)^2 + mgx$$

$$\frac{1}{2}k(x_0^2 + 2x_0A + A^2) - mgA$$
$$= \frac{1}{2}mv^2 + \frac{1}{2}k(x_0^2 - 2x_0x + x^2) + mgx$$

$$kx_0A + \frac{1}{2}kA^2 - mgA$$
$$= \frac{1}{2}mv^2 - kx_0x + \frac{1}{2}kx^2 + mgx$$

ここで，②式の関係を用いて変形すると

$$\frac{1}{2}kA^2 = \frac{1}{2}mv^2 + \frac{1}{2}kx^2 \quad \cdots ③$$

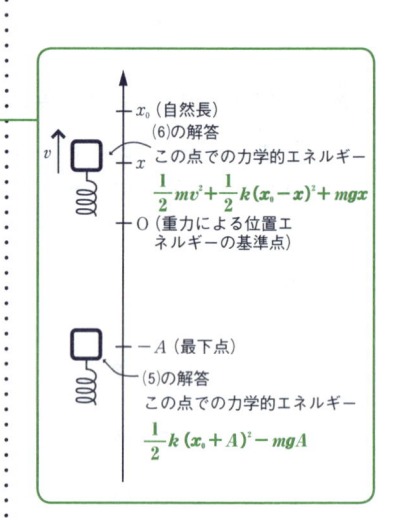

…**答**

- x_0（自然長）
- (6)の解答
- x　この点での力学的エネルギー
  $$\frac{1}{2}mv^2 + \frac{1}{2}k(x_0-x)^2 + mgx$$
- O（重力による位置エネルギーの基準点）
- $-A$（最下点）
- (5)の解答
  この点での力学的エネルギー
  $$\frac{1}{2}k(x_0+A)^2 - mgA$$

㊙テクニック！

鉛直方向のばね振り子では，力学的エネルギー保存則の式が2種類ある。

① $\frac{1}{2}mv^2 + \frac{1}{2}kx^2 + mgh = $（一定）（$x$：自然長からの変位）

② $\frac{1}{2}mv^2 + \frac{1}{2}kx^2 = $（一定）（$x$：つり合いの位置からの変位）

! 本来，①式がエネルギー保存則を表しているので，まずは，この式を立てられるようにしよう。
②式は受験のテクニックとして使う式なので，①をマスターしたあとでもかまわないよ。

(8) (ア) $\frac{1}{2}kx^2$

(イ) つり合い

(ウ) 自然長

(エ) 弾性力による位置エネルギー

5. 仕事と力学的エネルギー　087

> **48　鉛直ばね振り子にのせられた小球**のテーマ
> ・鉛直ばね振り子のエネルギー保存則
> ・運動方程式
> ・小球が台から離れる位置

(1) 重力による位置エネルギーの基準を原点Oにとり，位置xにおける小球の速さをvとする。

　力学的エネルギー保存則より

$$\frac{1}{2}k(3d)^2+(M+m)g\times(-2d)$$
$$=\frac{1}{2}(M+m)v^2+\frac{1}{2}k(d-x)^2$$
$$+(M+m)gx$$

$$\frac{9}{2}kd^2-2(M+m)gd$$
$$=\frac{1}{2}(M+m)v^2+\frac{1}{2}kd^2-kdx$$
$$+\frac{1}{2}kx^2+(M+m)gx$$

ここで，原点Oにおける力のつり合い $kd=(M+m)g$ を用いると

$$2kd^2=\frac{1}{2}(M+m)v^2+\frac{1}{2}kx^2$$

$$k(4d^2-x^2)=(M+m)v^2$$

ここで，$v>0$だから

$$v=\sqrt{\frac{k(4d^2-x^2)}{M+m}} \quad \cdots① \quad \cdots\text{答}$$

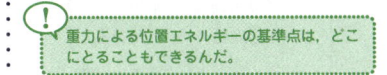

> ❗ 重力による位置エネルギーの基準点は，どこにとることもできるんだ。

[$x=-2d$における力学的エネルギー]

$$\underbrace{\frac{1}{2}k(3d)^2}_{\text{自然長からの縮み}}+\underbrace{(M+m)\cdot g\cdot(-2d)}_{\substack{\text{重力による位置エネルギー}\\\text{の基準点(原点O)より}2d\text{だ}\\\text{け低い位置だから}}}$$

[位置xにおける力学的エネルギー]

$$\underbrace{\frac{1}{2}(M+m)v^2}_{\text{運動エネルギー}}+\underbrace{\frac{1}{2}k(d-x)^2}_{\text{自然長からの縮み}}$$
$$+\underbrace{(M+m)gx}_{\substack{\text{重力による位置エネ}\\\text{ルギーの基準点(原}\\\text{点O)より}x\text{だけ高}\\\text{い位置だから}}}$$

```
         x
         │
     ↑   ├─── d (自然長)
     v   ●
       ┌─┴─┐  x
       │   │
       └┬──┘  0 (つり合い)
        ⌇
        ⌇
         ●
       ┌─┴─┐ -2d
       │   │
       └┬──┘
        ⌇
```

〈(1)の別解〉
つり合いの位置からの変位で位置エネルギーを考えると、エネルギー保存則は

$$\frac{1}{2}k(2d)^2 = \frac{1}{2}(M+m)v^2 + \frac{1}{2}kx^2$$

$$(M+m)v^2 = k(4d^2 - x^2)$$

$v>0$ だから

$$v = \sqrt{\frac{k(4d^2 - x^2)}{M+m}} \cdots \boxed{答}$$

! さすが、㊙テクニック！ 計算がラクになったね。使いこなせたらすごいぞ！

(2) ①式で、小球の**速さ v が最大値** v_{max} となるのは、$x=0$（つり合いの位置）のとき。…[答]

! ばね振り子は、**つり合いの位置で速さが最大**になるよ。

①に $x=0$ を代入して

$$v_{max} = \sqrt{\frac{k \cdot 4d^2}{M+m}}$$

$$= 2d\sqrt{\frac{k}{M+m}} \cdots \boxed{答}$$

(3) 小球と台の間にはたらく力の大きさを R として、小球と台の運動方程式を立てる。位置 x における加速度を a として

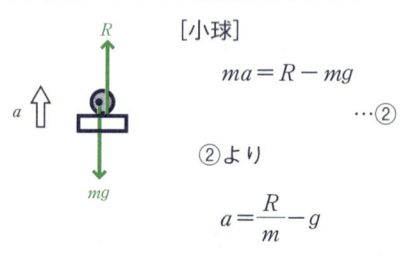

[小球]
$$ma = R - mg \quad \cdots ②$$

②より
$$a = \frac{R}{m} - g$$

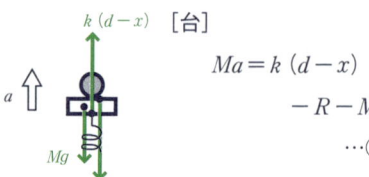

[台]
$$Ma = k(d-x) - R - Mg \quad \cdots ③$$

a の値を③に代入して

$$M\left(\frac{R}{m}-g\right)=k(d-x)-R-Mg$$

$$\frac{M+m}{m}R=k(d-x)$$

$$R=\frac{km(d-x)}{M+m}$$

小球が**台から離れる**のは，$R=0$ となるときだから，$x=d$（ばねの自然長の位置）…**答**

> ❗ 物体が**面から離れる**のは，抗力 $R=0$ になるときだったね。

(4) ①式に $x=d$ を代入して

$$v=\sqrt{\frac{3kd^2}{M+m}}=d\sqrt{\frac{3k}{M+m}}\cdots\text{答}$$

(5) 小球が到達できる最高点の座標を h_{max} とする。

力学的エネルギー保存則より

$$\frac{1}{2}m\times\left(d\sqrt{\frac{3k}{M+m}}\right)^2+mgd=mgh_{max}$$

$$\frac{3kd^2}{2(M+m)}=g(h_{max}-d)$$

ここで，$kd=(M+m)g$ を用いると

$$\frac{3kd^2}{2\cdot kd}=h_{max}-d$$

$$h_{max}=\frac{5}{2}d\cdots\text{答}$$

> ❗ 鉛直投げ上げと考えて，$v^2-v_0^2=2ax$ を用いても解けるね。

49 小物体と三角台の衝突 のテーマ

- 運動方程式の活用
- 運動量保存則の成立条件
- エネルギー保存則とはね返り係数の関係

(1) 斜面に平行で上向きを正の向きとし，小物体の加速度を a とすると，小物体の運動方程式は

$$ma = -mg\sin\theta \qquad a = -g\sin\theta$$

斜面に平行で下向きに $g\sin\theta$ …答

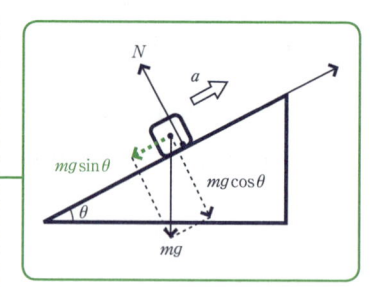

(2) 小物体が達する最高点の床からの高さを h とすると，力学的エネルギー保存則より

$$\frac{1}{2}mv_0^2 = mgh \qquad h = \frac{v_0^2}{2g} \text{…答}$$

(3) 再び水平面上を運動する小物体の速度を v とする。ただし，水平右向きを正とする。力学的エネルギー保存則より

$$\frac{1}{2}mv_0^2 = \frac{1}{2}mv^2$$

ここで，$v<0$（左向き）だから

$$v = -v_0$$

水平左向きに v_0 …答

! 速度を問われているのだから，向きも答えよう。

$mgh = \frac{1}{2}mv^2$ としてもよいが，$\frac{1}{2}mv_0^2 = mgh$ なので，結局この関係が成り立つ。

(4) 小物体が最高点に達するとき，両物体の速度は等しくなる。水平右向きを正とし，この速度を V とすると，水平方向の運動量保存則は

$$mv_0 = (M+m)V$$

$$V = \frac{mv_0}{M+m}$$

水平右向きに $\dfrac{mv_0}{M+m}$ …答

小物体と三角台の衝突の際，**水平方向に外力ははたらかない**（内力ははたらく）ので，**水平方向の運動量保存則が成り立っている**。

! ちょっと難しいかもしれないけど，この運動が**小物体と三角台の衝突**と見抜くことができれば，運動量保存則はすぐに浮かぶよ！

5. 仕事と力学的エネルギー

(5) 小物体が達する最高点の床からの高さを h' とする。力学的エネルギー保存則より

$$\frac{1}{2}mv_0^2 = \frac{1}{2}(M+m)V^2 + mgh'$$

$$\frac{1}{2}mv_0^2 = \frac{1}{2}(M+m) \times \frac{m^2v_0^2}{(M+m)^2} + mgh'$$

$$h' = \frac{Mv_0^2}{2g(M+m)} \cdots \text{答}$$

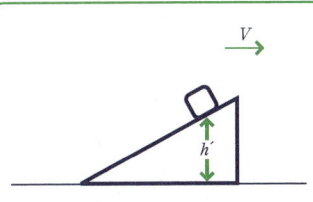

小物体が最高点 h' に達するとき，図のように，両物体は一体となって速度 V で運動している。この状態での力学的エネルギーは

$$\frac{1}{2}(M+m)V^2 + mgh'$$

である。

(6) 水平右向きを正とし，衝突後の小物体，三角台の速度をそれぞれ v'，V' とする。衝突の際，運動量保存則とエネルギー保存則はともに成り立つので，運動量保存則より

$$mv_0 = mv' + MV' \quad \cdots ①$$

力学的エネルギー保存則より

$$\frac{1}{2}mv_0^2 = \frac{1}{2}mv'^2 + \frac{1}{2}MV'^2 \quad \cdots ②$$

①より

$$v' = v_0 - \frac{MV'}{m} \quad \cdots ①'$$

②に代入

$$\frac{1}{2}mv_0^2 = \frac{1}{2}m\left(v_0 - \frac{MV'}{m}\right)^2 + \frac{1}{2}MV'^2$$

$$mv_0^2 = mv_0^2 - 2Mv_0V' + \frac{M^2V'^2}{m} + MV'^2$$

$$\frac{M+m}{m}V' = 2v_0$$

力学的エネルギー保存則が成り立つ衝突は，弾性衝突であり，はね返り係数 $e=1$ である。したがって，**エネルギー保存則（②式）を使う代わりに，はね返り係数 $e=1$ を用いることができる。**また，そのほうが計算も簡単になる。
[はね返り係数の式]

$$1 = -\frac{v'-V'}{v_0} \quad \cdots ②'$$

として，①，②' を連立させて v'，V' を求めてみること。

$$V' = \frac{2mv_0}{M+m}$$

V' の値を ①′ に代入して

$$v' = v_0 - \frac{M}{m} \cdot \frac{2mv_0}{M+m}$$

$$= \frac{-M+m}{M+m} v_0$$

$$= -\frac{M-m}{M+m} v_0$$

小物体：水平左向きに $\dfrac{M-m}{M+m} v_0$

三角台：水平右向きに $\dfrac{2mv_0}{M+m}$　…**答**

㊙テクニック！

２物体の衝突において

エネルギー保存則 ⟹ はね返り係数 $e = 1$
　　（の代わりに）　　　　　（を使うことができる）

50 ばねを介した２物体の分裂 のテーマ

- 分裂の扱いかた
- 運動量保存則，エネルギー保存則の適用

(1) 水平右向きを正として，分裂後の物体 m, M の速度をそれぞれ v, V とする。

> これから運動量保存則を使うので，速度（ベクトル）を用いて解答を進め，最後に速度を速さに変えるようにする。

運動量保存則より

$$0 = mv + MV \quad \cdots ①$$

$$v = -\frac{M}{m}V$$

物体 m の速さは，$|v|$ と表せるので

$$|v| = \frac{M}{m}V$$

$\dfrac{M}{m}$ 倍 … 答

> "衝突"，"合体"，"分裂" は，運動量保存則を使う問題のメインテーマだよ。

> m, Mに対して，**水平方向の外力ははたらいていないので，水平方向の運動量保存則が成り立つ。**

> mとMの間には，ばねを介して内力ははたらいている。

> この式から，v と V は異符号なので，逆向きだとわかる。分裂後の V は右向き ($V > 0$) だから，v は左向き ($v < 0$) になる。

(2) 物体 m の運動エネルギーは

$$\frac{1}{2}mv^2 = \frac{m}{2}\cdot\left(-\frac{M}{m}V\right)^2$$

$$= \frac{1}{2}MV^2 \times \frac{M}{m}$$

$\dfrac{M}{m}$ 倍 … 答

(3) 力学的エネルギー保存則より

$$\frac{1}{2}ks^2 = \frac{1}{2}mv^2 + \frac{1}{2}MV^2 \quad \cdots ②$$

①より

$$V = -\frac{mv}{M}$$

これを②に代入して

$$\frac{1}{2}ks^2 = \frac{1}{2}mv^2 + \frac{1}{2}M\cdot\left(-\frac{mv}{M}\right)^2$$

$$ks^2 = \frac{(M+m)\,mv^2}{M}$$

$$v = \pm s\sqrt{\frac{kM}{m(M+m)}}$$

求めるのは，物体 m の速さ $|v|$ だから

$$|v| = s\sqrt{\frac{kM}{m(M+m)}} \quad \cdots 答$$

51 慣性力 のテーマ

- 慣性力とは何か
- 物体にはたらく力の見つけかた
- 慣性力の大きさと向き

(1) 電車の加速度の大きさを a, おもりの質量を m, ひもの張力の大きさを T とする。

地上に静止している人がおもりを見ると, おもりは電車とともに**大きさ a の加速度で運動している**ように見える。

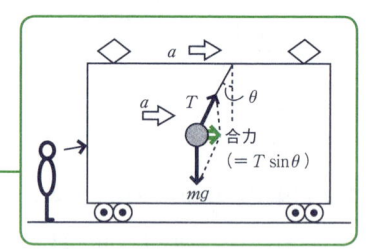

　　運動方程式(水平方向)

　　　$ma = T\sin\theta$

　　力のつり合い(鉛直方向)

　　　$mg = T\cos\theta$

　　上の2式について, 辺々割り算して

　　　$\dfrac{a}{g} = \tan\theta \qquad a = g\tan\theta$ ……①

　　　　　　　　　　　　　　…答

おもりは, 合力 $T\sin\theta$ を水平右向きに受けて, その向きに加速度 a で運動しているのだから, 立てる式は運動方程式だね。

(2) **電車内に静止している人がおもりを見ると**, おもりは傾いた状態で**静止して見える**。

　　力のつり合い

　　　水平方向：$ma = T\sin\theta$

　　　鉛直方向：$mg = T\cos\theta$

　　上の2式について, 辺々割り算して

　　　$\tan\theta = \dfrac{a}{g} \qquad a = g\tan\theta$ …答

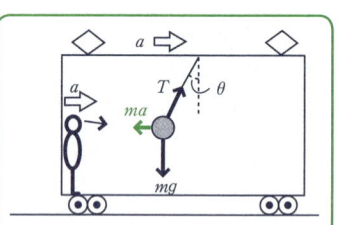

おもりにはたらく力について考える。"1.重力"は mg, "2.近接力"は張力 T である。しかし, この2力だけではおもりにはたらく力はつり合いを保つことができない。そこで登場するのが, "3.慣性力"である。**"3.慣性力"は, 加速度運動している観測者にだけ見える力である。**図のように, **観測者が右向きに大きさ a の加速度で運動している場合, 質量 m のおもりには左向きに大きさ ma の慣性力がはたらいているように見える。**そして, おもりにはたらく力は, "1.重力"は mg, "2.近接力"は T, "3.慣性力"は ma で, この3力がつり合っている。

6. 慣性力と円運動

> ! おもりは観測者の目の前に静止して見えるのだから、立てる式は"力のつり合い"だね。

Point!
物体にはたらく力の見つけかた
1. 重力
2. 近接力
3. **慣性力**（加速度運動している観測者にだけ見える力）

(3) ばねの伸びを ℓ とする。
地上に静止している人が小球を見ると、小球は電車とともに大きさ a の加速度で運動しているように見える。

運動方程式
$$ma = k\ell$$
$$\ell = \frac{ma}{k}$$

①を代入して
$$\ell = \frac{mg\tan\theta}{k} \cdots \text{答}$$

(4) 電車内に静止している人がおもりを見ると、ℓ だけ伸びたばねにつながれて静止して見える。

力のつり合い
$$k\ell = ma$$
$$\ell = \frac{ma}{k} = \frac{mg\tan\theta}{k} \cdots \text{答}$$

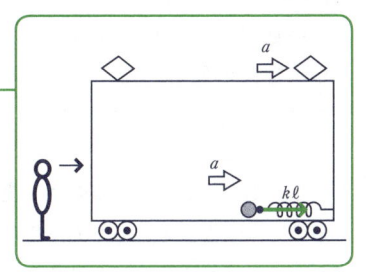

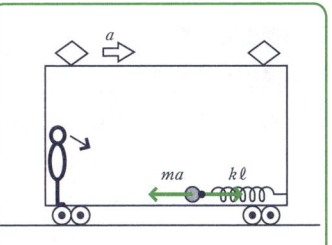

もう一度、慣性力に関するポイントを述べる。
1) 慣性力は、**加速度運動している観測者にだけ見える力**である。すなわち、**観測者が加速度運動していることが重要**なのであって電車や小球が加速度運動しているか否かは無関係である。

2) **右向きに大きさaの加速度で運動している観測者**は、質量mの物体に**左向きに大きさmaの慣性力**がはたらいているように見える。

Point!

慣性力 { 大きさ ⇒ ma
　　　 { 向き　 ⇒ 観測者の加速度と逆向き

52 エレベーター内の人の体重 のテーマ

・慣性力のはたらく向き
・慣性力の使いかた

観測者（体重計に乗った人）は、エレベーターとともに大きさaの加速度で運動しているので、慣性力を含めた力が自分自身にはたらき、それらの力がつり合っているとみなす。

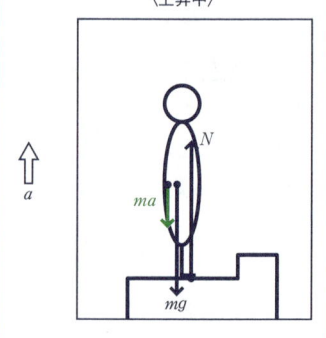

○ 観測者（エレベーター）が大きさaの**加速度で上昇**すると、人には大きさ$\underline{ma}$**の慣性力が下向き**にはたらく。

人が体重計から受ける抗力の大きさをNとすると、力のつり合いより

$$N = mg + ma = m(g+a)$$

ところで、体重計は人から大きさNの力で下向きに押され、Nが体重計の目盛りに示される。したがって、**エレベーターが大きさaの加速度で上昇すると、体重計は$m(g+a)$を示す。**…答

慣性力の大きさはmaで、向きは観測者の加速度と逆向きである。
〈上昇中〉

6. 慣性力と円運動

○ エレベーター（観測者）が大きさ a の**加速度で下降**すると，人には大きさ $\underline{ma}$ **の慣性力が上向き**にはたらく。

力のつり合いより

$N + ma = mg$

$N = m(g - a)$

したがって，**エレベーターが大きさ a の加速度で下降すると，体重計は $m(g-a)$ を示す。**…答

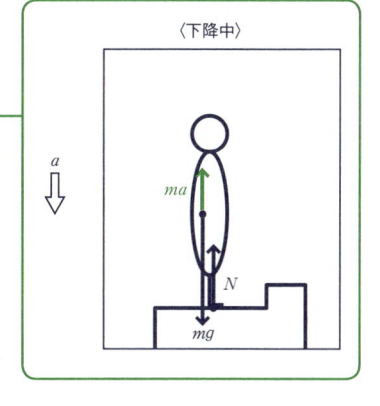

---

53 電車内での小球の運動 のテーマ

・観測者の立場の違いによる運動の解釈の違い

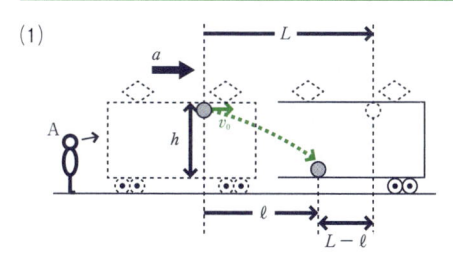

(1) **速さ v_0 で水平に投射したときの放物運動（水平投射）になる。**…答

小球をはなした瞬間，Aから見た小球の速度は，水平右向きに v_0 である。その後，小球は**重力だけ**を受けて運動するので，初速度 v_0 の**水平投射**になる。

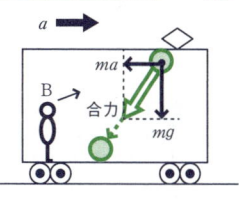

(2) **重力と慣性力の合力の向きに初速度0で進む，等加速度直線運動になる。**…答

Bから見ると小球にはたらく力は，**1. 重力** mg，2. 近接力ははたらいておらず，**3. 慣性力は** ma である。

(3) 〈Aの立場〉

落下に要する時間 t を求める。

$$h = \frac{1}{2}gt^2$$

ここで，$t>0$ だから $\quad t = \sqrt{\frac{2h}{g}}$

時間 t の間に小球が進む水平距離 ℓ は

$$\ell = v_0 t = v_0 \sqrt{\frac{2h}{g}}$$

> 小球の水平方向の運動は，等速直線運動である。

時間 t の間に電車が進む水平距離 L は

$$L = v_0 t + \frac{1}{2}at^2$$

$$= v_0 \sqrt{\frac{2h}{g}} + \frac{a}{2} \cdot \frac{2h}{g}$$

$$= v_0 \sqrt{\frac{2h}{g}} + \frac{ah}{g}$$

> 電車の運動は，等加速度直線運動である。

したがって，求めるずれの長さは

$$L - \ell = \frac{ah}{g} \cdots \boxed{答}$$

> (1)の解答の図を参照してね。

〈Bの立場〉

落下に要する時間 t はもちろん，Aの立場と同じである。この間，小球の運動の水平成分は，初速度 0，加速度 a だから，求めるずれの長さは

$$\frac{1}{2}at^2 = \frac{a}{2} \cdot \frac{2h}{g} = \frac{ah}{g} \cdots \boxed{答}$$

> (2)の解答の図を参照してね。

> 同じ運動を別の立場から見ているだけなので，答えが一致するのはあたり前だね。

6. 慣性力と円運動

> **54** 等速円運動のテーマ
> ・等速円運動の公式の導出と重要事項のまとめ
> (角速度，周期・回転数，速度の大きさと向き，
> 加速度の大きさと向き，向心力の大きさと向き)

小球が1秒間で進んだ距離は v [m] で，下の図の弧の長さである。

（1秒間）

> これは，円運動の基本事項をまとめた問題だよ。

(1) 角速度 ω [rad/s] は，1秒間あたりの回転角 [rad] だから，上図より

$$v = r \omega$$
（弧の長さ）＝（半径）×（中心角）

$$\omega = \frac{v}{r} \text{ [rad/s]} \cdots \boxed{答}$$

> Δt [s] 間での回転角を $\Delta \theta$ [rad] とすると，角速度 ω [rad/s] は，
> $\omega = \dfrac{\Delta \theta}{\Delta t}$ と表すこともできる。

(2) 円運動の周期 T [s] は，円周 $2\pi r$ [m] を速さ v [m/s] で1回転するのに要する時間だから

$$T = \frac{2\pi r}{v} \text{ [s]} \cdots \boxed{答}$$

> $v = r\omega$ を用いると，さらに変形できる。
> $$T = \frac{2\pi r}{v} = \frac{2\pi}{\omega}$$

> 要するに
> （時間）＝（距離）／（速さ）
> ということだね。

(3) 小球は，T 秒間で1回転するので，1秒間で回転する数 n [Hz] は

$$n = \frac{1}{T} = \frac{v}{2\pi r} \text{ [Hz]} \cdots \boxed{答}$$

> 回転数 n は，"1秒間に何回転するかを表している" ので，回転数 n の単位は [回/s] である。これを [Hz]（ヘルツ）という。

> $v = r\omega$ を用いると，さらに変形できる。
> $$n = \frac{1}{T} = \frac{v}{2\pi r} = \frac{\omega}{2\pi}$$

> 回転数（振動数）$n = \dfrac{1}{\text{周期} T}$ は結構大切な関係だよ。

(4) 糸が切れた瞬間，小球の速度は円の接線方向を向いているので，**小球は円の接線方向に進む**。…答

> (4)は，以前センター試験にも出題されていたよ。

(5) 1秒間あたりの回転角が ω [rad] だから，微小時間 Δt [s] 間の回転角は

$$\omega \Delta t = \frac{v \Delta t}{r} \text{[rad]} \cdots 答$$

(6) （Δt 秒間）

> この図より
> $$\Delta v = v \times \frac{v \Delta t}{r}$$
> （弧の長さ）（半径）（中心角）
> の関係を用いる。

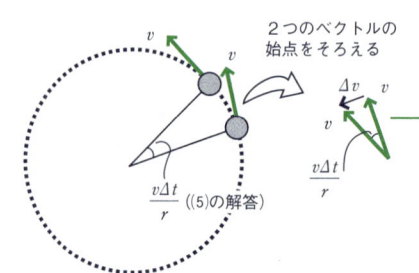

図より，弧の長さ＝半径×中心角だから

$$\Delta v = v \times \frac{v \Delta t}{r} = \frac{v^2 \Delta t}{r} \text{[m/s]} \cdots 答$$

Δt を限りなく小さくすると，速度変化の向きは，速度に垂直，すなわち**円の中心に向く**。…答

(7) 加速度の定義式 $a = \dfrac{\Delta v}{\Delta t}$ より

$$a = \frac{\Delta v}{\Delta t} = \frac{v^2}{r} \text{[m/s}^2\text{]} \cdots 答$$

向きは速度変化と同じ向きだから，**円の中心に向く**。…答

> $v = r\omega$ を用いると，さらに変形できる。
> $$a = \frac{v^2}{r} = r\omega^2$$

6. 慣性力と円運動

(8)

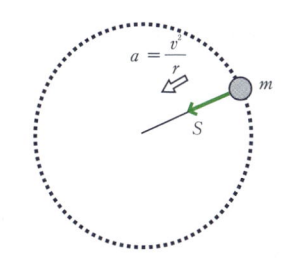

運動方程式

$ma = S$

$S = m\dfrac{v^2}{r}$ (N) …答

張力の向きは，加速度と同じ向きだから，**円の中心に向く。**…答

> 物体が**円運動するためには，常に円の中心に向かう力**(本問では糸の張力)**がはたらいていなければならない**。この力を**向心力**という。向心力の大きさをFとすると
> $$F = m\dfrac{v^2}{r} = mr\omega^2$$

Point!

等速円運動のまとめ

- 角速度　$\omega = \dfrac{\Delta\theta}{\Delta t}$

- 速度　$v = r\omega$（円の**接線**方向）

- 周期　$T = \dfrac{2\pi r}{v} = \dfrac{2\pi}{\omega}$

- 回転数　$n = \dfrac{1}{T} = \dfrac{v}{2\pi r} = \dfrac{\omega}{2\pi}$

- 加速度　$a = \dfrac{v^2}{r} = r\omega^2$（円の**中心**向き）

- 向心力　$F = m\dfrac{v^2}{r} = mr\omega^2$（円の**中心**向き）

！ すべて重要な式なので，この場で覚えてしまおう！

55 回転円板上の小物体のテーマ

- 等速円運動に必要な力（向心力）
- 静止摩擦力のはたらく向き

(1) 小物体にはたらく摩擦力は，等速円運動の向心力なので，**大きさは $mr\omega^2$ で，向きは円の中心向き**である。…答

(2) 小物体が円板上を滑らないためには

　　静止摩擦力 ≦ 最大静止摩擦力
　　（向心力）

が成り立っていればよい。したがって

　　$mr\omega^2 \leq \mu mg$

ここで，$\omega =$（一定）で r の範囲を聞かれているので

　　$r \leq \dfrac{\mu g}{\omega^2}$ …答

(3) (2)と同様に考えて

　　$mr\omega^2 \leq \mu mg$

ここで，(3)では $r =$（一定）で ω の範囲を聞かれているので

　　$\omega \leq \sqrt{\dfrac{\mu g}{r}}$ …答

> 小物体が**等速円運動するためには**，小物体に対して，常に中心に向く力をおよぼす必要がある。この力が**向心力**であり，本問の場合，静止摩擦力がこの力に相当する。

> ! 仮に，小物体に向心力がはたらいていないとすると，小物体は速度の向きに進んでしまい，等速円運動できなくなるよ。

> ! 小物体が**滑らない**ということは，小物体にはたらく静止摩擦力が，最大静止摩擦力 μN に**至っていない**ということだね。

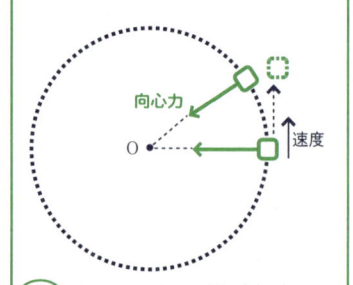

56 円すい振り子のテーマ

- 向心力を用いた運動方程式による解法
- 遠心力を用いた力のつり合いによる解法

糸の張力の大きさを S，おもりの速さを v とする。

地上に静止している**観測者A**は，おもりには**1.重力** mg と**2.近接力は張力** S がはたらき，おもりは**等速円運動**していると見る。

> おもりとともに等速円運動している**観測者B**は，おもりには**1.重力** mg，**2.近接力は張力** S，**3.慣性力は遠心力** $m\dfrac{v^2}{\ell\sin\theta}$ がはたらいていて，おもりにはたらく力はつり合っていると見る。

6. 慣性力と円運動

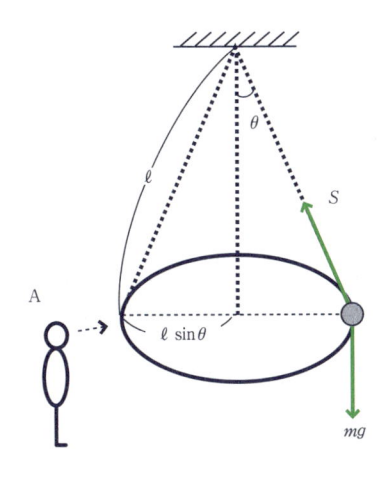

(1) 鉛直方向の力のつり合いより

$$S\cos\theta = mg \qquad S = \frac{mg}{\cos\theta} \quad \cdots ①$$

…答

(2) 水平方向の運動方程式

$$m \cdot \frac{v^2}{\ell\sin\theta} = S\sin\theta$$

①を代入して

$$m \cdot \frac{v^2}{\ell\sin\theta} = \frac{mg}{\cos\theta} \cdot \sin\theta$$

$$v^2 = g\ell\tan\theta\sin\theta$$

$v > 0$ だから

$$v = \sqrt{g\ell\tan\theta\sin\theta} \quad \cdots ②$$

…答

(3) 円運動の周期 $T = \dfrac{2\pi \cdot \ell\sin\theta}{v}$

②を代入して

$$T = \frac{2\pi\ell\sin\theta}{\sqrt{g\ell\tan\theta\sin\theta}} = 2\pi\sqrt{\frac{\ell\cos\theta}{g}}$$

…答

! まずは，加速度運動している観測者にだけ見える力である慣性力を思い出そう。

慣性力 { 大きさ⇒ma / 向き⇒観測者の加速度と逆向き

! おもりとともに等速円運動している観測者Bの加速度は，円運動の中心向きで，大きさは $\dfrac{v^2}{\ell\sin\theta}$ である。
加速度運動しているBから見ると，おもりには**Bの加速度と逆向き**（中心から遠ざかる向き）に，大きさ $m \cdot \dfrac{v^2}{\ell\sin\theta}$ の慣性力（遠心力）がはたらくように見えるんだ。

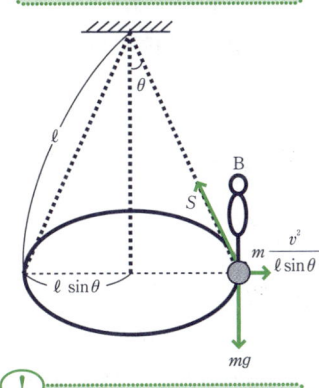

! 観測者Bがおもりを見ると，おもりは静止しているように見えるよ。

力のつり合い
 鉛直方向　$S\cos\theta = mg$
 水平方向　$S\sin\theta = m\dfrac{v^2}{\ell\sin\theta}$

57 円すい面内での小球の運動 のテーマ

- 向心力を用いた運動方程式による解法
- 遠心力を用いた力のつり合いによる解法

地上に静止した観測者の立場で解答する。

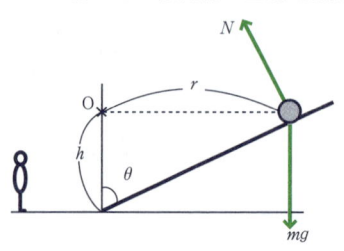

上の図より，円運動の半径 r は

$$r = h\tan\theta$$

小球の速さを v とすると，小球の水平方向の運動方程式（円運動の方程式）は

$$m\frac{v^2}{r} = N\cos\theta$$

$$N\cos\theta = \frac{mv^2}{h\tan\theta} \quad \cdots ①$$

鉛直方向の力のつり合いより

$$N\sin\theta = mg \quad \cdots ②$$

②÷①より

$$\tan\theta = mg \times \frac{h\tan\theta}{mv^2}$$

$v > 0$ だから　$v = \sqrt{gh}$ …【答】

〈別解〉
解答では，地上に静止した観測者の立場で解いていったが，ここでは，小球とともに等速円運動する観測者 A の立場で解いてみよう。
[観測者 A の立場]
小球には，**1. 重力** mg, **2. 垂直抗力** N, **3. 慣性力（遠心力）** $m\dfrac{v^2}{r}$ がはたらいていて，それらが**つり合っている**とみなす。

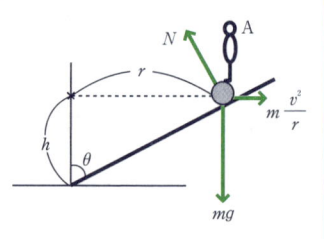

力のつり合い

水平方向　$N\cos\theta = m\dfrac{v^2}{r} = \dfrac{mv^2}{h\tan\theta}$

鉛直方向　$N\sin\theta = mg$

このあとの計算は解答と同じである。

! 円運動の問題は，"地上に静止した観測者""物体とともに円運動する観測者"の**どちらの立場でも解答できる**ようにしておこう。

6. 慣性力と円運動

58 棒に通された小球の円運動 のテーマ

- 等速円運動の中心位置
- 力のつり合う方向
- 摩擦力のはたらく向き

地上に静止した観測者の立場で解答する。

[滑り上がる直前] 角速度 ω を大きくしていくと、やがて小球は棒に沿って滑り上がる。滑り上がる直前の角速度を ω_1 とする。

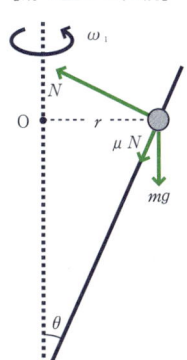

> ! 滑り上がる直前の摩擦力だから、向きは棒に沿って**下向き**、**大きさは μN** になるよね。

円運動の方程式（水平方向）

$$mr\omega_1^2 = N\cos\theta + \mu N\sin\theta \quad \cdots ①$$

力のつり合い（鉛直方向）

$$N\sin\theta = \mu N\cos\theta + mg \quad \cdots ②$$

$$N = \frac{mg}{\sin\theta - \mu\cos\theta} \quad \cdots ②'$$

②' を①に代入

$$mr\omega_1^2 = \frac{mg(\cos\theta + \mu\sin\theta)}{\sin\theta - \mu\cos\theta}$$

$$\omega_1 = \sqrt{\frac{g(\cos\theta + \mu\sin\theta)}{r(\sin\theta - \mu\cos\theta)}}$$

> 円運動の加速度は図の点Oを向いているので、運動方程式は加速度と同じ方向の水平方向で立てる。

> 小球は水平面内で運動しているので、小球にはたらく鉛直方向の力はつり合っている。

[滑りおりる直前]

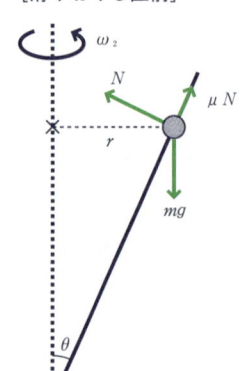

角速度 ω を小さくしていくと，やがて小球は棒に沿って滑りおりる。滑りおりる直前の角速度を ω_2 とする。

> 滑りおりる**直前**の摩擦力だから，向きは棒に沿って**上向き**，大きさは μN だね。

円運動の方程式（水平方向）

$mr\omega_2{}^2 = N\cos\theta - \mu N\sin\theta$ …③

力のつり合い（鉛直方向）

$N\sin\theta + \mu N\cos\theta = mg$ …④

①，②の μ を $-\mu$ とすれば③，④と同じだから

$$\omega_2 = \sqrt{\dfrac{g(\cos\theta - \mu\sin\theta)}{r(\sin\theta + \mu\cos\theta)}}$$

> ω_1 の表式右辺で，μ の符号を変えればいいよね。

小球が半径 r の位置で滑り出さないようにするためには，$\omega_2 \leqq \omega \leqq \omega_1$ であればよいから

$$\sqrt{\dfrac{g(\cos\theta - \mu\sin\theta)}{r(\sin\theta + \mu\cos\theta)}} \leqq \omega$$

$$\leqq \sqrt{\dfrac{g(\cos\theta + \mu\sin\theta)}{r(\sin\theta - \mu\cos\theta)}} \cdots \boxed{答}$$

> 小球とともに等速円運動する観測者の立場で，解答作りをしてみよう。力のつり合いの式を，棒に平行な方向と垂直な方向について立ててみてもおもしろい。いずれにしても答えは同じになるはずだね。

6. 慣性力と円運動

解説 59 鉛直面内の円運動のテーマ
- 向心方向の運動方程式
- 実際にはたらく力と見かけの力
- 円筒の最高点に達するための条件
- 放物運動

(1) 地上で静止した観測者の立場で解答する。小球が点Bを通過する前後における、面が小球におよぼす抗力の大きさをそれぞれ N_B, N_B' とする。

・点Bを通過する直前、小球にはたらく力はつり合っているので

$$N_B = mg$$

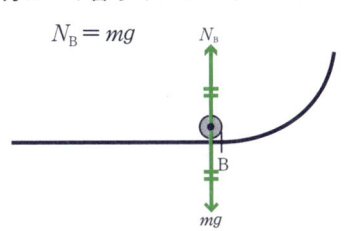

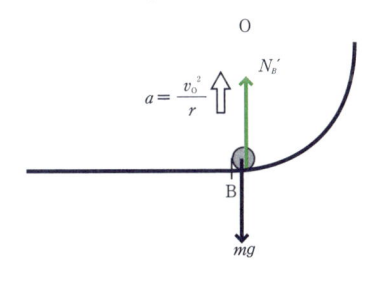

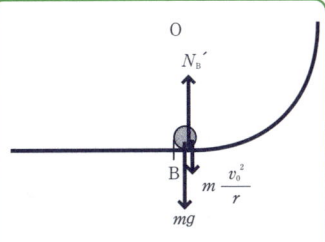

小球とともに円運動している観測者の立場で考えると、小球には点Oを中心として外向きに、大きさ $m\dfrac{v_0^2}{r}$ の遠心力がはたらき、力がつり合っていることになる。したがって、力のつり合いより

$$N_B' = m\dfrac{v_0^2}{r} + mg$$

! くどいようだけど、どちらの立場でも解答できるようにしておいてね。

・点Bを通過した直後、小球は半径 r の円運動をしているので、向心方向(点Oに向かう向き)の運動方程式は

$$m\dfrac{v_0^2}{r} = N_B' - mg$$

$$N_B' = m\dfrac{v_0^2}{r} + mg$$

! 小球の加速度は、点Oを向いているので、合力も点Oに向かう向きを正として考えよう。

したがって，抗力の変化量は

$$N_B' - N_B = m\frac{v_0^2}{r} \cdots \text{答}$$

(2) 点Cを通過する瞬間，小球の速さをv_C，面が小球におよぼす抗力の大きさをNとする。

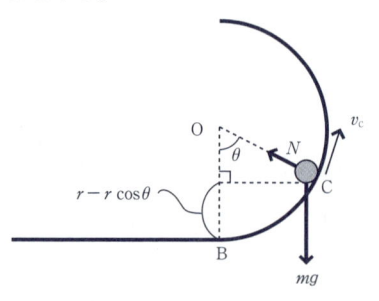

> 点Cの点Bからの高さは$r - r\cos\theta$なので，点Bを基準としたときの点Cの位置エネルギーは$mg(r - r\cos\theta)$となる。

エネルギー保存則より

$$\frac{1}{2}mv_C^2 + mgr(1 - \cos\theta) = \frac{1}{2}mv_0^2 \quad \cdots ①$$

点Cにおける，向心方向の運動方程式より

$$m\frac{v_C^2}{r} = N - mg\cos\theta \quad \cdots ②$$

①より

$$\frac{mv_C^2}{r} = \frac{mv_0^2}{r} - 2mg(1 - \cos\theta)$$

これを②に代入

$$\frac{mv_0^2}{r} - 2mg(1 - \cos\theta) = N - mg\cos\theta$$

$$N = \frac{mv_0^2}{r} + (3\cos\theta - 2)mg \quad \cdots ③$$

$\cdots$ 答

> ①式中の$\frac{1}{2}mv_C^2$を$\frac{mv_C^2}{r}$にする変形は，これからもたびたび出てくるので，慣れておいてほしい。
> ①より
> $$\frac{1}{2}mv_C^2 = \frac{1}{2}mv_0^2 - mgr(1 - \cos\theta)$$
> 両辺を$\frac{2}{r}$倍して
> $$\frac{mv_C^2}{r} = \frac{mv_0^2}{r} - 2mg(1 - \cos\theta)$$

> ②式の$\frac{v_C^2}{r}$は向心加速度なので，点Oに向かう向きを正としているよ。

6. 慣性力と円運動　109

(3) 小球が最高点を通過するためには，最高点($\theta = \pi$)において，小球が面と接触していなければならない。すなわち，③式で$\theta = \pi$のとき$N>0$でなければならない。

$$\frac{mv_0^2}{r} - 5mg > 0$$

$$v_0^2 > 5gr$$

ここで，$v_0 > 0$だから

$v_0 > \sqrt{5gr}$ …答

㊙テクニック
物体が面と接触している ⇔ 抗力$R>0$
は，使いこなせているかな。

(4) $\theta = \dfrac{\pi}{2}$の点を通過する瞬間，面が小球におよぼす抗力の大きさは，③式において，$\theta = \dfrac{\pi}{2}$，$v_0 = \sqrt{5gR}$として求められるから

$$N = \frac{m \cdot 5gr}{r} + \left(3\cos\frac{\pi}{2} - 2\right)mg$$

$$N = 3mg$$

小球には，下の図のように，抗力$N = 3mg$と重力mgがはたらいているので，その合力は$\sqrt{10}\ mg$となる。…答

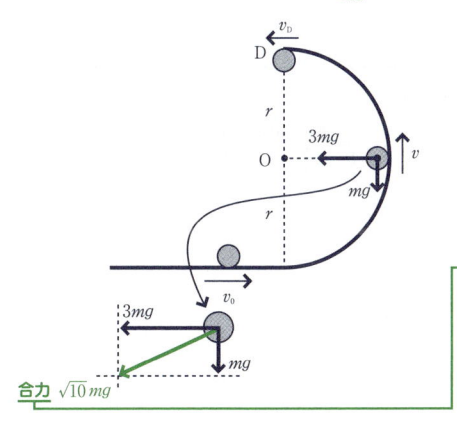

入試問題では，前に求めた式を使うことが多いので，注意しよう！

小球に実際にはたらく力を考えるときには，慣性力(遠心力)をいれてはならない。慣性力は，観測者が加速度運動しているときにだけ現れるみかけの力である。

(5) 点Dを通過する速さをv_Dとする。エネルギー保存則より

$$\frac{1}{2}mv_D^2 + mg \cdot 2r = \frac{1}{2}mv_0^2$$

$$\frac{1}{2}mv_D^2 + mg \cdot 2r = \frac{1}{2}m \cdot (\sqrt{5gr})^2$$

$v_D > 0$ だから　　$v_D = \sqrt{gr}$

点Dから水平面に落下するまでの時間をtとすると

$$2r = \frac{1}{2}gt^2$$

$t > 0$ だから　　$t = 2\sqrt{\dfrac{r}{g}}$

したがって，落下点と点Bとの間の距離は

$$v_D t = \sqrt{gr} \times 2\sqrt{\frac{r}{g}} = \boxed{2r} \cdots 答$$

60 半球上を滑りおりる小球 のテーマ

・遠心力
・物体が面と離れる条件
・力のつり合い
・エネルギー保存則

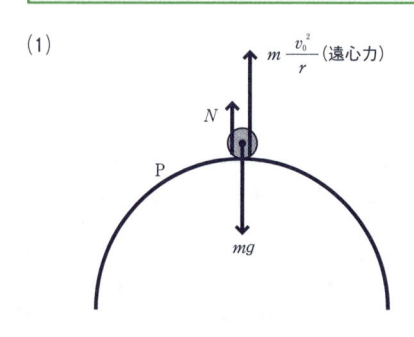

(1)

$m\dfrac{v_0^2}{r}$（遠心力）

N

P

mg

! この問題は，**質点とともに運動する観測者**の立場で解答してみるよ。

球面が質点におよぼす抗力の大きさを N とする。観測者が質点とともに運動をしているとすると，質点にはたらく力は前図のようになり，これらの力はつり合っている。力のつり合いより

$$N + m\frac{v_0^2}{r} = mg$$

$$N = mg - \frac{mv_0^2}{r}$$

質点は点Pで直ちに**球面から離れる**ので，**$N=0$** として

> 物体が面から離れる ⇔ 抗力 $R=0$

$$mg - \frac{mv_0^2}{r} = 0$$

$$v_0^2 = gr$$

ここで，$v_0 > 0$ だから

$$v_0 = \sqrt{gr} \quad \cdots \text{答}$$

(2)

中心角が θ のときの質点の速さを v とする。質点にはたらく向心方向の力のつり合いを考える。

$$m\frac{v^2}{r} + N = mg\cos\theta$$

$\theta = \theta_0$（点R）のとき $v = v_R$ となり，**質点は面から離れる（$N=0$）**ので，上

式にそれぞれ値を代入して

$$\frac{mv_R^2}{r} = mg\cos\theta_0 \quad \cdots ①$$

また，点Rの高さを基準とすると，エネルギー保存則より

$$\frac{1}{2}mv_R^2 = mgr(1-\cos\theta_0)$$

$$\frac{mv_R^2}{r} = 2mg(1-\cos\theta_0)$$

これを，①式に代入して

$$2mg(1-\cos\theta_0) = mg\cos\theta_0$$

$$\cos\theta_0 = \frac{2}{3} \cdots \boxed{答}$$

> ❕ Pにおける位置エネルギーがRにおける運動エネルギーになってるんだよね。

補講 2

★ケプラーの法則と万有引力の法則

問題の解説に入る前に，ケプラーの法則と万有引力の法則についてまとめておこう。

Point!

ケプラーの法則

第1法則　惑星は**太陽を1つの焦点とするだ円軌道上を運動**する。

第2法則（面積速度一定の法則）　惑星と太陽とを結ぶ線分（動径）が，単位時間に通過する面積（**面積速度**）は**一定**である。

第3法則　惑星の公転周期 T の2乗は，軌道だ円の半長軸 a の3乗に比例する。

$$T^2 = ka^3$$

（k は比例定数であり，**どの惑星でも同じ値になる**）

6. 慣性力と円運動　113

第1法則・第2法則

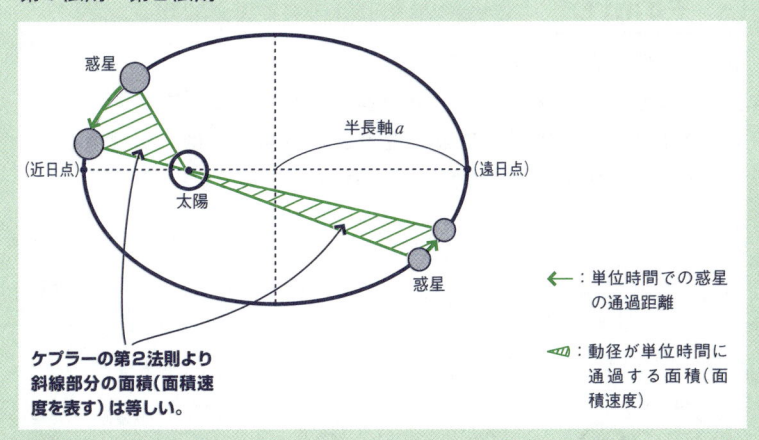

ケプラーの第2法則より斜線部分の面積(面積速度を表す)は等しい。

←：単位時間での惑星の通過距離
◁：動径が単位時間に通過する面積(面積速度)

[第2法則と第3法則の使いかたの相異点]

　第2法則(面積速度一定の法則)は，**1つの惑星について用いる法則**である。

　一方，第3法則 $T^2 = ka^3$ の k の値は，どの惑星でも同じ値になるので，k の値 $k = \dfrac{T^2}{a^3}$ を**2つの惑星で比較して用いる法則**である。具体的な使いかたについては，問題解説のところで述べる。

Point!

万有引力の法則

　2つの物体がおよぼし合う万有引力の大きさ F は，2物体の質量 M, m の積に比例し，距離 r の2乗に反比例する。

$$F = G\dfrac{mM}{r^2} \quad G：万有引力定数$$

(例)　地球 M ―F―　―F― m 月　r

> **Point!**
>
> 万有引力による位置エネルギー
>   質量Mの物体の中心Oから距離rの点Pにある質量mの物体がもつ万有引力による位置エネルギーUは、無限遠を基準点に選ぶと、次の式で表される。
>
> $$U = -G\frac{mM}{r}$$

(例)

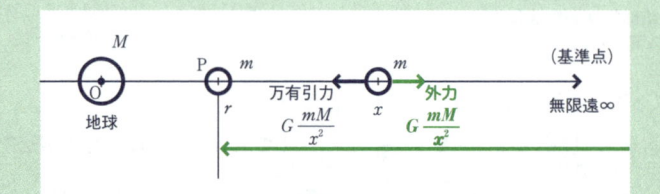

　ここでは、万有引力による位置エネルギーについて、Q&A形式でまとめてみよう。

Q：そもそも"位置エネルギー"ってなんですか？

A：位置エネルギーとは「基準点からその点まで物体を運ぶとき、外力のした仕事」のことだよ。上の例では、**無限遠から点Pまで物体を運ぶとき、外力$G\dfrac{mM}{x^2}$のした仕事**になるよ。

Q：基準点は、なぜ無限遠にとるのですか。地球のある原点Oではいけないのですか？

A：原点Oを基準にとると、基準点から物体を運ぶとき、万有引力$F = G\dfrac{mM}{r^2}$において、$r=0$すなわち万有引力(外力)が無限大の状態から物体を運ぶことになり、外力のした仕事を計算することができな

くなってしまう。これでは，位置エネルギーを求めることができない。そこで，万有引力が広い範囲におよぶことを考慮して，無限遠を基準点にするんだ。

Q： 万有引力による位置エネルギーの式には，なぜマイナス（−）がつくのですか？

A： 前ページの図のように，点Pでの位置エネルギーを求めるために外力のした仕事を計算する際，**外力 $G\dfrac{mM}{x^2}$ は正の向き**，基準点（無限遠）から点Pまでの**変位は負の向き**なので，外力のした仕事，すなわち位置エネルギーが負になるからだよ。

Q： $U = -G\dfrac{mM}{r}$ の式は，どのようにして導くのですか？

A： この式の導きかたは，高校物理の範囲ではなく，入試では扱われないので必要ないんだけど，参考までに示しておくね。解説中の波線部分を積分を使った式で表せばいいんだ。

! 外力が位置 x により変化してしまうので，外力がする仕事は，積分により求めることになるよ。

$$U = \int_{\infty}^{r} \left(G\dfrac{mM}{x^2} \right) dx$$
$$= GmM \left[-x^{-1} \right]_{\infty}^{r}$$
$$= -G\dfrac{mM}{r}$$

! 難しいことはさておき，位置エネルギー U は仕事と同じ次元をもつのだから，力 $F = G\dfrac{mM}{r^2}$ に長さの次元を掛けて，$U = -G\dfrac{mM}{r}$ になっていると考えておこう。

116　第1章　力学

> **61 地球のまわりをだ円運動する小物体**のテーマ
> ・万有引力の法則
> ・円運動の運動方程式の立てかた
> ・ケプラーの法則の使いかた
> ・エネルギー保存則の使いかた
> ・等速円運動とだ円運動の周期の求めかた

(1) 地上にある質量 m の小物体が受ける重力 mg は，質量 M の地球との間にはたらく万有引力でもあるから

$$mg = G\frac{mM}{R^2} \quad \boldsymbol{g = \frac{GM}{R^2}} \quad \cdots ① \quad \cdots \text{答}$$

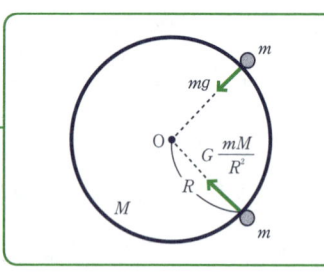

ほとんどの場合，g または G のどちらかを用いて答えさせられるので，この式を使ってどちらかに統一して答えよう。本問の場合，g を用いて答えるので，この式を使って G を g に変換する。

㊙ テクニック！

万有引力に関する問題で速さを問われたら，運動の種類によって立てる式が異なる。

　　　等速円運動　　⇒　運動方程式　　　　例）(3)
　　　その他の運動　⇒　エネルギー保存則　例）(2), (4), (5)
　　（だ円運動，鉛直投射など）　ケプラーの第2法則

(2) エネルギー保存則より

$$\underbrace{\frac{1}{2}mv_0{}^2 - G\frac{mM}{R}}_{\text{地上で小物体がもっている力学的エネルギー}} = \underbrace{0 - G\frac{mM}{2R}}_{\text{点Aで小物体がもっている力学的エネルギー}}$$

> ！（力学的エネルギー）
> ＝（運動エネルギー）＋（位置エネルギー）
> だったよね。

$$v_0{}^2 = \frac{GM}{R}$$

①より

$$v_0{}^2 = gR$$

$v_0 > 0$ だから　　$v_0 = \sqrt{gR}$ (m/s) …【答】

(3) 円運動の運動方程式より

$$m\cdot\frac{v^2}{2R} = G\frac{mM}{(2R)^2}$$

> ！等速円運動の速さは，運動方程式を立てて求めよう。この場合，向心力は万有引力ということだね。

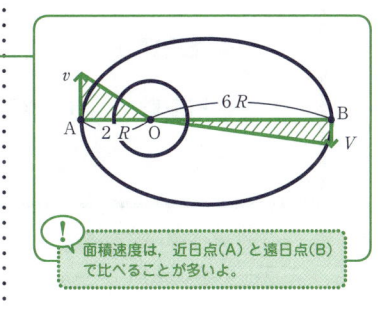

$$v^2 = \frac{GM}{2R}$$

①より

$$v^2 = \frac{gR}{2}$$

$v > 0$ だから　　$v = \sqrt{\dfrac{gR}{2}}$ (m/s) …【答】

(4) ケプラーの第2法則（面積速度一定の法則）を用いる。

　小物体が単位時間に2点A, Bで進む距離は，それぞれv, Vで表される。2点A, Bにおける面積速度は，図の斜線部分の面積で表され，それらの面積を等しいとして

$$\frac{1}{2}\times 2R\times v = \frac{1}{2}\times 6R\times V$$

$$V = \frac{v}{3} \quad \cdots ③ \quad \cdots 【答】$$

> ！面積速度は，近日点(A)と遠日点(B)で比べることが多いよ。

(5) 2点A, Bにおいて，小物体がもっている力学的エネルギーが等しいことを用いる。すなわち，エネルギー保存則より

$$\frac{1}{2}mv^2 - G\frac{mM}{2R} = \frac{1}{2}mV^2 - G\frac{mM}{6R}$$

> だ円運動で**速さ**を求めるときは，**エネルギー保存則**を使おう。

③より

$$\frac{1}{2}mv^2 - G\frac{mM}{2R}$$

$$= \frac{1}{2}m\left(\frac{v}{3}\right)^2 - G\frac{mM}{6R}$$

$$v^2 = \frac{3GM}{4R}$$

①より

$$v^2 = \frac{3gR}{4}$$

$v > 0$ だから $v = \dfrac{\sqrt{3gR}}{2}$ (m/s) …**答**

㊙ テクニック！

万有引力に関する問題で周期を問われたら，運動の種類によって使う式が異なる。

等速円運動 ⇒ $T = \dfrac{2\pi r}{v},\ T = \dfrac{2\pi}{\omega}$ 　　例）(6)

だ円運動　 ⇒ ケプラーの第3法則
　　　　　　　　$T^2 = ka^3$ 　　　　　例）(7)

---

(6) ケプラーの第3法則 $T^2 = ka^3$ より

$$k = \frac{T^2}{a^3} \quad \cdots ④$$

(3)の結果より

$$T = \frac{2\pi \cdot 2R}{v} = 4\pi R\sqrt{\frac{2}{gR}} = 4\pi\sqrt{\frac{2R}{g}}$$

$$T^2 = 16\pi^2 \cdot \frac{2R}{g} = \frac{32\pi^2 R}{g}$$

$a = 2R$ だから，これらを④式に代入して

$$k = \frac{1}{(2R)^3} \cdot \frac{32\pi^2 R}{g}$$

$$k = \frac{4\pi^2}{gR^2} \quad \cdots ⑤ \qquad \cdots 答$$

(7) 地球からの万有引力を受けて，地球のまわりを周回運動する物体は，すべて k の値が同じになる。

ABを長軸とするだ円運動の周期を T_{AB} とし，この運動に関して k の値を求めると

$$k = \frac{T_{AB}^2}{\left(\frac{2R+6R}{2}\right)^3} = \frac{T_{AB}^2}{64R^3}$$

これと，⑤式から

$$\frac{T_{AB}^2}{64R^3} = \frac{4\pi^2}{gR^2}$$

$T_{AB} > 0$ だから

$$T_{AB} = 16\pi\sqrt{\frac{R}{g}} \text{(s)} \qquad \cdots 答$$

! 難しい問題なのに，ここまでよくがんばったね。えらいぞ！

62 等速円運動と単振動の関係 のテーマ

- 等速円運動の速度・加速度
- 等速円運動と単振動の関係
- 単振動の速度・加速度

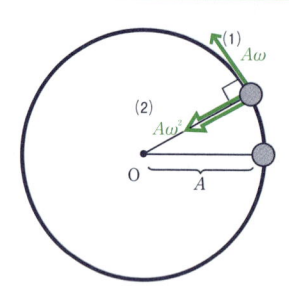

(1) Pの円運動の速度は, 円の接線方向だから, 図中の**細い矢印**のようになる。

その大きさ(速さ)は $A\omega$ である。…答

(2) Pの円運動の加速度は, 円の中心Oに向かう向きだから, 図中の**太い矢印**のようになる。その大きさは $A\omega^2$ である。…答

(3) Qの単振動の振幅は, Pの円運動の半径 A と同じ値になる。Qの単振動の周期, 振動数は, Pの円運動の周期 $\dfrac{2\pi}{\omega}$, 回転数 $\dfrac{\omega}{2\pi}$ と同じ値になる。

振幅：A, 周期：$\dfrac{2\pi}{\omega}$

振動数：$\dfrac{\omega}{2\pi}$ …答

(4) **Qの単振動の位置座標(変位)は, Pの円運動の変位の x 成分**だから

$$x = A\sin\omega t \quad \cdots ① \quad \cdots 答$$

円運動について忘れてしまった人は, "等速円運動のまとめ"を見直しておいてね。単振動では, 円運動の知識をフル活用していくよ。

[等速円運動と単振動の関係]
(3), (4)の説明図のように, 点Oを中心として, 半径 A, 角速度 ω の等速円運動をしている物体Pに, 真横から平行な光をあて, 光に垂直な x 軸上にPの影(正射影)Qを作る。Qは原点Oを中心に往復運動をする。このような往復運動を単振動といい, 1往復する時間を周期, 単位時間に往復する回数を振動数という。

要するに, 単振動は, 等速円運動の x 成分(正射影)の運動と考えればいいんだね。

7. 単振動 121

(3), (4)の説明図

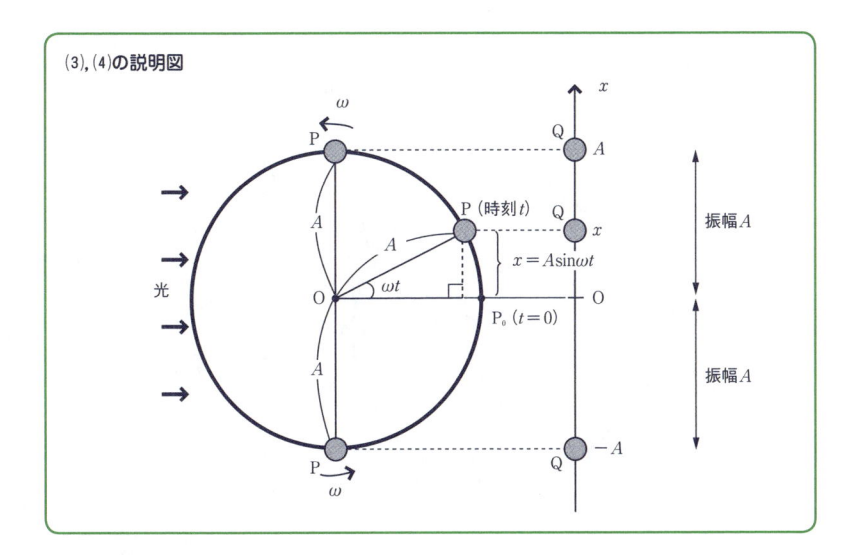

光 → → → →
ω
P
A
O ωt
A
P (時刻 t)
$x = A\sin\omega t$
P_0 ($t=0$)
A
P′
ω

x
Q A
Q x
O
振幅 A
振幅 A
Q $-A$

(5) **Qの単振動の速度vは，Pの円運動の速度のx成分**だから

$v = A\omega \cos \omega t$ …答

(6) **Qの単振動の速さ$|v|$が最大となるのは，Pの円運動の速度のx成分の大きさが最大になるとき**だから，PがP_0，P_0'を通過するとき，すなわちQが**$x = 0$（振動の中心）**を通過するときである。…答

Qの単振動の速さの最大値は，Pの円運動の速さ$A\omega$と同じ値である。…答

Qの単振動の速さが0となるのは，Pの円運動の速度のx成分が0となるときだから，Pが円運動の最上点と最下点を通過するとき，すなわち，Qが**$x = \pm A$（振動の両端）**にあるときである。…答

⚠ (5), (6)の説明図を参照し，等速円運動の速度と単振動の速度との関係をイメージ（映像）として記憶しておこう。

(5), (6)の説明図

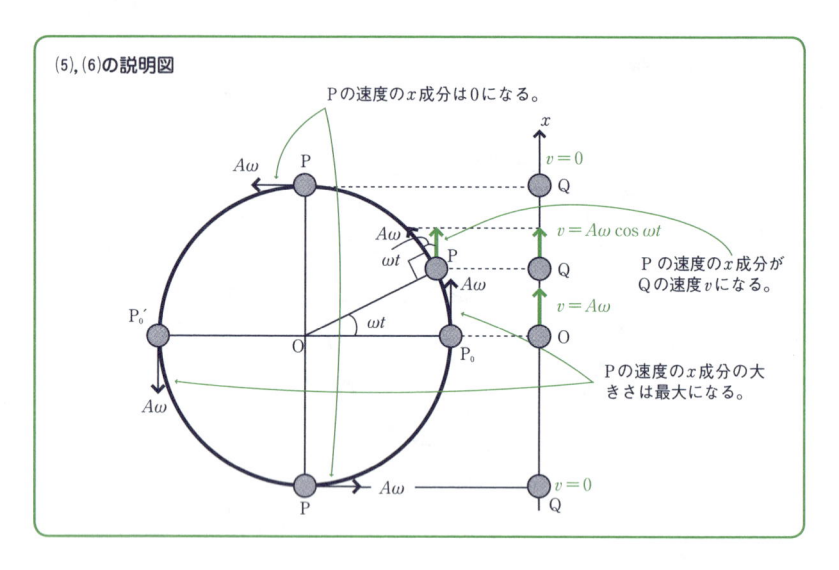

Pの速度のx成分は0になる。

Pの速度のx成分が Qの速度vになる。

Pの速度のx成分の大きさは最大になる。

(7) **Qの単振動の加速度aは，Pの円運動の加速度のx成分**だから
$$a = -A\omega^2 \sin \omega t \quad \cdots ② \quad \cdots 答$$

(8) **Qの単振動の加速度の大きさ$|a|$が最大となるのは，Pの円運動の加速度のx成分の大きさが最大になるとき**だから，Pが円運動の最上点と最下点を通過するとき，すなわちQが$x = \pm A$（振動の両端）にあるときである。$\cdots$答

Qの単振動の加速度の大きさの最大値は，Pの円運動の加速度の大きさ$A\omega^2$と同じ値である。$\cdots$答

Qの単振動の加速度の大きさが0となるのは，Pの円運動の加速度のx成分が0となるときだから，PがP$_0$，P$_0'$を通過するとき，すなわちQが$x = 0$（振動の中心）を通過するときである。$\cdots$答

! (7), (8)の説明図を参照し，等速円運動の加速度と単振動の加速度との関係をイメージ（映像）として記憶しておこう。

7. 単振動 123

(7),(8)の説明図

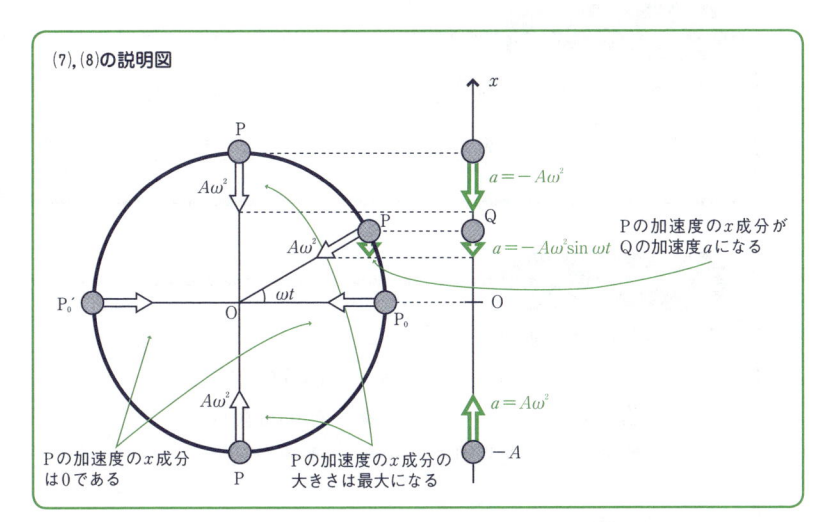

Pの加速度のx成分が Qの加速度aになる

Pの加速度のx成分は0である

Pの加速度のx成分の大きさは最大になる

(9) ②より

$$a = -\omega^2 \cdot (A\sin\omega t)$$

①を代入して

$$a = -\omega^2 x \cdots \text{答}$$

> 結局, 単振動の速度・加速度は, 円運動の速度・加速度のx成分(正射影)だということさえわかっていれば, 大丈夫だね。

> この式は, 単振動について一般的に成り立つ式で, "単振動の一般式"とよぶよ。

Point!

単振動は, 等速円運動の正射影(x成分)の運動である。

> この考えかたが最も重要!

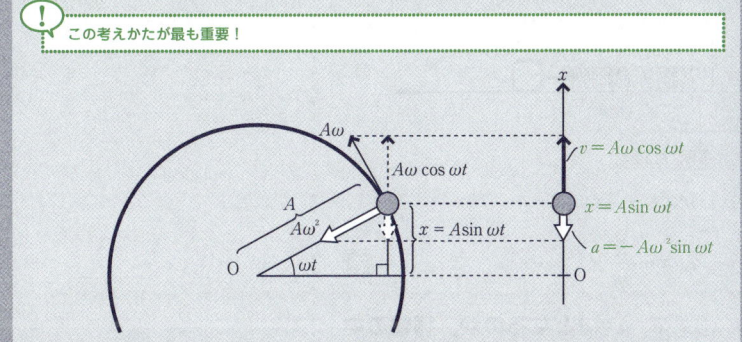

変位　　$x = A\sin\omega t$
速度　　$v = A\omega\cos\omega t$
加速度　$a = -A\omega^2\sin\omega t$

単振動で一般に成り立つ関係式

$$a = -\omega^2 x$$

(単振動の一般式)

124　第1章　力学

> **㊙テクニック！**
>
> 単振動で迷ったら，等速円運動に戻って考える。
>
> ！ 単振動と等速円運動との対応（ Point! の図のイメージ）がわかっていれば大丈夫！

> **㊙テクニック！**
>
> 単振動の速度・加速度
> - 速さ最大（$A\omega$）　⇔　振動の中心
> - 速さ 0　⇔　振動の両端
> - 加速度の大きさ最大（$A\omega^2$）　⇔　振動の両端
> - 加速度 0　⇔　振動の中心
>
> ！ 忘れても Point! の図から思い出せるよね。

解説 63 水平ばね振り子と単振動のテーマ

- 単振動の運動方程式
- 単振動の速度・加速度・周期の特徴

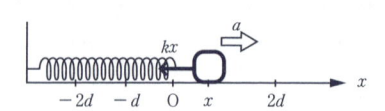

(1) 運動方程式

$ma = -kx$

$a = -\dfrac{k}{m}x$　…①　…答

(2) ①式で，$a=0$ となるのが，振動の中心だから **振動の中心座標は $x=0$** …答

　はじめ，$x=2d$ で物体は振動を始めたので，**振幅は $2d$** …答

　①式は，**単振動の一般式である**

7．単振動

$a = -\omega^2 x$ …② と同じ形なので，この物体は**単振動する**といえる。

①式と②式を比べると
$\omega^2 = \dfrac{k}{m}$

$\omega > 0$ だから $\omega = \sqrt{\dfrac{k}{m}}$

周期 $T = \dfrac{2\pi}{\omega} = 2\pi\sqrt{\dfrac{m}{k}}$ …**答**

> 運動方程式より導かれた式が，単振動の一般式
> $\underset{(加速度)}{a} = \underset{-(定数)}{-\omega^2} \times \underset{(変位)}{x}$
> **の形をしていれば**，その運動は**単振動であるといってよい。**

> 単振動の**周期**は，運動方程式から導かれた式と単振動の一般式 $a = -\omega^2 x$ の係数を比較して求めることができる。

> ⚠ 単振動の周期を求めるためのお決まりの手段だよ。

(3) **振動の中心 $x = 0$ で速さは最大**となる。また，このとき**単振動の速さは円運動の速さと一致する**ので

$2d \cdot \omega = 2d\sqrt{\dfrac{k}{m}}$ …**答**

> ⚠ $T = 2\pi\sqrt{\dfrac{m}{k}}$ は，公式として覚えちゃおう。

(4) **振動の両端 $x = \pm 2d$ で加速度の大きさは最大**となり，このとき**単振動の加速度の大きさは，円運動の加速度の大きさと一致する。**

$2d \cdot \omega^2 = 2d \cdot \dfrac{k}{m} = \dfrac{2kd}{m}$ …**答**

(5)

上図のように，**単振動を円運動に戻して考える**と，物体が $x = 2d$ から $x = -d$ まで移動する時間は，$\dfrac{T}{3}$ に相当するので

$\dfrac{T}{3} = \dfrac{2\pi}{3}\sqrt{\dfrac{m}{k}}$ …**答**

> 単振動において時間を求めるときは，**周期を利用**する。その際，**円運動に戻す**と考えやすい。

64 天井からつり下げられたばね振り子 のテーマ

・鉛直ばね振り子の運動方程式
・単振動の一般式
・単振動の周期の求め方

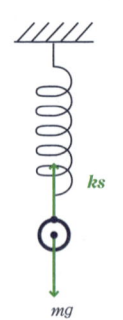

(1) 力のつり合いより

$$ks = mg \quad \cdots ①$$

$$s = \frac{mg}{k} \cdots 答$$

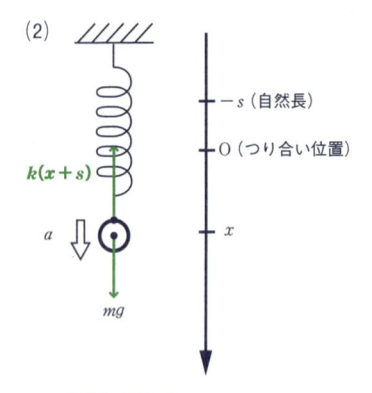

(2)

運動方程式

$ma = mg - k(x+s)$

$ma = mg - kx - ks$

①より，$mg - ks = 0$ なので

$ma = -kx$

$$a = -\frac{k}{m}x \quad \cdots ② \quad \cdots 答$$

! ばねは自然長から合計で $(x+s)$ だけ伸びているよ。

! つり合いの位置を原点にとると，単振動の一般式が簡単な形になるよ。

加速度 $a = 0$ となる位置が，振動の中心だから，②式より

$$0 = -\frac{k}{m}x$$

$x = 0$ (つり合い位置)…答

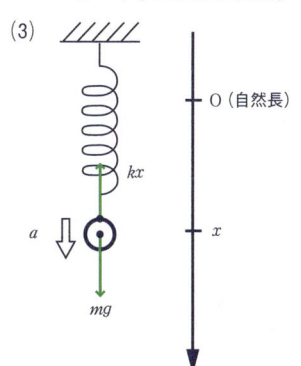

(3)

> 運動方程式 $ma = F$ より，$a = 0$ となる位置では，合力 $F = 0$ となるので力はつり合っているよ。

kx

O（自然長）

x

a

mg

運動方程式

$$ma = mg - kx$$

$$a = -\frac{k}{m}\left(x - \frac{mg}{k}\right)$$

①より

$$a = -\frac{k}{m}(x - s) \quad \cdots ③ \quad \cdots 答$$

加速度 $a = 0$ となる位置が振動の中心

だから，③式より

$$0 = -\frac{k}{m}(x - s) \qquad x = s \cdots 答$$

この座標において，$x = s$ は**つり合いの位置**であり，もちろん，(2)の答えと一致する。

(4) ③式と単振動の一般式

$$\underline{a = -\omega^2(x - x_0)} \qquad \text{を比べて}$$

$$\omega^2 = \frac{k}{m}$$

$\omega > 0$ だから $\omega = \sqrt{\dfrac{k}{m}}$

> つり合いの位置を原点にして運動方程式を立てると，単振動は $a = -\omega^2 x$ の形で表されるが，つり合いの位置以外を原点にして運動方程式を立てると，単振動は $a = -\omega^2(x - x_0)$ の形で表される。$x = x_0$ の位置では $a = 0$ となるので，$x = x_0$ の位置は，振動の中心であり，力のつり合いの位置でもある。
> **$a = -\omega^2(x - x_0)$ は，単振動を表すより一般的な式**であるといえる。

> 単振動の一般式は，自分の解答に合わせて，$a = -\omega^2 x$ を用いたり $a = -\omega^2(x - x_0)$ を用いたりすればいいよ。

周期 $T = \dfrac{2\pi}{\omega} = 2\pi\sqrt{\dfrac{m}{k}}$ …answer

> $T = 2\pi\sqrt{\dfrac{m}{k}}$ は公式としても覚えているよね。

65 おもりをつけた水平ばね振り子 のテーマ

- 力のつり合い
- 単振動の一般式
- 単振動することの示しかた
- 振動の中心, 振幅, 周期

(1)

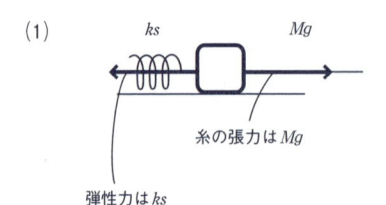

弾性力は ks　糸の張力は Mg

> おもりにはたらく力のつり合い $T = Mg$ から張力の大きさが求まるね。

つり合って静止しているとき, ばねの自然長からの伸びを s とする。物体にはたらく力のつり合いより

$$ks = Mg$$

$$s = \dfrac{Mg}{k} \text{ …answer}$$

(2) 単振動の一般式を導く。

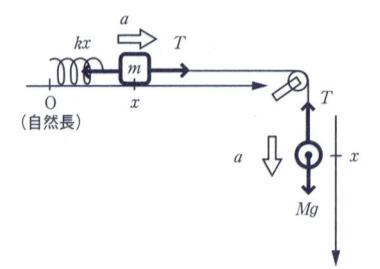

物体に対する座標軸は, 水平右向きが正なので, おもりに対する座標軸は, <u>鉛直下向きが正となる</u>。

> 物体が水平右向き(正)に動くと, おもりは鉛直下向きに動くので, おもりに対する座標軸は, この向きが正となる。

7. 単振動

物体が座標 x にあるときの加速度を a, 張力の大きさを T とする。

運動方程式

　物体：$ma = T - kx$　　…①

　おもり：$Ma = Mg - T$　　…②

①＋②より T を消去して

$(M+m)a = -kx + Mg$

$a = -\dfrac{k}{M+m}\left(x - \dfrac{Mg}{k}\right)$　　…③

この式は，**単振動の一般式**

$a = -\omega^2(x - x_0)$　…④

と同じ形をしており，両物体は単振動しているといえる。

> 運動方程式より導かれた式が，単振動の一般式
> $a\ =\ -\omega^2(x-x_0)$
> (加速度) ＝ －(定数)×(変位)
> の形をしていれば，その運動は単振動であるといえる。

㊙テクニック！

$a = -\omega^2(x - x_0)$ の形になったら**単振動**である。

振動の中心 $x = x_0$, 周期 $T = \dfrac{2\pi}{\omega}$

(3) 振動の中心では $a = 0$ となるので，③式より

$x = \dfrac{Mg}{k}$ …答

すなわち，**つり合いの位置**が振動の中心である。

③と④の係数を比べて

$\omega^2 = \dfrac{k}{M+m}$

ここで，$\omega > 0$ だから

$$\omega = \sqrt{\frac{k}{M+m}}$$

周期 $T = \dfrac{2\pi}{\omega} = 2\pi\sqrt{\dfrac{M+m}{k}}$ …答

(4) 最下点までの距離は，自然長からつり合い位置（振動の中心）までの距離 $\dfrac{Mg}{k}$ の2倍だから $\dfrac{2Mg}{k}$ …答

> ❗ おもりをはなした位置が，重力による位置エネルギーの基準点になっているよ。

(5) はなした位置と振動の中心の間で<u>エネルギー保存則を適用して</u>

$$0 = \frac{1}{2}(M+m)v^2 + \frac{1}{2}k\left(\frac{Mg}{k}\right)^2 - Mg \cdot \frac{Mg}{k}$$

$$v = \frac{Mg}{\sqrt{k(M+m)}}\ \text{…答}$$

> 物体が**振動の中心**を通るとき**速さは最大**となり，最大値は**等速円運動の速さと一致する**ので
> $$v = A\omega = \frac{Mg}{k}\cdot\sqrt{\frac{k}{M+m}}$$
> $$= \frac{Mg}{\sqrt{k(M+m)}}$$
> とすることもできる。

---

66 台車上のばね振り子 のテーマ

- 台車上のばね振り子
- 単振動の一般式
- 振幅，周期の求めかた

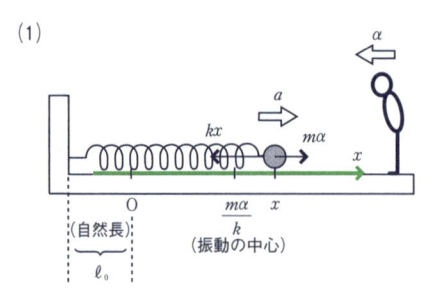

(1)

左向きの加速度 α で運動している台車上（x軸上）の観測者から見ると，小球に

> ❗ 慣性力は，"観測者の加速度と逆向きに $m\alpha$" だったよね。

は，弾性力$-kx$と慣性力$m\alpha$（右向き）がはたらいている。したがって，小球の運動方程式は

$$ma = -kx + m\alpha$$

$$a = -\frac{k}{m}\left(x - \frac{m\alpha}{k}\right) \quad \cdots ①$$

①式は，**単振動の一般式**

$$\boldsymbol{a = -\omega^2(x - x_0)} \cdots ②$$

の形をしているので，小球は単振動するといえる。

(2) **単振動の中心では，$a = 0$となるので，**①式より

$$0 = -\frac{k}{m}\left(x - \frac{m\alpha}{k}\right)$$

$$x = \frac{m\alpha}{k}$$

このとき，ばねの長さは

$$\ell_0 + \frac{m\alpha}{k} \cdots \text{答}$$

(3) 振幅は，自然長の位置と振動の中心との間の距離だから

$$\frac{m\alpha}{k} \cdots \text{答}$$

(4) ①式と②式を比べて

$$\omega^2 = \frac{k}{m}$$

$\omega > 0$だから $\quad \omega = \sqrt{\dfrac{k}{m}}$

周期 $T = \dfrac{2\pi}{\omega} = 2\pi\sqrt{\dfrac{m}{k}} \cdots$ 答

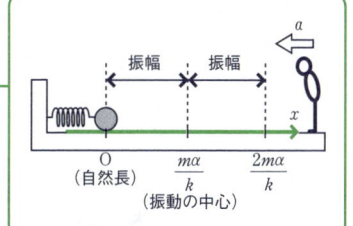

台車が大きさαの加速度で左向きに運動を始めた瞬間，小球は，原点O（自然長の位置）に静止しており，振動の中心は$x = \dfrac{m\alpha}{k}$に移動するので，そのあと，小球は$x = \dfrac{m\alpha}{k}$を中心に振幅$\dfrac{m\alpha}{k}$の振動をする。

67 水に浮いた木片の単振動のテーマ

- アルキメデスの原理の復習
- 浮力による単振動
- 単振動の一般式
- 単振動の周期

(1) 物体にはたらく**浮力の大きさ**は，物体**が排除した液体の重さ**に等しい。

> この関係をアルキメデスの原理といいます。忘れてしまった人は 14 を復習しよう。

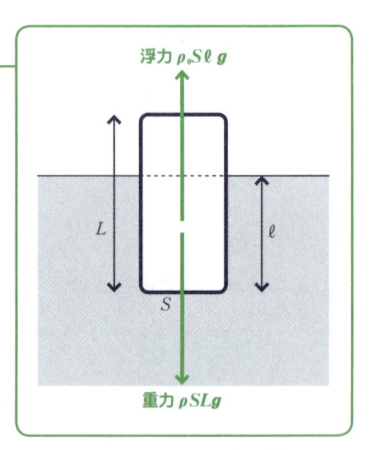

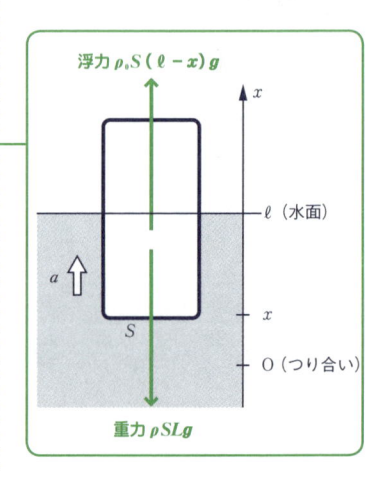

まず，物体が排除した液体の体積は，図のように木片の底面積をS，水面から底面までの長さをℓとすると$S\ell$なので，**質量＝密度×体積**より，その質量は$\rho_0 S\ell$となる。

$$w = mg$$
（重さ＝質量×重力加速度）

より，物体が排除した液体の重さは$\rho_0 S\ell g$となる。これが浮力の大きさである。

また，木片の重さは$\rho S L g$だから，力のつり合いより

$$\rho_0 S\ell g = \rho S L g \quad \cdots ①$$

$$\ell = \frac{\rho L}{\rho_0} \cdots \text{答}$$

(2) 図のように水面下の木片の体積は，$S(\ell - x)$なので，木片にはたらく浮力の大きさは$\rho_0 S(\ell - x)g$となる。よって，木片の運動方程式は

$$\rho S L \cdot a = \rho_0 S(\ell - x)g - \rho S L g$$

①より

$$\rho S L \cdot a = -\rho_0 S g x$$

$$a = -\frac{\rho_0 g}{\rho L} \cdot x \quad \cdots ②$$

7. 単振動　133

②式は, 単振動の一般式
$$a = -\omega^2 x \quad \cdots ③$$
と同じ形をしているので, 木片は,
$x=0$（つり合いの位置）を中心とする単振動をすることがわかる。

(3) ②式と③式を比べて
$$\omega^2 = \frac{\rho_0 g}{\rho L}$$

$\omega > 0$ だから　$\omega = \sqrt{\dfrac{\rho_0 g}{\rho L}}$

$$T = \frac{2\pi}{\omega} = 2\pi \sqrt{\frac{\rho L}{\rho_0 g}} \cdots \boxed{答}$$

> ❗ 単振動の一般式
> $a = -\omega^2(x - x_0)$ と
> $a = -\omega^2 x$
> は, 導かれた式に応じて使い分けてね。

68 地球トンネルのテーマ

- 万有引力による単振動
- 単振動のまとめ
- 円運動の適用

(1) 中心Oから半径xの球内にある質量をM'とすると, 点Pにおいて, 質量mの物体にはたらく万有引力Fは
$$F = -G\frac{mM'}{x^2} \quad \cdots ①$$
と表される。ここで, 地表面における質量mの物体にはたらく重力の大きさの関係から
$$mg = G\frac{mM}{R^2} \quad G = \frac{gR^2}{M} \quad \cdots ②$$
また
$$M' = M \times \frac{x^3}{R^3} \quad \cdots ③$$
だから, ②, ③式を①式に代入して

> ❗ $M : M' = R^3 : x^3$
> は, 体積比だよ。

$$F = -\frac{gR^2}{M} \times \frac{m}{x^2} \times M \times \frac{x^3}{R^3}$$

$$= -\frac{mg}{R} \cdot x \cdots \text{答}$$

(2) 物体の運動方程式は

$$ma = -\frac{mg}{R} \cdot x$$

$$a = -\frac{g}{R} \cdot x \quad \cdots ④$$

④式より，物体は**原点Oを中心とし，振幅Rの単振動をする**ことがわかる。

…答

(3) ④式と単振動の一般式 $a = -\omega^2 x$ を比べて

$$\omega^2 = \frac{g}{R}$$

$\omega > 0$ だから $\quad \omega = \sqrt{\dfrac{g}{R}}$

周期 $T = \dfrac{2\pi}{\omega} = 2\pi\sqrt{\dfrac{R}{g}}$

AからBまでの移動は，この単振動の半周期分だから

$$\frac{T}{2} = \pi\sqrt{\frac{R}{g}} \cdots \text{答}$$

(4) **中心Oは単振動の中心**でもあり，物体はここを通過する瞬間に**速さが最大**となる。速さの最大値は，**円運動に戻したときの速さ**に等しいので

$$R\omega = R\sqrt{\frac{g}{R}} = \sqrt{gR} \cdots \text{答}$$

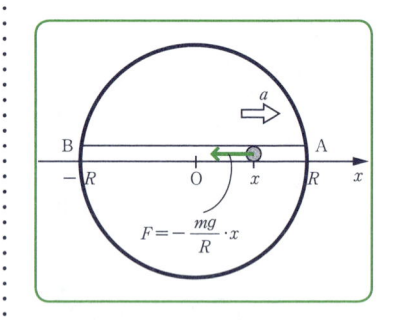

> 物体は点Aから初速度0で落とされるので，原点Oを中心に単振動して，点Bで再び速さが0になるんだ。

> 単振動において，時間を求めるときは，**周期を利用**するんだったよね。

> 一見難しそうだけどやってみると意外にやさしいね。

69 ばねにつながれた2物体の運動 のテーマ

- 重心の位置座標
- 重心速度
- 重心から見た2物体の運動
- ばねの長さとばね定数の関係

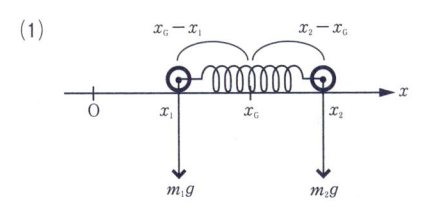

(1)

x_G のまわりの力のモーメントのつり合いより

$m_1 g \times (x_G - x_1) = m_2 g \times (x_2 - x_G)$

$(m_1 + m_2) x_G = m_1 x_1 + m_2 x_2$

$$x_G = \frac{m_1 x_1 + m_2 x_2}{m_1 + m_2} \quad \cdots ① \quad \cdots 答$$

> 重心について忘れてしまった人は [19] を見直そう。

> このたぐいの問題は，難問として出題されることが多いけど，問われるテーマは本問で扱う内容と同じなので，ちゃんと理解しておけば心配いらないよ。

(2) 微小時間 Δt の間にA，B，そして重心位置がそれぞれ，Δx_1，Δx_2，Δx_G だけ変化したとすると

$x_G + \Delta x_G$

$= \dfrac{m_1(x_1 + \Delta x_1) + m_2(x_2 + \Delta x_2)}{m_1 + m_2}$

となり，これと①式から

$$\frac{\Delta x_G}{\Delta t} = \frac{m_1 \dfrac{\Delta x_1}{\Delta t} + m_2 \dfrac{\Delta x_2}{\Delta t}}{m_1 + m_2}$$

が成立する。

ここで，$\dfrac{\Delta x_G}{\Delta t} = v_G$, $\dfrac{\Delta x_1}{\Delta t} = v_1$, $\dfrac{\Delta x_2}{\Delta t} = v_2$

だから

$$v_G = \frac{m_1 v_1 + m_2 v_2}{m_1 + m_2} \quad \cdots ② \quad \cdots 答$$

運動中の構造物Pには，水平方向の**外力がはたらいておらず，Pの運動量和は保存される**ので，$m_1 v_1 + m_2 v_2 =$（一定）となり，②より $v_G =$（一定）となる。すなわち**Pの重心は等速度運動をする。**

…答

> すでに数学で微分を学習した人には，「②式は，①式の両辺を時間tで微分したもの」といったほうがわかりやすいかな。

> 外力＝0 ⇔ 運動量保存則成立だったよね。

(3) $u_1 = v_1 - v_G$, $u_2 = v_2 - v_G$ …答

> 相対速度は"観測者速度を引く"だったよね。

(4) $m_1 u_1 + m_2 u_2$
$= m_1 (v_1 - v_G) + m_2 (v_2 - v_G)$
$= m_1 v_1 + m_2 v_2 - (m_1 + m_2) v_G$

②より

$$m_1 u_1 + m_2 u_2 = 0 \quad \cdots ③ \quad \cdots 答$$

(5) **重心から見て，A，Bの運動量の和は0なので，A，Bは重心に対して対称的な運動になる。**…答

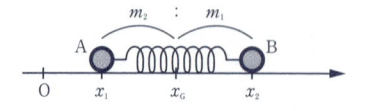

> くわしい説明は，(5)解答のあとに書いてあるよ。

```
           m₂  :  m₁
         ┌─────┬─────┐
      A ●〜〜〜〜〜〜〜● B
    ────┼─────┼─────┼────→
      O x₁    x_G    x₂
```

次に，振動の周期Tを求める。①式より，重心位置x_Gは，ばねを$\underline{m_2 : m_1 \text{に内分する点}}$であることがわかる。したがって，重心とAの間のばね定数k_Aは

$$k_A = \frac{m_1 + m_2}{m_2} k$$

と表され，$T = 2\pi \sqrt{\dfrac{m_1}{k_A}}$だから

$$T = 2\pi \sqrt{\frac{m_1 m_2}{k (m_1 + m_2)}} \quad \cdots 答$$

> この関係は，x_Gのまわりの力のモーメントのつり合いの式（①式）から求められるよ。

> ばねの長さが$\dfrac{m_2}{m_1 + m_2}$倍になると，ばね定数は$\dfrac{m_1 + m_2}{m_2}$倍になる。

> たとえば，ばねの長さを半分$\left(\dfrac{1}{2}\text{倍}\right)$にすると，1m伸ばすのに必要な力（ばね定数）は2倍になるからね！

(例1) (例2)

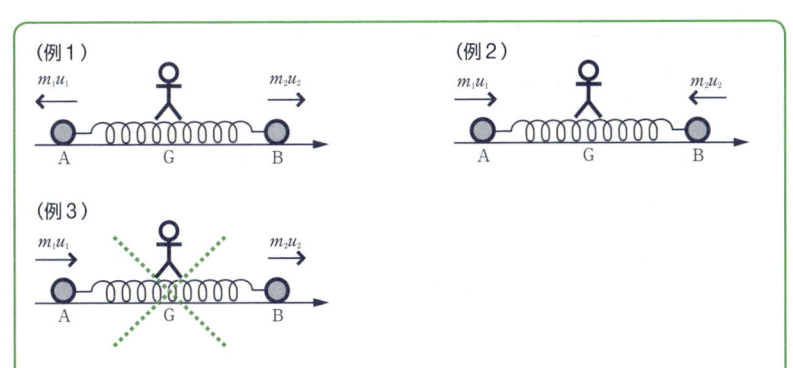

(例3)

重心から見て，A，Bの運動量の和が0なので，(例1)のように，Aの運動量が負の向きならば，Bの運動量は正の向きになり，(例2)のように，Aの運動量が正の向きならばBの運動量は負の向きになる。(例3)のように，A，Bの運動量が同じ向きだと，A，Bの運動量の和が0にならない。

また，重心から見て，Aの運動量が0のときBの運動量も0になる。これは，重心から見て，Aが止まればBも止まることを表す。したがって，重心から見ると，A，Bは同じ周期で逆向きの振動をすることになる。

重心から見たA，Bの運動をイメージとして覚えておくと，いざというときに役立つよ。

138　第2章　熱力学

70 比熱と熱容量，熱量の保存 のテーマ
- 物質の比熱と物体の熱容量
- 熱量保存の法則

Point!
セ氏温度 t〔℃〕と絶対温度 T〔K〕の関係
$$T = t + 273 〔K〕$$

(1) (ア) <u>比熱</u>　　(イ) $Q = mc\Delta T$
　　(ウ) <u>熱容量</u>　(エ) $Q = C\Delta T$ …答

> ! $T = 0K$（ケルビン）は，絶対零度といい，分子の運動エネルギーが0になる温度だよ。

(2) ステンレスの比熱を c〔J/g·K〕とする。

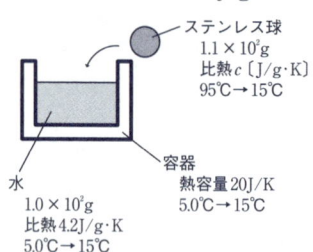

ステンレス球
1.1×10^2 g
比熱 c〔J/g·K〕
95℃→15℃

水
1.0×10^2 g
比熱 4.2 J/g·K
5.0℃→15℃

容器
熱容量 20 J/K
5.0℃→15℃

熱量保存の法則より

$$\underbrace{1.0 \times 10^2 \times 4.2 \times (15 - 5.0)}_{\substack{\text{(水が吸収した熱量)} \\ mc\Delta T}} + \underbrace{20 \times (15 - 5.0)}_{\substack{\text{(容器が吸収した熱量)} \\ C\Delta T}}$$

$$= \underbrace{1.1 \times 10^2 \times c \times (95 - 15)}_{\substack{\text{(ステンレス球が放出)} \\ \text{した熱量　} mc\Delta T}}$$

$c = 0.50$〔J/g·K〕…答

> ! 比熱 c〔J/g·K〕とは「1gを1K上昇させるのに必要な熱量」だから，式で表すと
> $$c〔J/g·K〕= \frac{Q〔J〕}{m〔g〕\cdot \Delta T〔K〕}$$

> ! 1g, 1Kあたりの熱量だから，熱量 Q〔J〕を m〔g〕, ΔT〔K〕で割ればいいね。
> $$Q = mc\Delta T$$

> 熱容量 C とは「1K上昇させるのに必要な熱量」だから，式で表すと
> $$C〔J/K〕= \frac{Q〔J〕}{\Delta T〔K〕}$$

> ! 1Kあたりの熱量だから，熱量 Q〔J〕を ΔT〔K〕で割るんだね。
> $$Q = C\Delta T$$

> ! 温度変化 ΔT は，セ氏温度〔℃〕でも絶対温度〔K〕でも同じ値になるよ。

1. 熱と気体の法則

> **Point!**
> $Q = mc\Delta T$　　c：比熱
> $Q = C\Delta T$　　C：熱容量

> **Point!**
> 熱量保存の法則
> **低温物体が吸収した熱量＝高温物体が放出した熱量**

71 ボイル・シャルルの法則 のテーマ
・ボイル・シャルルの法則とその使いかた

(1) (ア) 反比例　　(イ) 比例
　　(ウ) ボイル・シャルル
　　(エ) $\dfrac{PV}{T} = k$

(2) 求める気体の体積を $V \, [\mathrm{m}^3]$ とすると，
ボイル・シャルルの法則より
$$\dfrac{1.0 \times 10^5 \times 3.0}{27 + 273} = \dfrac{2.0 \times 10^5 \times V}{87 + 273}$$
$V = 1.8 \, [\mathrm{m}^3]$ …答

[ボイル・シャルルの法則の使いかた]
圧力 P_1，体積 V_1，絶対温度 T_1 の状態にある気体が，圧力 P_2，体積 V_2，絶対温度 T_2 の状態に変化したとき
$$\dfrac{P_1 V_1}{T_1} = \dfrac{P_2 V_2}{T_2}$$
の関係が成り立つ。

! 温度は，**絶対温度**にすることを忘れないように！

気体の量が変わるときは，ボイル・シャルルの法則は使えない。

> **Point!**
> ボイル・シャルルの法則
> $$\dfrac{PV}{T} = (一定)$$

72 ピストンにはたらく力のつり合いのテーマ

- ピストンにはたらく力のつり合い
- ボイルの法則の使いかた

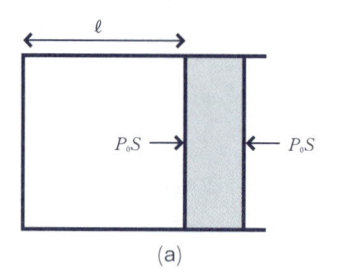

図(a)のとき、気体の圧力は大気圧と同じ P_0 [Pa] で、体積は $S\ell$ [m³] である。

> ピストンが静止しているということは、ピストンにはたらく水平方向の力がつり合っているということである。大気圧による力は、左向きに P_0S なので、容器内の気体による力は、右向きに P_0S でなければならず、容器内の気体の圧力は P_0 だとわかる。

> 圧力 $P=\dfrac{F}{S}$ だったから、力 $F=PS$ だよね。

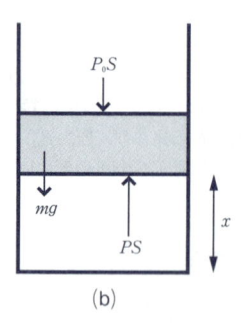

図(b)のとき、気体の圧力を P [Pa] とすると、ピストンにはたらく力のつり合いより

$$PS = P_0S + mg$$

$$P = P_0 + \frac{mg}{S} \text{ [Pa]} \quad \cdots \text{答}$$

ピストンと容器底面の間の距離を x [m] として、図(a)と図(b)の状態の間に、ボイルの法則を適用すると

$$P_0 \cdot S\ell = P \cdot Sx$$

> 絶対温度 T を一定に保つと、$\dfrac{PV}{T}=$(一定) は、**$PV=$(一定)** と表される。これを**ボイルの法則**という。ちなみに、圧力 P を一定に保つと $\dfrac{PV}{T}=$(一定) は、**$\dfrac{V}{T}=$(一定)** と表される。これを**シャルルの法則**という。

> 要するに、ボイルの法則とシャルルの法則を1つにまとめたものが、ボイル・シャルルの法則なんだ。**ボイル・シャルルの法則だけ覚えておけば、なんとかなるよ。**

$$P_0 \cdot S\ell = \left(P_0 + \frac{mg}{S}\right) \cdot Sx$$

$$x = \frac{P_0 S\ell}{P_0 S + mg} \text{[m]} \cdots \text{答}$$

73 $P\text{-}V$ グラフと $V\text{-}T$ グラフのテーマ

- 定積変化，定圧変化，等温変化
- $P\text{-}V$ グラフのかきかたとその特徴
- $V\text{-}T$ グラフのかきかたとその特徴

状態Bでの圧力を P_B [Pa]，状態Cでの絶対温度を T_C [K] とする。各状態での（圧力，体積，絶対温度）は，次のようになる。

状態A (P_0, V_0, T_0)
　　⇩温度一定
状態B $(P_B, 3V_0, T_0)$
　　⇩圧力一定
状態C (P_B, V_0, T_C)
　　⇩体積一定
状態A (P_0, V_0, T_0)

> 温度一定の状態変化を**等温変化**，圧力一定の状態変化を**定圧変化**，体積一定の状態変化を**定積変化**という。
>
> A→Bが**等温変化**，B→Cが**定圧変化**，C→Aが**定積変化**だよ！

(1) 状態Aと状態Bの間にボイルの法則を適用して

$$P_0 V_0 = P_B \cdot 3V_0$$

$$P_B = \frac{P_0}{3} \text{[Pa]} \cdots \text{答}$$

> ボイル・シャルルの法則を使って
> $$\frac{P_0 V_0}{T_0} = \frac{P_B \cdot 3V_0}{T_0}$$
> と考えてもいいよ。

(2) 状態Bと状態Cの間にシャルルの法則を適用して

$$\frac{3V_0}{T_0} = \frac{V_0}{T_C}$$

$$T_C = \frac{T_0}{3} \text{[K]} \cdots \text{答}$$

(3)

[P-V グラフ: 縦軸 P [Pa]、横軸 V [m³]。点A(V_0, P_0)、点B($3V_0, P_0/3$)、点C($V_0, P_0/3$)。A→Bは双曲線、B→C、C→A]

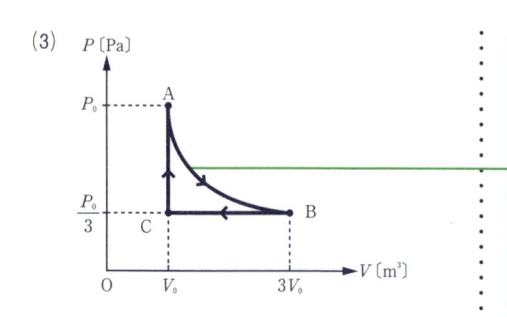

ボイル・シャルルの法則より

$$\frac{PV}{T}=k \quad (一定)$$

$$P=\frac{kT}{V}$$

❗ 縦軸が P なので，$P=(\quad)$ の形にするよ。

状態A→Bは温度一定なので $kT=(一定)$ となり，P は V に反比例し，グラフは双曲線になる。

❗ 気体の状態が変化していく問題（**状態変化の問題**）では，問われていなくても，**P-Vグラフ**をかくようにしよう。

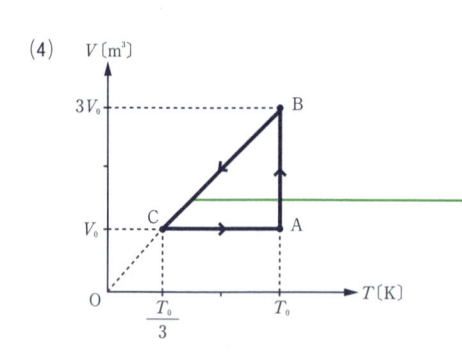

(4)

[V-T グラフ: 縦軸 V [m³]、横軸 T [K]。点A(T_0, V_0)、点B($T_0, 3V_0$)、点C($T_0/3, V_0$)。C→A、A→B、B→C]

ボイル・シャルルの法則より

$$\frac{PV}{T}=k \quad (一定)$$

$$V=\frac{k}{P}\cdot T$$

❗ 縦軸が V なので，$V=(\quad)$ の形にするよ。

状態B→Cは圧力一定なので，$\frac{k}{P}=(一定)$ となり，V は T に正比例し，グラフは原点を通る直線になる。

❗ B→Cの延長線上に原点Oがくるようにかいてね。

🔑 テクニック！

状態変化の問題 ⇨ P-V グラフをかきながら解いていく

1．熱と気体の法則

> **74** 理想気体の状態方程式のテーマ
> ・ボイル・シャルルの法則から状態方程式を導く
> ・状態方程式の使いかた

(1) ボイル・シャルルの法則より

$$\frac{PV}{T} = k \quad \cdots ① \quad (kは定数) \cdots 答$$

(2) 標準状態（0℃＝273K，1atm＝1.013×10^5Pa）のもとで，1molの理想気体は **22.4〔ℓ〕(22.4×10^{-3}〔m³〕)** を占める。
…答

1molの理想気体において，①式のkをRとし，P，V，Tに標準状態の数値をそれぞれ代入すると

$$\frac{1.013 \times 10^5 \times 22.4 \times 10^{-3}}{273} = R$$

$R ≒ 8.31$〔J/mol・K〕…答

> ❗ Rは，**気体定数**といい，理想気体の種類によらず一定の値になるよ。

(3) 1molの理想気体において

$$\frac{PV}{T} = R$$

が成り立つ。n〔mol〕の理想気体においては，同じ温度，同じ圧力に対して体積がn倍になるので

$$\frac{PV}{T} = nR$$

となり，**$PV = nRT$** が成り立つ。…答

> たとえば標準状態で考えると，0℃＝273K，1atm＝1.013×10^5Pa のもとで，1molの理想気体について考えると，22.4ℓ＝22.4×10^{-3}m³になって，①式の右辺は
> 8.31J/mol・KすなわちRになる。
> 次に，0℃，1atmのもとで，n〔mol〕の理想気体について考えると，22.4×n〔ℓ〕になって，①式の右辺は
> 8.31×n〔J/mol・K〕すなわちnRになる。

> ❗ 結局，ボイル・シャルルの法則と状態方程式は，**同じ関係を表している**んだね。

(4) 求める体積をV〔m³〕とすると，理想気体の状態方程式$PV = nRT$において

$P = 2.0 \times 10^5$〔Pa〕

$n = \dfrac{12}{4.0} = 3.0$〔mol〕

$R = 8.3$〔J/mol・K〕

$T = 27 + 273 = 300$〔K〕

として
$$2.0 \times 10^5 \times V = 3.0 \times 8.3 \times 300$$
$$V \fallingdotseq \mathbf{3.7 \times 10^{-2}} \text{ (m}^3\text{)} \cdots 答$$

Point!

理想気体の状態方程式

$$PV = nRT$$

解説 75 定圧・定積変化における状態方程式 のテーマ

・定圧変化において成り立つ状態方程式
・定積変化において成り立つ状態方程式

(1) 理想気体の状態方程式

$$PV = nRT \cdots 答$$

(2) 変化前の状態を (P, V, T) と表すと、変化後の状態は $(P, V+\Delta V, T+\Delta T)$ と表せる。それぞれの状態において状態方程式を立てると

変化前：$PV = nRT \quad \cdots ①$
変化後：$P(V+\Delta V) = nR(T+\Delta T) \quad \cdots ②$

②より
$$PV + P\Delta V = nRT + nR\Delta T$$
①を用いて
$$\boldsymbol{P\Delta V = nR\Delta T} \cdots 答$$

(3) 変化前の状態 (P, V, T) と変化後の状態 $(P+\Delta P, V, T+\Delta T)$ について、それぞれ状態方程式を立てると

変化前：$PV = nRT \quad \cdots ③$
変化後：$(P+\Delta P)V = nR(T+\Delta T) \quad \cdots ④$

定圧変化において成り立つ状態方程式

$$P\Delta V = nR\Delta T$$

❗ P, n, R が定数なので、V と T に Δ（デルタ）がつくのは、納得だね。

定積変化において成り立つ状態方程式

$$\Delta P \cdot V = nR\Delta T$$

❗ V, n, R が定数なので P と T に Δ（デルタ）がつくのは、覚えやすいね。

これらは、気体の状態変化の問題を解くときに、**とても役に立つ関係式**である。これから、実際に問題を解きながら使っていくことにしよう。

④より
$$PV + \Delta P \cdot V = nRT + nR\Delta T$$
③を用いて
$$\Delta P \cdot V = nR\,\Delta T \cdots 答$$

> **㊙テクニック！**
>
> 定圧変化 $\Rightarrow$ $P\Delta V = nR\Delta T$
> 定積変化 $\Rightarrow$ $\Delta P \cdot V = nR\Delta T$

解説 76 立方体中の気体分子運動 のテーマ

- 立方体容器内での分子運動論による圧力の導出
- 気体分子1個がもつ平均運動エネルギー
- 気体の内部エネルギー

(1) この分子が壁S_xから受けた力積は，分子の運動量の変化で表されるので
$$m(-v_x) - mv_x = -2mv_x \cdots 答$$

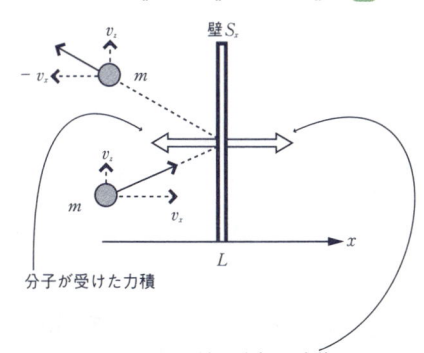

> ！ "運動量の変化は受けた力積に等しい" だったよね！

> ！ ○○の変化＝(あと)−(まえ) だったよね。

> ！ "AがBから受けた力" は，"BがAから受けた力と大きさは同じで逆向き (作用・反作用の法則) だったよね！

(2) 壁S_xがこの分子から受けた力積は，この分子が壁S_xから受けた力積の反作用なので，大きさは同じで逆向きになる。
$$2mv_x \cdots 答$$

(3) 時間Δtの間に，この分子はx方向に$v_x \Delta t$だけ進み，2L進むごとに壁S_xと衝突するので

$$\dfrac{v_x \Delta t}{2L} \cdots \text{答}$$

> [分子運動のx成分だけをかいた図]
>
> この分子は，往復の距離2L進むごとに，壁S_xと衝突する。

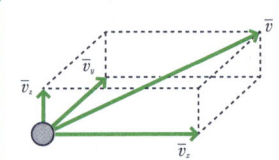

(4) 時間Δtの間に，壁S_xがこの分子から受けた力積の和は

$$2mv_x \times \dfrac{v_x \Delta t}{2L} = \dfrac{mv_x^2 \Delta t}{L}$$

$\begin{pmatrix}1\text{回の衝突で，壁} \\ S_x\text{が受けた力積}\end{pmatrix} \times \begin{pmatrix}\text{時間}\Delta t\text{の間} \\ \text{の衝突回数}\end{pmatrix} = \begin{pmatrix}\text{時間}\Delta t\text{の間に壁}S_x \\ \text{が受けた力積の和}\end{pmatrix}$

$\cdots \text{答}$

(5) 時間Δtの間に，壁S_xがN個の分子から受けた力積の総和は

$$\dfrac{m\overline{v_x^2}\Delta t}{L} \times N = \dfrac{Nm\overline{v_x^2}\Delta t}{L} \cdots \text{答}$$

(6) 壁S_xが受けた平均の力をFとすると，時間Δtの間に壁S_xが受けた力積の総和は$F\Delta t$と表せる。したがって

$$F\Delta t = \dfrac{Nm\overline{v_x^2}\Delta t}{L}$$

$$F = \dfrac{Nm\overline{v_x^2}}{L} \quad \cdots \text{①} \qquad \cdots \text{答}$$

(7) $\overline{v^2} = \overline{v_x^2} + \overline{v_y^2} + \overline{v_z^2}$

また，気体分子は，どの方向にも同じように運動しているので $\overline{v_x^2} = \overline{v_y^2} = \overline{v_z^2}$

したがって

$$\overline{v^2} = 3\overline{v_x^2} \qquad \overline{v_x^2} = \dfrac{\overline{v^2}}{3}$$

となる。これを①式に代入すると

$$F = \dfrac{Nm}{L} \cdot \dfrac{\overline{v^2}}{3} = \dfrac{Nm\overline{v^2}}{3L} \cdots \text{答}$$

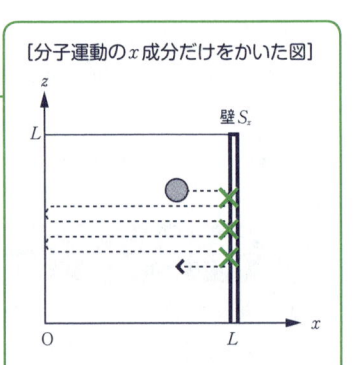

> 図のように，$\overline{v}$は$\overline{v_x}$, $\overline{v_y}$, $\overline{v_z}$を3辺とする直方体の対角線に相当するので，三平方の定理よりこの式が成り立つことがわかる。

2．気体の分子運動と内部エネルギー　147

(8) 壁 S_x の面積は L^2 だから

$$P = \frac{F}{L^2} = \frac{Nm\overline{v^2}}{3L^3}$$

> 圧力 $P = \frac{F}{S}$ だよね！

ここで，容器の体積 $V = L^3$ だから

$$P = \frac{Nm\overline{v^2}}{3V} \quad \cdots ② \quad \cdots \text{答}$$

(9) 単原子分子では，分子1個がもつ平均運動エネルギー $\overline{e}$ は

$$\overline{e} = \frac{1}{2}m\overline{v^2}$$

と表せる。ここで，②式を用いて

$$\overline{e} = \frac{1}{2} \times \frac{3PV}{N}$$

また，状態方程式は $PV = \frac{N}{N_A}RT$ と表せるので

$$\overline{e} = \frac{3}{2N} \times \frac{NRT}{N_A} = \frac{3}{2} \cdot \frac{R}{N_A} \cdot T \cdots \text{答}$$

(10) N 個の分子からなる単原子分子理想気体の内部エネルギー U は

$$U = \overline{e} \times N = \frac{3}{2} \cdot \frac{N}{N_A} \cdot RT$$

ここで，モル数 $n = \frac{N}{N_A}$ だから

> He，Ne，Ar のような不活性気体の分子は，原子1個からなっているので，このような分子を**単原子分子**という。O_2 や CO_2 のような**多原子分子**からなる理想気体の場合，分子の運動エネルギーは $\frac{1}{2}m\overline{v^2}$ と表されず，他に回転運動や振動運動のエネルギーが加わる。したがって，**これ以降の議論は単原子分子理想気体の場合にだけ成り立つ**。

> アボガドロ数 N_A は，1mol あたりの分子数だから，$\frac{N}{N_A}$ はモル数 n を表す。

> 単原子分子1個あたりの平均運動エネルギー $\overline{e}$ は
> $$\overline{e} = \frac{3}{2} \cdot \frac{R}{N_A} \cdot T = \frac{3}{2}kT$$
> と表され，**絶対温度 T に比例**する。

> この式から，「温度とは，分子の平均運動エネルギーのこと」であることがわかるね。

> ここで，k を**ボルツマン定数**といい，$k = \frac{R}{N_A}$ から k は**分子1個あたりの気体定数**を表していることがわかる。

$$U = \frac{3}{2}nRT \cdots \boxed{答}$$

単原子分子理想気体の内部エネルギー U は
$$U = \frac{3}{2}nRT$$
と表される。モル数が一定ならば，**内部エネルギー U は温度だけで決まる。**

⚠️ 気体の体積や圧力とは無関係なんだよ。

⚠️ この問題は，入試頻出でパターン化されているので，繰り返し解いて流れを覚えてしまうといいよ。

Point!

分子 1 個あたりの平均運動エネルギー $\overline{e}$

$$\overline{e} = \frac{3}{2}kT \quad \left(\text{ボルツマン定数}\, k = \frac{R}{N_A}\right)$$

⚠️ 単原子分子限定!!

Point!

内部エネルギー U

$$U = \frac{3}{2}nRT$$

⚠️ 単原子分子限定!!

秘 テクニック!

気体の内部エネルギー U は，**温度だけの関数**である。

2. 気体の分子運動と内部エネルギー

> **77** 球形容器内での気体分子運動のテーマ
> ・球形容器内での分子運動論による圧力の導出
> ・分子の平均運動エネルギー

(ア) この分子が壁から受けた力積は，<u>分子の運動量の変化</u>から

$$m(-v\cos\theta) - mv\cos\theta = -2mv\cos\theta$$

と求まる。求めるのは，壁がこの分子から受けた力積だから $2mv\cos\theta$ …**答**

(イ) 右の図より，$2r\cos\theta$ …**答**

(ウ) 1秒間でこの分子が進む距離は v で，$2r\cos\theta$ 進むごとに壁と衝突するので，1秒間あたりの衝突回数は $\dfrac{v}{2r\cos\theta}$ である。よって，1秒間あたりに壁に与える力積の大きさは

$$2mv\cos\theta \times \frac{v}{2r\cos\theta} = \frac{mv^2}{r} \text{ …}\textbf{答}$$

1秒間あたりの力積は力を表すので，$\dfrac{mv^2}{r}$ はこの分子が壁に与える力の大きさを表している。

(エ) N_A 個の分子全体が壁におよぼす力の大きさ F は

$$F = \frac{m\langle v^2 \rangle}{r} \times N_A = \frac{N_A m \langle v^2 \rangle}{r} \text{ …}\textbf{答}$$

(オ) 球の表面積 $S = 4\pi r^2$ なので

圧力 $P = \dfrac{F}{S} = \dfrac{N_A m \langle v^2 \rangle}{r} \times \dfrac{1}{4\pi r^2}$

$$P = \frac{N_A m \langle v^2 \rangle}{4\pi r^3} \quad \text{…①} \quad \text{…}\textbf{答}$$

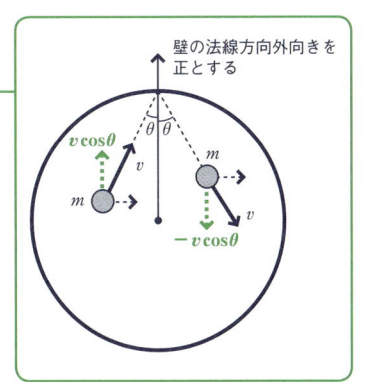

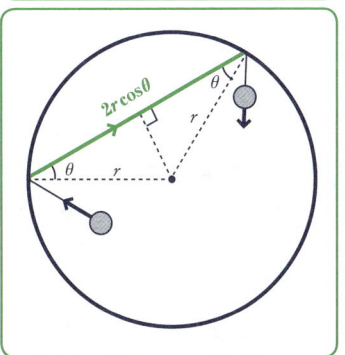

> ！ さまざまな速さの分子がいるから，平均してから N_A 倍にしないといけないよ。

(カ) 球形容器の体積 $V=\dfrac{4}{3}\pi r^3$ を①に代入して

$$P=\dfrac{N_A m \langle v^2 \rangle}{3V}$$

$$PV=\dfrac{N_A m \langle v^2 \rangle}{3} \quad \cdots ② \quad \cdots \boxed{答}$$

(キ) ②より

$$\dfrac{1}{2}m\langle v^2 \rangle = \dfrac{3PV}{2N_A}$$

ここで，問題文中で与えられている式 $PV=kN_A T$ を代入すると

$$\dfrac{1}{2}m\langle v^2 \rangle = \dfrac{3}{2N_A}\cdot kN_A T = \dfrac{3}{2}kT \quad \cdots \boxed{答}$$

> 参考までに，問題文中に与えられている式 $PV=kN_A T$ について見ておこう。
> 本問では，理想気体1molについて考えているので，状態方程式は
> $$PV=RT$$
> と表せる。ところで，ボルツマン定数 $k=\dfrac{R}{N_A}$ だからこれを上式に代入すると
> $$PV=kN_A T$$
> が得られる。

! 分子の平均運動エネルギーは，絶対温度だけで決まるんだね。

---

78 断熱容器内の気体の混合 のテーマ

- 気体の混合についての扱いかた
- 断熱されているときの扱いかた

コックを開けて気体が平衡状態になったとき，容器全体を占める気体の圧力および絶対温度を，それぞれ P'，T' とする。

○コックを開ける前後で，**全モル数は変わらない**。状態方程式より，モル数 $n=\dfrac{PV}{RT}$ だから

$$\underbrace{\dfrac{PV}{RT}}_{\substack{\text{コックを開ける前の}\\\text{容器1内のモル数}}} + \underbrace{\dfrac{3P\cdot 2V}{R\cdot 4T}}_{\substack{\text{コックを開ける前の}\\\text{容器2内のモル数}}} = \underbrace{\dfrac{P'(V+2V)}{RT'}}_{\substack{\text{コックを開けたあと}\\\text{の全体のモル数}}} \quad \cdots ①$$

2．気体の分子運動と内部エネルギー

○コックを開ける前後で，**内部エネルギーの和は変わらない**。内部エネルギー U
$=\dfrac{3}{2}nRT=\dfrac{3}{2}PV$ だから

> ❗ 問題文中に，n, R は与えられていないので，状態方程式を用いて，P, V に変換しておこう。

$$\underbrace{\dfrac{3}{2}PV}_{\binom{\text{コックを開ける前の容器}}{\text{1内の内部エネルギー}}}+\underbrace{\dfrac{3}{2}\cdot 3P\cdot 2V}_{\binom{\text{コックを開ける前の容器}}{\text{2内の内部エネルギー}}}=\underbrace{\dfrac{3}{2}\cdot P'\cdot (V+2V)}_{\binom{\text{コックを開けたあとの全体の}}{\text{内部エネルギー}}} \quad \cdots ②$$

②より

$$P'=\dfrac{7P}{3}\cdots\boxed{答}$$

これを①に代入して

$$T'=\dfrac{14T}{5}\cdots\boxed{答}$$

㊙テクニック！

気体の混合 ⇒ モル数の和が一定

㊙テクニック！

断熱されている ⇒ 内部エネルギーの和が一定

> ❗ ただし，気体に力を加えて圧縮・膨張させる場合は成り立たないよ。

解説 79　気体のした仕事・された仕事のテーマ

・気体がした仕事・された仕事
・定圧変化の状態方程式

(1) 気体がした仕事を W_1 とすると
$$W_1=P_0\,\Delta V\cdots\boxed{答}$$

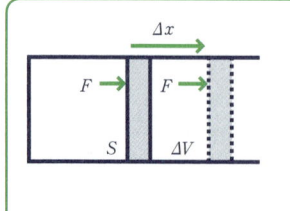

図のように、気体の圧力によりピストンを右向きに押す力をFとする。Fによりピストンを右向きにΔxだけ動かしたとすると、気体がした仕事Wは
$$W = F \Delta x$$
と表される。ところで、気体の圧力をP、ピストンの断面積をSとすると$F = PS$なので
$$W = PS \Delta x$$
となるが、$S \Delta x$は体積の増加を表し、これをΔVとすると

気体がした仕事 $W = P \Delta V$

と表される。

(2) 温度上昇をΔTとすると、**定圧変化において成り立つ状態方程式**
$P \Delta V = nR \Delta T$ より
$$P_0 \Delta V = nR \Delta T$$
$$\Delta T = \frac{P_0 \Delta V}{nR} \cdots 答$$

> さっそく、㊙テクニック
> **定圧変化での状態方程式**
> $P\Delta V = nR\Delta T$
> が登場したね！

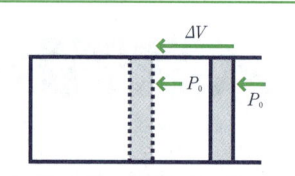

(3) 体積がΔVだけ減少する間に、気体がされた仕事、すなわち大気圧が気体にした仕事W_2は
$$W_2 = P_0 \Delta V \cdots 答$$

気体の圧力は、ピストンを右向きに押すが、ピストンは左向きに動くので、気体がした仕事は負の値になる。あるいは、気体の体積の増加を$(-\Delta V)$として
$$W_3 = P_0 \times (-\Delta V) = -P_0 \Delta V \cdots 答$$

> "気体がされた仕事"とは"大気圧が気体に対してした仕事"だから、図のように、ピストンに対して左向きに力をおよぼし、ピストンを左向きに動かす。すなわち、正の仕事になる。

> 仕事$W = Fx$のxは"**力Fの向きに動いた距離**"だから、この場合、負の値になる。

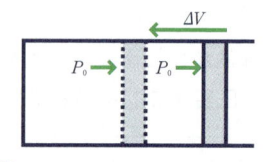

(4) 定圧変化において成り立つ状態方程式より
$$P_0 \times (-\Delta V) = nR \Delta T$$
$$\Delta T = -\frac{P_0 \Delta V}{nR} \cdots 答$$

> 気体がした仕事・された仕事の関係は、とても重要だよ。計算ができても符号で間違えてしまったら、元も子もないからね！

2．気体の分子運動と内部エネルギー　153

> **Point!**
>
> 気体がした仕事 $W = P\Delta V$　　ΔV：体積の**増加**
>
> ! ΔV は"体積の変化"とせずに**"体積の増加"**と覚えよう。符号のミスが防げるよ！

解説 80 ばねつきピストンのテーマ

- ばねつきピストンに対して気体がする仕事
- ばねつきピストンにおける P–V グラフの概形

(1) 図のように，ばねの縮みが x のとき気体の体積は Sx だけ増加するので

$$V = V_0 + Sx \quad \cdots ① \quad \cdots \text{答}$$

(2) ばねの縮みが x のとき，ピストンにはたらく力のつり合いは，図のようになり

$$PS = kx + P_0 S$$

$$P = \frac{kx}{S} + P_0 \quad \cdots ② \quad \cdots \text{答}$$

(3) ②式では，P が x の関数で表されているので①式を用いて，P を V の関数として表す。

①より　$x = \dfrac{V - V_0}{S}$

これを②に代入して

$$P = \frac{k}{S} \cdot \frac{V - V_0}{S} + P_0$$

$$P = \frac{k}{S^2} V + P_0 - \frac{kV_0}{S^2} \quad \cdots \text{答}$$

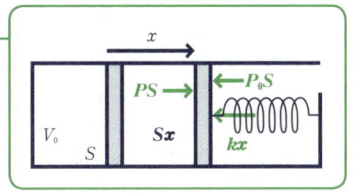

! この式で，$\dfrac{k}{S^2}$ や $\left(P_0 - \dfrac{kV_0}{S^2}\right)$ は定数なので，P は V の1次関数になっているね。だから P–V グラフは直線になるよ。

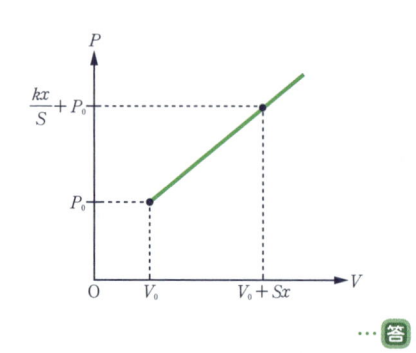

(4) P-Vグラフにおいて，気体がした仕事Wは，グラフとV軸の間の面積で表される。(3)のP-Vグラフにおいて，$x=\ell$として台形の面積を求めると

$$W = \left(P_0 + \frac{k\ell}{S} + P_0\right) \times S\ell \times \frac{1}{2}$$

$$W = P_0 S\ell + \frac{1}{2}k\ell^2 \quad \cdots \text{答}$$

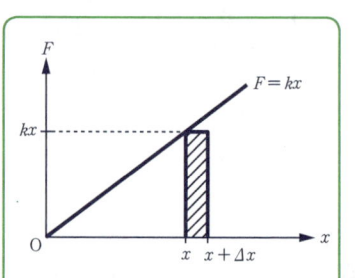

45 で学習したように，F-xグラフとx軸の間の面積は仕事Wを表していた。これはWが上図斜線部分の面積$kx\cdot\Delta x = F\cdot\Delta x = \Delta W$の和として考えられるからである。

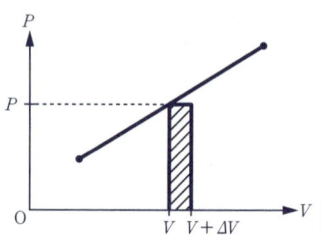

同様にして，P-VグラフとV軸の間の面積も仕事Wを表している。これは上図斜線部分の面積が
$$P\cdot\Delta V = P\cdot S\Delta x = F\cdot\Delta x = \Delta W$$
を表しており，Wがその和として考えられるからである。

ばねがℓだけ縮むまでに，気体が外部にした仕事Wは

$$W = \underbrace{P_0 S\ell}_{\substack{\text{大気圧に対し}\\\text{てした仕事}}} + \underbrace{\frac{1}{2}k\ell^2}_{\substack{\text{ばねの弾性}\\\text{エネルギー}}}$$

になったと解釈することもできる。

Point!

P-Vグラフの面積は，気体がした仕事Wを表す。

3. 気体の状態変化

> **㊙テクニック!**
> ばねつきピストンの P-V グラフは直線になる。

81 状態変化における $Q, \Delta U, W$ の符号 のテーマ
- 熱力学第 1 法則
- 定積・定圧・等温変化

Point!

熱力学第 1 法則
$$Q = \Delta U + W$$

Q : 気体が吸収した熱量
ΔU : 内部エネルギーの増加
W : 気体が外部にした仕事

> ！ $Q, \Delta U, W$ を熱量,内部エネルギー,仕事などと覚えてはいけないよ。上のように正確に覚えないと,符号がゴチャゴチャになっちゃうぞ！

(1) 熱力学第 1 法則より
$$Q = \Delta U + W \cdots 答$$

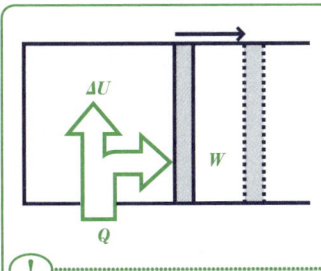

図のように,気体が吸収した熱量 Q は,内部エネルギーの増加 ΔU と外部にした仕事 W になる。この関係を熱力学第 1 法則といい,次の式が成り立つ。
$$Q = \Delta U + W$$

> ！ この法則は,熱学における**エネルギー保存則**を表しているよ。

(2) ［状態変化 A→B 定積変化について］

ボイル・シャルルの法則 $\dfrac{PV}{T} =$ (一定)

において,A→B では $V=$ (一定) で P は
増加しているので,T も増加しているこ

とがわかる。すなわち、温度は上昇しているので、$\Delta U>0$ である。また、体積変化はないので $W=0$ である。したがって、熱力学第1法則 $Q=\Delta U+W$ より $Q>0$ となる。

	ΔU	W	Q
A→B	正	0	正

…答

[状態変化B→C　等温変化について]

B→Cは温度一定なので、$\Delta U=0$ である。体積は増加しているので、$W>0$ である。
したがって、$Q=\Delta U+W$ より $Q>0$ となる。

	ΔU	W	Q
B→C	0	正	正

…答

[状態変化C→A　定圧変化について]

ボイル・シャルルの法則 $\dfrac{PV}{T}=$（一定）

において、C→Aでは $P=$（一定）で V が減少しているので、T も減少していることがわかる。すなわち、温度は下降しているので $\Delta U<0$ となる。また、体積は減少しているので $W<0$ であり、$Q=\Delta U+W$ より $Q<0$ であることもわかる。

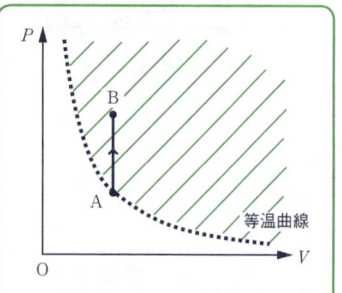

A→Bのように、P-V グラフ上で上向きに状態変化すると、解答で示したように温度は上昇する。仮にAを通る等温曲線を考えた場合、等温曲線よりも上の領域（斜線の領域）に状態変化を起こすときは、温度が上昇するといえる。

外部にした仕事 W の符号は、体積の増加 ΔV だけで決まる。
気体の体積が増加、すなわち
　　$\Delta V>0$ ならば $W>0$
気体の体積が減少、すなわち
　　$\Delta V<0$ ならば $W<0$
気体の体積が不変、すなわち
　　$\Delta V=0$ ならば $W=0$

! 気体がした仕事 $W=P\Delta V$ だからね。

P-V グラフ上で、Cを通る等温曲線よりも下の領域に状態変化しているので、温度は下降するとしてもよい。

3. 気体の状態変化　157

	ΔU	W	Q
C→A	負	負	負

…答

㊙テクニック！

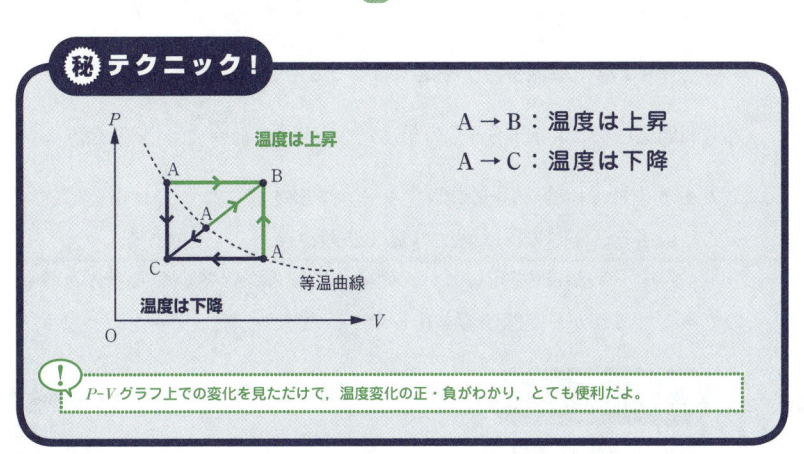

A→B：温度は上昇
A→C：温度は下降

温度は上昇
温度は下降
等温曲線

! P-V グラフ上での変化を見ただけで，温度変化の正・負がわかり，とても便利だよ。

補講 3

★熱学のまとめ

熱学分野の重要な法則がほぼ出そろったので，まとめをしておこう。ここであえて乱暴ないいかたをすれば

熱学の問題は三択である。

熱学の問題で解法が思い浮かばなければ，次の 1, 2, 3 を順にあてはめてみればよい。

1　ボイル・シャルルの法則　　$\dfrac{PV}{T}=$ **(一定)**

　　（気体の状態方程式　　$PV=nRT$）

2　気体の内部エネルギー　　$U=\dfrac{3}{2}nRT$　（単原子分子限定）

③ 熱力学第1法則　$Q = \Delta U + W$

①の状態方程式 $PV = nRT$ は，ボイル・シャルルの法則から導かれ同じ内容を表しているので，1つにまとめた。②の内部エネルギー $U = \dfrac{3}{2}nRT$ は，**単原子分子限定**であることを強調しておこう。逆にいうと，問題文中に"単原子分子"の記述がない場合，$U = \dfrac{3}{2}nRT$ は使えないのである。この場合の内部エネルギー U を表す式についてはあとで述べることにする。そして③の熱力学第1法則 $Q = \Delta U + W$ である。

①，②，③のどれかを用いれば，熱学の問題はたいていなんとかなるものである。これから問題演習を通して，その効力を試してみたいと思う。

> 秘 **テクニック！**
>
> **熱学の問題は三択である。**
>
> ！もちろん一部例外はあるけどね！

82 状態変化と $P\text{-}V$ グラフのテーマ
・入試問題を通して，①，②，③の効力を試してみる

入試問題を解くときは，解答で使用できる物理量を確認しておくこと。本問では $\{n,\ R,\ V_A,\ T_A,\ W_2\}$ である。

状態変化の問題は，$P\text{-}V$ グラフをかきながら解答を進めるようにしよう。

3. 気体の状態変化

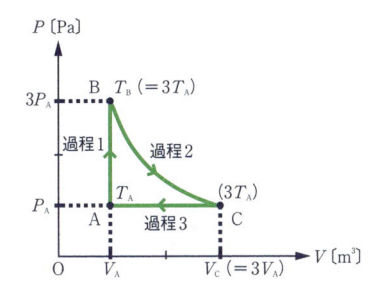

(グラフ：縦軸 P [Pa]、横軸 V [m³]。点A (V_A, P_A)、点B $(V_A, 3P_A)$ $T_B(=3T_A)$、点C $(3V_A, P_A)$ $(3T_A)$。過程1: A→B、過程2: B→C、過程3: C→A、状態Aの温度 T_A)

> 各状態に温度をメモしておくと便利だよ。ただし、P-Vグラフそのものを答えるとき、温度は消しておいてね。

(1) 状態Aでの圧力をP_Aとすると、状態Bでの圧力は$3P_A$になる。また、状態Bでの温度をT_Bとすると、状態A, B間でボイル・シャルルの法則を適用して

$$\frac{P_A V_A}{T_A} = \frac{3P_A \cdot V_A}{T_B} \quad (\boxed{1}\text{を使用})$$

$T_B = 3T_A$ 〔K〕 …答

(2) 過程1における気体に与えた熱量をQ_1、気体が外部にした仕事をW_1、気体の内部エネルギーの増加量をΔU_1とする。過程1において体積は変わらないので $W_1 = 0$ 〔J〕 …答

この気体は単原子分子なので

$$\Delta U_1 = \frac{3}{2} nR \Delta T_1 \quad (\boxed{2}\text{を使用})$$

$$= \frac{3}{2} nR(3T_A - T_A)$$

$\Delta U_1 = 3nRT_A$ 〔J〕 …答

熱力学の第1法則より

$$Q_1 = \Delta U_1 + W_1$$
$$= 3nRT_A \text{〔J〕} \quad (\boxed{3}\text{を使用}) \text{ …答}$$

> 一般に、絶対温度Tにおけるnモルの単原子分子理想気体の内部エネルギーUは
>
> $$U = \frac{3}{2} nRT \quad \cdots ①$$
>
> である。ここで、温度がΔTだけ高くなったとき、内部エネルギーがΔUだけ増加したとすると、変化後の内部エネルギーは
>
> $$U + \Delta U = \frac{3}{2} nR(T + \Delta T) \quad \cdots ②$$
>
> となる。② - ①より
>
> $$\Delta U = \frac{3}{2} nR \Delta T$$
>
> が成り立つ。

Point!

内部エネルギーの増加 ΔU

$$\Delta U = \frac{3}{2} nR \Delta T$$

! この式を ② と考えてもいいよ。単原子分子にしか使えないので注意しよう。

(3) 状態Cでの体積を V_C とする。状態B, C間にボイルの法則を適用して

$$3P_A \cdot V_A = P_A V_C \quad (\text{①を使用})$$

$$V_C = 3V_A \text{ (m}^3\text{)} \cdots \text{答}$$

! P-V グラフをかきながら進めているかな?

(4) W_2 は,過程2における P-V グラフと V 軸の間の面積で表されるので,下図の斜線部分になる。

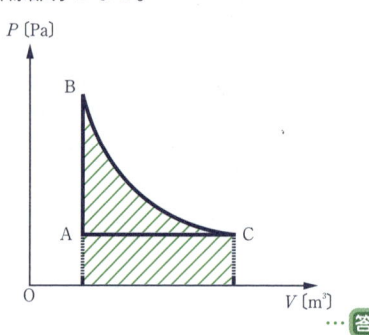

$\cdots$ 答

(5) 過程2は温度一定(等温変化)なので,内部エネルギーの増加

$$\Delta U_2 = \frac{3}{2} nR \Delta T_2 = 0 \quad (\text{②を使用})$$

であり,熱力学第1法則より,気体が吸収する熱量

$$Q_2 = \Delta U_2 + W_2 = W_2 \quad (\text{③を使用})$$

となる。したがって,**気体は外部にした仕事 W_2 の分だけ熱を吸収し,内部エネルギーは変わらない。** $\cdots$ 答

! 温度一定,すなわち温度変化 $\Delta T_2 = 0$ だからね。

3. 気体の状態変化

(6) 過程3における気体が吸収した熱量をQ_3, 気体が外部にした仕事をW_3, 気体の内部エネルギーの増加量をΔU_3とする。過程3において, 体積が$3V_A$からV_Aに変化したので
$$W_3 = P_A(V_A - 3V_A) = -2P_AV_A$$
ところで, 状態Aでの状態方程式$P_AV_A = nRT_A$より
$$W_3 = -2P_AV_A$$
$$= -2nRT_A \quad (\boxed{1}\text{を使用})$$
求めるのは, 気体が外部からされた仕事$-W_3$だから
$$-W_3 = \boldsymbol{2nRT_A \text{ (J)}} \cdots \boxed{答}$$
また, 過程3において, 温度は状態Bと同じ$3T_A$からT_Aに変化したので
$$\Delta U_3 = \frac{3}{2}nR(T_A - 3T_A)$$
$$= -3nRT_A \quad (\boxed{2}\text{を使用})$$
求めるのは, 気体の内部エネルギーの減少量$-\Delta U_3$だから
$$-\Delta U_3 = \boldsymbol{3nRT_A \text{ (J)}} \cdots \boxed{答}$$
熱力学第1法則 $Q_3 = \Delta U_3 + W_3$ より
$$Q_3 = -3nRT_A - 2nRT_A$$
$$= -5nRT_A \quad (\boxed{3}\text{を使用})$$
求めるのは, 気体から奪った熱量$-Q_3$だから
$$-Q_3 = \boldsymbol{5nRT_A \text{ (J)}} \cdots \boxed{答}$$

(7) 1サイクルで気体が外部にした正味の仕事Wは
$$W = W_1 + W_2 + W_3$$
$$W = 0 + W_2 + (-2nRT_A)$$
$$W = \boldsymbol{W_2 - 2nRT_A \text{ (J)}} \cdots \boxed{答}$$

> 問われているのは, 奪った熱量, された仕事, 内部エネルギーの減少量であるが, Q_3, W_3, ΔU_3はいつもの通り吸収した熱量, 外部にした仕事, 内部エネルギーの増加量で定義し, 最後に, $-Q_3$, $-W_3$, $-\Delta U_3$に直して答えたほうが考えやすい。

1サイクルで気体が外部にした正味の仕事
$$W = W_2 - 2nRT_A \quad \cdots ③$$
は,P-Vグラフにおいて何を表しているのかを確認しておこう。

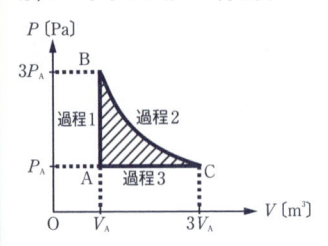

③式中のW_2は(4)で考えたように,過程2(B→C)におけるP-VグラフとV軸の間の面積を表している。
また,③式中の
$$2nRT_A = P_A(3V_A - V_A)$$
は,過程3(C→A)におけるP-VグラフとV軸の間の面積を表しているので,**1サイクルで気体が外部にした正味の仕事** $W = W_2 - 2nRT_A$ は,**P-Vグラフの囲む面積**(上図斜線部分の面積)を表していることになる。

㊙テクニック!

1サイクルにおいて
　　気体が外部にした**正味の仕事**
　　　　　⇩
　　　P-Vグラフの囲む面積

! 一般的に成り立つ大事な関係だよ。

---

83 ピストンつきシリンダーのテーマ

・P-Vグラフをかきながら,状態変化の問題を解いていく
・定圧変化での状態方程式 $P\Delta V = nR\Delta T$ の利用
・定積変化での状態方程式 $\Delta P \cdot V = nR\Delta T$ の利用

解答で使用できる物理量の確認
　　$\{P_1,\ V_1,\ T_1,\ P_2,\ Q_{BC}\}$

3. 気体の状態変化

まず, (1)までの状態を P-V グラフにかくと, 図1の実線 AB になる。

> 問題文を読み進めながら P-V グラフをかいていこう。

図1

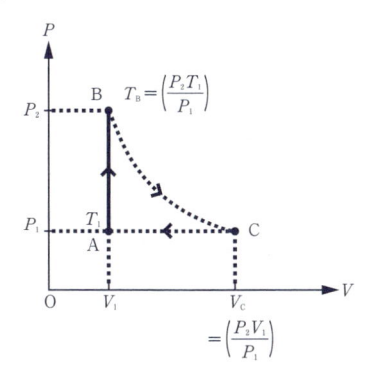

（グラフ：縦軸 P, 横軸 V。点 A (V_1, P_1), 点 B (V_1, P_2), $T_B = \left(\dfrac{P_2 T_1}{P_1}\right)$, 点 C $\left(\dfrac{P_2 V_1}{P_1}, P_1\right)$。A→B は実線, B→C→A は破線。）

(1) 状態 B での絶対温度を T_B とする。状態 AB 間に, ボイル・シャルルの法則を適用して

$$\frac{P_1 V_1}{T_1} = \frac{P_2 V_1}{T_B}$$

$$T_B = \frac{P_2 T_1}{P_1} \cdots \boxed{答}$$

(2) 状態 AB 間での内部エネルギーの増加を ΔU_{AB} とする。

$$\Delta U_{AB} = \frac{3}{2} n R \, \Delta T_{AB}$$

$$= \frac{3}{2} \Delta P_{AB} \cdot V_1$$

$$= \frac{3}{2}(P_2 - P_1) V_1 \cdots \boxed{答}$$

(3) 状態 AB 間では, 体積が変化していないので, 気体が外部にした仕事は

$$W_{AB} = 0 \cdots \boxed{答}$$

(4) 状態 AB 間で気体に加えた熱量 Q_{AB} は, 熱力学第1法則 $Q_{AB} = \Delta U_{AB} + W_{AB}$ より

> 状態変化 A→B は, 定積変化なので
> $$\Delta P \cdot V = nR \, \Delta T$$
> が成り立つ。

> ㊙テクニックにあったね。

㊙テクニックを使わない場合は

$$\Delta U_{AB} = \frac{3}{2} n R \, \Delta T_{AB}$$

$$= \frac{3}{2} n R (T_B - T_A)$$

$$= \frac{3}{2} n R \left(\frac{P_2 T_1}{P_1} - T_1\right)$$

$$= \frac{3}{2} n R T_1 \frac{P_2 - P_1}{P_1}$$

ここで, 状態 A での状態方程式 $P_1 V_1 = n R T_1$ を用いて

$$\Delta U_{AB} = \frac{3}{2} \cdot P_1 V_1 \cdot \frac{P_2 - P_1}{P_1}$$

$$= \frac{3}{2}(P_2 - P_1) V_1$$

$\cdots \boxed{答}$

> ㊙テクニックを使わないと計算量が多くなっちゃうね。

> ○○の変化＝(あと)−(まえ) だったよね。

$$Q_{AB} = \frac{3}{2}(P_2 - P_1)V_1 + 0$$

$$= \frac{3}{2}(P_2 - P_1)V_1 \cdots \text{答}$$

(5) 状態Cにおける気体の体積をV_Cとする。状態BC間にボイルの法則を適用して

$$P_2 V_1 = P_1 V_C \qquad V_C = \frac{P_2 V_1}{P_1} \cdots \text{答}$$

> (5)の上の問題文を読むと、図1の曲線のBCがかけるね。

(6) 状態BC間では温度は変化しないので、内部エネルギーの増加は

$$\Delta U_{BC} = 0 \cdots \text{答}$$

(7) 状態BC間で気体が外部にした仕事W_{BC}は、熱力学第1法則より

$$Q_{BC} = \Delta U_{BC} + W_{BC}$$

だから

$$Q_{BC} = 0 + W_{BC} \qquad W_{BC} = Q_{BC} \cdots \text{答}$$

(8) 状態CA間での内部エネルギーの増加をΔU_{CA}とする。

$$\Delta U_{CA} = \frac{3}{2} nR \Delta T_{CA}$$

$$= \frac{3}{2} P_1 \Delta V_{CA}$$

$$= \frac{3}{2} P_1 \left(V_1 - \frac{P_2 V_1}{P_1} \right)$$

$$= \frac{3}{2} (P_1 - P_2) V_1$$

$$= -\frac{3}{2} (P_2 - P_1) V_1 \cdots \text{答}$$

> 状態変化C→Aは定圧変化なので
> $$P \Delta V = nR \Delta T$$
> が成り立つ。
> また、㊙テクニックを使わない場合は
> $$\Delta U_{CA} = \frac{3}{2} nR \Delta T_{CA}$$
> $$= \frac{3}{2} nR \left(T_1 - \frac{P_2 T_1}{P_1} \right)$$
> $$= \frac{3}{2} nR T_1 \cdot \frac{P_1 - P_2}{P_1}$$
> ここで、$P_1 V_1 = nR T_1$を用いて
> $$\Delta U_{CA} = \frac{3}{2} \cdot P_1 V_1 \cdot \frac{P_1 - P_2}{P_1}$$
> $$= \frac{3}{2} (P_1 - P_2) V_1$$
> $$= -\frac{3}{2} (P_2 - P_1) V_1$$
> $\cdots$ 答

> (8)の上の問題文を読むと、図1の線分CAがかける。

(9) 状態CA間で気体が外部にした仕事W_{CA}は

3. 気体の状態変化　165

$$W_{CA} = P_1\left(V_1 - \frac{P_2 V_1}{P_1}\right)$$

$$= -(P_2 - P_1)V_1 \cdots 答$$

(10) 状態CA間で気体に与えた熱量をQ_{CA}とする。

熱力学第1法則より

$$Q_{CA} = \Delta U_{CA} + W_{CA}$$

$$Q_{CA} = -\frac{3}{2}(P_2 - P_1)V_1 - (P_2 - P_1)V_1$$

$$Q_{CA} = -\frac{5}{2}(P_2 - P_1)V_1$$

求めるのは，気体から奪った熱量$-Q_{CA}$だから

$$-Q_{CA} = \frac{5}{2}(P_2 - P_1)V_1 \cdots 答$$

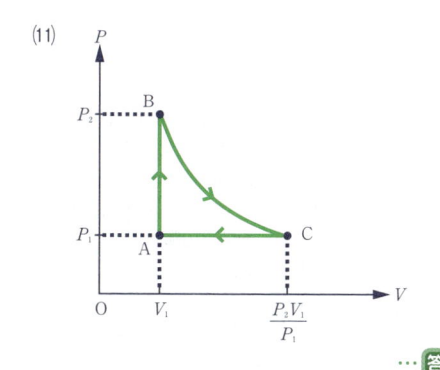

(11)

$$\cdots 答$$

(12) 1サイクルで，気体が外部にした正味の仕事Wは

$$W = W_{AB} + W_{BC} + W_{CA}$$
$$= 0 + Q_{BC} + \{-(P_2 - P_1)V_1\}$$
$$W = Q_{BC} - (P_2 - P_1)V_1 \cdots 答$$

また，1サイクルで気体が外部にした正味の仕事Wは，**P-Vグラフの囲む面積で表される**。…答

1サイクルで気体が外部にした正味の仕事

$$W = Q_{BC} - (P_2 - P_1)V_1 \quad \cdots ①$$

が，P-Vグラフにおいて何を表しているのかを確認しよう。
①式中のQ_{BC}は(7)で考えたように状態BC間で気体が外部にした仕事を表し，曲線BCとV軸の間の面積を表す。
また，①式中の

$$(P_2 - P_1)V_1 = P_1\left(\frac{P_2 V_1}{P_1} - V_1\right)$$

は線分CAとV軸の間の面積を表すので，**1サイクルで気体が外部にした正味の仕事**

$$W = Q_{BC} - (P_2 - P_1)V$$

は，やはり**P-Vグラフの囲む面積**を表している。

この問題も大部分が1, 2, 3で解けたね。

84 断熱自由膨張と気体の混合 のテーマ

- 断熱自由膨張の扱いかた
- 気体の混合の復習

(1) 容器2内の温度を T_2, 容器3内の温度を T_3 とする。容器2, 3内の気体は, どちらも単原子分子理想気体なので, 内部エネルギーはそれぞれ

$$U_2 = \frac{3}{2} n_2 R T_2 \quad U_3 = \frac{3}{2} n_3 R T_3$$

と表される。それぞれの気体の状態方程式

$$P_2 V_2 = n_2 R T_2 \quad P_3 V_3 = n_3 R T_3$$

を用いて変形すると

$$U_2 = \frac{3}{2} P_2 V_2 \,[\mathrm{J}]$$

$$U_3 = \frac{3}{2} P_3 V_3 \,[\mathrm{J}] \cdots \boxed{答}$$

> ! $U = \frac{3}{2} nRT$ は単原子分子限定だったよね。

(2) **断熱自由膨張**なので, Aを開ける前後で**温度は変わらない**。Aを開ける前の容器2内の温度 T_2 は, 状態方程式より

$$P_2 V_2 = n_2 R T_2 \quad T_2 = \frac{P_2 V_2}{n_2 R}$$

よって

$$T_A = T_2 = \frac{P_2 V_2}{n_2 R} \,[\mathrm{K}] \cdots \boxed{答}$$

Aを開けたあとの容器1, 2全体の気体に, 状態方程式を適用して

$$P_A (V_1 + V_2) = n_2 R T_A$$

$$P_A = \frac{n_2 R}{V_1 + V_2} \times \frac{P_2 V_2}{n_2 R}$$

$$= \frac{P_2 V_2}{V_1 + V_2} \,[\mathrm{Pa}] \cdots \boxed{答}$$

> 断熱された容器1, 2において, 栓Aを開けたときの変化, すなわち, 容器2内の気体が真空の容器1に広がっていくような変化を**断熱自由膨張**という。断熱自由膨張では, 気体が吸収した熱量 $Q=0$ であり, 気体が外部にした仕事 $W=0$ なので, 気体の内部エネルギーの増加 ΔU は, 熱力学の第1法則より
>
> $$0 = \Delta U + 0 \quad \Delta U = 0$$
>
> となり, 気体の**温度が変わらない**ことがわかる。

> ! 体積は増加しているけど, 相手が真空なので気体がおよぼす力は $F=0$ となってしまい, $W=0$ となるよ。

(3) 最初の状態（A, Bとも閉）と最後の状態（A, Bとも開）の間で，内部エネルギーの和は変わらないので

$$\frac{3}{2}n_2RT_2 + \frac{3}{2}n_3RT_3 = \frac{3}{2}(n_2+n_3)RT_B$$

$$\frac{3}{2}P_2V_2 + \frac{3}{2}P_3V_3 = \frac{3}{2}(n_2+n_3)RT_B$$

$$T_B = \frac{P_2V_2 + P_3V_3}{(n_2+n_3)R} \text{(K)} \cdots \text{答}$$

> 一連の状態変化において，熱の出入りはなく（$Q=0$），気体は仕事をしたりされたりしていない（$W=0$）ので，
> $$\Delta U = 0$$
> すなわち，内部エネルギーの和は変わらない。
> また，モル数の和は一定である。
> [78]と同じ考えかただね。

最後の状態に，状態方程式を適用して

$$P_B(V_1 + V_2 + V_3) = (n_2+n_3)RT_B$$

$$P_B = \frac{(n_2+n_3)R}{V_1+V_2+V_3} \times \frac{P_2V_2+P_3V_3}{(n_2+n_3)R}$$

$$P_B = \frac{P_2V_2+P_3V_3}{V_1+V_2+V_3} \text{(Pa)} \cdots \text{答}$$

> この問題も，①，②，③だけで解答できたことに気づいたかな？

---

85 断熱変化を含む状態変化のテーマ

- 断熱変化の特徴
- 各状態変化における Q, ΔU, W の計算

---

(1) $W_① = P_0 \Delta V_① = P_0(V_0 - 8V_0)$

$$= -7P_0V_0 \cdots \text{答}$$

この気体は単原子分子なので

$$\Delta U_① = \frac{3}{2}nR\Delta T_①$$

$$= \frac{3}{2}P_0 \Delta V_①$$

$$= \frac{3}{2}P_0(V_0 - 8V_0)$$

$$= -\frac{21}{2}P_0V_0 \cdots \text{答}$$

> 定圧変化だから $P\Delta V = nR\Delta T$

熱力学第1法則より

$$Q_① = \Delta U_① + W_①$$

$$= -\frac{21}{2}P_0V_0 - 7P_0V_0$$

$$= -\frac{35}{2}P_0V_0 \cdots \boxed{答}$$

(2) 体積が変わらないので　$W_② = 0 \cdots \boxed{答}$

$$\Delta U_② = \frac{3}{2}nR\Delta T_②$$

$$= \frac{3}{2}\Delta P_② \cdot V_0$$

$$= \frac{3}{2}(32P_0 - P_0)V_0$$

$$= \frac{93}{2}P_0V_0 \cdots \boxed{答}$$

> ❗ **定積変化**だから $\Delta P \cdot V = nR\,\Delta T$

熱力学第1法則より

$$Q_② = \Delta U_② + W_②$$

$$= \frac{93}{2}P_0V_0 + 0$$

$$= \frac{93}{2}P_0V_0 \cdots \boxed{答}$$

(3) 断熱変化だから　$Q_③ = 0 \cdots \boxed{答}$

$$\Delta U_③ = \frac{3}{2}nR\Delta T_③$$

$n = 1$だから

$$\Delta U_③ = \frac{3}{2}R(T_A - T_C) \quad \cdots (i)$$

ここで，状態 A，C に状態方程式を適用して

> 外部と**熱の出入りなし**に起こる状態変化を**断熱変化**という。
>
> ❗ 断熱変化では，P, V, T すべてが変化するので，Δ（デルタ）の扱いが難しい。あとでくわしくやろう。

気体が断熱的に膨張（**断熱膨張**）するとき，気体が吸収する熱量 $Q = 0$，気体が外部にした仕事 $W > 0$ だから，熱力学第1法則 $Q = \Delta U + W$ より，$\Delta U < 0$ となり**温度は下降**する。逆に，気体を断熱的に圧縮（**断熱圧縮**）するとき，$Q = 0$，$W < 0$ だから，$Q = \Delta U + W$ より $\Delta U > 0$ となり**温度は上昇**する。

> ❗ 空気入れでタイヤに空気を入れていると，空気入れが熱くなってくるけど，これは断熱圧縮で温度が上昇するからなんだよ。

したがって，P-V グラフにおいて**断熱曲線は等温曲線よりも傾きが急な曲線**になる。

4．断熱変化とモル比熱　169

A：
$$P_0 \cdot 8V_0 = RT_A \qquad T_A = \frac{8P_0V_0}{R}$$

C：
$$32P_0 \cdot V_0 = RT_C \qquad T_C = \frac{32P_0V_0}{R}$$

T_A，T_C の値を(i)式に代入して

$$\Delta U_③ = \frac{3}{2}R\left(\frac{8P_0V_0}{R} - \frac{32P_0V_0}{R}\right)$$

$$= -36P_0V_0 \cdots \text{答}$$

熱力学の第1法則 $Q_③ = \Delta U_③ + W_③$ より

$$W_③ = Q_③ - \Delta U_③ = 0 - (-36P_0V_0)$$

$$= 36P_0V_0 \cdots \text{答}$$

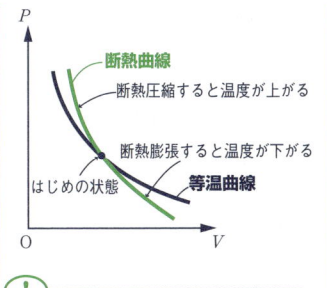

> 断熱曲線
> 断熱圧縮すると温度が上がる
> 断熱膨張すると温度が下がる
> はじめの状態
> 等温曲線

!　等温曲線よりも上の領域への状態変化は，温度が上昇するんだったよね。

!　単原子分子理想気体では，断熱曲線が $PV^{\frac{5}{3}} = (\text{一定})$ になる。くわしいことはあとでやるよ。

Point!

断熱圧縮　⇨　温度上昇
断熱膨張　⇨　温度下降

Point!

P-V グラフにおいて，**断熱曲線は等温曲線よりも傾きが急**になる。

解説 86　等温曲線と断熱曲線 のテーマ
・状態変化の総まとめ
・断熱曲線の特徴

(i)〜(iv)を読みながら，P-V グラフをかいていく。

(1) 状態A，B間にボイル・シャルルの法則を適用して

!　解答に用いてよい物理量を確認すると $\{n, R, T_0\}$ だよ。

問題を解き始める前に，P-V グラフの概形をかいておく。

$$\frac{2P_0 \cdot V_0}{T_0} = \frac{P_0 \cdot V_0}{T_B}$$

$$T_B = \frac{T_0}{2} \cdots \text{答}$$

(2) 状態B, C間にシャルルの法則を適用して

$$\frac{V_0}{\frac{T_0}{2}} = \frac{2V_0}{T_C} \qquad T_C = T_0 \cdots \text{答}$$

(3) 状態B→Cにおいて，気体が外部にした仕事W_{BC}は，グラフとV軸の囲む面積から

$$W_{BC} = P_0(2V_0 - V_0) = P_0 V_0$$

これが，Q_Wであるから

$$Q_W = P_0 V_0$$

ところで，Aにおける状態方程式より

$$2P_0 \cdot V_0 = nRT_0$$

$$P_0 V_0 = \frac{nRT_0}{2}$$

だから

$$Q_W = P_0 V_0 = \frac{nRT_0}{2} \cdots \text{答}$$

また，状態B→Cでの気体の内部エネルギーの増加ΔU_{BC}は，ヘリウムガスが，単原子分子なので

$$\Delta U_{BC} = \frac{3}{2} nR\Delta T_{BC}$$

$$= \frac{3}{2} nR\left(T_0 - \frac{T_0}{2}\right) = \frac{3}{4} nRT_0$$

よって，熱力学の第1法則

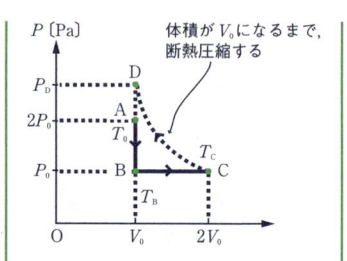

$$Q = \Delta U_{BC} + W_{BC}$$

より

(状態A→B) 体積が$V_0 =$(一定)で，圧力が$2P_0$からP_0に減少。

(状態B→C) 圧力が$P_0 =$(一定)で，体積がV_0から$2V_0$に増加。

> 概形がかけたら，残りは(1)〜(4)の解答を進めながらグラフを完成させていこう。

$$Q = \frac{3}{4}nRT_0 + \frac{nRT_0}{2}$$

$$= \frac{5}{4}nRT_0 \cdots \text{答}$$

(4) 状態C→Dは断熱変化なので，$Q=0$であり，熱力学第1法則$Q=\Delta U+W$より，$\Delta U=-W$となる。C→Dの変化では$-W$すなわち気体がされた仕事は正となるので，内部エネルギーの増加ΔUも正になり，温度は上昇する。したがって，状態Dの温度T_DはT_Cよりも高くなり$T_\mathrm{C}=T_\mathrm{A}(=T_0)$なので，$T_\mathrm{D}>T_\mathrm{A}$となる。

ここで，状態A，D間にボイル・シャルルの法則を適用すると

$$\frac{P_\mathrm{A}V_0}{T_\mathrm{A}} = \frac{P_\mathrm{D}V_0}{T_\mathrm{D}}$$

となり，$T_\mathrm{D}>T_\mathrm{A}$なので$P_\mathrm{D}>P_\mathrm{A}$となる。
…答

(4)の解答図

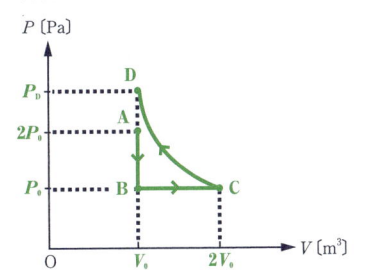

…答

> ！ 状態Cから状態Dへの変化は，断熱圧縮なので，$T_\mathrm{D}>T_\mathrm{A}$となるとしてもいいよ。

> ！ つまり，断熱曲線CDは，2点C，Aを通る等温曲線よりも傾きが急であるということだね。

> ！ 難しい問題なのに，よくここまでがんばったね。えらいぞ！ 熱学って案外楽しいでしょ！

87 定積モル比熱と内部エネルギー のテーマ

- 定積モル比熱 C_V の定義
- 内部エネルギーの増加量 ΔU の一般式
- 単原子分子理想気体における C_V の値

(1) 定積変化において，1molの気体を1K上昇させるのに必要な熱量が定積モル比熱 C_V だから

$$C_V = \frac{Q}{n\Delta T} \quad \cdots ①$$ …答

> C_V は1mol, 1Kあたりの熱量だから，熱量 Q [J] を n [mol], ΔT [K] で割れば求められるね。

物質1gを1K上昇させるのに必要な熱量が，その物質の比熱であった。これの気体バージョンと考えればよい。しかし，気体の場合，どのような状態（定積変化or定圧変化）で熱を加えるかによって，温度の上がりかたが変わるので，場合分けをする必要がある。

Point!

定積変化において成り立つ関係式

$$Q = nC_V \Delta T \qquad C_V：定積モル比熱$$

$$\left(単原子分子の場合 C_V = \frac{3}{2}R\right)$$

> ①式よりこの Point! が導かれるよ。物質の比熱 c を用いた式 $Q = mc\Delta T$ とそっくりだね！

(2) 定積モル比熱 C_V は，定積変化での気体の比熱なので，①式において $Q = \Delta U$ となるから

$$C_V = \frac{\Delta U}{n\Delta T} \quad \cdots ②$$ …答

4. 断熱変化とモル比熱

> **Point!**
>
> **気体の内部エネルギー**（常に成り立つ関係式）
>
> $$\Delta U = n C_V \Delta T$$
>
> ! ②式よりこの **Point!** が導かれるよ。定積モル比熱 C_V を用いている式だけど，定積変化でなくても成り立つぞ。

(3) ②式より $\Delta U = n C_V \Delta T$

単原子分子理想気体では

$$\Delta U = \frac{3}{2} n R \Delta T$$

なので，両式を比較して

$$C_V = \frac{3}{2} R \cdots \text{答}$$

> **㊙ テクニック！**
>
> **熱学解法の3本柱**
>
> ① ボイル・シャルルの法則　$\dfrac{PV}{T} = (\text{一定})$
>
> 　（気体の状態方程式　$PV = nRT$）
>
> ② 気体の内部エネルギー　$\Delta U = n C_V \Delta T$
>
> 　$\left(\text{単原子分子の場合}\ \ C_V = \dfrac{3}{2} R \right)$
>
> ③ 熱力学第1法則　$Q = \Delta U + W$
>
> ! 熱学解法の3本柱 ①，②，③ を，より一般的な形にかき換えておくとこうなるよ。熱学解法の3本柱は，この形で記憶しておこう！

88 定圧モル比熱とマイヤーの関係式 のテーマ

- 定圧モル比熱 C_P の定義
- マイヤーの関係式
- 単原子分子理想気体における C_P の値

(1) 定圧変化において，1molの気体を1K上昇させるのに必要な熱量が定圧モル比熱 C_P だから

$$C_P = \frac{Q}{n \Delta T} \quad \cdots ① \quad \cdots \boxed{答}$$

(2) ①式の Q は，熱力学第1法則より

$Q = \Delta U + W$ なので $C_P = \dfrac{\Delta U + W}{n \Delta T}$ となる。

C_P は定圧変化での比熱だから

$W = P \Delta V = nR \Delta T$

また，常に $\Delta U = nC_V \Delta T$ は成り立つので，これらを①式に代入して

$$C_P = \frac{\Delta U + W}{n \Delta T} = \frac{nC_V \Delta T + nR \Delta T}{n \Delta T}$$

$$\underline{C_P = C_V + R} \quad \cdots ② \quad \cdots \boxed{答}$$

これを**マイヤーの関係式**という。

Point!

マイヤーの関係式

$$C_P - C_V = R$$

4．断熱変化とモル比熱

(3) 単原子分子理想気体では $C_V = \dfrac{3}{2}R$ なので②式より

$$C_P = \dfrac{3}{2}R + R \quad \boxed{C_P = \dfrac{5}{2}R} \cdots 答$$

Point!

定圧変化において成り立つ関係式

$$Q = nC_P \Delta T \quad C_P：定圧モル比熱$$

$$\left(単原子分子の場合 \quad C_P = \dfrac{5}{2}R\right)$$

---

89 $Q = nc\Delta T$ **の利用**のテーマ

・気体が得た熱量 Q を 2 通りの方法で求める

(1) 定圧変化なので，気体が外部にした仕事 W は

$$W = P\Delta V$$

内部エネルギーの増加は単原子分子なので

$$\Delta U = \dfrac{3}{2}nR\Delta T = \dfrac{3}{2}P\Delta V$$

> 定圧変化だから $P\Delta V = nR\Delta T$ だよね！

したがって，熱力学第 1 法則より，気体が得た熱量 Q は

$$Q = \Delta U + W = \dfrac{3}{2}P\Delta V + P\Delta V$$

$$\boxed{Q = \dfrac{5}{2}P\Delta V} \cdots 答$$

(2) 定圧変化なので，気体が得た熱量 Q は

$$Q = nC_P \Delta T$$

ここで，この気体は単原子分子なので

> 気体が得た熱量 Q を最もスピーディーに求める方法がこれである。定積変化では $Q = nC_V\Delta T$，定圧変化では $Q = nC_P\Delta T$ を用いると，最短で答えにたどり着くことができる。

$C_P = \dfrac{5}{2}R$ だから

$Q = n \cdot \dfrac{5R}{2} \Delta T$

また，$P \Delta V = nR \Delta T$ だから

$Q = \dfrac{5}{2} P \Delta V$ … **答**

秘テクニック！

[Q を求める最短コース]

定積変化

$Q = nC_V \Delta T$

単原子分子理想気体なら $Q = n \cdot \dfrac{3R}{2} \cdot \Delta T$

定圧変化

$Q = nC_P \Delta T$

単原子分子理想気体なら $Q = n \cdot \dfrac{5R}{2} \cdot \Delta T$

> 定積変化における $\Delta P \cdot V = nR \Delta T$
> 定圧変化における $P \Delta V = nR \Delta T$
> を用いても，かなり計算が省略できたけど，この秘テクニックは，究極の技といえるぞ！いままで解いてきた問題の中にも，この"最短コース"を使える問題がたくさんあるので，復習するときにぜひ試してみてほしいな。

90 微小変化 Δ の扱いかた のテーマ

- 微小変化 Δ の扱いかた
- 断熱変化において成り立つ関係式（ポアソンの式）の導出

(ア) 状態 S, S' において成り立つ状態方程式は

$S : PV = nRT$ …(i)

$S' : (P + \Delta P)(V + \Delta V) = nR(T + \Delta T)$
　　　　　　　　　　　　　　　…(ii)

(ii)を展開して

$$PV + P\Delta V + \Delta P \cdot V + \Delta P \Delta V$$
$$= nRT + nR\Delta T$$

ここで，$\Delta P \Delta V = 0$ とみなし，(i)式を用いると

$$\boldsymbol{P\Delta V + \Delta P \cdot V} = nR\Delta T \quad \cdots ①$$
…答

(イ) 定積変化の場合，$\Delta V = 0$ だから①式より

$$\boldsymbol{\Delta P \cdot V} = nR\Delta T \cdots 答$$

(ウ) 定圧変化の場合，$\Delta P = 0$ だから①式より

$$\boldsymbol{P\Delta V} = nR\Delta T \cdots 答$$

> ❗ イ，ウは㊙テクニックそのものだね。

(エ) 等温変化の場合，$\Delta T = 0$ だから①式より

$$P\Delta V + \Delta P \cdot V = 0$$
$$\boldsymbol{P\Delta V = -\Delta P \cdot V} \quad 答$$

> ❗ 微小変化の場合にだけ成り立つ式なので，注意してね。

(オ) 断熱変化の場合，$Q = \boldsymbol{0}$ である。…答

(カ) (オ)より，熱力学の第1法則は，

$$\boldsymbol{0 = \Delta U + W} \text{とかける。} \quad \cdots 答$$

(キ) $\Delta U = nC_V \Delta T \cdots 答$

(ク) (キ)と $W = P\Delta V$ を用いると，熱力学の第1法則は

$$\boldsymbol{0 = nC_V \Delta T + P\Delta V} \quad \cdots ② \quad \cdots 答$$

とかくことができる。

> ❗ $W = P\Delta V$ の ΔV は微小変化なので，その間 $P = (一定)$ とみなすことができるんだ。

(ケ) マイヤーの関係式は $R = \boldsymbol{C_P - C_V}$ とかける。 …答

(コ) ②を①に代入して

$$P\Delta V + \Delta P \cdot V = R \cdot \left(-\frac{P\Delta V}{C_V} \right)$$

これに $R = C_P - C_V$ を代入して

$$P\Delta V + \Delta P \cdot V = \left(1 - \frac{C_P}{C_V} \right) P\Delta V$$

> ❗ $n, R, \Delta T$ を消去する方向で変形を進めよう。

$$\Delta P \cdot V = -\frac{C_P}{C_V} P \Delta V$$

$$\frac{\Delta P}{P} = -\frac{C_P}{C_V} \cdot \frac{\Delta V}{V} \cdots \text{答}$$

の関係が得られる。

> 入試では，この関係式を導くところまでの過程が出題されるんだ。
> このあと不定積分を実行すれば，ポアソンの式が導けるけど，入試では扱われないよ。
> 参考までに，その過程も示しておこう。

（参考）

90 で求めた式

$$\frac{\Delta P}{P} = -\frac{C_P}{C_V} \frac{\Delta V}{V}$$

に不定積分を実行すると

$$\int \frac{dP}{P} = -\frac{C_P}{C_V} \int \frac{dV}{V}$$

$$\log P = -\frac{C_P}{C_V} \log V + C \quad (C: \text{積分定数})$$

$$\log PV^{\frac{C_P}{C_V}} = C$$

したがって

$$PV^\gamma = (\text{一定})$$

$\gamma = \dfrac{C_P}{C_V}$ **を比熱比という。**

単原子分子理想気体の場合

$$C_V = \frac{3}{2}R \qquad C_P = \frac{5}{2}R$$

だから

比熱比 $\gamma = \dfrac{5}{3}$

となり

$$PV^{\frac{5}{3}} = (\text{一定})$$

が成り立つ。

こうして断熱変化において成り立つ**ポアソンの関係式**を導くことができる。

4. 断熱変化とモル比熱　179

解説 91　熱機関の熱効率のテーマ

- T-V グラフのかきかた
- $Q = nC_V \Delta T$, $Q = nC_P \Delta T$ の利用
- 熱効率の定義とその求めかた

(1) ボイル・シャルルの法則より

$$\frac{P_1 V_1}{T_1} = \frac{2P_1 \cdot V_1}{T_B} \quad T_B = \mathbf{2T_1} \cdots \text{答}$$

$$\frac{P_1 V_1}{T_1} = \frac{2P_1 \cdot 2V_1}{T_C} \quad T_C = \mathbf{4T_1} \cdots \text{答}$$

$$\frac{P_1 V_1}{T_1} = \frac{P_1 \cdot 2V_1}{T_D} \quad T_D = \mathbf{2T_1} \cdots \text{答}$$

> 気体の出入りがなければ、ボイル・シャルルの法則は、どの状態どうしを比べてもいいんだよね。

(2) 状態変化 B→C, D→A は定圧変化なので、ボイル・シャルルの法則より

$$\frac{PV}{T} = k \quad T = \frac{P}{k} \cdot V$$

$\dfrac{P}{k}$ は定数なので T は V に比例し、グラフは原点 O を通る直線上にある。

> 状態変化 A→B, C→D は定積変化なので、縦軸に平行になるね。

(グラフ：横軸 V、縦軸 T。V_1 の位置に A(T_1), B($2T_1$)、$2V_1$ の位置に D($2T_1$), C($4T_1$)。A→B→C→D→A のサイクル。)

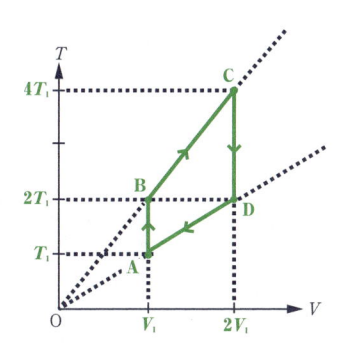

> ここでは"最短コース"を使ってみよう。

(3) A→B は定積変化なので、定積モル比熱 C_V を用いて

$$Q_{AB} = nC_V \Delta T_{AB} = nC_V (2T_1 - T_1)$$
$$= \mathbf{nC_V T_1} \cdots \text{答}$$

第 2 章　熱力学

B→C は定圧変化なので，定圧モル比熱 $C_P (=C_V+R)$ を用いて

$$Q_{BC} = nC_P \Delta T_{BC}$$
$$= n(C_V+R)(4T_1 - 2T_1)$$
$$= \mathbf{2nT_1(C_V+R)} \cdots 答$$

C→D, D→A も同様にして

$$Q_{CD} = \mathbf{-2nC_V T_1} \cdots 答$$
$$Q_{DA} = \mathbf{-nT_1(C_V+R)} \cdots 答$$

(4) 気体が（差し引きで）外にした仕事 W は P-V グラフの囲む面積で表されるから

$$W = P_1 V_1 = \mathbf{nRT_1} \cdots 答$$

> ! 1 サイクルにおいて
> 気体が外部にした正味の仕事
> （気体が差し引きで外にした仕事）
> ⇩
> P-V グラフの囲む面積
> だったよね。

(5) 熱効率 $e = \dfrac{（差し引きで）外にした仕事}{高熱源から得た熱量}$

$$= \frac{W}{Q_{AB}+Q_{BC}}$$
$$= \frac{nRT_1}{nC_V T_1 + 2nT_1(C_V+R)}$$
$$= \frac{R}{3C_V + 2R}$$

> 高熱源から得た熱を使って繰り返し仕事をする装置を**熱機関**という。高熱源から得た熱量のうち，差し引きで外にした仕事の割合を，その熱機関の**熱効率**という。

> $Q_{AB}>0$, $Q_{BC}>0$, $Q_{CD}<0$, $Q_{DA}<0$ だから，気体が高熱源から得た熱量は，$Q_{AB}+Q_{BC}$ である。

単原子分子では，$C_V = \dfrac{3}{2}R$ だから

$$e = \frac{2}{13} \fallingdotseq 0.154 \quad \mathbf{15\%} \cdots 答$$

Point!

熱効率 $e = \dfrac{（差し引きで）外にした仕事}{高熱源から得た熱量}$

! 熱効率の定義式は，少し長いけど，言葉で覚えておいてね！

1. 波の性質 181

解説 92 等速円運動・単振動・正弦波の関係 のテーマ

- 等速円運動→単振動→正弦波の関係
- 位相とは何か

(1) 等速円運動する点の軸上への正射影の運動は，**単振動**になる。…答

(2) 等速円運動の角速度 ω は $\omega = \dfrac{2\pi}{T}$ なので，時刻 t における回転角 θ は $\theta = \omega t = \dfrac{2\pi}{T}t$ となる。したがって，時刻 t における点 Q_0 の変位 y は

$$y = A\sin\dfrac{2\pi}{T}t \text{…答}$$

となる。

(3) 点 Q_0 の動きを等速円運動と対応させながらかいていく。縦に並ぶ10個のグラフ上の点 Q_0 の列に，10個の点を上から順にかいていくことになる。(3)〜(5)の答えは，まとめて次ページに示す。

! 点をかきながら，点 Q_0 が単振動することを確かめよう。

(4) 点 Q_0 と同様にして，点 Q_1 の列に9個の点を上から順にかいていく。

! 点 Q_1 が点 Q_0 に $\dfrac{1}{8}T$ 遅れながら，単振動することを確かめよう。

(5) 点 Q_2 から点 Q_9 の列に上から順に点をかいていき，グラフごとに各点をなめらかな線で結び，波全体の形を完成させる。

! 各点が単振動すると全体の形は正弦波となり，時間とともに正弦波が進んでいくことを確かめよう。

(6) 正弦波

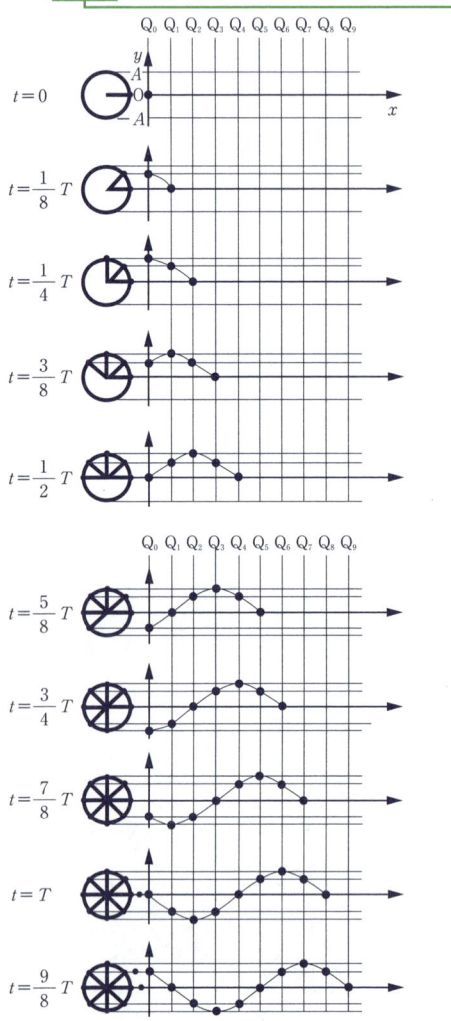

> 等速円運動する点の軸上への正射影が単振動であり，単振動が時間とともに周期的に伝わると正弦波が生じる。
> これから波動を学習していくと，単振動に戻って考えたり，さらに円運動までさかのぼって考えることがよくある。

㊙テクニック！

等速円運動 ⇔ 単振動 ⇔ 正弦波

この関係を**イメージ**としてとらえておこう！

1. 波の性質

(7) 点 Q_0 がこの波の山となるときの位相は $\dfrac{\pi}{2}$ [rad] …**答**

点 Q_0 がこの波の谷となるときの位相は $\dfrac{3\pi}{2}$ [rad] なので，山となるときとの位相差は

$$\dfrac{3\pi}{2} - \dfrac{\pi}{2} = \pi \text{ [rad]} \cdots \textbf{答}$$

> 媒質（点 Q_0 や点 Q_1 など）がどのような振動状態にあるかを表す量を**位相**という。たとえば，(2)で求めた $y = A\sin\dfrac{2\pi}{T}t$ において，**角度**を表す $\dfrac{2\pi}{T}t$ が位相である。$\dfrac{2\pi}{T}t$ の値が決まれば，点 Q_0 の振動状態が決まる。

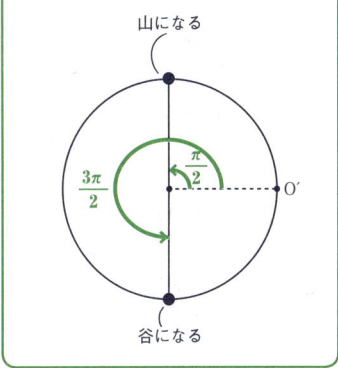

🔑 テクニック！
位相とは「円運動に戻したときの角度」である。

93 正弦波の y-x グラフと y-t グラフのテーマ

・ 単振動と正弦波の関係
・ 波の要素
・ y-x グラフと y-t グラフの見かた

(1) 図1 (y-x グラフ)

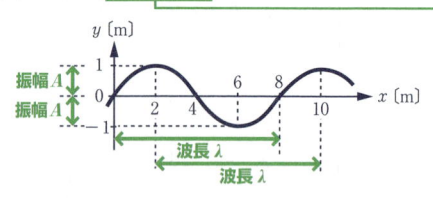

y-x グラフは，ある瞬間（ここでは $t=0$）での波の形を表している。すなわち，ある瞬間に撮った波形の写真と同じ意味をもつ。

正弦波の振幅 A は，媒質の単振動の振幅だから　$A = 1$ 〔m〕…答

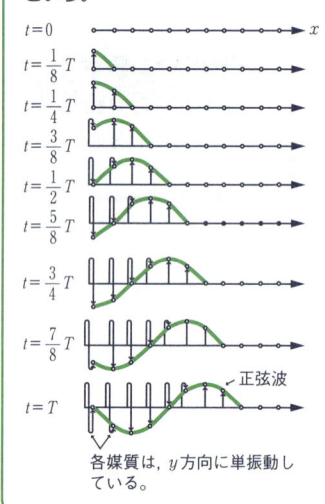

隣り合う山から山など波1つ分の長さが波長 λ だから　$\lambda = 8$ 〔m〕…答

図2 (y-t グラフ)

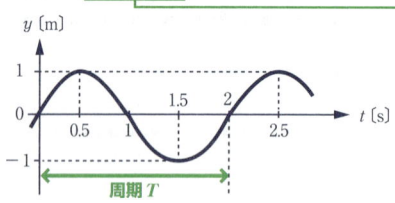

下図のように，媒質の1点で生じた単振動が，次々と隣りの媒質に伝わっていくとき，できる波を**正弦波**という。

各媒質は，y 方向に単振動している。

正弦波の周期 T は，媒質の単振動の周期だから

$T = 2$ 〔s〕…答

正弦波の振動数 f は，媒質中の1点が1秒間に振動する回数だから

$f = \dfrac{1}{T} = 0.5$ 〔Hz〕…答

正弦波は1周期 T の間に1波長 λ だけ進むので，正弦波の速さ v は

$v = \dfrac{\lambda}{T} = \dfrac{8}{2} = 4$ 〔m/s〕…答

y-t グラフは，ある位置 x での単振動の様子を表している。

1. 波の性質　185

> **Point!**
> 波の基本式　$v = \dfrac{\lambda}{T} = f\lambda$

(2) 図2から，時刻 $t=0$ のときの媒質の変位は $y=0$ で，**時間経過とともに正に変位**していることがわかる。
　図3のように，時刻 $t=0$ からわずかな時間 Δt だけ経過したときの波形を点線でかくと，$x=0, 8$ では負に変位し，**$x=4$ では正に変位**している。したがって
　　$x = 4$ …答

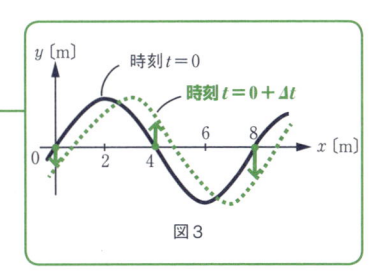

> **㊙テクニック!**
> 微小時間後の y-x グラフをかく
> ⇩
> 波全体の動きと媒質の動きとの関係が見えてくる

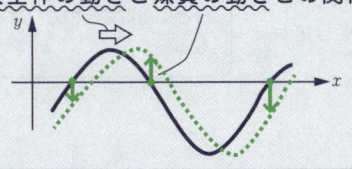

(3) 媒質の**単振動の速さが最大**になるのは**振動の中心**で，かつ上向きになる位置は，図3より　$x = 4$ …答
　単振動の速さの**最大値** v_m は，**円運動に戻したときの速さ**に等しいので
$$v_m = A \cdot \frac{2\pi}{T} = 1 \times \frac{2\pi}{2} = \pi \text{ (m/s)}$$
…答

> ❗ $v = r\omega$，$\omega = \dfrac{2\pi}{T}$ の関係を使おう。

(4) 媒質の**単振動の加速度が最大**になるのは**振動の両端**で，かつ上向きになる位置は，図1より $x=6$ …答

単振動の加速度の大きさの**最大値** a_m は，**円運動に戻したときの加速度**の大きさに等しいので

$$a_m = A \cdot \left(\frac{2\pi}{T}\right)^2 = 1 \times \left(\frac{2\pi}{2}\right)^2$$

$$= \pi^2 \text{ (m/s}^2\text{)} \cdots 答$$

❗ $a = r\omega^2$ の関係を使おう！

(5) 位置 $x=8$ が山となる時刻 t は

$$t = \frac{3}{4}T, \frac{7}{4}T, \frac{11}{4}T, \cdots\cdots$$

だから

$$t = \frac{4n-1}{4}T \quad (n=1, 2, 3, \cdots\cdots)$$

$$t = \frac{4n-1}{4} \times 2 \quad t = \frac{4n-1}{2} \cdots 答$$

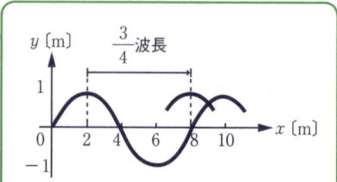

$x=8$ がはじめて山になるには，正弦波が $\frac{3}{4}$ 波長分移動したあとで，$\frac{3}{4}$ 周期後である。その後，1周期ごとに山になるので，解答のようになる。

(6) 図3より位置 $x=8$ は，$t=0$ のとき $y=0$ で，以後 y 軸負の向きに変位していくことがわかる。

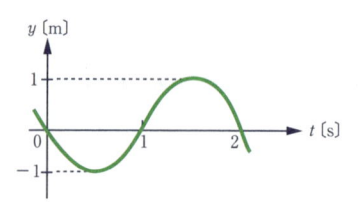

(7) 1周期 $T=2s$ だから，時刻 $t=1.5s$ は，$t=0s$ から $\frac{3}{4}$ 周期後の波形になる。

すなわち，図1のグラフを $\frac{3}{4}$ 波長分右へずらせばよい。

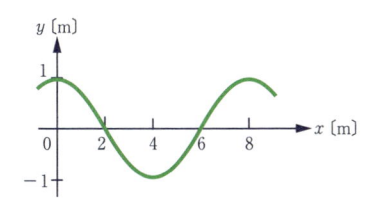

94 正弦波の式 のテーマ

- 正弦波の式の求めかた
- 正弦波の式の表しかた

(1)(2) 単振動を表す式
$$y = A \sin \frac{2\pi}{T} t \quad \cdots ①$$
において，A は振幅，T は周期を表していた。

(1) 振幅　(2) 周期　…答

> 正弦波の振幅，周期は，正弦波を伝えている媒質の単振動の振幅，周期と同じ値になる。

(3) 正弦波は，距離 x を速さ v で伝わるから，伝わるのに要する時間は，$\dfrac{x}{v}$ …答

> 正弦波の式を求めるときのポイントは，伝わるのに要する時間を考えることだよ。

(4)(5) 点Pでの時刻 t における変位 y は，伝わる時間 $\left(\dfrac{x}{v}\right)$ だけ前の時刻の原点Oでの変位 y に等しい。すなわち，点Pでの時刻 t における変位 y は，時刻 $\left(t - \dfrac{x}{v}\right)$ における原点Oでの変位に等しい。

(4) $t - \dfrac{x}{v}$ …答

したがって，座標 x の点Pでの時刻 t における変位 y を表す式は，①式の t を $t - \dfrac{x}{v}$ に置きかえて，次のように書くことができる。

> 例えば，次ページの図のように，原点Oから点Pへ波が伝わるのに5分かかったとしよう。点Pでの時刻 12:00 における変位は，伝わる時間（5分）だけ前の時刻 11:55 の原点Oでの変位に等しい。

(5) $y = A\sin\dfrac{2\pi}{T}\left(t - \dfrac{x}{v}\right)$ …② …**答**

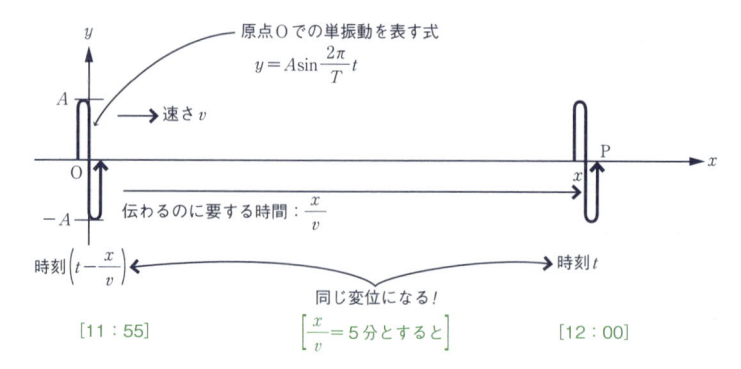

原点Oでの単振動を表す式
$y = A\sin\dfrac{2\pi}{T}t$

→ 速さ v

伝わるのに要する時間：$\dfrac{x}{v}$

時刻 $\left(t - \dfrac{x}{v}\right)$ ← 同じ変位になる！ → 時刻 t

[11：55] $\left[\dfrac{x}{v} = 5\text{分とすると}\right]$ [12：00]

㊙ テクニック！

正弦波の式の求めかた ⇒ 伝わるのに要する時間を考える。

---

(6) 波の基本式 $v = \dfrac{\lambda}{T}$ より

$\lambda = vT$ …③ …**答**

(7) ②式は③式を用いて，次のように表すこともできる。

$y = A\sin 2\pi\left(\dfrac{t}{T} - \dfrac{x}{vT}\right)$

$y = A\sin 2\pi\left(\dfrac{t}{T} - \dfrac{x}{\lambda}\right)$ …**答**

Point！

x 軸正の向きに進む正弦波の式

$$y = A\sin\dfrac{2\pi}{T}\left(t - \dfrac{x}{v}\right) = A\sin 2\pi\left(\dfrac{t}{T} - \dfrac{x}{\lambda}\right)$$

❗ この式を覚えることよりも，導き方を理解することのほうが重要だよ。

1. 波の性質

> **95 縦波**のテーマ
> ・縦波の表しかた
> ・縦波の疎部・密部

(1) 媒質の x 軸正の変位は，y 軸正の変位で表されるので，x 軸正の変位が最大の点は，グラフの y 座標が最大となる点だから，4 である。　**4** …答

(2) x 軸方向の変位が 0 の点は，y 座標が 0 となっている点だから，2, 6, 10 である。
　　2, 6, 10 …答

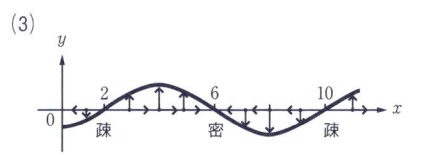

(3)

上図より　**6** …答

(4) 上図より　**2, 10** …答

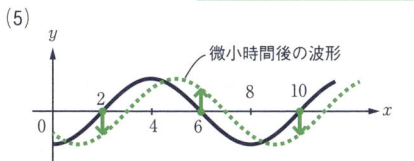

(5)

媒質の速さが最大となるのは，**振動の中心**（図中では $y=0$ で表される）なので，2, 6, 10 が考えられるが，微小時間後，負に変位するのは 2, 10 である。
　　2, 10 …答

(6) **媒質の速度が 0** となるのは，**振動の両端**だから，0, 4, 8 である。
　　0, 4, 8 …答

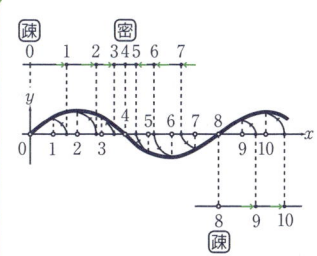

縦波は，媒質の振動方向と波の進行方向が一致しているので，媒質の変位がわかりにくい。そこで，上の図のように，x 方向の変位を 90°回転させて y 方向の変位として表し，縦波を横波のように表す。

> ! $x=6$ を中心にして，左右から媒質が集まっているので，密になるよ。

> ! $x=2, 10$ を中心にして，媒質が離れていくので，ここは疎になるね。

隣り合う最も疎（密）な点の間の距離を，縦波の波長という。この場合，2 と 10 の間の距離が縦波の波長になる。

> ! 媒質の速度は，本当は x 軸負の向きだよ。

(7) 媒質が密な点では圧力Pの値がP_0より大きく,媒質が疎な点では圧力Pの値がP_0より小さい。したがって,次のようなグラフになる。

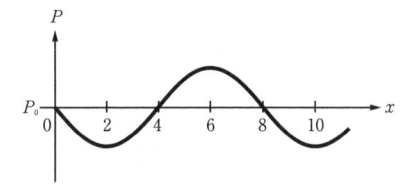

96 定常波の腹と節のテーマ

- 定常波のできかた
- 定常波の腹と節
- 干渉条件

(1) A, B間では，波長と振幅の等しい波がたがいに逆向きに進んでいるので，<u>定常波が生じている</u>。下図のように，波源A, Bの**中点**は，A, Bからの波が**同位相**で届くので，常に**強め合う点**（○印）になり，そこから左右に半波長（2m）間隔で強め合う点が並び，これが腹となる。したがって，図より**7個**…答

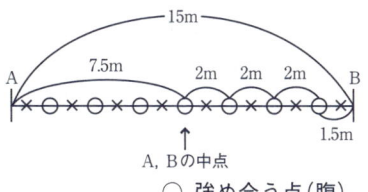

```
       15m
   7.5m      2m 2m 2m
A ×○×○×○×○×○×○×○×○×○×○× B
              ↑           1.5m
           A, Bの中点
```

○ 強め合う点（腹）
× 打ち消し合う点（節）

(2) 節の位置は，腹と腹の中点（×印）だから，上の図より**8個**…答

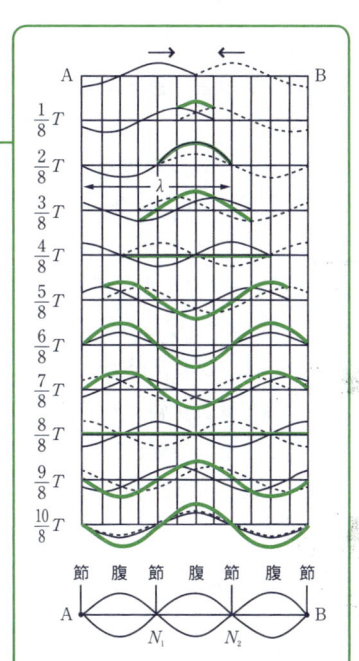

上図のように，波長と振幅の等しい波（同じ形の波）が，たがいに逆向きに進んで重なると，右にも左にも進まない波（緑線の波）ができる。これを**定常波**という。
定常波において，まったく振動しない点を**節**，最も大きく振動する点を**腹**という。隣り合う腹と腹（あるいは節と節）の**間隔**は，もとの波の**波長の $\frac{1}{2}$** である。

> 定常波の腹や節の位置は，2つの波源の中点から考えていくとわかりやすいよ。

192　第3章　波動

> **Point!**
> 波長と振幅の等しい波がたがいに逆向きに進んで重なると，**定常波**ができる。

> **Point!**
> 隣り合う腹と腹（節と節）の間隔
> ⇩
> もとの波の**半波長**

(3)　時刻 $t=0$ のとき，点PではAからの波は谷，Bからの波も谷となり強め合う。点Pでは，時間が経過してもA，Bから同位相の変位が届くから常に強め合う。したがって，時刻 t に対する変位を表すグラフは，次のようになる。

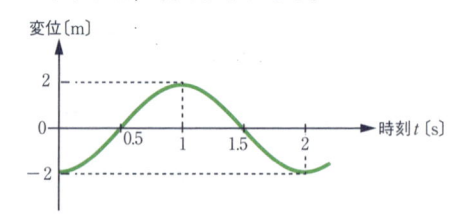

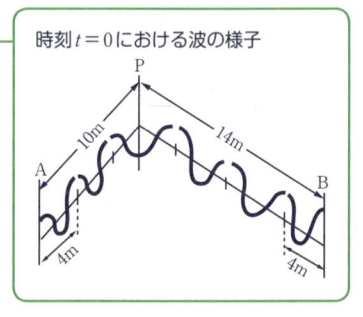

時刻 $t=0$ における波の様子

> 振幅は2倍になっているよ。

時刻 $t=0$ における波の様子

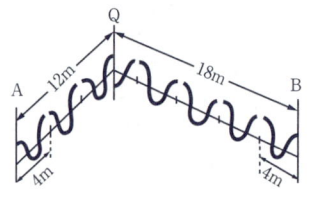

一般に，同位相の波源A，Bから水平面上のある点までの距離をそれぞれ ℓ_1，ℓ_2 とする。この距離の差 $|\ell_1 - \ell_2|$ を**経路差**という。

1. 波の性質 193

$$|\ell_1 - \ell_2| = m\lambda = 2m \times \frac{\lambda}{2}$$

$$(m = 0, 1, 2, \cdots\cdots)$$

が成り立つ点では，2つの波が常に**同位相**で重なり合うため，振動を**強め合う**。

$$|\ell_1 - \ell_2| = \left(m + \frac{1}{2}\right)\lambda$$

$$= (2m+1)\frac{\lambda}{2}$$

$$(m = 0, 1, 2, \cdots\cdots)$$

が成り立つ点では，2つの波が常に**逆位相**で重なり合うため，**打ち消し合う**。

また，時刻 $t=0$ のとき，点QではAからの波は山，Bからの波は谷となり変位は0となる。点Qでは，時間が経過してもA，Bから逆位相(位相差 π)の変位が届くから，常に変位は0となる。したがって，時刻 t に対する変位を表すグラフは，次のようになる。

"逆位相(位相差 π)の変位"とは何か？ 位相とは「円運動に戻したときの角度」であった。

Aからの波の変位を y_A，Bからの波の変位を y_B として，図に示すと下図のようになり，時間が経過し，A，Bが回転し，y_A，y_B が変化しても

$$y_A + y_B = 0$$

は常に成り立っている。

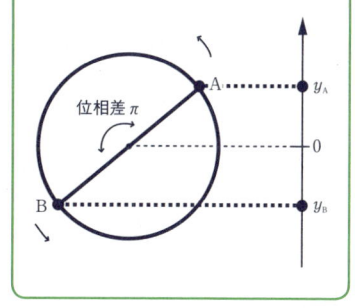

第3章　波動

> **Point!**
>
> 2つの波源から同位相で出る波の**干渉条件**
>
> 強め合う条件 ⇒ 経路差 $= m\lambda = 2m \times \dfrac{\lambda}{2}$
>
> 打ち消し合う条件 ⇒ 経路差 $= \left(m + \dfrac{1}{2}\right)\lambda$
>
> $\qquad\qquad\qquad\qquad\quad = (2m+1) \times \dfrac{\lambda}{2}$
>
> $\qquad\qquad\qquad\qquad\quad (m = 0, 1, 2, \cdots\cdots)$
>
> ! 光波の分野では，波の干渉条件が話題の中心になるよ。

(4) 波源A，Bの中点は，A，Bからの波が逆位相で届くので，常に打ち消し合う点（×印）になり，そこから左右に半波長(2m)間隔で打ち消し合う点が並ぶ。したがって，図より**7個**…**答**

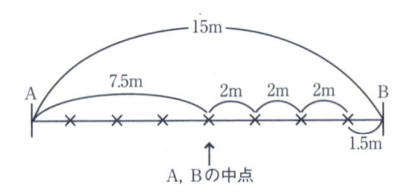

97 定常波の式 のテーマ

- 定常波の式の求めかた
- 定常波の式の表しかた

(1) 合成波の変位 y は，2つの正弦波の変位 y_1, y_2 の和になるから

$y = y_1 + y_2$

$\quad = A\sin 2\pi\left(\dfrac{t}{T} - \dfrac{x}{\lambda}\right) + A\sin 2\pi\left(\dfrac{t}{T} + \dfrac{x}{\lambda}\right)$

ここで，三角関数の公式
$\sin\alpha + \sin\beta$
$= 2\sin\dfrac{\alpha+\beta}{2}\cos\dfrac{\alpha-\beta}{2}$
を使おう。

$$= 2A \sin \pi \frac{2t}{T} \cos \pi \left(-\frac{2x}{\lambda}\right)$$

$$y = 2A \sin \frac{2\pi t}{T} \cos \frac{2\pi x}{\lambda} \quad \cdots ① \quad \cdots 答$$

> ①式のように，合成波の変位 y が，位置 x だけの三角関数 $f(x)$ と時刻 t だけの三角関数 $g(t)$ の積で表されるとき，その合成波は定常波であるといえる。

〔①式が定常波である理由〕
①式より

$$y = 2A \underbrace{\cos \frac{2\pi x}{\lambda}}_{(a)} \underbrace{\sin \frac{2\pi t}{T}}_{(b)}$$

上の式の (a) の部分をグラフにかくと下のようになる。

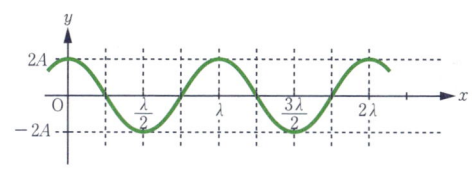

上の式の (b) の部分は，時刻 t の経過とともに -1 から 1 まで周期的に変化する。
そこで $\sin \frac{2\pi t}{T} = -1, -\frac{1}{2}, 0, \frac{1}{2}, 1$ を満たす 5 つの時刻 t のときの y-x グラフを上のグラフにかき入れてみると

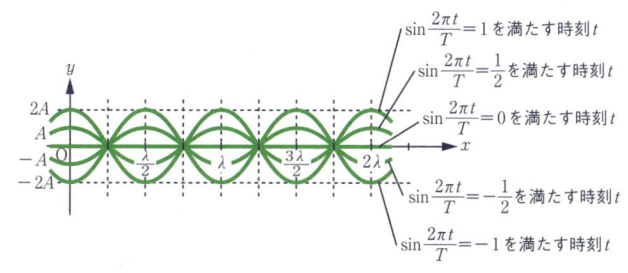

- $\sin \frac{2\pi t}{T} = 1$ を満たす時刻 t
- $\sin \frac{2\pi t}{T} = \frac{1}{2}$ を満たす時刻 t
- $\sin \frac{2\pi t}{T} = 0$ を満たす時刻 t
- $\sin \frac{2\pi t}{T} = -\frac{1}{2}$ を満たす時刻 t
- $\sin \frac{2\pi t}{T} = -1$ を満たす時刻 t

上の y-x グラフから，t が変化しても合成波は x 軸正・負どちらの向きにも進んでいかないとわかるので，この合成波は定常波であるといえる。一般に，**定常波は①式のように位置 x だけの三角関数と時刻 t だけの三角関数の積の形で表される。**

Point!

定常波の式の形

変位 $y = f(x) \cdot g(t)$

$f(x)$：位置 x だけの三角関数，$g(t)$：時刻 t だけの三角関数

(2) ①式に, $t = \dfrac{5}{8}T$ を代入して

$$y = 2A\sin\dfrac{2\pi}{T}\cdot\dfrac{5T}{8}\cos\dfrac{2\pi x}{\lambda}$$

$$= 2A\sin\dfrac{5\pi}{4}\cos\dfrac{2\pi x}{\lambda}$$

$$= 2A\cdot\left(-\dfrac{\sqrt{2}}{2}\right)\cos\dfrac{2\pi x}{\lambda}$$

ゆえに $y = -\sqrt{2}A\cos\dfrac{2\pi x}{\lambda}$

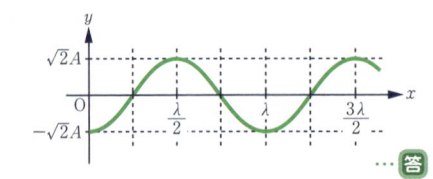

…答

(3) ①式において, x の値に関係なく $y = 0$ であるためには, $\sin\dfrac{2\pi t}{T} = 0$ であればよいから

$$\dfrac{2\pi t}{T} = n\pi \quad (n:整数)$$

$$t = \dfrac{nT}{2} \text{ …答}$$

(4) ①式において, t の値に関係なく $y = 0$ であるためには, $\cos\dfrac{2\pi x}{\lambda} = 0$ であればよいから

$$\dfrac{2\pi x}{\lambda} = \dfrac{(2n+1)\pi}{2} \quad (n:整数)$$

$$x = \dfrac{(2n+1)\lambda}{4} \quad \text{…②} \text{ …答}$$

> t の値に関係なく（いつでも）変位 y が0である位置 x は, 定常波の節の位置を表している。
> ②式に $n = 0, 1, 2, \cdots$ を代入していくと, 節と節の間隔が, もとの波の半波長 $\left(\dfrac{\lambda}{2}\right)$ であることが確かめられる。

(5) ①式より

$$y = 2A\cos\frac{2\pi x}{\lambda}\sin\frac{2\pi t}{T}$$

この式の $\left|2A\cos\dfrac{2\pi x}{\lambda}\right|$ は，位置 x における定常波の振幅を表しているから，$x = \dfrac{\lambda}{3}$ における定常波の振幅は

$$\left|2A\cos\frac{2\pi}{\lambda}\cdot\frac{\lambda}{3}\right| = \left|2A\cos\frac{2\pi}{3}\right|$$

$$= \left|2A\left(-\frac{1}{2}\right)\right|$$

$$= A \cdots 答$$

> p.195の5つの時刻の y-x グラフにおいて，例えば $x = \dfrac{\lambda}{2}$ における振幅は $\left|2A\cos\dfrac{2\pi}{\lambda}\cdot\dfrac{\lambda}{2}\right| = 2A$ になっている。

98 ホイヘンスの原理による作図 のテーマ

- ホイヘンスの原理による反射波・屈折波の作図
- 反射の法則
- 屈折の法則

(1) 媒質 1 における波の速さ $v_1 = v$ とする。

入射波の波面上の点 B が，点 D に達するまでの時間を t とすると

　　BD $= vt$

同じ時間 t の間に，点 A から出た素元波は，半径 vt の円周上まで広がるので

　　AC $= vt$

となる。**波の進む向きと波面は垂直**であることと，**BD ＝ AC** であることに注意しながら反射波をかくと，下の図のようになる。

> これはホイヘンスの原理を用いて説明することができる。忘れてしまったら，教科書を見直しておこう。

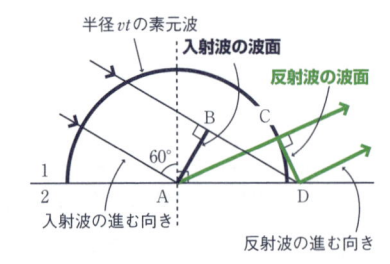

図中：
半径 vt の素元波
入射波の波面
反射波の波面
60°
B C
A D
1 / 2
入射波の進む向き
反射波の進む向き

> この図は，何も見ずにかけるようにしておこうね。

(2) 問題文より，媒質2における波の速さを v_2 とすると

$$v_1 = \sqrt{3}\, v_2 \qquad v_2 = \frac{v_1}{\sqrt{3}} = \frac{v}{\sqrt{3}}$$

となる。

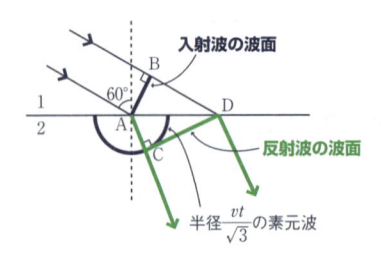

図中：
入射波の波面
反射波の波面
60°
B
A D
C
1 / 2
半径 $\dfrac{vt}{\sqrt{3}}$ の素元波

> ホイヘンスの原理を用いて屈折波をかけるようにしておこう。入試でも出るよ！

> 正確に図をかくと，△ABD≡△ACD になるよ。

入射波の波面上の点Bが点Dに達するまでの時間を t とすると

$$BD = vt$$

である。

同じ時間 t の間に，点Aから出た素元波は，半径 $v_2 t = \dfrac{vt}{\sqrt{3}}$ の円周上まで広がり

$$AC = \frac{vt}{\sqrt{3}} = \frac{BD}{\sqrt{3}}$$

となる。**波の進む向きと波面は垂直**であり，**BD：AC＝$\sqrt{3}$：1** であることに注意しながら屈折波をかくと，上の図のよう

になる。

(3) 媒質1に対する媒質2の屈折率(相対屈折率)を n_{12} とすると

$$n_{12} = \frac{v_1}{v_2} = \frac{v}{\frac{v}{\sqrt{3}}} = \sqrt{3} \cdots 答$$

> 相対屈折率については後述の補講4を参照。

(4) 入射角を i, 屈折角を r とすると, 屈折の法則より

$$n_{12} = \frac{\sin i}{\sin r}$$

$$\sqrt{3} = \frac{\sin 60°}{\sin r}$$

$$\sin r = \frac{\sqrt{3}}{2} \times \frac{1}{\sqrt{3}} = \frac{1}{2}$$

$$r = 30° \cdots 答$$

(5) 振動数 f の入射波は, 媒質1と2の境界面の媒質を振動数 f で振動させ, 境界面の各点が新たな波源となって媒質2へ振動数 f の波を送り出す。したがって, 媒質1から媒質2へ波が進むとき, 波の振動数は変化しない。

> これは理屈で理解すること。

媒質1, 2における波の波長をそれぞれ λ_1, λ_2 とすると, 屈折の法則より

$$n_{12} = \frac{v_1}{v_2} = \frac{f\lambda_1}{f\lambda_2} = \frac{\lambda_1}{\lambda_2}$$

(3)の結果より

$$n_{12} = \sqrt{3}$$

だから

$$\frac{\lambda_1}{\lambda_2} = \sqrt{3} \qquad \frac{\lambda_2}{\lambda_1} = \frac{1}{\sqrt{3}} \quad \boxed{\frac{1}{\sqrt{3}}} \text{倍} \cdots 答$$

補講 4

★相対屈折率のまとめ

一般に，波が媒質1から媒質2に進む場合，媒質1，2における波の速さをそれぞれv_1, v_2とし，媒質1，2における波の波長をそれぞれλ_1, λ_2とすると，波の基本式$v=f\lambda$より次の関係が成り立つ。

$$\frac{v_1}{v_2}=\frac{f\lambda_1}{f\lambda_2}=\frac{\lambda_1}{\lambda_2}$$

! 媒質1，2においてfは同じ値になるよ。くわしくは，(5)の解説を参照してね。

次に，(2)と同様にして，波面上の点Bが点Dに到達するまでの時間をtとすると
$$BD=v_1 t, \ AC=v_2 t$$
となる。ところで，∠DAB＝i
∠ADC＝rとなるので

$$\frac{v_1}{v_2}=\frac{v_1 t}{v_2 t}=\frac{BD}{AC}=\frac{AD\sin i}{AD\sin r}$$

$$\frac{v_1}{v_2}=\frac{\sin i}{\sin r}$$

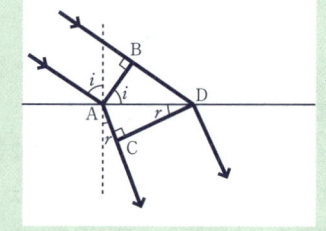

まとめると
$$\frac{v_1}{v_2}=\frac{\lambda_1}{\lambda_2}=\frac{\sin i}{\sin r}=n_{12}$$
となる。この関係を**屈折の法則**といい，n_{12} を**媒質1に対する媒質2の屈折率**(相対屈折率)という。

屈折の法則は，大変重要なのですべて覚えてほしいが，究極，絶対忘れてはならない部分を紹介しておこう。それは

媒質1に対する媒質2の屈折率 n_{12} は

$$n_{12}=\frac{v_1}{v_2}$$

の部分である。→ あとは導くことができるからね！

$$n_{12}=\frac{v_1}{v_2}$$

ホイヘンスの原理を用いた作図により求めることができる。

$$=\frac{\lambda_1}{\lambda_2}$$

媒質1, 2において，f の値は同じだから。

$$=\frac{\sin i}{\sin r}$$

> **Point!**
>
> ・媒質1に対する媒質2の屈折率 n_{12}
>
> $$n_{12}=\frac{v_1}{v_2}=\frac{\lambda_1}{\lambda_2}=\frac{\sin i}{\sin r}$$

99 音波の干渉 のテーマ

- 音波の干渉
- 波の干渉条件の使いかた

(1) 交点Oは，波源A，Bから等距離にあり，A，Bからの音波が同位相で伝わるので，音波は干渉し強め合って**大きく聞こえる**。…答

> 干渉条件（強め合う条件）
> $\underbrace{AO - BO}_{経路差} = m\lambda$
> ただし，$m=0$ をみたすので，A，Bからの音波は，交点Oで干渉し強め合うと考えてもよい。

(2) Aからの音波とBからの音波が，点Pにおいて<u>半波長分ずれている</u>ので，位相が π ずれて弱め合う。

$$AP - BP = \frac{\lambda}{2}$$

ここで， $\lambda = \dfrac{V}{f} = \dfrac{340}{2.00 \times 10^3} = 0.170$

$$AP - BP = \frac{0.170}{2} = \mathbf{8.50 \times 10^{-2}}\ \textbf{(m)}$$

…答

> 干渉条件（弱め合う条件）
> $AP - BP = \left(m + \dfrac{1}{2}\right)\lambda$
> ただし，$m=0$ をみたし，A，Bからの音波は点Pで干渉し弱め合っていると考えてもよい。

> ！ 点Pは，交点Oを通り過ぎてはじめて最も小さく聞こえる点だから，$m=0$ なんだね

(3) 干渉条件（強め合う条件）

$AQ - BQ = m\lambda$

ただし，$m=1$ をみたすので

$AQ - BQ = \lambda = \mathbf{1.70 \times 10^{-1}}\ \textbf{(m)}$

…答

(4) 干渉条件（強め合う条件）

$AR - BR = m\lambda$

ただし $m=3$ をみたすので

$AR - BR = 3\lambda$

$AR = BR + 3\lambda$

$BR = 2.04$， $\lambda = 0.170$ だから

$AR = 2.04 + 3 \times 0.170$

$AR = 2.55$

<u>右図において，三平方の定理を用いると</u>

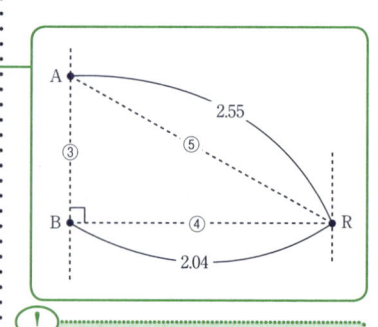

> ！ 3辺の比が，3：4：5の直角三角形であることに気づくと計算がラクになるよ！

$$AB = \sqrt{AR^2 - BR^2}$$
$$AB = 1.53 \text{ (m)} \cdots \text{答}$$

(5) $\lambda = \dfrac{V}{f}$ において，Vは一定なので振動数fを大きくしていくと波長λは小さくなっていく。

はじめ，点Rでの干渉条件は
$$AR - BR = 3\lambda$$
で強め合う条件であるが，λを徐々に小さくしていき，次に弱め合う（打ち消し合う）条件になるのは
$$\underline{AR - BR = 3.5\lambda}$$
のときである。AR，BRの値を代入して
$$2.55 - 2.04 = 3.5\lambda \quad \lambda = \dfrac{0.51}{3.5}$$

よって，このときの振動数fは
$$f = \dfrac{V}{\lambda} = 340 \times \dfrac{3.5}{0.51} ≒ \mathbf{2.33 \times 10^3 \text{ (Hz)}}$$
$$\cdots \text{答}$$

> 干渉条件（弱め合う条件）
> $$AR - BR = \left(m + \dfrac{1}{2}\right)\lambda$$
> （ただし$m = 3$）をみたしている。

第 3 章 波動

> **100 うなりのテーマ**
> ・音源の振動数とうなりの振動数との関係

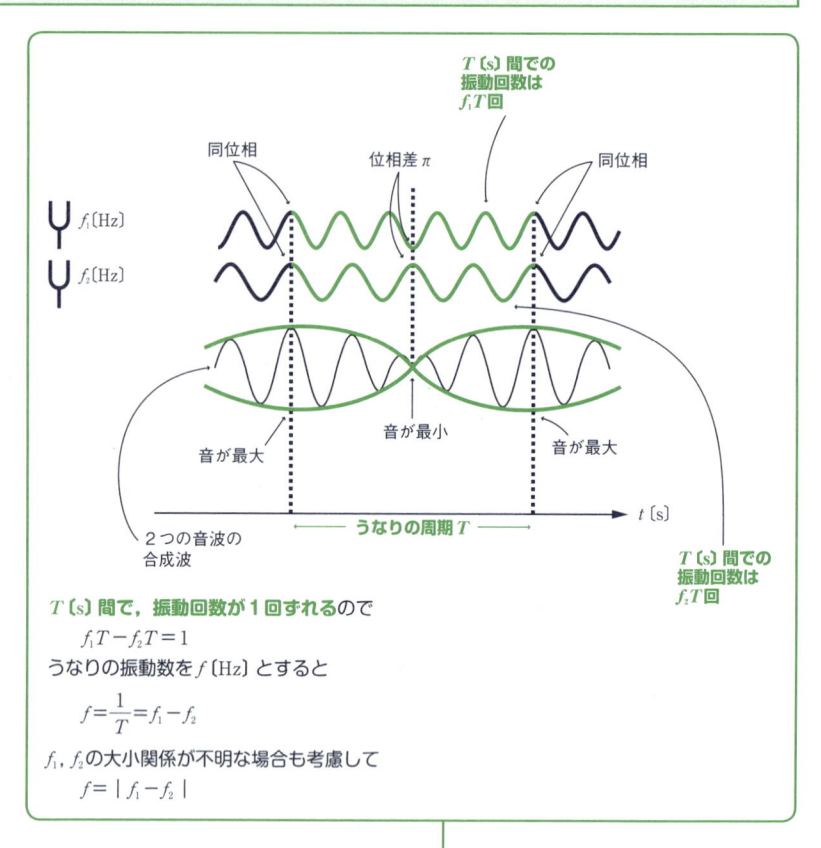

箱内図:
- T [s] 間での振動回数は $f_1 T$ 回
- 同位相 / 位相差 π / 同位相
- f_1 [Hz]
- f_2 [Hz]
- 2つの音波の合成波
- 音が最大 / 音が最小 / 音が最大
- うなりの周期 T
- t [s]
- T [s] 間での振動回数は $f_2 T$ 回

T [s] 間で，振動回数が 1 回ずれるので
$$f_1 T - f_2 T = 1$$
うなりの振動数を f [Hz] とすると
$$f = \frac{1}{T} = f_1 - f_2$$
f_1, f_2 の大小関係が不明な場合も考慮して
$$f = |f_1 - f_2|$$

音さCの振動数を f [Hz] とする。AとCを同時に鳴らすと，うなりの振動数は2Hzなので

$$|f - 350| = 2$$
$$f = 352\text{Hz} \quad \text{または} \quad 348\text{Hz}$$

BとCを同時に鳴らすと，うなりの振動数は5Hzなので

$$|f - 353| = 5$$
$$f = 358\text{Hz} \quad \text{または} \quad 348\text{Hz}$$

ともにみたしているのは

$f = 348$ [Hz] …答

> **Point!**
> うなりの振動数 $f = |f_1 - f_2|$

解説 **101 弦の振動** のテーマ
- 弦に生じる定常波（弦の固有振動）
- 共振・共鳴
- 弦を伝わる波の速さ

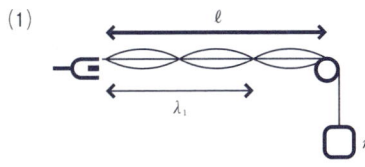

(1) 弦に生じる固有振動（定常波）の波長 λ_1 は，図より

$$\lambda_1 = \frac{2\ell}{3}$$

また，弦を伝わる波の速さ v_1 は

$$v_1 = \sqrt{\frac{mg}{\rho}}$$

よって，弦に生じる固有振動の振動数 f_1' は

$$f_1' = \frac{v_1}{\lambda_1} = \frac{3}{2\ell}\sqrt{\frac{mg}{\rho}}$$

弦の固有振動は，電磁音さとの共振によって生じているので，$f_1 = f_1'$ となり

$$f_1 = \frac{3}{2\ell}\sqrt{\frac{mg}{\rho}} \cdots 答$$

弦を振動させると，振動が波となって弦を伝わり，弦の両端（固定端）で反射される。固定端に向かう波と固定端で反射される波が干渉すると，弦の両端を節とする定常波ができる。

! 定常波の波長は，図をかいて求めよう。

振り子は決まった振動数（固有振動数）で振動する。**これと同じ振動数**で，振り子にわずかな外力を加えると，振り子の振動がしだいに大きくなっていく。このような現象を**共振**といい，音をともなう共振を**共鳴**という。
ここでは，弦の**固有振動数と同じ振動数**で電磁音さが弦に振動を加え，**共振**が起きていると考えられる。

Point!

弦を伝わる波の速さ v

$$v = \sqrt{\frac{S}{\rho}}$$

S：張力の大きさ
ρ：線密度（単位長さあたりの質量）

! この式になる理由を問われることは，ほとんどないので，覚えておくだけでいいよ。

(2) 弦に生じる固有振動の波長 λ_2 は，右図より

$$\lambda_2 = \ell$$

また，弦を伝わる波の速さ v_2 は

$$v_2 = \sqrt{\frac{(M+m)g}{\rho}}$$

よって，弦に生じる固有振動の振動数 f_2' は

$$f_2' = \frac{v_2}{\lambda_2} = \frac{1}{\ell}\sqrt{\frac{(M+m)g}{\rho}}$$

弦の固有振動数 f_2' と電磁音さの振動数 f_1 は一致しているので

$$f_2' = f_1$$

$$\frac{1}{\ell}\sqrt{\frac{(M+m)g}{\rho}} = \frac{3}{2\ell}\sqrt{\frac{mg}{\rho}}$$

$$M + m = \frac{9}{4}m \quad M = \frac{5}{4}m$$

$\frac{5}{4}$ 倍 …**答**

(3) 弦に生じる固有振動の波長 λ_3 は，右図より

$$\lambda_3 = 1.5\ell = \frac{3}{2}\ell$$

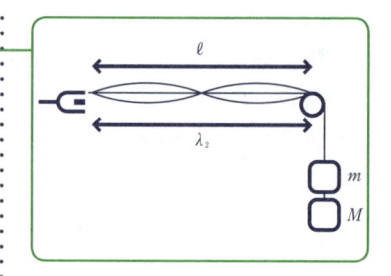

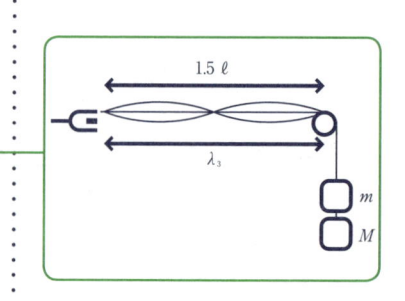

2. 音波

弦を伝わる波の速さは v_2 のままなので $M=\dfrac{5}{4}m$ を代入して

$$v_2=\sqrt{\dfrac{(M+m)g}{\rho}}=\dfrac{3}{2}\sqrt{\dfrac{mg}{\rho}}$$

弦に生じる固有振動の振動数 f_3' は

$$f_3'=\dfrac{v_2}{\lambda_3}=\dfrac{2}{3\ell}\times\dfrac{3}{2}\sqrt{\dfrac{mg}{\rho}}=\dfrac{1}{\ell}\sqrt{\dfrac{mg}{\rho}}$$

電磁音さの振動数 f_3 は f_3' と一致しているので

$$f_3=f_3'=\dfrac{1}{\ell}\sqrt{\dfrac{mg}{\rho}}=\dfrac{2}{3}\times\dfrac{3}{2\ell}\sqrt{\dfrac{mg}{\rho}}$$

$$f_3=\dfrac{2}{3}f_1 \qquad \dfrac{2}{3}\text{倍…{答}}$$

102 気柱の共鳴 のテーマ

- 気柱に生じる定常波（気柱の固有振動）
- 開口端補正

(1) 音波の波長を λ_1 とする。上図で $\ell - d$ は，正確に音波の半波長 $\dfrac{\lambda_1}{2}$ を表しているので

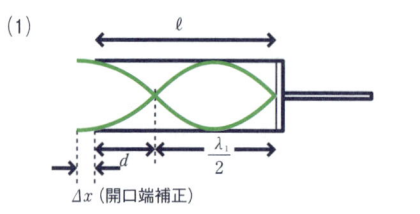

$$\ell - d = \frac{\lambda_1}{2} \qquad \lambda_1 = 2(\ell - d) \quad \cdots \text{答}$$

気柱に生じる固有振動は，開口端を腹，閉口端を節とする定常波になる。ピストンがシリンダーの左端から距離 d と ℓ の位置にあるとき共鳴が起こるのだから，生じる定常波は，下の図のようになる。

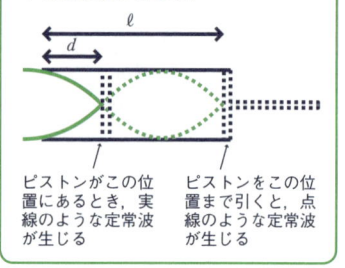

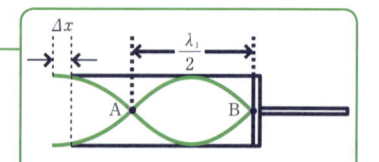

ピストンがこの位置にあるとき，実線のような定常波が生じる

ピストンをこの位置まで引くと，点線のような定常波が生じる

(2) 気柱は音源と共鳴しているので，気柱に生じる固有振動の振動数は，音源の振動数 f と一致している。したがって，音速 V は

$$V = f\lambda_1 = 2f(\ell - d) \quad \cdots \text{答}$$

開口端の腹の位置は，実際には開口端よりもやや外側にあり，開口端から腹までの距離 Δx を **開口端補正** という。
開口端補正がある場合でも，節Aから節Bまでの距離は，正確に定常波の半波長（音波の半波長）を表している。

(3) 気柱に生じる定常波の腹（左側）の位置は，ピストンから $\dfrac{3}{4}\lambda_1$ の距離にあり，気柱の左端より Δx（開口端補正）だけ外側に出ている。上図より

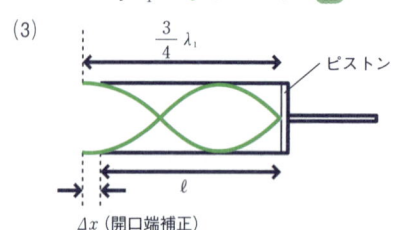

$$\Delta x = \frac{3}{4}\lambda_1 - \ell$$

$$\Delta x = \frac{3}{2}(\ell - d) - \ell$$

$$\Delta x = \frac{\ell - 3d}{2} \cdots \text{答}$$

(4) 波の基本式 $V = f\lambda$ において，V は一定で f を小さくしていくのだから，λ は大きくなる。(3)の状態からピストンを抜き去り，波長 λ を長くして次の共鳴が起こるのは，右図のような状態のときである。したがって，気柱に生じる固有振動（定常波）の波長 λ_2 は，図より

$$\lambda_2 = 2(\ell + 2\Delta x)$$
$$= 2(2\ell - 3d)$$

音源の振動数は，固有振動の振動数 f_2 と一致しているので

$$f_2 = \frac{V}{\lambda_2} = \frac{2f(\ell - d)}{2(2\ell - 3d)} = \frac{f(\ell - d)}{2\ell - 3d} \cdots \text{答}$$

(5) 波の基本式 $V = f\lambda$ において，V は一定で f を大きくしていくのだから，λ は小さくなる。(4)の状態の次に共鳴が起こるのは，右図のような状態のときである。したがって，気柱に生じる固有振動の波長 λ_3 は，図より

$$\lambda_3 = \ell + 2\Delta x = 2\ell - 3d$$

音源の振動数は，固有振動の振動数 f_3 と一致しているので

$$f_3 = \frac{V}{\lambda_3} = \frac{2f(\ell - d)}{2\ell - 3d} \cdots \text{答}$$

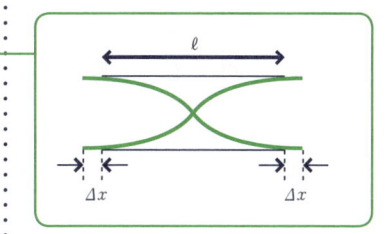

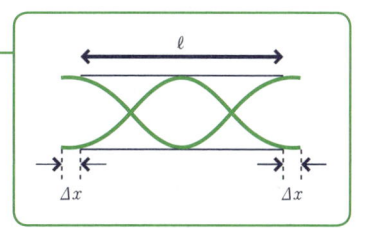

Point!

気柱の共鳴
開口端⇒定常波の**腹**　（開口端補正がある場合，要注意）
閉口端⇒定常波の**節**

解説 103 音源が動くドップラー効果のテーマ

・観測者が静止し，音源が動く場合のドップラー効果

［1秒間のできごと］

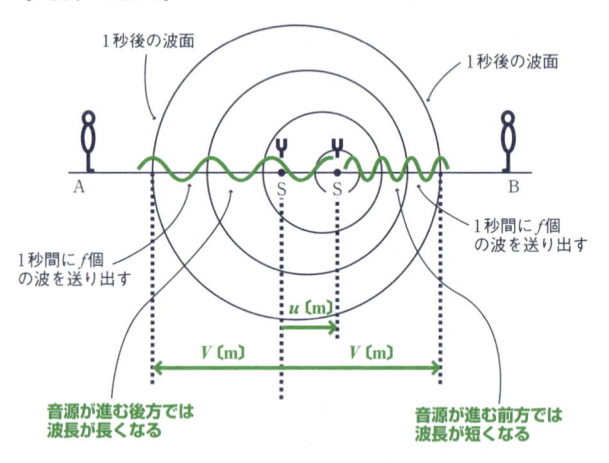

音源が進む後方では波長が長くなる
音源が進む前方では波長が短くなる

> この図のイメージがとても大切！

(1) V　(2) f　(3) u
(4) $V-u$　(5) $V+u$
(6) $(V-u)$ [m]の間にf個の波が並んでいるので，波1個分の長さである波長 λ_B は

$$\lambda_B = \frac{V-u}{f} \text{ [m]} \cdots 答$$

(7) Bが聞く音の振動数 f_B は，波の基本式 $V=f\lambda$ より

$$f_B = \frac{V}{\lambda_B} = \frac{V}{V-u}f \text{ (Hz)} \cdots \text{答}$$

> ❗ 音源が動いても音速は変わらないよ。**音速は媒質によって決まる**ので，気温が変わったり，風が吹いたりすると，音速が変わるんだ。

(8) $(V+u)$〔m〕の間に f 個の波が並んでいるので，波長 λ_A は

$$\lambda_A = \frac{V+u}{f} \text{ (m)} \cdots \text{答}$$

(9) Aが聞く音の振動数 f_A は，波の基本式 $V=f\lambda$ より

$$f_A = \frac{V}{\lambda_A} = \frac{V}{V+u}f \text{ (Hz)} \cdots \text{答}$$

Point!

音源が動く場合のドップラー効果
　　音源が進む**前方** ⇒ **波長が短くなる**
　　音源が進む**後方** ⇒ **波長が長くなる**

> ❗ 音源が動く場合のドップラー効果は，**波長が変化する**ことにより起こるんだね！

104 観測者が動くドップラー効果のテーマ

・音源が静止し，観測者が動く場合のドップラー効果

[1秒間のできごと]

(1) V (2) u (3) $V-u$
(4) $V-u$ (5) $V+u$
(6) 音波の波長 λ は，波の基本式 $V=f\lambda$ より

$$\lambda = \frac{V}{f} \text{(m)} \cdots \text{答}$$

(7) 観測者Aが聞く音の振動数 f_A は

$$f_A = \frac{V-u}{\lambda} = \frac{V-u}{V}f \text{(Hz)} \cdots \text{答}$$

(8) $f_A < f$ だから，音は**低く**聞こえる
(9) 観測者Bが聞く音の振動数 f_B は

$$f_B = \frac{V+u}{\lambda} = \frac{V+u}{V}f \text{(Hz)} \cdots \text{答}$$

(10) $f_B > f$ だから，音は**高く**聞こえる。

> (5) 右向きを正とすると，Bの速度は $-u$
> Bから見た音速は，Bの速度を引けばいいので
> $V-(-u)=V+u$
> としても求められるね！

> (6) 音源は静止しているので，波長は変わらないよ！

> (8) 振動数が大きくなると，音は高くなり，振動数が小さくなると音は低くなるよ！

Point!

観測者が動く場合のドップラー効果
観測者から見た，**見かけの音速が変化する。**

2. 音波

105 音源と観測者が動くドップラー効果のテーマ

・音源, 観測者がともに動く場合のドップラー効果

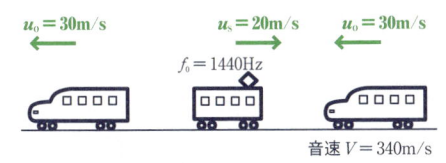

$u_O = 30\text{m/s}$　$u_S = 20\text{m/s}$　$u_O = 30\text{m/s}$
$f_0 = 1440\text{Hz}$
音速 $V = 340\text{m/s}$

図のように, 普通列車が $f_0 = 1440\text{Hz}$ の警笛音を出しながら, $u_S = 20\text{m/s}$ で右向きに進んでいる。観測者が乗っている特急列車が $u_O = 30\text{m/s}$ で左向きに進み, 普通列車とすれ違う。音速を $V = 340\text{m/s}$ とする。

● 普通列車が進む前方での音波の波長 λ_1〔m〕は

$$\lambda_1 = \frac{V - u_S}{f_0} = \frac{340 - 20}{1440}$$

● 普通列車が進む後方での音波の波長 λ_2〔m〕は

$$\lambda_2 = \frac{V + u_S}{f_0} = \frac{340 + 20}{1440}$$

● すれ違う前, 観測者から見た見かけの音速 V_1〔m/s〕は

$$V_1 = V + u_O = 340 + 30$$

だから, すれ違う前に聞く警笛音の振動数 f_1〔Hz〕は

$$f_1 = \frac{V_1}{\lambda_1} = \frac{V + u_O}{V - u_S} f_0$$

$$f_1 = \frac{340 + 30}{340 - 20} \times 1440 = \mathbf{1665}\text{〔Hz〕} \cdots \text{答}$$

● すれ違ったあと, 観測者から見た見かけの音速 V_2〔m/s〕は

$$V_2 = V - u_O = 340 - 30$$

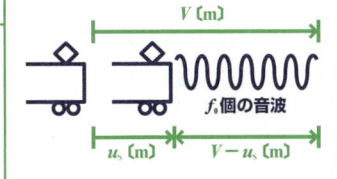

1秒間に音波は V〔m〕, 普通列車は u_S〔m〕, どちらも右向きに進む。f_0 個の音波が $V - u_S$〔m〕の間につまった形で存在しているので, 波1個の長さ λ_1〔m〕は

$$\lambda_1 = \frac{V - u_S}{f_0}$$

右向きを正とすると, 音波の速度は V, 観測者の速度は $-u_O$ となる。したがって, 観測者から見た音波の速度 V_1 は, 観測者の速度を引いて

$$V_1 = V - (-u_O) = V + u_O$$

となる。

だから，すれ違ったあとに聞く警笛音の振動数 f_2〔Hz〕は

$$f_2 = \frac{V_2}{\lambda_2} = \frac{V - u_O}{V + u_S} f_0$$

$$f_2 = \frac{340 - 30}{340 + 20} \times 1440 = \mathbf{1240〔Hz〕} \cdots \text{答}$$

補講 5

★ドップラー効果のまとめ

音源・観測者がともに動く場合のドップラー効果を，1つの公式でまとめて表現してみよう。音源の振動数を f_0，音速を V とすると，観測者が聞く音波の振動数 f は，解答の結果より，

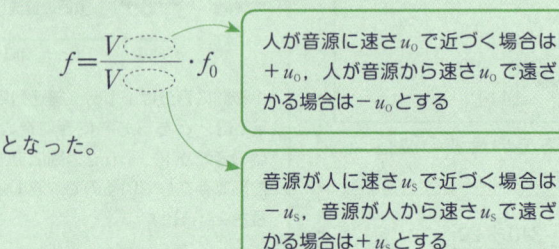

$$f = \frac{V \bigcirc}{V \bigcirc} \cdot f_0$$

人が音源に速さ u_O で近づく場合は $+u_O$，人が音源から速さ u_O で遠ざかる場合は $-u_O$ とする

音源が人に速さ u_S で近づく場合は $-u_S$，音源が人から速さ u_S で遠ざかる場合は $+u_S$ とする

となった。

★ドップラー効果の公式の覚えかた

緊急自動車のサイレンなどの例から，私たちは経験上，観測者と音源が近づくように動けば，音は高く聞こえ（振動数 f は大きくなり），遠ざかるように動けば，音は低く聞こえる（振動数 f は小さくなる）ことを知っている。このことを利用して，ドップラー効果の公式を簡単に作ることができる。

観測者や音源がお互いに近づくように動くときは f が大きくなるように，逆に，観測者や音源がお互いに遠ざかるように動くときは f が小さくなるように，公式の ◯ の中に，u_O や u_S に符号をつけて代入すればよい。たとえば，観測者が速さ u_O で音源から遠ざかり，音源が速さ u_S で観測者に近づく場合

2. 音波

$$f = \dfrac{V}{V} \cdot f_0$$

> 観測者の速さ u_O は，f が小さくなるように働くので，$(-u_O)$ として分子に代入する

$$f = \dfrac{V - u_O}{V - u_S} \cdot f_0$$

> 音源の速さ u_S は，f が大きくなるように働くので，$(-u_S)$ として分母に代入する

　つまり，ドップラー効果の公式は，分子に人の速さ u_O が入り，分母に音源の速さ u_S が入ることを忘れなければ，あとは経験上知っている結果を利用して，簡単に公式を作ることができる。そこで，**"人は偉いから上"** とでも覚えておけばよいだろう。

㊙テクニック！

ドップラー効果の公式

$$f = \dfrac{V}{V} \cdot f_0$$

※人は偉いから上

! ドップラー効果の公式は，これだけ覚えておけばよい。次に，問題を解きながら，公式の使いかたに慣れていくことにしよう。

解説 106 反射壁のあるドップラー効果 のテーマ

・ドップラー効果の公式の使いかた
・反射壁があるときのドップラー効果
・うなりの振動数

〔A〕 SとRが静止し，Oが速さ u_O で正の向きに動く。

(1) Oが聞く直接音の振動数をf_1とすると

$$f_1 = \frac{V-u_0}{V}f \text{ (Hz)} \quad \cdots \text{答}$$

(2) 反射壁Rが受けとる振動数をf_Rとすると

$$f_R = f$$

Oが聞く反射音の振動数をf_2とすると

$$f_2 = \frac{V+u_0}{V}f \text{ (Hz)} \quad \cdots \text{答}$$

(3) 1秒間に聞こえるうなりの回数,すなわち,うなりの振動数fは

$$f = f_2 - f_1$$

$$f = \frac{2u_0 f}{V} \cdots \text{答}$$

[B] SとOが静止し,Rが速さu_Rで正の向きに動く。

(4) 反射壁Rが受けとる振動数f_Rは**観測者と見なしたR**が,速さu_Rで音源から遠ざかるので

$$f_R = \frac{V-u_R}{V}f$$

Oが聞く反射音の振動数f_4は,**音源と見なしたR**が速さu_Rで観測者から遠ざかるので

$$f_4 = \frac{V}{V+u_R}f_R$$

$$f_4 = \frac{V}{V+u_R}\cdot\frac{V-u_R}{V}\cdot f$$

$$f_4 = \frac{V-u_R}{V+u_R}f \text{ (Hz)} \cdots \text{答}$$

ドップラー効果の公式

$$f_1 = \frac{V}{V}f$$

において,人は音源から速さu_0で**遠ざかっている**ので,u_0は音源の振動数fを**小さくする**ように働く。
"人は偉いから上"なので,$(-u_0)$を分子に代入する。
したがって

$$f_1 = \frac{V-u_0}{V}f$$

音源S,反射壁Rともに静止しているので,RはSからの音波を振動数fのまま受けとり,fのまま反射する。

振動数fの音波を反射している反射壁Rに,人が速さu_0で近づいているので,観測する振動数f_2は

$$f_2 = \frac{V+u_0}{V}f$$

反射壁によるドップラー効果は,**必ず㊙テクニックのように2段階**で考える。

㊙テクニック！

反射壁によるドップラー効果

STEP 1 反射壁を**観測者**とみなし，受けとる振動数 f_R を求める。

STEP 2 反射壁を振動数 f_R を発する**音源**とみなし，観測者が受けとる振動数を求める。

⚠ 慣れてきても**2段階で解く**ようにしよう！

〔C〕 S が速さ u_S で，O が速さ u_O で，R が速さ u_R でいずれも正の向きに動く。

(5) O が聞く直接音の振動数 f_5 は

$$f_5 = \frac{V - u_O}{V - u_S} f \text{ (Hz)} \cdots \text{答}$$

⚠ 人は速さ u_O で遠ざかり，音源は速さ u_S で近づくからね。

(6) 反射壁 R が受けとる振動数 f_R は

$$f_R = \frac{V - u_R}{V - u_S} \cdot f$$

O が聞く反射音の振動数 f_6 は

$$f_6 = \frac{V + u_O}{V + u_R} f_R$$

$$f_6 = \frac{V + u_O}{V + u_R} \cdot \frac{V - u_R}{V - u_S} \cdot f$$

$$f_6 = \frac{(V + u_O)(V - u_R)}{(V + u_R)(V - u_S)} f \text{ (Hz)} \cdots \text{答}$$

⚠ 観測者とみなした R が速さ u_R で遠ざかり，音源が速さ u_S で近づくからね。

⚠ 人は u_O で R に近づき，音源と見なした R は，u_R で人から遠ざかるからね。

(7) 観測者は，振動数 f_5 の音波と f_6 の音波を同時に聞くので，うなりの振動数 f は

$$f = |f_5 - f_6|$$

$$f = \left| \frac{V - u_O}{V - u_S} \cdot f - \frac{(V + u_O)(V - u_R)}{(V + u_R)(V - u_S)} \cdot f \right|$$

$$f = \left| \frac{(V - u_O)(V + u_R) - (V + u_O)(V - u_R)}{(V + u_R)(V - u_S)} \cdot f \right|$$

$$f = \left| \frac{2V(u_R - u_O)}{(V + u_R)(V - u_S)} \cdot f \right|$$

⚠ うなりの振動数は，f_5 と f_6 の差であり，どちらが大きいのかはっきりしないときは絶対値をつけておこう。

ここで，$u_R > u_O$ だから

$$f = \frac{2V(u_R - u_O)}{(V+u_R)(V-u_S)} f \cdots \text{答}$$

107 風があるドップラー効果のテーマ

- 風があるときのドップラー効果
- 反射壁があるときのドップラー効果

Point!

風があるときのドップラー効果の公式
風下に伝わる音波　$V \to V + w$
風上に伝わる音波　$V \to V - w$

(1) B地点に立っている人は音源の**風下**にいるので，音波は人に速さ $V+w$ [m/s] で伝わる。また，音源が速さ u [m/s] で人に近づいているので，人が聞く汽笛の振動数 f_B [Hz] は

$$f_B = \frac{V+w}{V+w-u} f \text{ [Hz]} \cdots \text{答}$$

観測者が音源の風下側にいるとき，音波は観測者に速さ $V+w$ で伝わるので，ドップラー効果の公式で，V を $V+w$ におき換えて用いる。また，観測者が風上側にいるときは，V を $V-w$ におき換えて用いる。

(2) 船Aに乗っている人は，振動数 f_B [Hz] の音波を反射している岸壁に，速さ u [m/s] で近づいている。また，この人は岸壁の**風上**にいるので，岸壁からの反射音は人に速さ $V-w$ [m/s] で伝わる。人が聞く反射音の振動数 f_A [Hz] は

$$f_A = \frac{V-w+u}{V-w} \cdot f_B$$

$$f_A = \frac{(V-w+u)(V+w)}{(V-w)(V+w-u)} f \text{ [Hz]} \cdots \text{答}$$

2．音波

108 音源が斜めに動くドップラー効果のテーマ

・音源が斜めの方向に運動する場合のドップラー効果

(1)

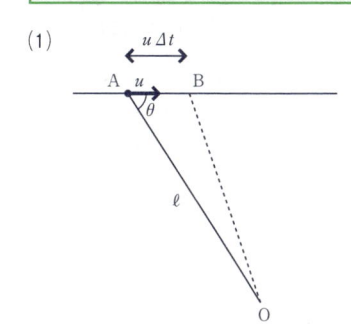

上図より，余弦定理を用いて

$OB^2 = \ell^2 + (u\Delta t)^2 - 2\ell u \Delta t \cos\theta$

$OB = \sqrt{\ell^2 + (u\Delta t)^2 - 2\ell u \Delta t \cos\theta}$

$OB = \ell\sqrt{1 + \left(\dfrac{u\Delta t}{\ell}\right)^2 - \dfrac{2u\Delta t\cos\theta}{\ell}}$

ここで，$\left(\dfrac{u\Delta t}{\ell}\right)^2 \fallingdotseq 0$，$u\Delta t \ll \ell$ すなわち $\dfrac{2u\Delta t\cos\theta}{\ell} \ll 1$ だから

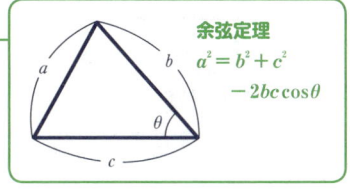

余弦定理

$a^2 = b^2 + c^2 - 2bc\cos\theta$

ルートの外に ℓ をくくり出した理由は

① 問題文中に "$\left(\dfrac{u\Delta t}{\ell}\right)^2$ は0とみなす" とあるので，$\left(\dfrac{u\Delta t}{\ell}\right)^2$ の項を作るため。

② "$\sqrt{1+x} \fallingdotseq 1 + \dfrac{x}{2}$ を用いてもよい" とあるので，ルートの中に1を作るため。

ごく小さな値 Δx の2乗を無視する

$(\Delta x)^2 \fallingdotseq 0$

は，近似計算の1つである。

この近似もよく見かけるよ。

$$\mathrm{OB} \fallingdotseq \ell\left(1 - \frac{1}{2} \times \frac{2u\,\Delta t\cos\theta}{\ell}\right)$$

$$\mathrm{OB} = \ell - u\,\Delta t\cos\theta \,\text{[m]} \cdots \text{答}$$

> 近似計算
> $x \ll 1$ のとき $(1 \pm x)^n \fallingdotseq 1 \pm nx$
> は，今後よく出てくるので，使いこなせるようにしたい。本問で出てきた近似は，$n = \frac{1}{2}$ の場合に相当する。
> すなわち，$|x| \ll 1$ のとき
> $\sqrt{1+x} = (1+x)^{\frac{1}{2}} \fallingdotseq 1 + \frac{1}{2}x$

Point!

近似計算

$x \ll 1$ のとき　$(1 \pm x)^n \fallingdotseq 1 \pm nx$

! 入試ではよく用いる近似なので，使いながら慣れていこう。

(2) 音源が点Aを通過する時刻を $t = 0$ s とする。点Aで発する音波が，点Oで観測される時刻 t_A は

$$t_\mathrm{A} = \frac{\ell}{V}$$

点Bで発する音波が，点Oで観測される時刻 t_B は　　$t_\mathrm{B} = \Delta t + \dfrac{\mathrm{OB}}{V}$

$$t_\mathrm{B} = \Delta t + \frac{\ell - u\,\Delta t\cos\theta}{V}$$

よって，A，B間で発した音波が，点Oで観測される時間は，t_A [s] から t_B [s] までの間，すなわち $t_\mathrm{B} - t_\mathrm{A}$ だから

$$t_\mathrm{B} - t_\mathrm{A} = \Delta t + \frac{\ell - u\,\Delta t\cos\theta}{V} - \frac{\ell}{V}$$

$$= \Delta t - \frac{u\,\Delta t\cos\theta}{V}$$

$$= \frac{V - u\cos\theta}{V} \cdot \Delta t \,\text{[s]} \cdots \text{答}$$

> ! (2) 音源がAB間を移動するのに，Δt [s]，Bで発した音波が，Oに到達するのに $\dfrac{\mathrm{OB}}{V}$ [s] かかるね。

(3) 音源は 1 [s] 間に f 個の音波を発しているので，Δt [s] 間に $f\Delta t$ 個の音波を発し，この波を点 O で $(t_B - t_A)$ [s] 間に受けとるので，観測される音波の振動数 f_3 [Hz] は

$$f_3 = \frac{f\Delta t}{t_B - t_A}$$

$$f_3 = f\Delta t \times \frac{V}{(V - u\cos\theta)\Delta t}$$

$$\underline{f_3 = \frac{V}{V - u\cos\theta} \cdot f \text{ [Hz]}} \cdots \text{答}$$

[音源が斜めに動くドップラー効果]
　音源が斜めに動くドップラー効果は，音源 S と観測者 O を結ぶ方向への速度成分を考えればよい。

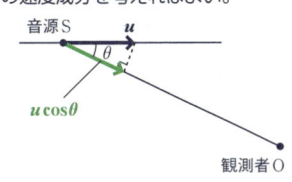

f_0：音源の振動数
V：音速
　上の図で，S は速度 $u\cos\theta$ で O に近づくので，O で観測される振動数 f は

$$f = \frac{V}{V - u\cos\theta} f_0$$

となる。

Point!

音源が斜めに動くドップラー効果
音源の速度は，音源と観測者を結ぶ方向成分で考えればよい。

---

109 音源が円運動するドップラー効果のテーマ

・音源が円運動する場合のドップラー効果

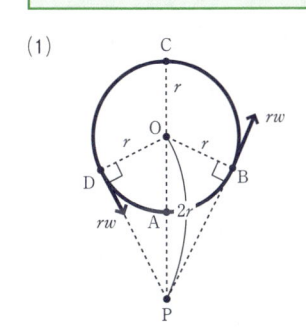

(1)

点Pで最も高い音が聞こえるのは，音源の速度がPに向く，図の点Dを通過するときだから

$$DP = \sqrt{3}\,r \text{ (m)} \cdots \boxed{答}$$

点Dにある音源は，点Aから $\dfrac{5}{3}\pi$ [rad] 回転している。一方，音源が1回転するのに要する時間（周期）T は

$$T = \dfrac{2\pi}{w} \text{ (s)}$$

だから，求める時間は

$$T \times \dfrac{\dfrac{5}{3}\pi}{2\pi} = \dfrac{2\pi}{w} \times \dfrac{5\pi}{3} \times \dfrac{1}{2\pi}$$

$$= \dfrac{5\pi}{3w} \text{ (s)} \cdots \boxed{答}$$

(2) 音源が点Dを通過するときに発する音波が，最も高い音で聞こえ，点Bを通過するときに発する音波が最も低い音で聞こえる。最も高い音の振動数を f_D [Hz] 最も低い音の振動数を f_B [Hz] とすると，円運動の速さ $v = rw$ だから

$$f_D = \dfrac{V}{V - rw} f_0 \text{ (Hz)} \cdots \boxed{答}$$

$$f_B = \dfrac{V}{V + rw} f_0 \text{ (Hz)} \cdots \boxed{答}$$

(3) BPとDPは等距離なので，点Bからの音波も点Dからの音波も同じ時間遅れて点Pに伝わる。したがって，求める時間は，音源が点Bから点Dまで回転する時間に等しくなる。音源は，点Bから点

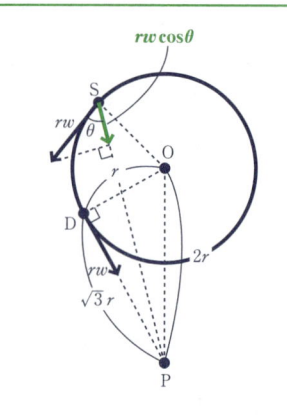

音源が斜めに動くドップラー効果の応用である。

図のように，音源Sの速度とSP方向のなす角を θ とすると，音源Sの速度のSP方向成分は $rw\cos\theta$ である。点Pで最も高い音が聞こえるのは，SがPに近づく方向の速度成分 $rw\cos\theta$ が最大となる点，すなわち $\theta = 0$ となる点Dである。

一方，△ODPにおいてODとDPは，半径と接線の関係にあるので，∠ODP = 90°，またOD = r，OP = $2r$ なので△ODPの3辺の比は，1 : 2 : $\sqrt{3}$ になりDP = $\sqrt{3}\,r$ となる。

∠DOP = 60° = $\dfrac{\pi}{3}$ [rad] だから，点Aからの回転角は

$$2\pi - \dfrac{\pi}{3} = \dfrac{5}{3}\pi \text{ [rad]}$$

である。

点Bでは音源が速さ rw で遠ざかり，点Dでは音源が速さ rw で近づいているからね。

Dまで$\frac{4\pi}{3}$〔rad〕回転しているので

$$T \times \frac{\frac{4\pi}{3}}{2\pi} = \frac{2\pi}{w} \times \frac{4\pi}{3} \times \frac{1}{2\pi}$$

$$= \frac{4\pi}{3w} \text{〔s〕} \cdots \text{答}$$

(4) 点Pで初めて振動数f_0〔Hz〕の音が聞こえる時刻t_1〔s〕は，音源が時刻$t=0$s に点Aで発した音波が，点Pに伝わるときだから

$$t_1 = \frac{r}{V} \quad (r\text{はAP間の距離})$$

次に，点Pで振動数f_0〔Hz〕の音が聞こえる時刻t_2〔s〕は，音源が半周した点Cから，時刻$t=\frac{T}{2}$〔s〕に発した音波が，点Pに伝わるときだから

$$t_2 = \frac{T}{2} + \frac{3r}{V} \quad (3r\text{はCP間の距離})$$

$$t_2 = \frac{\pi}{w} + \frac{3r}{V}$$

求める時間は$(t_2 - t_1)$だから

$$t_2 - t_1 = \frac{\pi}{w} + \frac{2r}{V} \text{〔s〕} \cdots \text{答}$$

(5) $f(t)$〔Hz〕

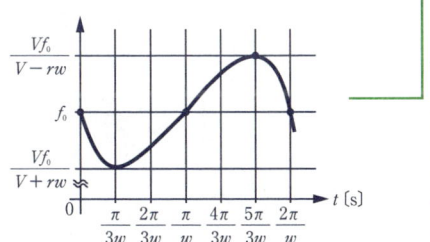

- $t=0$sのときSは点Aを通過し，このとき発した音波は，点Pでf_0〔Hz〕として観測される。
- $t=\frac{T}{6}=\frac{\pi}{3w}$〔s〕のときSは点Bを通過し，このとき発した音波は，点Pで$\frac{Vf_0}{V+rw}$〔Hz〕として観測される。
- $t=\frac{T}{2}=\frac{\pi}{w}$〔s〕のときSは点Cを通過し，このとき発した音波は，点Pでf_0〔Hz〕として観測される。
- $t=\frac{5T}{6}=\frac{5\pi}{3w}$〔s〕のときSは点Dを通過し，このとき発した音波は，点Pで$\frac{Vf_0}{V-rw}$〔Hz〕として観測される。
- $t=T=\frac{2\pi}{w}$〔s〕のときSは再び点Aを通過し，このとき発した音波は，点Pでf_0〔Hz〕として観測される。

★絶対屈折率（屈折率）のまとめ

> まずは、☆相対屈折率のまとめを見直しておこう。

媒質中での光の速さvと真空中での光の速さcとの比$\dfrac{c}{v}=n$をその媒質の**絶対屈折率**または単に**屈折率**という。

> すなわち、**絶対屈折率とは、真空に対する屈折率**のことである。

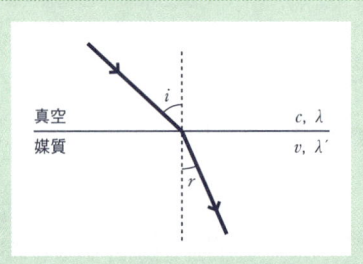

真空　c, λ
媒質　v, λ'

真空中での光の波長をλ，屈折率nの媒質中での波長をλ'，入射角，屈折角をi, rとすると，相対屈折率と同様に，次の屈折の法則が成り立つ。

ホイヘンスの原理を用いた作図により求めることができる。

$$n = \dfrac{c}{v}$$

真空中と媒質中において f の値は同じだから

$$= \dfrac{\lambda}{\lambda'}$$

$$= \dfrac{\sin i}{\sin r}$$

> $n=\dfrac{c}{v}$ は屈折率の定義なので，必ず覚えよう。他は導くことができる。

Point!

- （絶対）屈折率 n

$$n = \frac{c}{v} = \frac{\lambda}{\lambda'} = \frac{\sin i}{\sin r}$$

- よく使う関係式

$$\lambda' = \frac{\lambda}{n}, \quad v = \frac{c}{n}$$

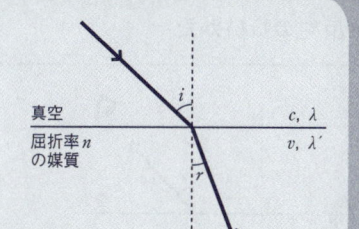

★ **絶対屈折率と相対屈折率**

媒質1に対する媒質2の屈折率 n_{12}

$$n_{12} = \frac{v_1}{v_2} = \frac{\frac{c}{n_1}}{\frac{c}{n_2}} = \frac{n_2}{n_1}$$

! 絶対屈折率が真空に対する屈折率だとわかれば，あとは相対屈折率と同じ考えかただよね。

110 見かけの深さ のテーマ

・絶対屈折率
・屈折の法則の使いかた
・全反射の扱いかた

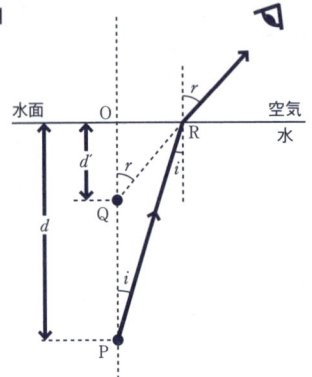

問1

点光源Pから発せられた光は，水面上の点Rで屈折し目に入る。観測者には，この光が点Qから発せられたように見える。点Rにおける屈折の法則より

$$\frac{1}{n} = \frac{\sin i}{\sin r}$$

ここで，$\sin i \fallingdotseq \tan i$, $\sin r \fallingdotseq \tan r$ として

$$\frac{1}{n} = \frac{\tan i}{\tan r} = \frac{\frac{OR}{d}}{\frac{OR}{d'}} = \frac{d'}{d}$$

$$d' = \frac{d}{n}$$

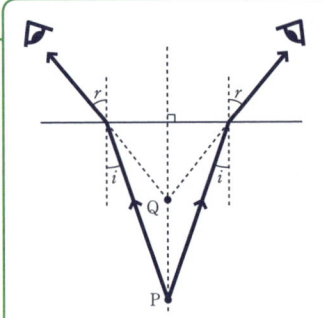

さらにくわしく見ると，上図のように，点光源Pから発せられた光は観測者の両目に届き，点Qの位置が確定する。

3. 光波 **227**

問2

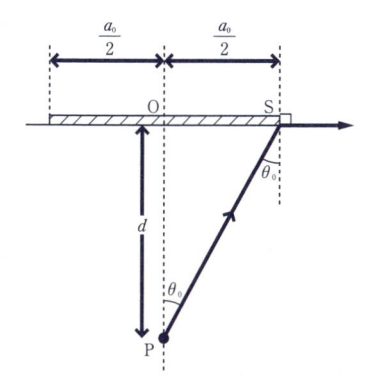

(1) 板の1辺が a_0（OSが $\dfrac{a_0}{2}$）のとき，入射角が臨界角 θ_0 となっている。図より

$$\text{OS} = \text{OP}\tan\theta_0$$

$$\dfrac{a_0}{2} = d\tan\theta_0$$

$$\boxed{a_0 = 2d\tan\theta_0} \cdots \text{答}$$

(2) 点Sにおける屈折の法則より

$$\dfrac{1}{n} = \dfrac{\sin\theta_0}{\sin 90°}$$

$$\dfrac{1}{n} = \sin\theta_0$$

図より

$$\dfrac{1}{n} = \dfrac{\text{OS}}{\text{PS}} = \dfrac{\dfrac{a_0}{2}}{\sqrt{\left(\dfrac{a_0}{2}\right)^2 + d^2}}$$

$$\dfrac{1}{n} = \dfrac{a_0}{\sqrt{a_0^2 + 4d^2}}$$

$$a_0^2 + 4d^2 = n^2 a_0^2$$

$$(n^2 - 1)a_0^2 = 4d^2$$

$$\boxed{a_0 = \dfrac{2d}{\sqrt{n^2 - 1}}} \cdots \text{答}$$

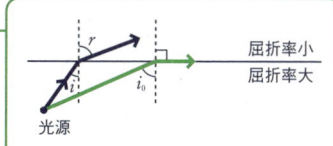

> 屈折率が大きい媒質から小さい媒質へ光が入射する場合，入射角よりも屈折角のほうが大きくなる。したがって，入射角が i_0 になると屈折角が $90°$ になり，入射角が i_0 以上の場合，光はすべて反射される。この現象を**全反射**，i_0 を**臨界角**という。

111 光ファイバーのテーマ

- 光ファイバーの原理
- 屈折の法則の使いかた
- 全反射の扱いかた

ここで屈折の法則について，もう一度考えてみよう。図のように，光が屈折率n_1の媒質1から入射角θ_1で点Pに入射し，屈折角θ_2で屈折率n_2の媒質2に進む。さらに，光は入射角θ_2で点Qに入射し，屈折角θ_3で屈折率n_3の媒質3に進む。

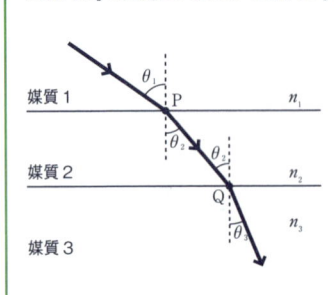

2点P, Qにおける屈折の法則を考える。
媒質1に対する媒質2の屈折率n_{12}は

$$n_{12}=\frac{n_2}{n_1}=\frac{\sin\theta_1}{\sin\theta_2}$$

媒質2に対する媒質3の屈折率n_{23}は

$$n_{23}=\frac{n_3}{n_2}=\frac{\sin\theta_2}{\sin\theta_3}$$

上の2式をまとめると

$$n_1\sin\theta_1 = n_2\sin\theta_2 = n_3\sin\theta_3$$

となる。

Point!

屈折の法則

$$n_i\sin\theta_i = 一定$$

！この形で覚えておくと便利だよ。

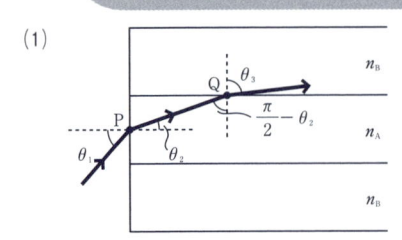

(1) 点Pにおける屈折の法則より

$$n_A=\frac{\sin\theta_1}{\sin\theta_2} \quad\cdots① \cdots 答$$

！ Point! を使って，$1\times\sin\theta_1 = n_A\sin\theta_2$としてもいいよ。

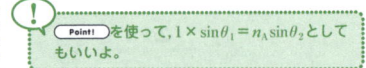

(2) 点Qにおける入射角は $\dfrac{\pi}{2}-\theta_2$ だから，屈折の法則は

$$\dfrac{n_B}{n_A}=\dfrac{\sin\left(\dfrac{\pi}{2}-\theta_2\right)}{\sin\theta_3}$$

$$\dfrac{n_B}{n_A}=\dfrac{\cos\theta_2}{\sin\theta_3} \cdots \boxed{答}$$

> $n_A\sin\left(\dfrac{\pi}{2}-\theta_2\right)=n_B\sin\theta_3$ としてもよい。

(3) 点Qにおいて，入射角が臨界角 θ_0 のときに屈折角が $\dfrac{\pi}{2}$ になるから，屈折の法則は

$$\dfrac{n_B}{n_A}=\dfrac{\sin\theta_0}{\sin\dfrac{\pi}{2}} \qquad \sin\theta_0=\dfrac{n_B}{n_A} \quad \cdots ②$$

$\cdots \boxed{答}$

> $n_A\sin\theta_0=n_B\sin\dfrac{\pi}{2}$ としてもよい。

(4) 光がコア内を進んでいくためには，点Qにおいて全反射しなければならない。**全反射するための条件は，入射角 $\left(\dfrac{\pi}{2}-\theta_2\right)$ が臨界角 θ_0 以上**であればよいから

$$\dfrac{\pi}{2}-\theta_2 \geqq \theta_0$$

$$\theta_2 \leqq \dfrac{\pi}{2}-\theta_0$$

ここで，$0\leqq\theta_2\leqq\dfrac{\pi}{2}$，$0\leqq\dfrac{\pi}{2}-\theta_0\leqq\dfrac{\pi}{2}$ だから

$$\sin\theta_2 \leqq \sin\left(\dfrac{\pi}{2}-\theta_0\right)$$

$$\sin\theta_2 \leqq \cos\theta_0$$
$$\sin\theta_2 \leqq \sqrt{1-\sin^2\theta_0}$$

①, ②を代入して

$$\frac{\sin\theta_1}{n_A} \leq \sqrt{1 - \left(\frac{n_B}{n_A}\right)^2}$$

$$\sin\theta_1 \leq \sqrt{n_A{}^2 - n_B{}^2}$$

また, $\sin\theta_1 \geq 0$ だから

$$0 \leq \sin\theta_1 \leq \sqrt{n_A{}^2 - n_B{}^2} \cdots 答$$

Point!

全反射が起こるための条件
1. 光が屈折率の**大きい媒質から小さい媒質へ進む場合**
2. 入射角が**臨界角以上**の場合

112 ヤングの干渉実験のテーマ

・ヤングの干渉実験
・干渉条件　・光学距離
・明線間隔　・白色光の扱い

(1) 三平方の定理より

$$S_1P = \sqrt{L^2 + \left(x - \frac{d}{2}\right)^2}$$

$$S_2P = \sqrt{L^2 + \left(x + \frac{d}{2}\right)^2} \cdots 答$$

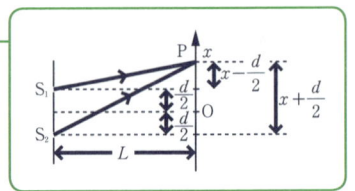

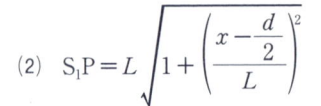

(2) $S_1P = L\sqrt{1 + \left(\dfrac{x - \dfrac{d}{2}}{L}\right)^2}$

$= L\left\{1 + \left(\dfrac{x - \dfrac{d}{2}}{L}\right)^2\right\}^{\frac{1}{2}}$

ここで, $d \ll L$, $x \ll L$ すなわち

問題文中に"近似式 $(1 \pm y)^n \fallingdotseq 1 \pm ny$ を用いよ"とあるので, この**近似式の用いかたのポイント**を, ここであげておこう。
① $(1 \pm y)^n$ の形, すなわちカッコの中に1を作る
② $y \ll 1$ になっているかを確かめる

3. 光波

$\left(\dfrac{x-\dfrac{d}{2}}{L}\right)^2 \ll 1$ だから

$S_1P \fallingdotseq L\left\{1+\dfrac{1}{2}\left(\dfrac{x-\dfrac{d}{2}}{L}\right)^2\right\}$

$= L+\dfrac{1}{2L}\left(x-\dfrac{d}{2}\right)^2$

同様にして

$S_2P = L+\dfrac{1}{2L}\left(x+\dfrac{d}{2}\right)^2$

だから

$S_2P - S_1P = \dfrac{xd}{L}$ …答

(3) 点Pが明線となる条件は
　　経路差　$S_2P - S_1P = m\lambda$
だから

$\dfrac{xd}{L} = m\lambda$　…①　…答

(4) 原点Oの明線を0番目の明線とすると，点Pの明線は①式より m 番目の明線を表している。m を**次数**という。

そこで，$S_1P = \sqrt{L^2+\left(x-\dfrac{d}{2}\right)^2}$

$= \left\{L^2+\left(x-\dfrac{d}{2}\right)^2\right\}^{\frac{1}{2}}$

において，①カッコの中に1を作るために，L をくくり出す。

$S_1P = L\left\{1+\left(\dfrac{x-\dfrac{d}{2}}{L}\right)^2\right\}^{\frac{1}{2}}$

そして，②$\left(\dfrac{x-\dfrac{d}{2}}{L}\right)^2 \ll 1$ であることを確かめる。

! この近似は，108 の Point! に出てきたね。

! (2) S_1P の式と S_2P の式はよく似ているね。異なるのは，$\dfrac{d}{2}$ の符号だけなので，結果も $\dfrac{d}{2}$ の符号だけを変えておこう。

! ヤングの実験の経路差 $\dfrac{xd}{L}$ は記憶しておこう。

波の**干渉条件**（96 の Point! で学習したよ）

経路差 $= m\lambda$ or **経路差** $=\left(m+\dfrac{1}{2}\right)\lambda$

が光波の分野ではメインテーマとなる。

　ここでは，$\dfrac{xd}{L}$ が経路差となり，これが波長 λ の整数 m 倍になっていれば，S_1 からの光波と S_2 からの光波は点Pで位相がそろって，強め合い明るくなる。

! S_1 からの光波と S_2 からの光波が，点Pにおいてちょうど m 波長分ずれているので，ここで2つの光波の位相がそろうよね。

ここで，$m+1$ 番目の明線条件は

$$\frac{(x+\Delta x)d}{L} = (m+1)\lambda \quad \cdots ②$$

② − ① より

$$\frac{\Delta x \cdot d}{L} = \lambda \qquad \boldsymbol{\Delta x = \frac{L\lambda}{d}} \quad \cdots ③ \cdots \boxed{答}$$

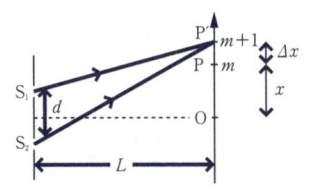

> $m+1$ 番目の明線位置を P′ とすると，経路差 $S_2P' - S_1P'$ は図より，
> $\dfrac{(x+\Delta x)d}{L}$ となることわかる。

(5) ③式において，L，λ は定数だから，d を小さくすると**明線間隔 Δx は広がる**。 $\cdots \boxed{答}$

(6) 媒質でみたしたあとの明線間隔を $\Delta x'$ とする。③式において，媒質中では光の波長が $\dfrac{\lambda}{n}$ になるので

$$\Delta x' = \frac{L\dfrac{\lambda}{n}}{d} = \frac{L\lambda}{nd} = \frac{1}{n} \times \Delta x$$

$$\boldsymbol{\frac{1}{n}\text{ 倍}} \cdots \boxed{答}$$

(7) ① より

$$x = \frac{mL\lambda}{d}$$

同じ次数 m の中で，x の値が小さくなるのは，波長 λ が小さいときだから，短波長の**紫色** $\cdots \boxed{答}$ になる。

> ⚠ 原点 O に近い側だから x の値が小さいときを考えればいいよね。

> 可視光線と色について，
> 電磁波のうち人の目に明るさの感覚を与えるものを可視光線といい，波長の範囲はおよそ $0.38\,\mu\mathrm{m}$（紫）～ $0.78\,\mu\mathrm{m}$（赤）である。

(8) 透明板を置いたあと，点Pの明線は点P′に移動し，<u>位置座標が$x+a$になったとする</u>。透明板を置いたあとの光路差は
$$SS_2 + S_2P′ - (SS_1 - \ell + n\ell + S_1P′)$$
ここで，$SS_1 = SS_2$ だから光路差は
$$S_2P′ - S_1P′ - (n-1)\ell$$
となる。点P′は m 番目の明線位置なので，明線条件は
$$S_2P′ - S_1P′ - (n-1)\ell = m\lambda$$
ここで，$S_2P′ - S_1P′ = \dfrac{(x+a)d}{L}$

また，①の関係も用いると明線条件は
$$\dfrac{(x+a)d}{L} - (n-1)\ell = \dfrac{xd}{L}$$

$$\dfrac{ad}{L} = (n-1)\ell$$

$$a = \dfrac{(n-1)\ell L}{d}$$

$n > 1$ なので $a > 0$ となり，移動は上向きだとわかる。よって

　　　上向きに $\dfrac{(n-1)\ell L}{d}$ 移動する…答

! (8) 光路長SS_1は経路長SS_1から透明板の厚さℓを切りとり，そこに光路長$n\ell$を挿入すると考えればいいよ。光路長については補講7を見てね。

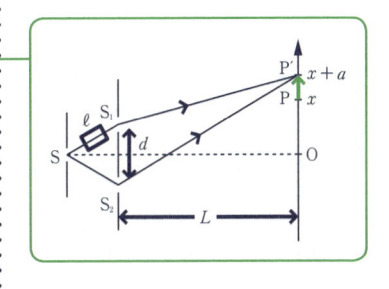

補講 7

★光路長（光学距離）について

本問のように，光の経路の途中に，長さℓ，屈折率nの媒質がある場合，媒質の中だけ，光の速さは$\dfrac{c}{n}$に波長は$\dfrac{\lambda}{n}$に変化してしまい，このまま干

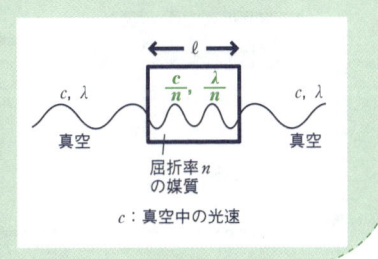

c：真空中の光速

渉条件をかこうとすると式が複雑になってしまう。

そこで，このような場合に用いられるのが，光路長という考えかたである。

光が長さ ℓ，屈折率 n の媒質中を進むのに要する時間 t を考える。媒質中での光速は $\dfrac{c}{n}$ だから

$$t = \dfrac{\ell}{\dfrac{c}{n}} = \dfrac{n\ell}{c}$$

> 時間 $t = \dfrac{距離 n\ell}{速さ c}$ と見ることができるね！

この式から，距離が $n\ell$ に伸びて，光速は c のままと考えてもよいことがわかる。この $n\ell$ を**光路長**または**光学距離**といい（光路長の差を光路差という），光の経路中に媒質がある場合に用いられる。

次に，この媒質中の波の数（波数）N について考える。媒質中での光の波長は $\dfrac{\lambda}{n}$ だから

$$N = \dfrac{\ell}{\dfrac{\lambda}{n}} = \dfrac{n\ell}{\lambda}$$

> 距離 ℓ を1個分の波の長さ $\dfrac{\lambda}{n}$ で割れば，波の数が求められるね。

この場合も，距離が $n\ell$ に伸びて，光の波長は λ のままと考えることができる。

> 距離 ℓ が屈折率 n 倍に**伸びて** $n\ell$ となり，**光速 c，波長 λ はそのまま**と考えればいいんだね。

㊙テクニック！

経路途中に媒質がある場合
　　光路長　　$n\ell$
を用いる。

3. 光波

113 薄膜干渉のテーマ
- 薄膜干渉の光路差
- 屈折の法則
- 干渉条件
- 単色光と白色光の違い

(1) 空気(n_1)に対する油(n_2)の屈折率 $\dfrac{n_2}{n_1}$ は点Aにおける屈折の法則より

$$\frac{n_2}{n_1}=\frac{\lambda}{\lambda'}$$

また、$n_1=1$ だから

$$\lambda'=\frac{\lambda}{n_2} \cdots \text{答}$$

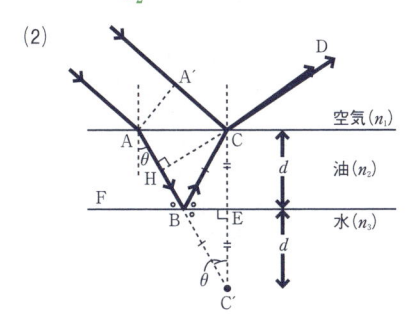

> 屈折の法則は、とても重要。分母と分子が逆になってしまった人は必ず復習をしておいてね。

(2)

> この問題もヤングの干渉実験と同様に干渉条件
> 光路差 $= m\lambda$ or 光路差 $=\left(m+\dfrac{1}{2}\right)\lambda$
> に関する問題。光路差の部分が問題によって変わるだけで考えかたはみんな同じといっていいだろう。

上の図で、点CからABに下した垂線CHは、屈折波の波面で同位相であるから、経路差となるのはHB+BCである。

ここで、油と水の境界面に対して点Cと対称な点C′をとると
△BCE≡△BC′Eとなり、BC=BC′
がいえる。よって、経路差は

$$HB+BC=HB+BC'$$

となる。また、△BCE≡△BC′Eから
∠CBE=∠C′BEとなり、反射の法則

> △BCEと△BC′Eにおいて、BE共通、CE=C′E、∠CEB=∠C′EB=90°
> 2辺とその間の角が等しいので
> △BCE≡△BC′E

から∠HBF＝∠CBEもいえるので，∠HBF＝∠C'BEとなりHBC'は同一直線上にあることがわかる。よって，経路差は

$$HB + BC = HB + BC' = HC'$$

となる。ここで，∠BC'Eは点Aにおける屈折角と錯角の関係にあり，∠BC'E＝θなので

$$HC' = 2d\cos\theta$$

となる。したがって，光路差は

$$2n_2 d\cos\theta \cdots 答$$

となる。

> ❗ 光路差は光路長の差だから，経路差$2d\cos\theta$の屈折率n_2倍になるね。

(3) 光（A'CD）は，点Cでの反射により位相がπ変化するが，光（ABCD）は点Bでの反射により位相が変化しない。片方の光だけ位相がπ変化しているので，これらの光が干渉により強め合う条件は

$$2n_2 d\cos\theta = \left(m + \frac{1}{2}\right)\lambda \quad \cdots ①$$

$$(m = 0, 1, 2, \cdots\cdots) \cdots 答$$

である。

> 理由は 114 Point! を参照

(4) 太陽光は白色光であり，いろいろな色すなわちいろいろな波長λの光を含んでいる。①式において，同じ次数mの光について考えると，色（波長λ）によって強め合う方向θ（厳密には屈折角θに対応する入射角や反射角）が異なるので，油膜上の異なる場所が違った色に見える。 $\cdots 答$

> 記述問題である。慣れないと難しく感じるかもしれないが，要するに，答えるべきテーマがいくつかあって，そのうち何個答えているのかが採点基準となっている。
> 本問の場合，"油膜が何色にも色づいて見える理由"を問われている。問題文のように単色光では色づいて見えないので
> ①白色光（太陽光）の特徴
> について述べる必要があろう。また，色（波長λ）によって強め合う方向（角度θ）が違うことにも触れたいので
> ②干渉条件式をもとにλとθの関係
> についても述べる必要がある。

> 太陽光や白熱電球の光のように，いろいろな波長を含んでいる光を白色光という。

3. 光波　237

> **114 ニュートンリング**のテーマ
> ・ニュートンリングの光路差
> ・反射による位相の変化
> ・反射光と透過光の違い

Point!

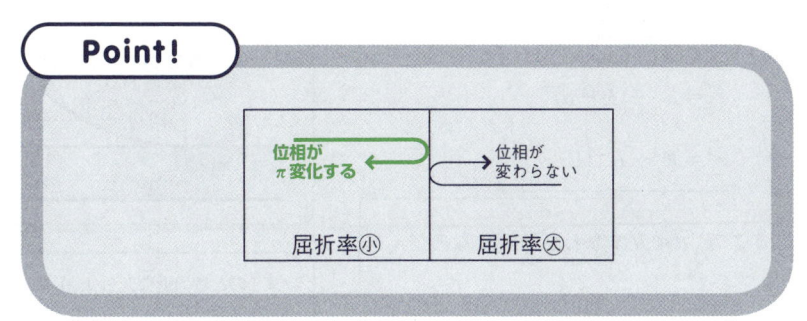

位相がπ変化する　｜　位相が変わらない
屈折率小　｜　屈折率大

(1)

位相が変わらない（A点）
位相がπ変化する（B点）
A, B間の距離 d

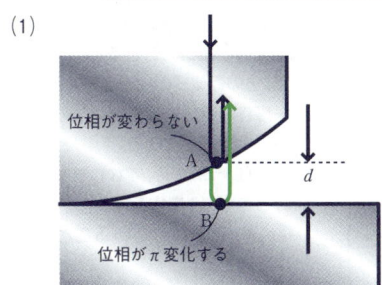

点Aでの反射は位相が変化しないが，点Bでの反射は位相がπ変化する。

A, B間の距離を d とすると，点Aで反射した光と点Bで反射した光の光路差は $2d$ である。片方の光だけ，位相が π 変化しているので，2つの光が干渉して明るくなる条件は

$$2d = \left(N + \frac{1}{2}\right)\lambda \quad \cdots ①$$

$$(N = 0, 1, 2, \cdots)$$

暗くなる条件は

$$2d = N\lambda \quad \cdots ②$$

> ⚠ この問題も干渉条件
> 光路差 $= m\lambda$ or 光路差 $= \left(m + \frac{1}{2}\right)\lambda$
> で解く問題だよ。ニュートンリングでは，光路差はどう表されるのかな。

> 一般に，屈折率の大きな物質から小さな物質への境界面での反射は位相が変わらないが，屈折率の小さな物質から大きな物質への境界面での反射は位相が π だけ変化する。

レンズの中心からの距離を大きくしていくと，それにともないdの値が大きくなっていき，①と②の条件式を交互にみたしていくので，同心円の明暗の縞模様が交互に現れる。

(2) 右の図の直角三角形に注目し，三平方の定理を用いると

$$r^2 = R^2 - (R-d)^2$$

$$r^2 = R^2 - R^2\left(1 - \frac{d}{R}\right)^2$$

ここで，$d \ll R$ すなわち $\frac{d}{R} \ll 1$ なので

$$r^2 \fallingdotseq R^2 - R^2\left(1 - 2\cdot\frac{d}{R}\right)$$

$$r^2 = 2dR \quad \cdots ③$$

①式と同様に明るい縞となる条件を考える。問題文中に，"m番目の明るい縞"とあるので，$m=1, 2, 3$ ……であるとわかる。光路差の最小値が $\frac{\lambda}{2}$ となるように干渉条件式を考えると

$$2d = \left(m - \frac{1}{2}\right)\lambda$$

$$(m = 1, 2, 3, \cdots\cdots)$$

となる。③式を代入して

$$\frac{r^2}{R} = \left(m - \frac{1}{2}\right)\lambda$$

$$r = \sqrt{\frac{(2m-1)R\lambda}{2}} \quad \cdots ④ \cdots 答$$

(3) 光の波長は液体中では短くなるので，④式より，m番目の明るい縞の半径は短くなり，同心円の縞模様の半径は全体的に短くなる。…答

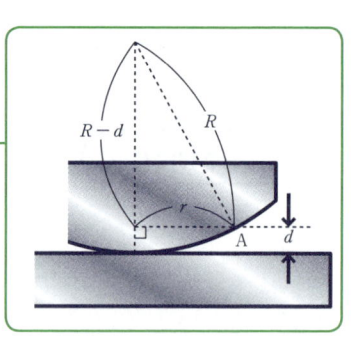

$x \ll 1$ のときの近似式 $(1 \pm x)^n \fallingdotseq 1 \pm nx$ の利用

問題文中に "空気層の厚さは，Rに比べて十分小さいものとする" とあるので，上の近似式の利用を考える。もう一度この近似式の用いかたのポイントを確認しておこう。

① $(1 \pm x)^n$ の形，すなわち**カッコの中に1を作る**。
② $x \ll 1$ になっていることを確かめる。

であった。そこで

$$(R-d)^2 = R^2\left(1 - \frac{d}{R}\right)^2$$

の変形が思いつく。R^2 をカッコの外にくくり出すと，カッコの中に**1を作る**ことができ，しかも，$d \ll R$ だから $\frac{d}{R} \ll 1$ となることが確認できる。

！ そろそろこの近似式にも慣れてきたかな。

！ 液体の屈折率nがガラスの屈折率より小さいので，反射による位相の変化は(1)と同じになるよ。

光の波長は屈折率nの液体中では$\dfrac{\lambda}{n}$になるから④式より

$$r' = \sqrt{\dfrac{(2m-1)R\cdot\dfrac{\lambda}{n}}{2}}$$

$$= \sqrt{\dfrac{(2m-1)R\lambda}{2n}}$$

$$r' = \dfrac{1}{\sqrt{n}}\cdot r \qquad \dfrac{1}{\sqrt{n}}\text{倍}\cdots\text{答}$$

(4) 右の図のように，透過光と点A，点Bで2回反射した光との干渉になる。**点A・Bでの反射はどちらも位相がπ変化するので，①式が暗くなる条件，②式が明るくなる条件となり，(1)でできた同心円の縞模様と明暗が逆転する。**…答

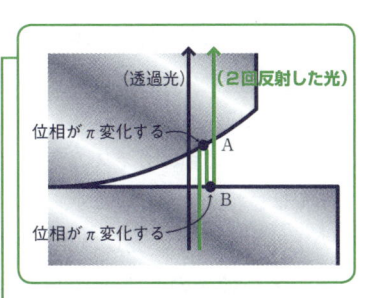

さらにくわしく見ると，(1)でできた同心円の縞模様は，1回反射した光どうしの干渉なので強度に差が生じなかった。しかし，(4)でできた同心円の縞模様の場合，透過光と2回反射した光の干渉なので，2回反射した光だけが，反射により強度が弱まり，2つの光に強度の差が生じ，縞模様がぼやけてくると考えられる。

---

115 くさび形薄膜干渉のテーマ

・くさび形薄膜干渉の光路差
・反射による位相の変化
・暗線間隔
・単色光と白色光の違い

---

(1)

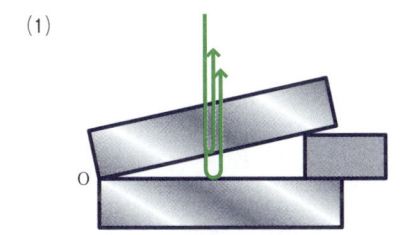

この問題も干渉条件
　光路差＝$m\lambda$　or　光路差＝$\left(m+\dfrac{1}{2}\right)\lambda$
で解いていくよ。

上のガラスの下面で反射した光と，下のガラスの上面で反射した光が干渉し干渉縞を作る。光路差は左端Oからの距離

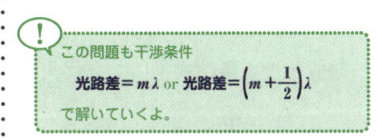

で決まるので，干渉縞はO端に平行な縦の縞となるので，①または②である。O端は空気層がなく光が透過すると考えると，暗線になるので①…答

> O端が暗線になる理由を次のように考えることもできる。O端では光路差は0であり，上のガラスの下面での反射は位相は変化せず，下のガラスの上面での反射は位相がπ変化するので，それらの光が干渉すると打ち消し合って暗くなる。

(2) 前ページの図のガラスの下面で反射する光は位相が変化しないが，下のガラスの上面で反射する光は位相がπ変化する。2つの光の光路差は$2y$であるが，片方の光だけ位相がπ変化しているので，2つの光が干渉して打ち消し合うための条件式は

$$2y = m\lambda \quad (m = 0, 1, 2, \cdots\cdots)$$
…①…答

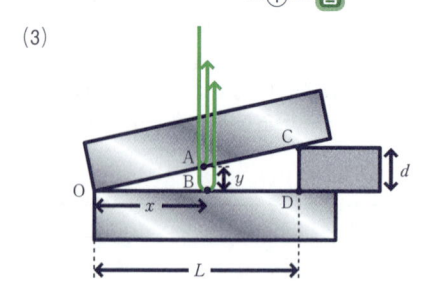

> O端は光路差0で暗くなる。これは，①式において，$m=0$の場合に相当するので，mは0から始まる整数となっている。

(3)

上図において
△OABと△OCDは相似なので

$$\frac{y}{x} = \frac{d}{L}$$

$$y = \frac{xd}{L} \quad \cdots ②$$

暗線となる条件式①に②を代入して

$$\frac{2xd}{L} = m\lambda \quad \cdots ③$$

さらに，この暗線の右隣りの暗線条件は，暗線間隔Δxを用いて

$$\frac{2(x+\Delta x)d}{L}=(m+1)\lambda \quad \cdots ④$$

④−③より

$$\frac{2d\Delta x}{L}=\lambda \qquad \bm{\Delta x = \frac{L\lambda}{2d}}$$

$$\cdots ⑤ \cdots 【答】$$

(4) ⑤式に与えられた数値を代入して

$$\Delta x = \frac{1.0\times 10^{-2}\times 5.8\times 10^{-7}}{2\times 1.8\times 10^{-6}}$$

$$\bm{\fallingdotseq 1.6\times 10^{-3} \text{ (m)}} \cdots 【答】$$

(5) 暗線となる条件式③と同様にして，明線となる条件式は

$$\frac{2xd}{L}=\left(m+\frac{1}{2}\right)\lambda$$

$$(m=0,\ 1,\ 2,\ \cdots\cdots)$$

と表される。

　白色光はいろいろな色，すなわちいろいろな波長 λ の光を含んでおり，色（波長 λ）により明線の現れる位置 x が異なる。上の式から，同じ次数 m において波長 λ が長い光（赤）ほど x が大きく O 端から離れた位置に現れ，波長 λ が短い光（紫）ほど x が小さく O 端の近くに現れることがわかる。したがって，紫から赤までの光の帯が 1 つの縞となって，この縞が縦に並ぶ。…【答】

116 透過型・反射型回折格子のテーマ

・透過型回折格子と反射型回折格子の光路差

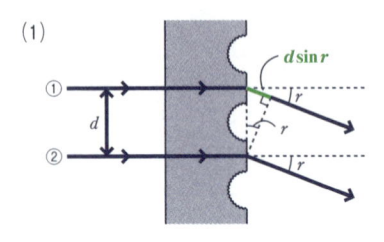

(1)

上図のように,隣り合う光①と②の光路差は $d\sin r$ であり,これが波長の整数倍であれば,この方向に明線が生じる。

明線条件

$$d\sin r = m\lambda \quad (m：整数) \cdots 答$$

> m は整数,すなわち0や負の整数もありうる。$m=0$ は入射光がそのまま直進した場合に相当し,m が負の整数のときは,図において上向きの回折光を表している。ただし,この場合,$d\sin r$ は光路①が光路②よりもどれだけ長いかを表し,r は入射方向と下向きの回折光とのなす角度を正としている。

(2)

> 図の回折格子内部では,③と④の光路長は等しくなっている。

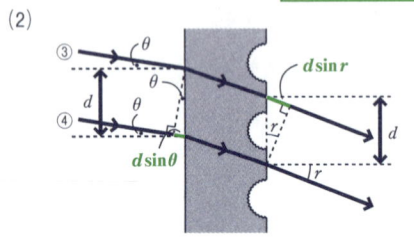

上図のように,隣り合う光③と④の光路差は

$$d\sin r - d\sin\theta$$

である。

明線条件

$$\underline{d(\sin r - \sin\theta) = m\lambda} \quad (m：整数) \cdots 答$$

> 図のように,$d\sin r > d\sin\theta$ のときは $m>0$ となるが,$d\sin r = d\sin\theta$ のときは $m=0$,$d\sin r < d\sin\theta$ のときは $m<0$ となる場合もある。

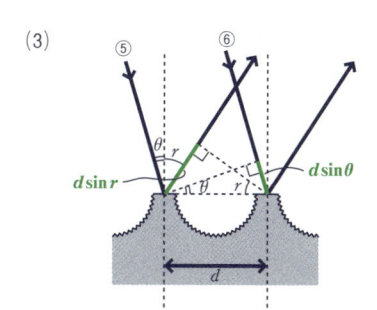

(3) 上図のように，隣り合う光⑤と⑥の光路差は
$$d\sin r - d\sin\theta = d(\sin r - \sin\theta)$$
である。

明線条件
$$d(\sin r - \sin\theta) = m\lambda \quad (m：整数)$$
$$\cdots(\text{i}) \cdots \boxed{答}$$

(4) (i)式において，光源と観測者の位置（r と θ）により，強め合う光の色（波長 λ）が異なるため，コンパクトディスク内の場所により違った色が見える。… $\boxed{答}$

---

117 回折格子 のテーマ

- 回折角が小さいときの光路差
- 波長の変化による明線位置の移動

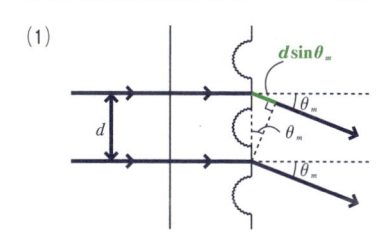

---

(1) m 番目の明点の干渉条件より
$$d\sin\theta_m = m\lambda_0 \quad \cdots ①$$
$$(m = 1, 2, \cdots\cdots)$$

$$\sin\theta_m = \frac{m\lambda_0}{d} \cdots \boxed{答}$$

(2)

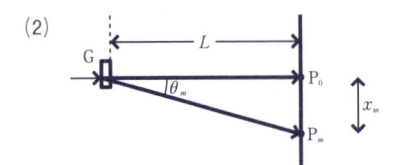

問題文中にあるように $L \gg x_m$ なので $\sin\theta_m \fallingdotseq \tan\theta_m$ が成り立ち、①式は次のように変形できる。

$$d\tan\theta_m = m\lambda_0$$

図より

$$d \cdot \frac{x_m}{L} = m\lambda_0$$

$$\boldsymbol{x_m = \frac{mL\lambda_0}{d}} \cdots ② \cdots \boxed{答}$$

(3) ②式を用いて、P_1 と P_0 の距離 x_1 を求める。

$$x_1 = \frac{L\lambda_0}{d}$$

λ_0 よりも短い波長 λ' の n 次の回折光も P_1 の位置 (x_1) に明点を作るから

$$x_1 = \frac{nL\lambda'}{d}$$

上の2式より

$$\frac{nL\lambda'}{d} = \frac{L\lambda_0}{d}$$

$$\boldsymbol{\lambda' = \frac{\lambda_0}{n}} \quad (n = 2, 3, \cdots\cdots) \cdots \boxed{答}$$

(4) 波長 λ_0 の単色光の代わりに白色光 λ ($\lambda_s \leqq \lambda \leqq \lambda_L$) を入射すると、②式より、$m$ 次回折光の位置 x_m も幅をもつようになる。つまり

$$x_m = \frac{mL\lambda}{d}$$

> 解答では、波長 λ' が λ_0 よりも短い、すなわち $\lambda' < \lambda_0$ としているが、仮に、$\lambda' > \lambda_0$ とすると、$\frac{nL\lambda'}{d} = \frac{L\lambda_0}{d}$ より $n < 1$ となってしまう。次数 n は、光路差中にある波の数を表すので $n \geqq 1$ であり、$\lambda' \neq \lambda_0$ であることも考慮すると $n \geqq 2$ でなければならず矛盾する。したがって、$\lambda' < \lambda_0$ となる。

ここで，$\lambda_S \leqq \lambda \leqq \lambda_L$ だから

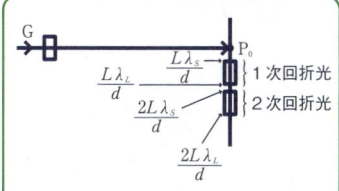

$$\frac{mL\lambda_S}{d} \leqq x_m \leqq \frac{mL\lambda_L}{d}$$

となる。

$m=1$ の明点を観察するとき，1次回折光の位置 x_1 の幅は

$$\frac{L\lambda_S}{d} \leqq x_1 \leqq \frac{L\lambda_L}{d} \quad \cdots ③$$

となり，2次回折光の位置 x_2 の幅は

$$\frac{2L\lambda_S}{d} \leqq x_2 \leqq \frac{2L\lambda_L}{d} \quad \cdots ④$$

となる。2次回折光が1次回折光に重ならないようにするには

$$\frac{L\lambda_L}{d} < \frac{2L\lambda_S}{d}$$

とすればよい。したがって

$$\lambda_L < 2\lambda_S \cdots \boxed{答}$$

---

③式より，1次回折光 ($m=1$) の中で最も外側の位置は $\frac{L\lambda_L}{d}$（赤色の明点）と表され，④式より，2次回折光 ($m=2$) の中で最も内側の位置は $\frac{2L\lambda_S}{d}$（紫色の明点）と表される。

$\frac{2L\lambda_S}{d}$ が $\frac{L\lambda_L}{d}$ よりも外側であれば，重ならないので

$$\frac{L\lambda_L}{d} < \frac{2L\lambda_S}{d}$$

難しい問題なのに，よくここまでがんばったね。偉いぞ!!

補講 8

★写像公式

まずは 118 の解説に入る前に，写像公式の Point を示しておこう。

> **Point!**
>
> 写像公式 $\dfrac{1}{a}+\dfrac{1}{b}=\dfrac{1}{f}$，倍率 $\left|\dfrac{b}{a}\right|$
>
> a：**レンズから物体（光源）までの距離**
> 　　　**実光源**はレンズの**前方**にあり　$a>0$
> 　　　**虚光源**はレンズの**後方**にあり　$a<0$
> b：**レンズから像までの距離**
> 　　　**実像**はレンズの**後方**にあり　$b>0$
> 　　　**虚像**はレンズの**前方**にあり　$b<0$
> f：**レンズの焦点距離**
> 　　　**凸レンズ**では　$f>0$
> 　　　**凹レンズ**では　$f<0$

○レンズの前方・後方について

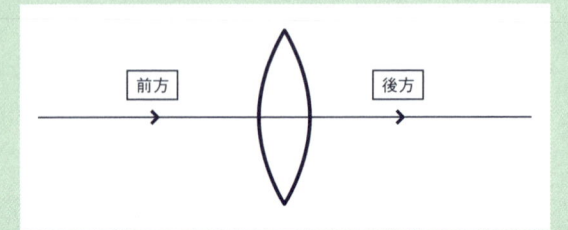

　　　　　前方　　　　　　後方

○実光源・虚光源について

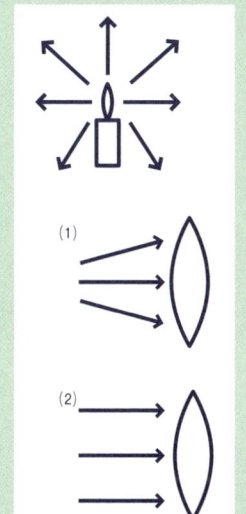

ふつうの光源（実光源）からの光は，光源を中心に拡散している。光源が無限遠にあったとしても，そこからの光は平行になる。したがって，レンズに入射する光は，通常(1)または(2)のようになる。

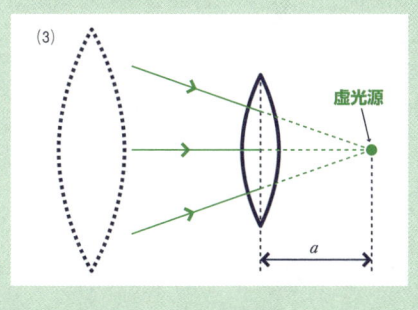

(1)

(2)

(3)

虚光源

しかし，レンズが複数個ある場合，(3)のように光がレンズに収束するように入射することがある。入射光線の延長線が収束している点を虚光源という。このような場合，aの値にマイナス（−）の符号をつけて写像公式に代入する。

解説 118 写像公式の使いかた のテーマ

- 写像公式の導出
- 写像公式の使いかた

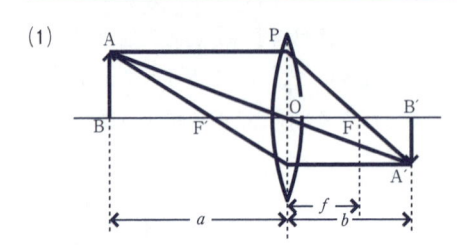

(1)

上図において，△ABO∽△A'B'O なので

$$\frac{A'B'}{AB} = \frac{OB'}{OB} = \frac{b}{a}$$

△OPF∽△B'A'F' なので

$$\frac{A'B'}{OP} = \frac{FB'}{OF} = \frac{b-f}{f}$$

$AB = OP$ から $\dfrac{b}{a} = \dfrac{b-f}{f}$

$$bf = ab - af$$

$$\frac{1}{a} = \frac{1}{f} - \frac{1}{b}$$

$$\frac{1}{a} + \frac{1}{b} = \frac{1}{f}$$

倍率は $\dfrac{b}{a}$

〔1〕 **OB'** …答

〔2〕 ***b*** …答

〔3〕 **A'B'** …答

〔4〕 ***b−f*** …答

〔5〕 $\dfrac{b-f}{f}$ …答

〔6〕 $\dfrac{1}{a}+\dfrac{1}{b}=\dfrac{1}{f}$ …答

〔7〕 $\dfrac{b}{a}$ …答

(2) 写像公式 $\dfrac{1}{a}+\dfrac{1}{b}=\dfrac{1}{f}$ において

$f=50$, $a=25$ として

(a) $\dfrac{1}{25}+\dfrac{1}{b}=\dfrac{1}{50}$　　$b=-50$ ← $b<0$なので虚像であり，レンズの前方すなわち左側に像ができる。

倍率 $\left|\dfrac{b}{a}\right|=\left|\dfrac{-50}{25}\right|=2$ 倍

$A'B'=AB\times 2=4\times 2=8$ 〔cm〕

したがって，**レンズの左50cmの位置に8cmの像ができる**…答

(b) $b<0$ だから　この像は**虚像**…答

(3) (a) L_1 だけで考える。

写像公式 $\dfrac{1}{a}+\dfrac{1}{b}=\dfrac{1}{f}$ において

$a=40$, $f=30$ として

$\dfrac{1}{40}+\dfrac{1}{b}=\dfrac{1}{30}$　　$b=120$ ← $b>0$なので実像であり，レンズの後方すなわち右側に像ができる。

倍率 $\left|\dfrac{b}{a}\right|=\left|\dfrac{120}{40}\right|=3$

$A'B'=AB\times 3=4\times 3=12$

したがって，**レンズL_1の右120cmの位置に12cmの実像ができる**…答

(b) 問題文で与えられている値と，(a)で求めた値をもとに図をかくと，次ページのようになる。

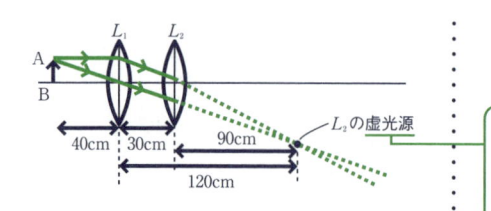

L_2 に写像公式 $\dfrac{1}{a}+\dfrac{1}{b}=\dfrac{1}{f}$ を適用する。$a=-90$, $f=30$ として

$$\dfrac{1}{-90}+\dfrac{1}{b}=\dfrac{1}{30} \qquad b=22.5$$

> L_2 の入射光線の延長線が収束している点(L_2 の右 90cm の位置)が L_2 の虚光源であり,写像公式には $a=-90$ として代入する。

> $b>0$ なので実像であり,レンズの後方すなわち右側に像ができる。

したがって,**レンズ L_2 の右 22.5cm の位置**…**答**

(4) 物体ABから出た光は,レンズの下半分を通り実像A'B'を結ぶので,像の位置や大きさは変わらないが,レンズを通る光の量が少なくなるので像が暗くなる。
…**答**

1. 静電気力と電場

119 クーロンの法則のテーマ

- クーロンの法則
- 力のつり合い

Point!

クーロンの法則

$$F = k\frac{q_1 q_2}{r^2}$$

! k は電荷をとり巻く物質によって決まる比例定数だよ。

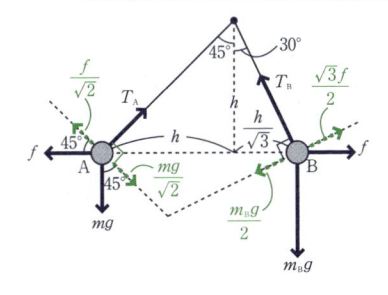

求めるBの質量と電気量をそれぞれ m_B 〔kg〕, q_B 〔C〕とする。

2球は水平となり静止しているので, 2球A, Bにはたらく力のつり合いを考える。A, Bにはたらく張力の大きさをそれぞれ T_A 〔N〕, T_B 〔N〕, A, B間にはたらく静電気力の大きさを f 〔N〕とする。

! 問題文に"2球は水平となり静止した"とあるので, 力のつり合いで解くのは, 簡単に見抜けるね!

AがBから受ける静電気力とBがAから受ける静電気力は, 作用・反作用の関係にあるので, 大きさは同じ f で向きは逆である。

第 4 章　電磁気

糸に垂直な方向の力のつり合いを，A，B それぞれについて考える。

A : $\dfrac{f}{\sqrt{2}} = \dfrac{mg}{\sqrt{2}}$ 　…①

B : $\dfrac{\sqrt{3}f}{2} = \dfrac{m_B g}{2}$ 　…②

①，②より f を消去して
$$\sqrt{3}\,mg = m_B g \qquad m_B = \sqrt{3}\,m \text{ (kg)}$$
…**答**

> 力のつり合いをどの方向で考えるかが，悩みどころであろう。注目したいのは T_A と T_B である。T_A，T_B は未知であり，求める必要もないので，力のつり合いの式に登場させたくない文字である。そこで，糸に垂直な方向の力のつり合いの式を立てればよいことがわかる。

また，前ページの図より AB 間の距離は
$$h + \dfrac{h}{\sqrt{3}} = \dfrac{(\sqrt{3}+1)h}{\sqrt{3}}$$

だから，**クーロンの法則**より

$$f = k \dfrac{q q_B}{\left\{\dfrac{(\sqrt{3}+1)h}{\sqrt{3}}\right\}^2} \quad \text{…③}$$

①，③より f を消去して
$$mg = \dfrac{3 k q q_B}{(\sqrt{3}+1)^2 h^2}$$

$$q_B = \dfrac{(\sqrt{3}+1)^2 mgh^2}{3kq} \text{ (C)} \text{ …}\boxed{答}$$

> **同符号の電荷**はたがいに**斥力**をおよぼし合い，**異符号の電荷**はたがいに**引力**をおよぼし合う。電荷間にはたらく静電気力の大きさ F は，それぞれの電荷 q_1，q_2 の積に比例し，電荷間の距離 r の 2 乗に反比例する。

補講 ⑨

★電場とは

ここで，電場についてまとめておこう。

クーロンの法則では，q (C) の電荷は Q (C) の電荷から F (N) の静電気力を受けるとして

$$F = k \dfrac{qQ}{r^2} \quad \text{…①}$$

と表した。しかし，この力は Q [C] の電荷から q [C] の電荷に直接およぼされるのではなく，Q [C] の電荷の周囲の空間が，他の電荷に静電気力をおよぼすような状態に変化し，その空間が q [C] の電荷に力をおよぼすと考えられている。このように，**電荷に静電気力をおよぼす性質をもった空間を電場または電界という。**

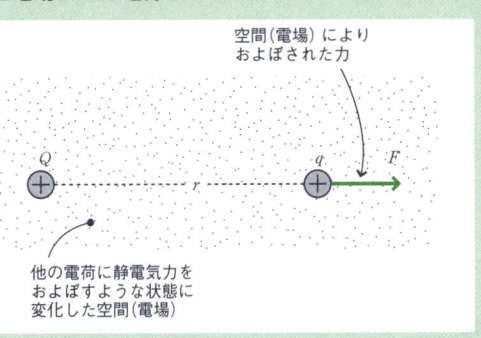

空間(電場)によりおよぼされた力

他の電荷に静電気力をおよぼすような状態に変化した空間(電場)

また，考えている空間に電場が存在するかどうかは，そこに電荷をもち込み，その電荷が静電気力を受けるかどうかで判断をする。そこで，**電場は**

「**＋1Cの電荷が受ける静電気力**」

によって表すことにしている。

! もち込む電荷を＋1Cとしているんだね。

①式において，Q [C] の点電荷によって生じる電場の大きさ E [N/C] は，$q=1$ として

$$E = k\frac{Q}{r^2}$$

と表される。

! Eは，＋1Cの電荷が受ける静電気力の大きさだから，$q=1$ とするんだね。

Point!

電場 ⇒ ＋1Cの電荷が受ける力

> ＋1Cの電荷は，厳密には「単位試験電荷」というよ。試験電荷とは，調べようとするもとの電場を乱さない電荷を意味しているよ。

Point!

電荷が電場から受ける力

$$\vec{F} = q\vec{E}$$

> ＋1Cの電荷が受ける静電気力は電場$\vec{E}$を表すので，＋q〔C〕の電荷が受ける静電気力$\vec{F}$は$\vec{E}$のq倍となり$\vec{F} = q\vec{E}$となるよ。

Point!

点電荷による電場

$$E = k\frac{Q}{r^2}$$

1. 静電気力と電場

> **120 電場のテーマ**
> - 電場の定義
> - 点電荷による電場
> - 電場の重ね合わせ

(1) 下の図のように，x軸上以外の位置では，電場のy成分が存在してしまうので，電場が0となるのは，x軸上だけである。点Aの右側では電場は右向きに，点Bの左側では電場は左向きになるので，電場が0となるのは，点Aと点Bの間である。この点のx座標をxとする。点A, Bによる電場の大きさをE_A, E_B〔N/C〕とすると

$$E_A = k\frac{q}{(3a-x)^2} \qquad E_B = k\frac{4q}{(x+3a)^2}$$

電場が0となるのは，$E_A = E_B$のときだから

$$k\frac{q}{(3a-x)^2} = k\frac{4q}{(x+3a)^2}$$

$x = a,\ 9a$

ここで，$-3a < x < 3a$だから

$x = a$

$(a,\ 0)$ …答

> 電場は「＋1Cの電荷が受ける力」である。その点の電場を求めたいときは，＋1Cの電荷をその点に置いてみればよい。＋1Cの電荷が受けた力の向きがその点の電場の向きを表し，受けた力の大きさがその点の電場の強さを表している。

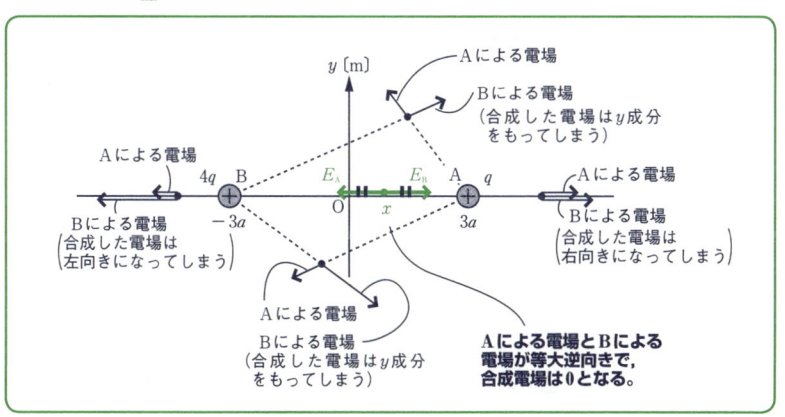

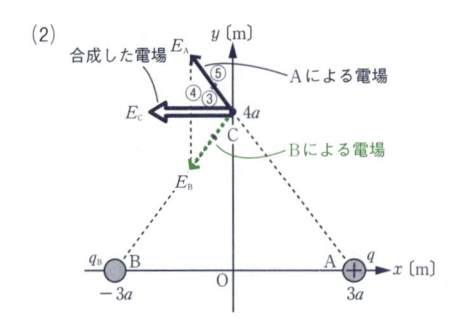

(2)

Bの電気量をq_B〔C〕,点Cにおける電場の大きさをE_C〔N/C〕とする。

上図より,Aによる電場の大きさE_Aは,AC間の距離が$5a$なので

$$E_A = k\frac{q}{(5a)^2}$$

である。また,合成した電場がx軸負の向きになるためには,Bによる電場はAによる電場と同じ大きさで,CからBに向いていなければならない。BC間の距離はAC間の距離と同じ$5a$なので

$q_B = -q$〔C〕…答

図中の三角形の辺の比は$3:4:5$になっているので,これを利用して

$$E_C = E_A \times \frac{3}{5} \times 2 = \frac{6kq}{125a^2}\text{〔N/C〕} \cdots 答$$

> 左上の図で$\vec{E}_A$と$\vec{E}_B$を足すと$\vec{E}_C$になるとわかるね。
> $E_A \times \frac{3}{5}$だけだとE_Cの半分の大きさにしかならないから,×2を忘れずに。

1. 静電気力と電場　257

解説 121 **ガウスの法則**のテーマ
- 電気力線
- 電気力線と電場の向き
- ガウスの法則

(ア) **正**　(イ) **負**　(ウ) **電場**
(エ) **密集**
(オ) $E = k\dfrac{Q}{r^2}$ …答
(カ) $4\pi r^2$
(キ) $E \times 4\pi r^2$
$= k\dfrac{Q}{r^2} \times 4\pi r^2$
$= 4\pi kQ$ …答

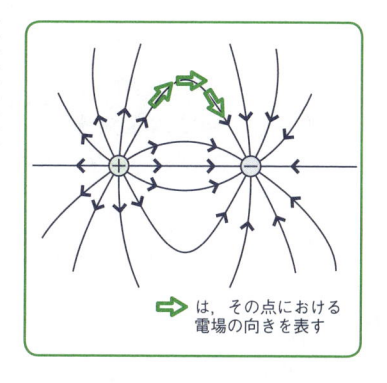

⇨ は，その点における電場の向きを表す

Point!
ガウスの法則
$+Q$〔C〕の帯電体から出る電気力線の総本数 N は
$$N = 4\pi kQ$$

問) 平面のまわりの電場の強さを E〔N/C〕とする。ガウスの法則より，Q〔C〕の電荷から出る電気力線の総本数は，$4\pi kQ$ 本で，1m^2 あたりの本数が E を表すので
$$E = \dfrac{4\pi kQ}{2S} = \dfrac{2\pi kQ}{S} \text{〔N/C〕}$$
（平面に垂直で外向き）…答

ここで，ガウスの法則の使いかたについてまとめておこう。
(1) **帯電体を囲む面を考える。**
　帯電体を囲む面は，電場の強さを**求めたい点を通り，電気力線に垂直になるように**考える。
(2) **E の2つの意味を考える。**
　E には "**電場の強さ**" という意味の他に，"**電場に垂直な面 1m^2 を貫く電気力線の本数**" という意味がある。これを用いて，次のように式を立てる。
　電場の強さ $E = 1\text{m}^2$ あたりの本数

Q〔C〕の電荷を，上下2つのS〔m²〕の平面ではさむ。ただし，側面は，電気力線が貫く面ではないので無視してよい。

電気力線は平面に垂直になる

上下合わせて$4\pi kQ$本

秘テクニック！

ガウスの法則の使いかた
　電場の強さE＝1m²あたりの本数

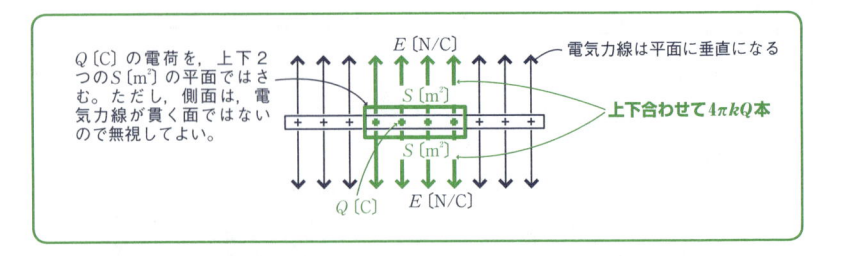

122 電位のテーマ

・電位の定義
・重力による位置エネルギーと静電気力による位置エネルギー

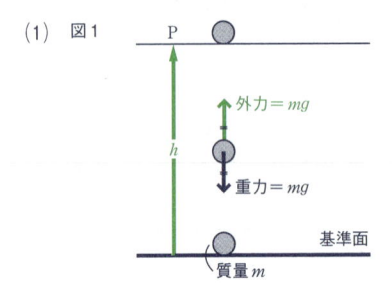

(1) 図1

外力＝mg
重力＝mg
質量m
基準面

　物体に加えた外力は，鉛直上向きにmg〔N〕で，同じ向きにh〔m〕動かしたので，外力がした仕事W〔J〕は

$$W = mgh 〔J〕 \cdots 答$$

となる。外力が物体に対してした仕事Wが，**物体の位置エネルギーU〔J〕**として蓄えられる。したがって，mghは**物体が点Pでもつ重力による位置エネルギーを表している。**

ここでもう一度確認しておくが，位置エネルギーは
「基準点からその点まで物体を運ぶとき，外力のした仕事」
として与えられる。

！　物体は，された仕事の分だけ位置エネルギーとして蓄えるんだったね。

2. 電場と電位

(2) 図2

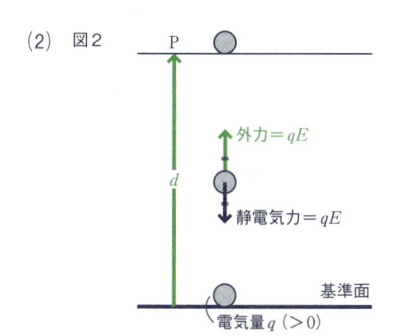

電荷に加えた外力は上向きに qE 〔N〕で，同じ向きに d 〔m〕動かしたので，外力がした仕事 W 〔J〕は

$$W = qEd \text{ 〔J〕} \cdots \text{答} \quad \cdots ①$$

となる。また，これは**電荷が点Pでもつ静電気力による位置エネルギーを表している。**

! $F = qE$ は覚えているよね。

! 電気の分野でも，位置エネルギーの考えかたは同じだね。

(3) 図3

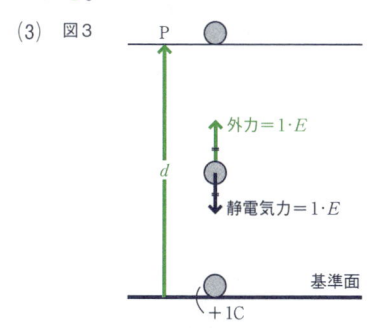

単位試験電荷に加えた外力は上向きに $1 \cdot E$ 〔N〕で，同じ向きに d 〔m〕動かしたので，外力がした仕事 W 〔J〕は

$$W = Ed \text{ 〔J〕} \cdots \text{答} \quad \cdots ②$$

となる。また，これは単位試験電荷が点Pでもつ静電気力による位置エネルギー，すなわち**点Pの電位を表している。**

! $F = qE$ において $q = 1$ とするよ。

補講 10

★電位と電場のまとめ

ここで、電位と電場についてまとめておこう。まずは電位の定義からだ。

> **Point!**
>
> **点Pの電位**
> 単位試験電荷(＋1C)を基準点から点Pまで運ぶとき、外力のした仕事(＋1Cの電荷がもつ静電気力による位置エネルギー)を、点Pの電位という。
>
> > 電位の定義はとても大切だよ。

また、＋1Cの電荷を基準点から点Pまで運ぶとき、外力のした仕事が1Jであるとき、点Pの電位を**1V**とする。

122 の②式は点Pの電位を表しているので、点Pの電位を V [V] とすると

$$V = Ed$$

の関係が成り立つ。

また、122 の①式は、q [C] の電荷が点Pでもつ静電気力による位置エネルギー U [J] を表しているので、V を用いて表すと

$$U = qEd = qV$$

と表される。

> **Point!**
>
> **静電気力による位置エネルギー**
>
> $$U = qV$$
>
> > 逆に
> > $$V = \frac{U}{q}$$
> > とすれば、**電位 V は 1C あたりの位置エネルギー**を表しているよね。

ここまで，電場・電位について，いろいろと解説してきたが，究極，これだけ覚えておけば何とかなる！

㊙テクニック！

電場　⇒　＋1C の受ける力
電位　⇒　＋1C のもつ位置エネルギー

〔電場・電位の定義から導かれる公式〕

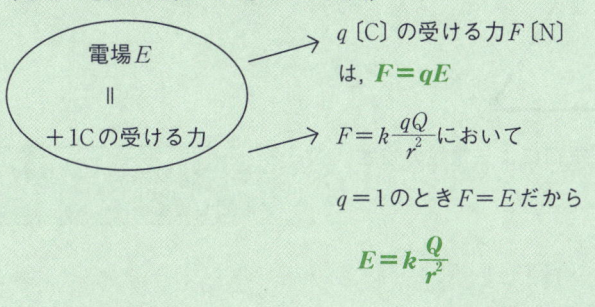

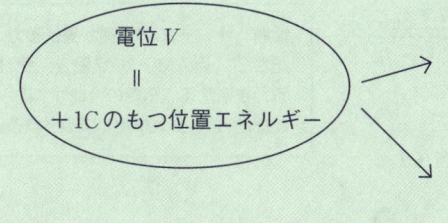

電場 E
＝
＋1C の受ける力

→ q〔C〕の受ける力 F〔N〕は，$F=qE$

→ $F=k\dfrac{qQ}{r^2}$ において

$q=1$ のとき $F=E$ だから

$$E=k\dfrac{Q}{r^2}$$

電位 V
＝
＋1C のもつ位置エネルギー

→ q〔C〕のもつ位置エネルギー（静電エネルギー）U〔J〕は
$U=qV$

→ 位置エネルギー U は，外力のした仕事 W でもあるから
$W=qV$（ちょっと予習）

123 電場と電位 のテーマ

- 電場の足し合わせと電位の足し合わせの違い
- 点電荷による電位
- 電位差
- 電荷を運ぶときの仕事

(1)

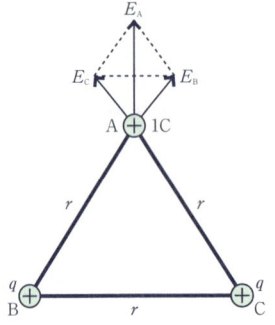

B, Cにある正電荷による電場の強さを E_B, E_C 〔N/C〕とすると

$$E_B = E_C = k\frac{q}{r^2}$$

図のように，2つの電場を合成すると，点Aにおける電場は**上向き**となり，電場の強さ E_A 〔N/C〕は

$$E_A = E_B \times \frac{\sqrt{3}}{2} \times 2 = \frac{\sqrt{3}\,kq}{r^2} \text{〔N/C〕}$$

…答

> 点電荷による電場の式 $E = k\dfrac{Q}{r^2}$ は覚えているよね！

> 電場 ⇒ ＋1Cの電荷が受ける力
> だから，点Aに＋1Cを置き，受ける力を考える。電場の合成は力の合成だから，**ベクトル和**で求められる。

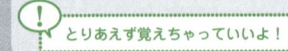

Point!

点電荷のまわりの電位（無限遠が基準）

$$V = k\frac{Q}{r}$$

> とりあえず覚えちゃっていいよ！

Point!

$+Q$〔C〕の点電荷からr〔m〕離れた点での電位V〔V〕は，無限遠を基準点とすると

$$V = k\frac{Q}{r}$$

と表される。

〈参考〉 上式は，万有引力による位置エネルギーと同様に，次のように求めることができる。

```
 Q        外力 +1C                    x
 ⊕————•————←—⊕—————————————————∞
 O    r      x  静電気力 $k\frac{1×Q}{x^2}$
        ←—————————————————————(基準点)
```

基準点（無限遠）から$x=r$まで+1Cの電荷を運ぶとき，外力のした仕事が $x=r$での電位Vだから

$$V = \int_\infty^r \left(-k\frac{1\times Q}{x^2}\right)dx$$

$$V = -kQ\left[-x^{-1}\right]_\infty^r$$

$$V = k\frac{Q}{r}$$

(2) 点AにおけるB，Cにある正電荷による電位をそれぞれV_B，V_C〔V〕とすると

$$V_B = k\frac{q}{r} \qquad V_C = k\frac{q}{r}$$

よって，2つの電位の和が点Aの電位V_A〔V〕だから

$$\underline{V_A = V_B + V_C = \frac{2kq}{r}}\text{〔V〕}\cdots\boxed{答}$$

> 電位 ⇒ +1Cあたりの位置エネルギー
>
> すなわち，電位はエネルギーだからスカラーである。したがって，電位の和は代数和（スカラー和）で求められる。

Point!

電場の重ね合わせ ⇒ ベクトル和
電位の重ね合わせ ⇒ スカラー和

(3) (2)と同様にして，点Dの電位 V_D 〔V〕は，B, Cにある正電荷による電位の和になるから

$$V_D = k\frac{q}{\frac{r}{2}} + k\frac{q}{\frac{r}{2}} = \frac{4kq}{r}$$

したがって，2点A, Dの電位差 V_{AD} 〔V〕は

$$V_{AD} = |V_A - V_D| = \frac{2kq}{r} \text{〔V〕}$$

…答

$V_D > V_A$ だから**点Dのほうが高電位**

…答

> 電場中の2点A, Bの電位を，それぞれ V_A, V_B 〔V〕とするとき
> $$V = |V_A - V_B|$$
> を2点A, B間の**電位差**，または**電圧**という。

(4) $-q$〔C〕の負電荷が点Dでもつ静電気力による位置エネルギー U_D〔J〕は

$$U_D = (-q) \times V_D$$

$$U_D = -\frac{4kq^2}{r} \text{〔J〕} \cdots \text{答}$$

> ！ +1Cのもつ位置エネルギーが電位 V だから，q〔C〕のもつ位置エネルギー U は
> $$U = qV$$
> だったよね。

(5) $-q$〔C〕の負電荷が点Aでもつ静電気力による位置エネルギー U_A〔J〕は

$$U_A = (-q) \times V_A = -\frac{2kq^2}{r}$$

$-q$〔C〕の負電荷を点Dから点Aまで運ぶとき，要する仕事を W_{DA}〔J〕とする。エネルギーと仕事の関係より

$$U_D + W_{DA} = U_A$$

$$-\frac{4kq^2}{r} + W_{DA} = -\frac{2kq^2}{r}$$

$$W_{DA} = \frac{2kq^2}{r} \text{〔J〕} \cdots \text{答}$$

2. 電場と電位

解説 124 **電場がする仕事**のテーマ
- 電場の向きと電位の高低
- 電場が電荷にする仕事

(1) 図1

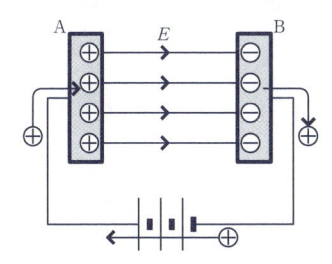

電池は，正電荷を極板Bから極板Aに運ぶはたらきをする。その結果，極板Aには正電荷，極板Bには負電荷が帯電し，図1のように**右向き**の一様な電場が生じる。

> 電場(電気力線)は，**正電荷から出て，負電荷に向かう**んだったね。

(2) 図2

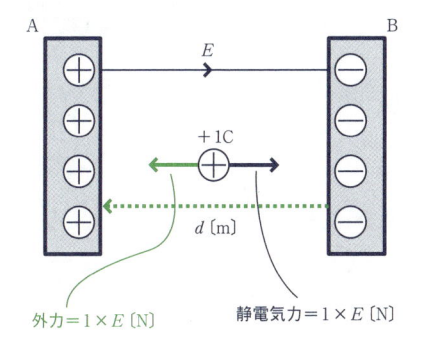

外力＝$1 \times E$ [N]　　静電気力＝$1 \times E$ [N]

図2のように，左向きのE [N] の外力によって，BからAまで左向きにd [m] 運ぶのに要する仕事W [J] は

$W = Ed$ [J] …答

＋1Cの電荷をBからAまで運ぶとき，外力のした仕事Ed [J] は，＋1Cのも

つ位置エネルギー，すなわち**Bに対する Aの電位** V [V] を表している。よって
$$V = Ed$$

> AはBよりも高電位なので，(2)の場合，VはA, B間の電位差といってもよい。
>
> 電場の向き 高電位 → 低電位
>
> グラフの傾きの大きさは，電場の強さを表す。すなわち
> $$E = \frac{V}{d}$$
>
> (電場の強さ＝電位差／距離)

Point!

電位差と電場の強さ（一様な電場）

$$V = Ed$$

電場の強さ $E = \dfrac{電位差 V}{距離 d}$

! $E = \dfrac{V}{d}$ より，電場 E の単位は [V/m] と表すこともできるよ。

Point!

電場の向き
高電位 → 低電位

(3) Bに対するAの電位 $V = Ed$ が正の値なので，**Aのほうが高電位**…**答**

> ! 電池の＋側が高電位になるよ。

(4) 正電荷がAからBに移動する間，電場（静電気力）が正電荷にする仕事 W [J] は
$$W = qE \times d = qEd$$

Bを通過する瞬間の正電荷の速さを v [m/s] とすると，
エネルギーと仕事の関係より
（またはエネルギー保存則より）

> $W = qEd$ と $V = Ed$ から，電場（静電気力）が電荷にする仕事 W は，
> $$W = qV$$
> と表される。

$$\frac{1}{2}mv_0^2 + qEd = \frac{1}{2}mv^2$$

$$v = \sqrt{v_0^2 + \frac{2qEd}{m}} \ \text{(m/s)} \cdots \boxed{答}$$

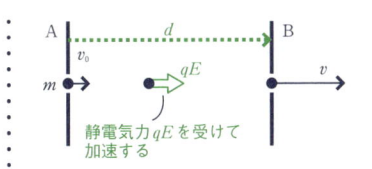

静電気力 qE を受けて加速する

Point!

電場が電荷にする仕事
$$W = qV$$

> この式は，$V = \dfrac{W}{q}$ とすれば＋1Cあたりの外力のした仕事を表し，＋1Cあたりの位置エネルギー，すなわち電位 V の定義式といってもいいね。

---

125 電場の強さと電位差のテーマ

- 電場の強さと電位差
- 電位の高低と電場の向き
- 静電エネルギー
- 電場が電荷にする仕事

---

(1)　V-x グラフより，$x=0$ と $x=d$ の間の電位差は $2V$，距離は d だから，この間の電場の強さ E_1 〔V/m〕は

$$E_1 = \frac{2V}{d}$$

> 電場の強さ $E = \dfrac{電位差 V}{距離 d}$ だったよね。

電場の向きは，高電位の $x=d$ から低電位の $x=0$ に向くので，x 軸負の向きになる。

　$x=d$ と $x=2d$ の間の電位差は 0 なので，この間の電場の強さ E_2 〔V/m〕は

$$E_2 = 0$$

> 電場の向き
> 高電位 → 低電位
> だったよね。

　$x=2d$ と $x=4d$ の間の電位差は $2V$，距離は $2d$ だから，この間の電場の強さ E_3 〔V/m〕は

$$E_3 = \frac{2V}{2d} = \frac{V}{d}$$

電場の向きは，高電位の$x=2d$から低電位の$x=4d$に向くので，x軸正の向きになる。

したがって，E-xグラフは次のようになる。

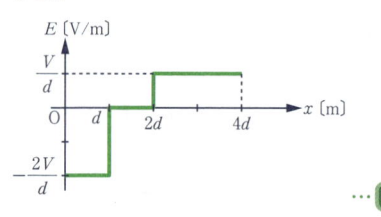

…答

> E-xグラフをもとに，電場の向きと強さを図にかき，荷電粒子の運動を考える。

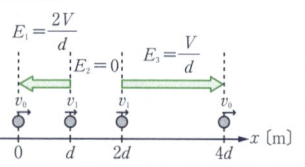

(2) $x=0$と$x=d$の間で，粒子が電場からされた仕事は$q \cdot (-2V) = -2qV$である。また，$x=d$における粒子の速度をv_1〔m/s〕とすると，

エネルギーと仕事の関係より

$$\frac{1}{2}mv_0^2 - 2qV = \frac{1}{2}mv_1^2$$

ここで，$v_1 > 0$だから

$$v_1 = \sqrt{v_0^2 - \frac{4qV}{m}} \text{〔m/s〕} \cdots \text{答}$$

また，$x=d$を通過するためには，$v_1 > 0$でなければならないので

$$\sqrt{v_0^2 - \frac{4qV}{m}} > 0$$

$$v_0 > 2\sqrt{\frac{qV}{m}} \cdots \text{答}$$

> 電場が電荷にする仕事
> $W = qV$
> を使おう。
> 電荷は電場から**負の仕事**を受けているよね。

> 解答では，エネルギーと仕事の関係を用いたが，エネルギー保存則で解くこともできる。$x=0$で粒子がもつエネルギーは$\frac{1}{2}mv_0^2$である。$x=d$で粒子がもつエネルギーは，静電気力による位置エネルギー$q \cdot 2V$を含んだ$\frac{1}{2}mv_1^2 + q \cdot 2V$となる。これらのエネルギーは保存されるので
> $$\frac{1}{2}mv_0^2 = \frac{1}{2}mv_1^2 + 2qV$$
> となり，解答と同じ式が得られる。

(3) $x=0$と$x=4d$において，粒子がもつ静電気力による位置エネルギーはともに0で等しいので，エネルギー保存則より，

> 静電気力による位置エネルギー
> $U = qV$
> において，$x=0$と$x=4d$は等電位でどちらも**電位 $V=0$** と考えよう。

速度も同じになる。したがって，$x=4d$ における速度は

v_0 [m/s] …**答**

(4) $x=0$ から $x=d$ までの粒子の加速度を a_1 [m/s^2] とすると，粒子の運動方程式は

$$ma_1 = q \times \left(-\frac{2V}{d}\right) \qquad a_1 = -\frac{2qV}{md}$$

v-t グラフにおいて，加速度 a_1 は $t=0$ から $t=t_1$ までの傾きを表し，$a = -\dfrac{2qV}{md}$ が定数であることから，この間，グラフは直線になる。同様にして，$t=t_1$ から $t=t_2$ までは，電場がなく粒子に静電気力がはたらかないので等速度になる。$t=t_2$ から $t=t_3$ までの粒子の加速度を a_3 [m/s^2] とすると，粒子の運動方程式は

$$ma_3 = q \times \frac{V}{d} \qquad a_3 = \frac{qV}{md} \text{（一定）}$$

となり，この範囲でも v-t グラフは直線になる。

$x=d$ ($t=t_1$) における粒子の速度が $v_1 = \sqrt{v_0^2 - \dfrac{4qV}{m}}$ であることに注意して，v-t グラフをかくと次のようになる。

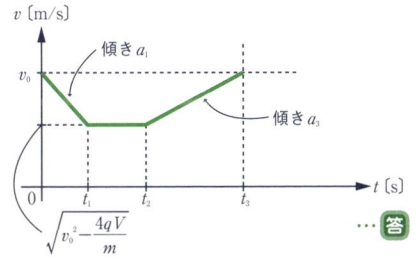

下の図のように，$x=0$ と $x=d$ の間において，粒子にはたらく静電気力は，大きさ qE_1 で x 軸負の向きになる。

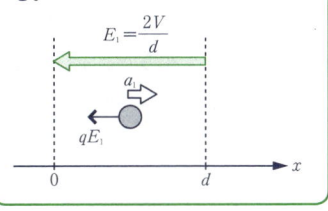

…**答**

270　第4章　電磁気

> **解説** 126 **導体**のテーマ
> ・導体内の電場・電位
> ・静電誘導
> ・ガウスの法則
> ・点電荷のまわりの電位

(1) 導体内部では，電場は **0** …**答**

右向きの電場内に導体を置くと，導体内部の自由電子が電場と逆向きに力を受け，その一部が導体の左側に移動を始める。そのため，導体の左側表面には負電荷が現れ，右側表面には正電荷が現れる。これを**静電誘導**という。

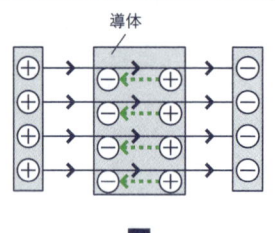

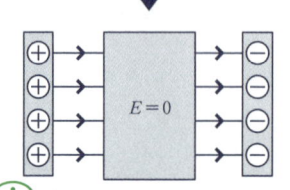

$E = 0$

> 導体内部では，外部の電場と逆向きの電場ができるね。

自由電子の移動は導体内部の電場が0になるまで続くので，自由電子の移動が終わった状態(**静電状態**)では，次の Point! ①，②が成り立つ。

3. 静電場内の導体と平行板コンデンサー　271

> **Point!**
>
> 静電場内の導体
>
> ① **導体内部の電場は0である。**
> ⇩
> 電気力線は導体内部に入り込めない。
>
> ② **導体全体（内部も表面も）は等電位である。**
> ⇩
> 電気力線は導体表面に垂直である。
>
> ❗ 導体内部は電場が0なので，この中で＋1Cの電荷を運ぶ仕事は0となり，だから導体全体が等電位であるといえるんだね。

(2) 球殻内（$r_1 < r < r_2$）の電場が0になるためには，Q〔C〕の正の点電荷から出た $4\pi kQ$ 本の電気力線がすべて球殻内側表面で終わらなければならない。よって，球殻内側表面にある電荷の総量は

$-Q$〔C〕…答

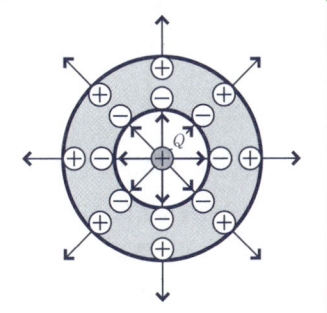

(3) 導体球殻全体は帯電していないので，球殻内側表面に $-Q$〔C〕の電荷があるならば，球殻外側表面にある電荷の総量は

Q〔C〕…答

(4) $r > r_2$ の点における電場の大きさを E_2〔V/m〕とする。この点を通る半径 r の球面を考え，ガウスの法則を適用すると

$$E_2 = \frac{4\pi kQ}{4\pi r^2} = k\frac{Q}{r^2} \text{〔V/m〕} \cdots 答$$

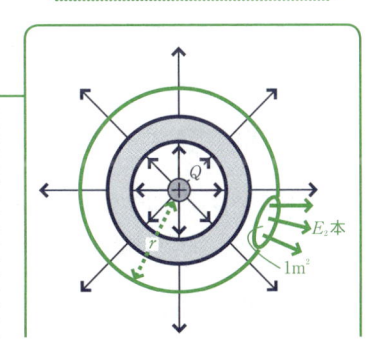

球殻内側表面にある電荷の総量は $-Q$〔C〕である。
球殻外側表面にある電荷の総量は $+Q$〔C〕である。

❗ 要するに導体球殻に静電誘導が生じたということだね。

(5) $r<r_1$ の点における電場の大きさを E_1 〔V/m〕とする。この点を通る半径 r の球面を考え，ガウスの法則を適用すると

$$E_1 = \frac{4\pi kQ}{4\pi r^2} = k\frac{Q}{r^2} \text{〔V/m〕} \cdots \text{答}$$

(6) 電気力線は導体内部に入り込めず，導体表面に垂直である。

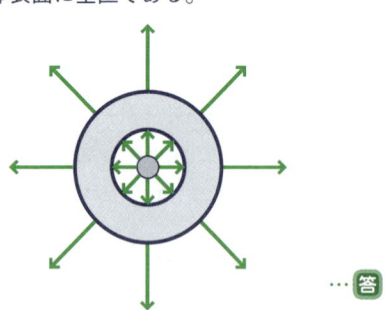

…答

(7) $r>r_2$ の点の電位を V_2 〔V〕とする。V_2 は，＋1Cの電荷を無限遠方（電位の基準）からこの点まで運ぶとき，外力のした仕事で表される。(4)よりこの範囲の電場は，原点Oにある Q 〔C〕の点電荷による電場に等しいので，電位も点電荷のまわりの電位の式で表され

$$V_2 = k\frac{Q}{r} \text{〔V〕} \cdots ①$$

(8) 球殻外側表面の電位は，①式において $r=r_2$ として

$$k\frac{Q}{r_2} \text{〔V〕} \cdots \text{答}$$

(9) 導体全体は等電位なので，球殻内側表面の電位は，球殻外側表面の電位と同じ。

$$k\frac{Q}{r_2} \text{〔V〕} \cdots \text{答}$$

球殻全体にある電荷は，0なので，半径 r の球面内の電荷の総量は Q 〔C〕である。半径 r $(r>r_2)$ の球面上 1m^2 あたり，電気力線が E_2 本貫いているとして，

$$E_2 = \frac{4\pi kQ}{4\pi r^2}$$

← Q〔C〕から出る総本数
← 1m^2 **あたりの本数にする**ため，表面積 $4\pi r^2$〔m^2〕で割っている。

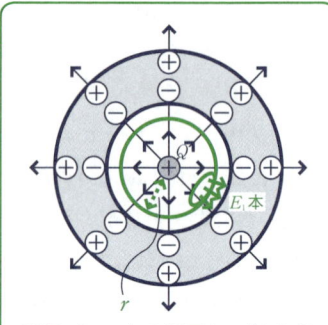

半径 r $(r<r_1)$ の球面上 1m^2 あたり E_1 本の電気力線が貫くとしても

$$E_1 = \frac{4\pi kQ}{4\pi r^2}$$

となり，E_2 と同じ式になる。

! 導体内部の電場が0なので，導体全体は等電位になるんだったよね。

(10) $r<r_1$ の点の電位を V_1 [V] とする。V_1 は，＋1Cの電荷を無限遠方からこの点まで運ぶとき，外力のした仕事で表される。導体球殻内部を運ぶ間だけ，外力のした仕事は0となるので，その分だけ V_1 は球殻でおおう前の電位に比べて**低くなる**。…答

127 平行板コンデンサー のテーマ

- ガウスの法則
- 平行板コンデンサー
- 電気容量

[A]

(1) 電荷 Q から出ている電気力線の総数 N は
$$N = 4\pi kQ \cdots 答$$

! $N=4\pi kQ$ はもう覚えたよね。

(2) 右図のように，Q [C] の電荷からは，上下合わせて $4\pi kQ$ 本の電気力線が出ている。電場の大きさ **E [V/m] は，$1m^2$ あたりを貫く電気力線の本数** で表されるので

$$E = \frac{4\pi kQ}{2S} = \frac{2\pi kQ}{S} \text{ [V/m]} \cdots 答$$

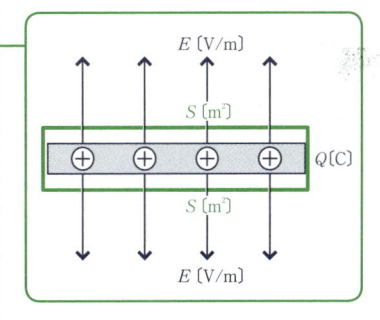

! 121 でもやったよね。

[B]
(1) 右図のように，金属平板Bに分布している電荷$-Q$〔C〕には，上下合わせて$4\pi kQ$本の電気力線が吸い込まれていく。Bのまわりの電場の大きさE'〔V/m〕も[A](2)と同様にガウスの法則を用いて

$$E' = \frac{4\pi kQ}{2S} = \frac{2\pi kQ}{S} \text{〔V/m〕}$$

と表される。

電場は打ち消されて0になる。

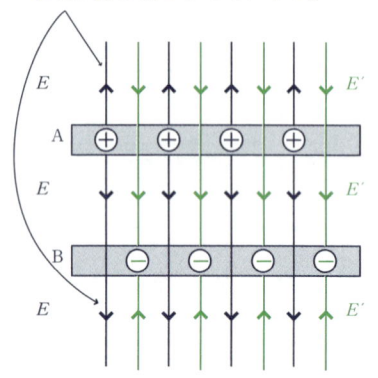

金属平板A，Bの作る電場は，Aの作る電場とBの作る電場の重ね合わせだから，上図のように，金属平板間にだけ強さE_1〔V/m〕の電場が下向きに生じる。したがって

$$E_1 = E + E' = \frac{2\pi kQ}{S} + \frac{2\pi kQ}{S}$$

$$E_1 = \frac{4\pi kQ}{S} \text{〔V/m〕} \cdots \text{答}$$

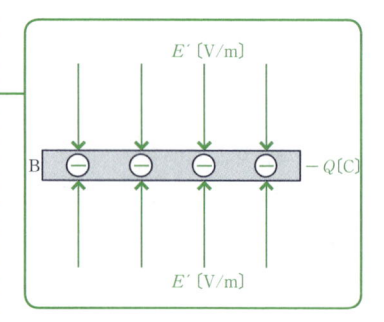

3．静電場内の導体と平行板コンデンサー

次のように簡略化して考えることもできる。

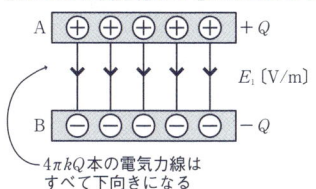

A ⊕⊕⊕⊕⊕ +Q
         ↓↓↓↓↓ E_1 〔V/m〕
B ⊖⊖⊖⊖⊖ -Q

$4\pi kQ$ 本の電気力線はすべて下向きになる

Aにある $+Q$ 〔C〕からわき出した $4\pi kQ$ 本の電気力線は，Bにある $-Q$ 〔C〕にすべて吸い込まれていくと考える。

ガウスの法則より

$$E_1 = \frac{4\pi kQ}{S}$$

- Aからわき出した電気力線の総数
- 電気力線は下向きにしか出ていかないので S 〔m²〕で割ればよい。

E_1：A, B間の電場の強さ
$\frac{4\pi kQ}{S}$：1m²あたりの電気力線の本数

(2) $V=Ed$ より

$$V = E_1 d = \frac{4\pi kQ}{S} \cdot d$$

$$V = \frac{4\pi kQd}{S} \text{〔V〕} \quad \cdots ①$$

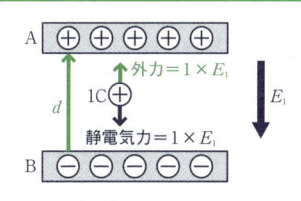

A ⊕⊕⊕⊕⊕
　　↑外力＝1×E_1
d　1C ⊕
　　静電気力＝1×E_1　　↓E_1
B ⊖⊖⊖⊖⊖

＋1Cの電荷をBからAまで運ぶとき，外力のした仕事がBから見たAの電位Vだから

$$V = 1 \times E_1 \times d$$

(3) コンデンサーの電気容量 C は，$C = \dfrac{Q}{V}$ で表される。

①式より

$$C = \frac{Q}{V} = \frac{S}{4\pi kd} \text{〔F〕} \cdots \text{答}$$

①式を変形すると

$$Q = \frac{S}{4\pi kd} \cdot V$$

ここで，$\dfrac{S}{4\pi kd}$ はコンデンサーによって決まる定数で，これを C とおくと

$$Q = CV \quad \text{ただし，} C = \frac{S}{4\pi kd} \quad \cdots ②$$

となる。C をコンデンサーの電気容量という。
向かい合った極板に，**正・負等量の電荷 $+Q$, $-Q$ を蓄えるものをコンデンサー**という。
また，Q をコンデンサーが蓄える電気量という。

②式 $C=\dfrac{1}{4\pi k}\cdot\dfrac{S}{d}$ において，$\dfrac{S}{d}$ はコンデンサーの形状によって決まる定数で，k は極板間の物質によって決まる定数である。ここで，$\dfrac{1}{4\pi k}=\varepsilon$ とおくと

$$C=\varepsilon\dfrac{S}{d}$$

と表すことができる。ε は誘電率という。誘電率については，あとでくわしく説明しよう。

Point!

コンデンサーに蓄えられる電気量 Q は極板間の電位差 V に比例する。

$$Q=CV$$

Point!

平行板コンデンサーの電気容量 C は，極板の面積 S に比例し，極板間隔 d に反比例する。

$$C=\varepsilon\dfrac{S}{d}$$

128 静電エネルギーのテーマ

・電荷を運ぶのに要する仕事
・静電エネルギーの求めかた
・静電エネルギーを表す式

(ア)　$-q$

(イ)　このときのAB間の電位差を v〔V〕とすると

$$v=\dfrac{q}{C} \cdots 答$$

(ウ)　$\varDelta W=\varDelta q\cdot v=\dfrac{q\varDelta q}{C} \cdots 答$

> ！ Aの電荷 $+q$〔C〕はBから運んだものだからね。

> ！ $Q=CV$ の関係は知っているよね。

> ！ $W=qV$ の関係を使おう。

3．静電場内の導体と平行板コンデンサー　277

(1)

グラフ：$v = \dfrac{1}{C} \cdot q$、原点を通り $(Q, Q/C)$ を通る直線　…答

> C は定数なので、v は q に比例し、v-q グラフは原点を通る直線になる。

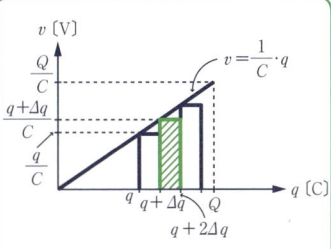

(2)

グラフ：q から $q+\Delta q$ の区間に高さ q/C の長方形 ΔW　…答

> 次に、極板 A に $q+\Delta q$、極板 B に $-q-\Delta q$ になった状態（電位差は $\dfrac{q+\Delta q}{C}$）で、さらに Δq を B から A まで運ぶのに要する仕事 ΔW は
> $$\Delta W = \Delta q \cdot \dfrac{q+\Delta q}{C}$$
> と表され、上の図の斜線部分の面積で表される。同様のことを繰り返して、0 から Q [C] まで充電するために要する仕事は、階段状の長方形の面積の和で表される。そして、$\Delta q \to 0$ とすれば、W は(3)の三角形の面積として求められる。

(3)

グラフ：原点から $(Q, Q/C)$ までの直線の下にできる三角形 W　…答

(エ) $W = \dfrac{Q^2}{2C}$　…答

(オ) 充電するために要した仕事 W が、静電エネルギー U としてコンデンサーに蓄えられるので

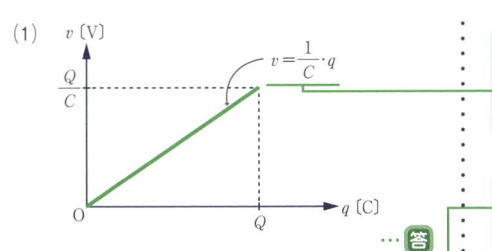

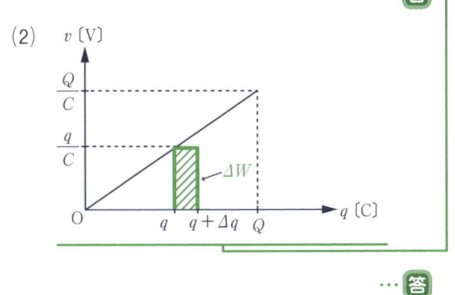

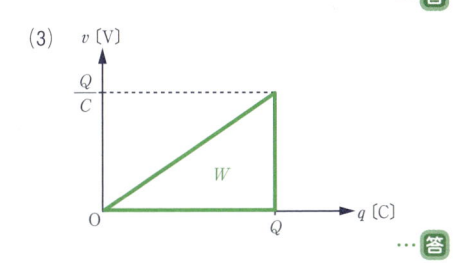

$$U = \dfrac{Q^2}{2C} \quad \cdots ①　\text{…答}$$

> ！ W は(3)の三角形の面積から求まるよ。

(4) $Q = CV$ を用いて①式を変形する。

$Q = CV$ を①式に代入して

$$U = \dfrac{(CV)^2}{2C} \quad U = \dfrac{1}{2}CV^2 \text{…答}$$

$C = \dfrac{Q}{V}$ を①に代入して

$$U = \frac{Q^2}{2 \cdot \frac{Q}{V}} \qquad U = \frac{1}{2}QV \cdots 答$$

Point!

静電エネルギー

$$U = \frac{1}{2}QV = \frac{1}{2}CV^2 = \frac{Q^2}{2C}$$

❕ 静電エネルギー U の3つの関係式はどれも重要なので，ここで覚えてしまおう。

解説 129 スイッチの開閉と電気容量の変化 のテーマ

・電気容量の変化
・スイッチ開閉による，変化後の値の相違

(1)
① $Q = CV$ 〔C〕 … 答
② $v = V$ 〔V〕 … 答
③ $E = \dfrac{V}{d}$ 〔V/m〕 … 答
④ $U = \dfrac{1}{2}CV^2$ 〔J〕 … 答

❕ $Q = CV$ は公式そのものだね。

❕ 極板間の電位差 v は，電池の電圧 V に等しいよね。

❕ $V = Ed$ は覚えているかな。

❕ C と V が与えられているときの静電エネルギーの式は，これだよね。

(2) 極板間隔を $\dfrac{d}{2}$ 〔m〕にしたときの電気容量を C' 〔F〕とすると，$C' = 2C$ となる。ここで，**スイッチを閉じたまま**極板間隔を変化させているので，変化前後で極板間の**電位差は V のまま一定**である。(2)における①～④の値を Q_2, v_2, E_2, U_2 とすると

$C = \varepsilon \dfrac{S}{d}$ において，極板間隔 d が $\dfrac{d}{2}$ になると，C は $2C$ に変化する。

① $Q_2 = C'V = 2CV = 2Q$ 　2倍…答
② $v_2 = V = v$ 　1倍…答
③ $E_2 = \dfrac{V}{\dfrac{d}{2}} = 2E$ 　2倍…答

④ $U_2 = \dfrac{1}{2}C'V^2 = \dfrac{1}{2}\cdot 2C \cdot V^2 = 2U$

　　　　　　　　　　　　2倍…答

(3) ここでは，**スイッチを開いてから**極板間隔を変化させているので，変化前後で極板に蓄えられている<u>電気量がQのまま一定</u>である。(3)における①〜④の値を Q_3, v_3, E_3, U_3 とすると

① $Q_3 = Q$ 　1倍…答
② $v_3 = \dfrac{Q}{C'} = \dfrac{Q}{2C} = \dfrac{V}{2} = \dfrac{v}{2}$ 　$\dfrac{1}{2}$倍…答
③ $E_3 = \dfrac{v_3}{\dfrac{d}{2}} = \dfrac{V}{d} = E$ 　1倍…答

④ $U_3 = \dfrac{1}{2}C'v_3^2 = \dfrac{1}{2}\cdot 2C \cdot \left(\dfrac{V}{2}\right)^2 = \dfrac{CV^2}{4}$

$= \dfrac{U}{2}$ 　$\dfrac{1}{2}$倍…答

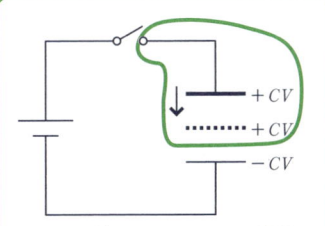

スイッチが開いているので，緑線で囲まれた部分は電気的に独立しており，上の極板に蓄えられている電荷 $+CV$ は移動後も保存される。

> **㊙テクニック！**
>
> **コンデンサーの容量の変化**
> スイッチを**閉じたまま** ⇒ $V = $（一定）
> スイッチを**開いてから** ⇒ $Q = $（一定）
>
> ❗ 平行板コンデンサーの容量を変化させる場合，"スイッチを閉じたまま" なのか "スイッチを開いてから" なのかによって，変化後の各値がまったく違ってくるので注意してね！

130 誘電率を用いたガウスの法則 のテーマ

- 誘電率 ε を用いたガウスの法則
- ガウスの法則の平行板コンデンサーへの適用

(1) クーロンの法則は

$$F = \frac{1}{4\pi\varepsilon_0} \cdot \frac{qQ}{r^2} \quad \cdots (*)$$

と表されることもある。

> この問題は、今までの総まとめの問題なので完ペキに理解しておこう。

> 以前学習したクーロンの法則は、
> $$F = k\frac{qQ}{r^2}$$
> と表されていた。この式の k は、電荷 q, Q のまわりの物質(真空を含む)によって決まる定数で、127 の解説中では、誘電率 ε を用いて $\frac{1}{4\pi k} = \varepsilon$ とした。ここでは、真空の誘電率 ε_0 を用いて、$k = \frac{1}{4\pi\varepsilon_0}$ としている。

(ア) $+1$

> (*)式において、$q=1$ のとき $F=E$ だよね。

① $E = \dfrac{1}{4\pi\varepsilon_0} \cdot \dfrac{Q}{r^2}$ …答

② $N = E \times 4\pi r^2$

> 1m^2 あたり E 本なので、$4\pi r^2 \text{[m}^2\text{]}$ では $E \times 4\pi r^2$ 本になる。

$= \dfrac{1}{4\pi\varepsilon_0} \cdot \dfrac{Q}{r^2} \cdot 4\pi r^2$

$= \dfrac{Q}{\varepsilon_0}$ …答

Point!

ガウスの法則

$+Q$ [C] の帯電体から出る電気力線の総本数 N は

$$N = 4\pi kQ = \frac{Q}{\varepsilon}$$

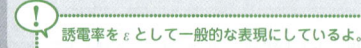

> 誘電率を ε として一般的な表現にしているよ。

(2) (イ) **極板間**
　　(ウ) **垂直**
　　③ $\dfrac{Q}{\varepsilon_0}$

　　④ $\dfrac{Q}{\varepsilon_0 S}$

　　⑤ $\dfrac{Q}{\varepsilon_0 S}$

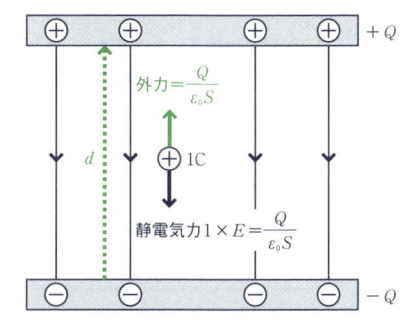

> (1)で求めた $N=\dfrac{Q}{\varepsilon_0}$（ガウスの法則）を使おう。

> 電場の強さEは，$1m^2$あたりの本数だから，面積Sで割るんだね。

> $+1C$ の電荷にはたらく静電気力の大きさFは $F = 1 \times E = \dfrac{Q}{\varepsilon_0 S}$ だよね。

（図：平行板コンデンサー。上板 $+Q$、下板 $-Q$、間隔 d。中央に $+1C$ の電荷、外力 $=\dfrac{Q}{\varepsilon_0 S}$、静電気力 $1 \times E = \dfrac{Q}{\varepsilon_0 S}$）

　　(エ) **仕事**
　　⑥ $V = \dfrac{Q}{\varepsilon_0 S} \times d = \dfrac{Qd}{\varepsilon_0 S}$ …**答**

　　⑦ $\dfrac{Q}{V} = \dfrac{\varepsilon_0 S}{d}$ …**答**

　　(オ) **電気容量**
　　⑧ $Q = CV$ …**答**

　　(カ) **比例**
　　(キ) **比例**
　　(ク) **反比例**

> 電気容量Cは，$C = \dfrac{Q}{V}$ すなわち，極板間に$1V$の電圧を加えたときにコンデンサーに蓄えられる電気量を表している。すなわち，C の値が大きなコンデンサーとは，$1V$の電圧で多くの電気量を蓄えられるコンデンサーのことである。

> $C = \varepsilon_0 \dfrac{S}{d}$ だからね。

282　第4章　電磁気

> **131 誘電体のテーマ**
> ・誘電分極
> ・極板間への誘電体の挿入
> ・分極電荷の求めかた

(1) 極板A, B間の電場の強さを E 〔V/m〕とする。

　　ガウスの法則より

$$E = \frac{\frac{Q}{\varepsilon_0}}{S} = \frac{Q}{\varepsilon_0 S} \text{ 〔V/m〕} \cdots \text{答}$$

> ガウスの法則の使いかた
> 電場の強さ E = 1m²あたりの本数
> は，もう大丈夫だよね。

(2) 極板Aの電位を V 〔V〕とする。

　　$V = Ed$ より

$$V = \frac{Q}{\varepsilon_0 S} \cdot d = \frac{Qd}{\varepsilon_0 S} \text{ 〔V〕} \cdots \text{答}$$

> 地球は非常に大きな導体で，その電位は一定なので，地球を電位の基準とすることが多い。したがって，極板Bのように，接地（アース）された導体は，地球と等電位で0Vと考える。
> 一般に，接地（アース）には次の2つの意味がある。（Point!参照）

Point!

接地（アース）の意味
1. **電位の基準（0V）**
2. **電荷の出し入れが自由にできる**

> 地球は非常に大きな導体なので，電荷の出し入れが自由にできるんだよ。

(3) 電気容量を C 〔F〕とすると

$$C = \frac{Q}{V} = \frac{\varepsilon_0 S}{d} \text{ 〔F〕} \cdots \text{答}$$

(4) 誘電体内の電場の強さを E_B 〔V/m〕，誘電体と極板Aの間の電場の強さを E_A 〔V/m〕とする。

　　ガウスの法則より

$$E_B = \frac{\frac{Q}{\varepsilon_r \varepsilon_0}}{S} = \frac{Q}{\varepsilon_r \varepsilon_0 S} \text{(V/m)} \quad \cdots ①$$

$$E_A = \frac{\frac{Q}{\varepsilon_0}}{S} = \frac{Q}{\varepsilon_0 S} \text{(V/m)} \cdots \boxed{答}$$

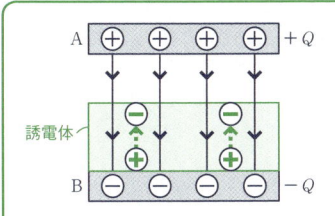

誘電体内では，誘電分極によって生じた電荷（分極電荷）により，真空の場合の電場と逆向きの電場が生じる。そのため，誘電体内の電場は，真空の場合よりも弱くなる。
ここで，誘電体の誘電率 ε と真空の誘電率 ε_0 の比は比誘電率 ε_r といわれ

$$\varepsilon_r = \frac{\varepsilon}{\varepsilon_0}$$

と表されるので，Aにある $+Q$ 〔C〕から出る電気力線の総本数は，誘電体内では

$$\frac{Q}{\varepsilon} = \frac{Q}{\varepsilon_r \varepsilon_0}$$ 本となる。したがって，E_B は，$1m^2$ あたりの本数なので

$$E_B = \frac{Q}{\varepsilon_r \varepsilon_0} \times \frac{1}{S} = \frac{Q}{\varepsilon_r \varepsilon_0 S} \text{(V/m)}$$

Point!

比誘電率 $\varepsilon_r = \dfrac{\varepsilon}{\varepsilon_0}$　　ε：誘電体の誘電率
　　　　　　　　　　　　　ε_0：真空の誘電率

(5) 極板Aの電位を V'〔V〕とする。$V = Ed$ より

$$V' = E_B \cdot \frac{d}{2} + E_A \cdot \frac{d}{2}$$

$$V' = \frac{Q}{\varepsilon_r \varepsilon_0 S} \cdot \frac{d}{2} + \frac{Q}{\varepsilon_0 S} \cdot \frac{d}{2}$$

$$V' = \frac{(\varepsilon_r + 1)Qd}{2\varepsilon_r \varepsilon_0 S} \text{(V)} \cdots \boxed{答}$$

(6) 電気容量を C' 〔F〕とすると

$$C' = \frac{Q}{V'} = \frac{2\varepsilon_r\varepsilon_0 S}{(\varepsilon_r+1)d} \text{〔F〕} \cdots \text{答}$$

(7) <u>分極電荷</u>を q 〔C〕として，q を用いて E_B を表すと

$$E_B = \frac{Q-q}{\varepsilon_0 S}$$

①より

$$\frac{Q}{\varepsilon_r\varepsilon_0 S} = \frac{Q-q}{\varepsilon_0 S}$$

$$q = \frac{(\varepsilon_r-1)Q}{\varepsilon_r} \text{〔C〕} \cdots \text{答}$$

(8) 誘電体挿入前後の静電エネルギーを，それぞれ U，U'〔J〕とする。

$$U = \frac{1}{2}QV = \frac{Q^2 d}{2\varepsilon_0 S}$$

$$U' = \frac{1}{2}QV' = \frac{(\varepsilon_r+1)Q^2 d}{4\varepsilon_r\varepsilon_0 S}$$

したがって

$$\frac{U'}{U} = \frac{(\varepsilon_r+1)Q^2 d}{4\varepsilon_r\varepsilon_0 S} \times \frac{2\varepsilon_0 S}{Q^2 d}$$

$$= \frac{\varepsilon_r+1}{2\varepsilon_r} \text{（倍）} \cdots \text{答}$$

[分極電荷の求めかた]
誘電体内の電場の強さ E_B を，2通りの方法で表現する。

○ 比誘電率 ε_r を用いた表現

$$E_B = \frac{Q}{\varepsilon_r\varepsilon_0 S}$$

これは，誘電体内の電場が弱められていることを，ε_r で割ることにより表現している。

○ 分極電荷 q を用いた表現

$$E_B = \frac{Q-q}{\varepsilon_0} \times \frac{1}{S}$$

$$= \frac{Q-q}{\varepsilon_0 S}$$

これは，分極電荷 $-q$〔C〕を含めた $Q-q$〔C〕の電荷（下図の閉曲面）から，下向きに電気力線が，$\frac{Q-q}{\varepsilon_0}$ 本 わき出すと考えている。この場合，誘電分極により電場が弱められていることを，分極電荷 $-q$〔C〕で表現しているので，**誘電率は ε_0 である。**

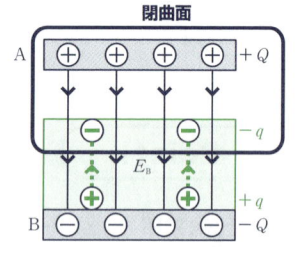

閉曲面

! 静電エネルギーの式は3つあるけど，本問の場合，誘電体挿入前後で $Q=$（一定），V，V' は途中で求めてあるので，この式を使うと計算がラクだね。

3. 静電場内の導体と平行板コンデンサー 285

> 解説 **132 極板間引力(1)のテーマ**
> ・極板間にはたらく力の求めかた
> ・外力のした仕事と静電エネルギーの変化

(1) 変化前後の静電エネルギーを U, U' として，これを求める。

変化前の極板間隔を d とすると，変化前後の電気容量 C, C' は，それぞれ

$$C = \varepsilon_0 \frac{S}{d}, \quad C' = \varepsilon_0 \frac{S}{d+\Delta d}$$

と表される。よって

$$U = \frac{Q^2}{2C} = \frac{Q^2 d}{2\varepsilon_0 S}$$

$$U' = \frac{Q^2}{2C'} = \frac{Q^2(d+\Delta d)}{2\varepsilon_0 S}$$

したがって

$$\Delta U = U' - U$$

$$\boldsymbol{\Delta U = \frac{Q^2 \Delta d}{2\varepsilon_0 S}} \quad \cdots ① \cdots 答$$

(2) $\boldsymbol{W = F\Delta d} \quad \cdots ② \cdots$ 答

(3) エネルギーと仕事の関係より

$$U + W = U'$$
$$W = U' - U$$
$$\boldsymbol{\Delta U = W} \quad \cdots ③ \cdots 答$$

(4) ①，②を③に代入して

$$\frac{Q^2 \Delta d}{2\varepsilon_0 S} = F \cdot \Delta d$$

$$F = \frac{Q^2}{2\varepsilon_0 S}$$

極板Aの移動は，外力と静電気力のつり合いを保ちながら行われているので，

! $C = \varepsilon \dfrac{S}{d}$ の関係は覚えているよね。

! Aの移動前後で，$Q=$(一定)であり，C, C' がわかっているので
$U = \dfrac{Q^2}{2C}$
を使えばいいよね。

! 変化量＝(あと)－(まえ)だったよね。

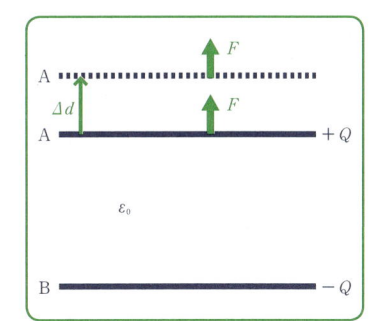

! 極板は実際に動かなくてもかまわない。仮想的に動かすだけだよ。

! 極板間引力は，**エネルギーと仕事の関係**から求められる。これは大事だよ！

静電気力の大きさ f は

$$f = F = \frac{Q^2}{2\varepsilon_0 S} \quad \cdots ④ \cdots \text{答}$$

（向きはたがいに引き合う向き）

(5) ガウスの法則を用いて

$$E = \frac{\frac{Q}{\varepsilon_0}}{S} = \frac{Q}{\varepsilon_0 S} \quad \cdots ⑤ \cdots \text{答}$$

(6) ④と⑤を見比べて

$$f = \frac{1}{2} QE \cdots \text{答}$$

なぜ，$f = QE$ にならないのか？
そもそも，$f = qE$ は次のような場合に成り立つ関係式である。

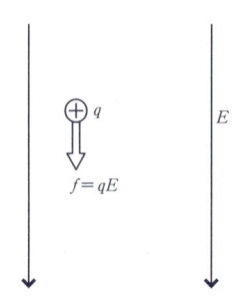

上図のように，一様で下向きの強さ E の電場がある。ここに電気量 q の電荷を置くと，電荷は電場から大きさ f の静電気力を受け，$f = qE$ が成り立つ。つまり，**E はもともとある電場の強さであり，q はそこへもち込んだ電荷**である。

さて，本問の場合，もともとある電場は，極板 B にある電荷 $-Q$ による電場で，下図の向きに強さ $\frac{E}{2}$ である。ここに A にある電荷 $+Q$ をもち込み，A が受ける静電気力を考えているので，A が受ける静電気力の大きさは，$f = Q \times \frac{E}{2}$ となるのである。

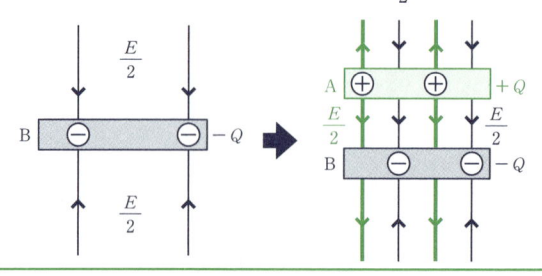

3. 静電場内の導体と平行板コンデンサー

133 極板間引力(2)のテーマ

- 電池につないだままの極板にはたらく力
- 外力のした仕事，電池のした仕事と静電エネルギーの変化

(1) 変化前後の静電エネルギーを U, U' として，これを求める。

変化前後の電気容量 C, C' は，それぞれ

$$C = \varepsilon_0 \frac{S}{d}, \ C' = \varepsilon_0 \frac{S}{d+\Delta d}$$

と表されるので

$$U = \frac{1}{2}CV^2 = \frac{\varepsilon_0 SV^2}{2d}$$

$$U' = \frac{1}{2}C'V^2 = \frac{\varepsilon_0 SV^2}{2(d+\Delta d)}$$

> ❗ Aの移動前後で $V=$ (一定) であり，C, C' がわかっているので，
> $$U = \frac{1}{2}CV^2$$
> を使えばいいよね。

となるが，このままでは $\Delta U = U' - U$ が計算しにくい。そこで，与えられた近似式の利用を考える。

$$U' = \frac{\varepsilon_0 SV^2}{2d\left(1+\dfrac{\Delta d}{d}\right)} = \frac{\varepsilon_0 SV^2}{2d}\left(1+\frac{\Delta d}{d}\right)^{-1}$$

ここで，$\dfrac{\Delta d}{d} \ll 1$ だから

$$U' \fallingdotseq \frac{\varepsilon_0 SV^2}{2d}\left(1-\frac{\Delta d}{d}\right)$$

> ❗ 近似式 $(1\pm x)^n \fallingdotseq 1\pm nx$ の使いかたは
> ① $(1\pm x)^n$ の形，すなわちカッコの中に1を作る。
> ② $x \ll 1$ になっているかを確かめるんだったよね！
> この近似式は重要で，入試でもときどき出題されるので，①，②のコツは覚えておこう。

として

$$\Delta U = \frac{\varepsilon_0 SV^2}{2d}\left(1-\frac{\Delta d}{d}\right) - \frac{\varepsilon_0 SV^2}{2d}$$

$$\Delta U = -\frac{\varepsilon_0 SV^2 \Delta d}{2d^2} \quad \cdots ① \cdots \boxed{答}$$

(2) $W_{外} = F\Delta d \quad \cdots ② \cdots \boxed{答}$

(3) 変化前後の極板Aの電気量を Q, Q' とすると，電池のした仕事 $W_電$ は，$W_電 = (Q'-Q)V$ で求められる。

変化前後の電気容量 C, C' は，それぞれ

$$C = \varepsilon_0 \frac{S}{d}, \quad C' = \varepsilon_0 \frac{S}{d+\Delta d}$$

と表されるので

$$Q = CV = \frac{\varepsilon_0 SV}{d}$$

$$Q' = C'V = \frac{\varepsilon_0 SV}{d+\Delta d}$$

となるが，このままでは $Q'-Q$ が計算しにくい。そこで，再び近似式の利用を考える。

$$Q' = \frac{\varepsilon_0 SV}{d\left(1+\frac{\Delta d}{d}\right)} = \frac{\varepsilon_0 SV}{d}\left(1+\frac{\Delta d}{d}\right)^{-1}$$

ここで，$\frac{\Delta d}{d} \ll 1$ だから

$$Q' \fallingdotseq \frac{\varepsilon_0 SV}{d}\left(1-\frac{\Delta d}{d}\right)$$

として

$$Q' - Q = -\frac{\varepsilon_0 SV \Delta d}{d^2}$$

したがって

$$W_電 = (Q'-Q)V = -\frac{\varepsilon_0 SV^2 \Delta d}{d^2} \quad \cdots ③$$

…【答】

(4) エネルギーと仕事の関係より
$U + W_外 + W_電 = U'$
$\boldsymbol{W_外 + W_電 = \Delta U} \quad \cdots ④$ …【答】

[電池のした仕事]

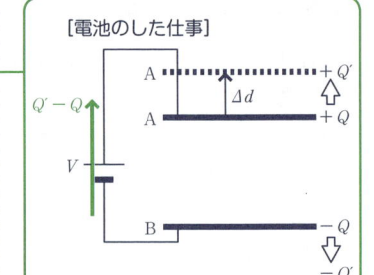

上図のように，移動前後の極板Aの電気量を Q, Q' とする。Aの移動に際して，電気量 $(Q'-Q)$ が，電圧 V の電池の低電位側から高電位側に移動する。電池は，$(Q'-Q)$ の電荷を電位差 V の低電位側から高電位側に運ぶ仕事をしたので
$W_電 = (Q'-Q)V$
と表される。実際には，$Q' < Q$ なので図と逆向きに正の電荷が移動し，電池は負の仕事をしたことになる。

極板間引力は，エネルギーと仕事の関係から求めるんだよね。

(5) ④に，①，②，③を代入して

$$F\Delta d - \frac{\varepsilon_0 S V^2 \Delta d}{d^2} = -\frac{\varepsilon_0 S V^2 \Delta d}{2d^2}$$

$$F = \frac{\varepsilon_0 S V^2}{2d^2}$$

極板Aの移動は，外力と静電気力のつり合いを保ちながら行われているので，静電気力の大きさfは

$f = F = \dfrac{\varepsilon_0 S V^2}{2d^2}$（向きはたがいに引き合う向き）…**答**

134 合成容量のテーマ

- コンデンサーの並列接続・直列接続
- 並列接続・直列接続の合成容量

(1) 図のように，並列に接続したn個のコンデンサー全体に電圧Vを加える。**極板間の電圧は，どれもVで等しくなる**ので，n個のコンデンサー全体に蓄えられる電気量Qは

$$Q = C_1 V + C_2 V + \cdots + C_n V$$
$$Q = (C_1 + C_2 + \cdots + C_n)V$$

となる。したがって，コンデンサー全体の電気容量（合成容量）Cは，次のように表される。

$$C = \frac{Q}{V}$$

$$\bm{C = C_1 + C_2 + \cdots + C_n}$$

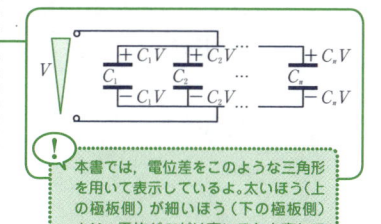

! 本書では，電位差をこのような三角形を用いて表示しているよ。太いほう（上の極板側）が細いほう（下の極板側）より，電位がVだけ高いことを表しているんだ。

n個のコンデンサー全体に電圧Vを加えると，極板P_1に電荷$+Q$が現れる。すると，極板P_1と相対する極板P_1'には電荷$-Q$が誘導され，その結果P_2には電荷$+Q$が現れる。同様なことが次々に生じ，最終的には次図のように，大きさの等しい電気量Qがそれぞれの極板に現れる。

(2) 次ページの右図のように，直列に接続したn個のコンデンサー全体に電圧Vを加えると，各コンデンサーには，静電誘

導によって**大きさが等しい電気量Qが，それぞれの極板に現れる**。各コンデンサーの極板間の電位差の和が，全体に加えた電圧Vとなるので

$$V = \frac{Q}{C_1} + \frac{Q}{C_2} + \cdots + \frac{Q}{C_n}$$

$$V = \left(\frac{1}{C_1} + \frac{1}{C_2} + \cdots + \frac{1}{C_n}\right)Q$$

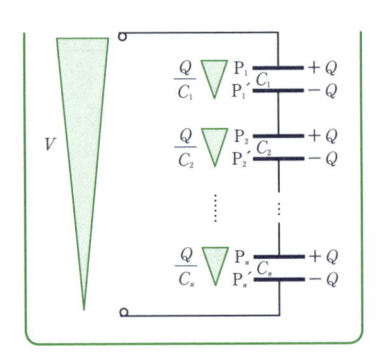

となり，合成容量をCとすると，次の式が成り立つ。

$$\frac{1}{C} = \frac{V}{Q}$$

$$\frac{1}{C} = \frac{1}{C_1} + \frac{1}{C_2} + \cdots + \frac{1}{C_n}$$

> ！ はじめ，各コンデンサーには，**電荷は蓄えられていない**ものとしているよ。

Point!

コンデンサーの合成容量C

並列接続

$$C = C_1 + C_2 + \cdots + C_n$$

直列接続

$$\frac{1}{C} = \frac{1}{C_1} + \frac{1}{C_2} + \cdots + \frac{1}{C_n}$$

> ！ 直列接続の合成容量の式は，**はじめから電荷を蓄えている**コンデンサーに対しては，**使ってはいけない**式なので注意してね。

3. 静電場内の導体と平行板コンデンサー

解説 135 金属板を挿入したコンデンサーの電気容量のテーマ

・極板間に金属板が挿入されている場合の電気容量

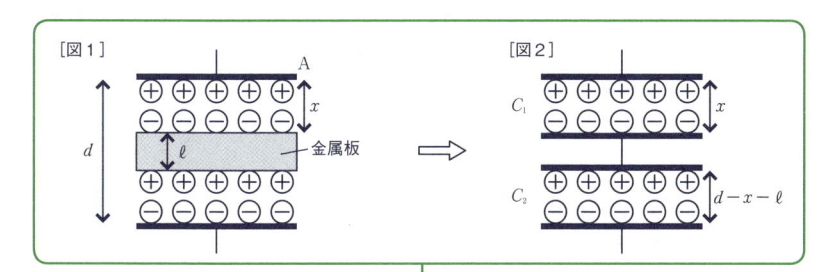

[図1] [図2]

図1のように，極板間に金属板があると，金属板に静電誘導が生じて大きさの等しい電気量が金属板の表面に現れる。これは，図2のように，極板間隔が x のコンデンサー C_1 と極板間隔が $d-x-\ell$ のコンデンサー C_2 の直列接続とみなすことができる。

そこで，コンデンサー C_1 の電気容量は

$$C \times \frac{d}{x} = \frac{dC}{x}$$

コンデンサー C_2 の電気容量は

$$C \times \frac{d}{d-x-\ell} = \frac{dC}{d-x-\ell}$$

と表されるので，全体の電気容量を C_T とすると

$$\frac{1}{C_T} = \frac{x}{dC} + \frac{d-x-\ell}{dC}$$

$$\frac{1}{C_T} = \frac{d-\ell}{dC}$$

$$C_T = \frac{d}{d-\ell} C \cdots \text{答}$$

> コンデンサー C_1 は，電気容量 C のコンデンサーに比べて極板間隔が $\frac{x}{d}$ 倍になっているので，$C = \varepsilon \frac{S}{d}$ の関係より，電気容量は C の $\frac{d}{x}$ 倍になる。

> ! 直列に接続されたコンデンサーの合成容量 C の関係式
> $$\frac{1}{C} = \frac{1}{C_1} + \frac{1}{C_2}$$
> を用いているよ。

$C_T = \dfrac{d}{d-\ell}C$ の式の中に，x が含まれていないことに注目しよう。すなわち，全体の電気容量 C_T は，金属板の位置（Aからの距離 x）には無関係ということである。したがって，極板間に金属板がある場合の電気容量は，図のように，金属板をどちらかの極板まで移動し，間隔が $d-\ell$ のコンデンサーとして電気容量を考えればよい。

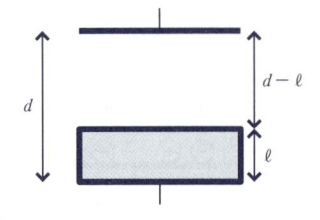

秘テクニック！

電荷を蓄えていない金属板が挿入されたコンデンサーの電気容量

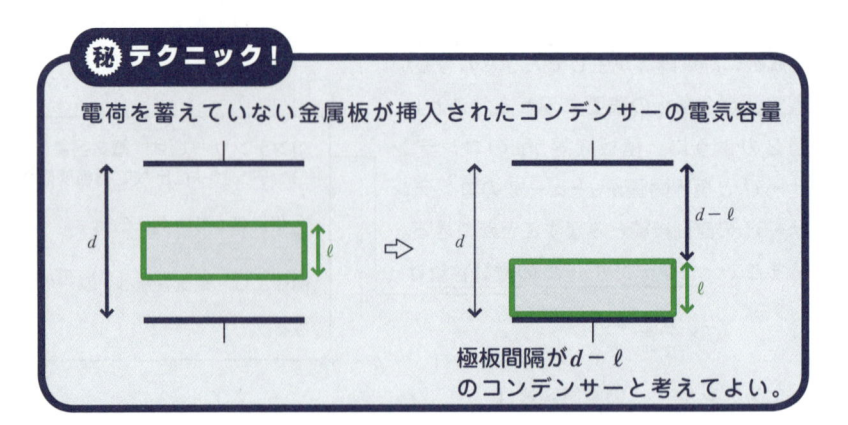

極板間隔が $d-\ell$ のコンデンサーと考えてよい。

136 誘電体を挿入したコンデンサーの電気容量 のテーマ

・極板間に誘電体が挿入されている場合の電気容量

　与えられたコンデンサーは，右図のように，コンデンサー C_2 と C_3 が直列接続したものに，コンデンサー C_1 がさらに並列接続したものとみなすことができる。

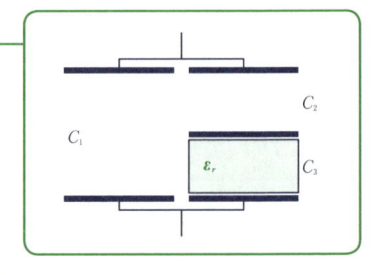

　ここで，コンデンサー C_2 は，電気容量 C のコンデンサーに比べて，面積，極板間隔ともに $\dfrac{1}{2}$ 倍になっているので，その電

気容量を C_2 とすると
$$C_2 = C$$
となる。コンデンサー C_3 は C_2 と同形で比誘電率が ε_r なので
$$C_3 = \varepsilon_r C$$
となる（下図1参照）。C_2 と C_3 の合成容量を C_{23} とすると

> $C = \varepsilon \dfrac{S}{d}$ の関係を使えばいいね。

$$C_{23} = \frac{C_2 \times C_3}{C_2 + C_3} = \frac{\varepsilon_r C^2}{(1+\varepsilon_r)C} = \frac{\varepsilon_r C}{1+\varepsilon_r}$$

となる。また、コンデンサー C_1 は、電気容量 C のコンデンサーに比べて、面積が $\dfrac{1}{2}$ 倍になっているので、その電気容量を C_1 とすると

> C_2 と C_3 は直列接続だから
> $$\frac{1}{C_{23}} = \frac{1}{C_2} + \frac{1}{C_3}$$
> $$\frac{1}{C_{23}} = \frac{C_3 + C_2}{C_2 \times C_3}$$
> $$C_{23} = \frac{C_2 \times C_3}{C_2 + C_3}$$

$$C_1 = \frac{C}{2}$$

となる。したがって、全体の電気容量を C_T とすると、

$$C_T = C_1 + C_{23}$$
$$C_T = \frac{C}{2} + \frac{\varepsilon_r C}{1+\varepsilon_r}$$
$$C_T = \frac{1+3\varepsilon_r}{2(1+\varepsilon_r)} C \cdots \text{答}$$

> C_1 と C_{23} は並列接続だから、合成容量 C_T は C_1 と C_{23} の和になるよね。

[図1]

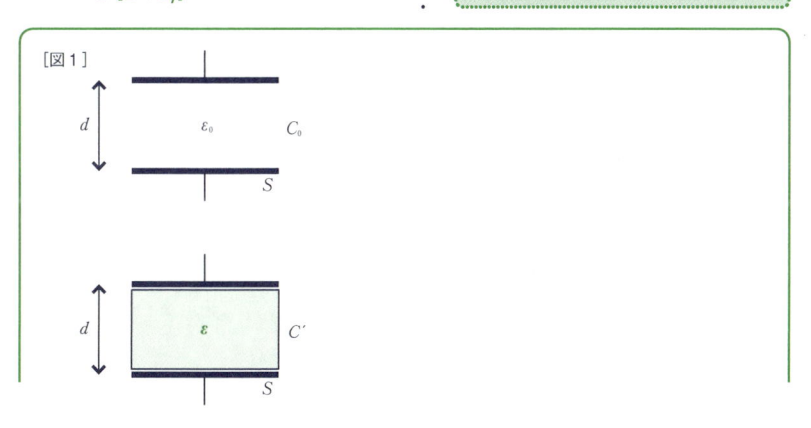

一般に，極板間が真空で電気容量 C_0 のコンデンサーと極板間が誘電体でみたされた電気容量 C' のコンデンサーとの関係について考える。真空の誘電率を ε_0，誘電体の誘電率を ε とすると

$$C_0 = \varepsilon_0 \frac{S}{d} \qquad C' = \varepsilon \frac{S}{d}$$

と表され，比誘電率 ε_r は

$$\varepsilon_r = \frac{\varepsilon}{\varepsilon_0}$$

と表されるから

$$\varepsilon = \varepsilon_r \varepsilon_0$$

すなわち

$$C' = \varepsilon_r \varepsilon_0 \frac{S}{d}$$

$$C' = \varepsilon_r C_0$$

Point!

極板間を比誘電率 ε_r の誘電体でみたしたコンデンサーの電気容量 C は，極板間が真空の場合の電気容量 C_0 を用いて，次の式で表される。

$$C = \varepsilon_r C_0$$

【解説】 **137 電荷を蓄えているコンデンサー(1) のテーマ**

・はじめから電荷を蓄えているコンデンサーの扱いかた
・電荷保存則と電位差の式の立てかた

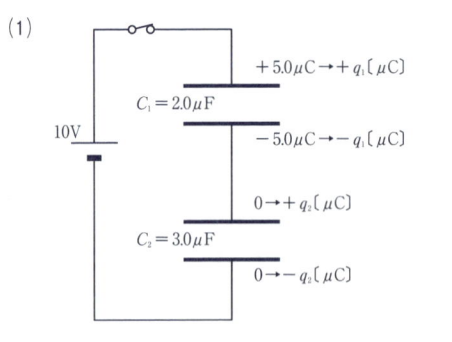

(1)

- $C_1 = 2.0\,\mu\text{F}$
- $+5.0\,\mu\text{C} \to +q_1\,[\mu\text{C}]$
- $-5.0\,\mu\text{C} \to -q_1\,[\mu\text{C}]$
- 10 V
- $0 \to +q_2\,[\mu\text{C}]$
- $C_2 = 3.0\,\mu\text{F}$
- $0 \to -q_2\,[\mu\text{C}]$

上図のように，スイッチを閉じたあと，

3. 静電場内の導体と平行板コンデンサー　295

C_1, C_2 に蓄えられる電気量をそれぞれ q_1 〔μC〕, q_2〔μC〕とする。

下線 電荷保存則

$-q_1 + q_2 = -5.0$ …①

下線 電位差の式

$+10 - \dfrac{q_1}{2.0} - \dfrac{q_2}{3.0} = 0$ …②

①, ②より

$q_1 = 14\mu C$, $q_2 = 9.0\mu C$ …答

(2) はじめ C_1 に蓄えられていた静電エネルギー U〔μJ〕は

$$U = \dfrac{5.0^2}{2 \times 2.0} = \dfrac{25}{4} \text{〔μJ〕}$$

スイッチを閉じたあと，全体に蓄えられた静電エネルギー U'〔μJ〕は

$$U' = \dfrac{14^2}{2 \times 2.0} + \dfrac{9.0^2}{2 \times 3.0} = \dfrac{250}{4} \text{〔μJ〕}$$

したがって

$$\dfrac{U'}{U} = \dfrac{250}{4} \times \dfrac{4}{25} = 10$$

10倍 …答

> コンデンサーは，向かい合った極板に正・負等量の電荷を蓄えるんだったよね。

[電荷保存則の立てかた]
回路の中で，電気的に独立している部分(本書ではこれを島とよぶ)を探し，スイッチの開閉前後において島の中で電気量の和が保存されることを式にすればよい。

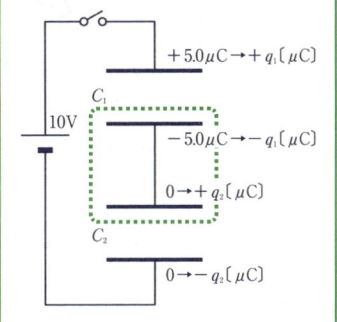

本問では，点線で囲まれた部分が島であり，スイッチを閉じる前，ここでの電気量の和は $(-5.0 + 0)\mu C$ である。スイッチを閉じたあと，島の中での電気量の和は $(-q_1 + q_2)$〔μC〕になるから，電荷保存則は

$-5.0 + 0 = -q_1 + q_2$

と表される。

[電位差の式の立てかた]
回路を1周し，電位のアップダウンを考える。

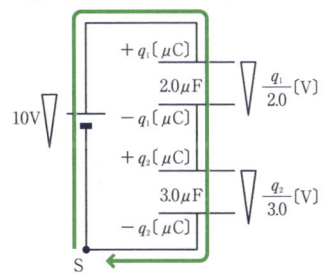

図で，Sから時計回りに1周してみよう。電池を越えると電位が10Vアップし，C_1 を越えると電位が $\frac{q_1}{2.0}$〔V〕ダウンし，C_2 を越えると電位が $\frac{q_2}{3.0}$〔V〕ダウンしSに戻る。電位ももとに戻るので電位差は0である。これを式にすると

$$+10 - \frac{q_1}{2.0} - \frac{q_2}{3.0} = 0$$

となる。

㊙ テクニック！

はじめから電荷を蓄えているコンデンサーの問題は，次の2つの式を立てて解けばよい。

1．電荷保存則　→　島を見つける
2．電位差の式　→　閉回路を1周し，電位のアップダウンを考える

---

138 電荷を蓄えているコンデンサー(2)のテーマ

・コンデンサーのスイッチの切り換え
・電荷保存則，電位差の式の立てかた

(1) スイッチを左に入れるとき，コンデンサーAに蓄えられる電気量は，$2CV$ である。

図1

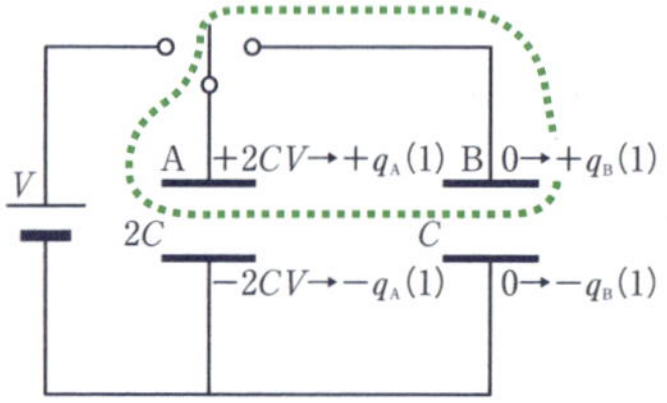

スイッチを右に入れる前後において，図1の点線で囲んだ部分（島）の電荷が保存される。
スイッチを右に入れる前の電気量の和は
$$+2CV + 0$$
スイッチを右に入れたあとの電気量の和は
$$+q_A(1) + q_B(1)$$
したがって，電荷保存則は
$$q_A(1) + q_B(1) = 2CV$$
と表される。

続けてスイッチを右に入れ（1回目の操作後），A，Bにそれぞれ $q_A(1)$，$q_B(1)$ の電荷が蓄えられるとすると，<u>電荷保存則</u>より

$$q_A(1) + q_B(1) = 2CV \quad \cdots ①$$

3．静電場内の導体と平行板コンデンサー

電位差の式より

$$\frac{q_A(1)}{2C} - \frac{q_B(1)}{C} = 0 \quad \cdots ②$$

①，②より

$$q_A(1) = \frac{4CV}{3}, \quad q_B(1) = \frac{2CV}{3} \cdots 答$$

> 下図のSから時計回りに，電位のアップダウンを考える。 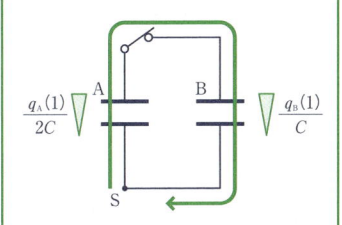
>
> Aを越えると電位が $\frac{q_A(1)}{2C}$ アップし，Bを越えると電位が $\frac{q_B(1)}{C}$ ダウンするから，電位差の式は
> $$+\frac{q_A(1)}{2C} - \frac{q_B(1)}{C} = 0$$
> となる。

(2) 2回目にスイッチを左に入れると，Aには再び $2CV$ の電荷が蓄えられる。

図2

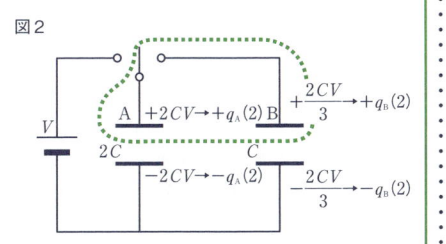

> スイッチを左に入れる前，Aにどれ程の電荷が蓄えられていたとしても，スイッチを左に入れると，改めてAには $2CV$ の電荷が蓄えられる。

続けてスイッチを右に入れ（2回目の操作後），A，Bにそれぞれ $q_A(2)$，$q_B(2)$ の電荷が蓄えられるとすると，電荷保存則より

$$q_A(2) + q_B(2) = 2CV + \frac{2CV}{3} \quad \cdots ③$$

電位差の式より

$$\frac{q_A(2)}{2C} - \frac{q_B(2)}{C} = 0 \quad \cdots ④$$

> ⚠ 図2の点線で囲まれた部分（島）の電荷が保存されるね。③式右辺の $\frac{2CV}{3}$ は，残っていた $q_B(1)$ だよ。

> ⚠ (1)と同様に，電位のアップダウンを考えよう。

③，④より

$$q_A(2) = \frac{16CV}{9}, \quad q_B(2) = \frac{8CV}{9} \cdots 答$$

(3) 無限回目にスイッチを左に入れると，Aには再び $2CV$ の電荷が蓄えられる。

> 無限回目にスイッチを切り換えても，電荷の移動は起こらない。逆に，電荷の移動が起こるならば，次の回を考えねばならず，矛盾した問いになってしまう。

図3

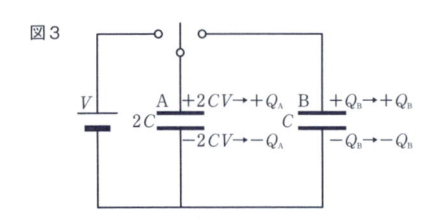

続けてスイッチを右に入れ（無限回の操作後），A, BにそれぞれQ_A, Q_Bの電荷が蓄えられるとすると，電荷保存則より

$Q_A + Q_B = 2CV + Q_B$ …⑤

電位差の式より

$\dfrac{Q_A}{2C} - \dfrac{Q_B}{C} = 0$ …⑥

⑤, ⑥より

$Q_A = 2CV, \ Q_B = CV$

求めるのはA, Bの極板間の電位差V_A, V_Bだから

$V_A = \dfrac{Q_A}{2C} = V$ …答

$V_B = \dfrac{Q_B}{C} = V$ …答

> 無限回目の右にスイッチを入れる前，Aには改めて蓄えられた$2CV$の電荷があり，Bには1回前にBに残されたQ_Bの電荷があるので，右にスイッチを入れA, BにそれぞれQ_A, Q_Bが蓄えられるとすると，電荷保存則は
>
> $2CV + Q_B = Q_A + Q_B$
>
> となる。

> ⚠ 無限回目で電荷の移動が起こらないのだから，A, Bの極板間の電位差が電池の電圧と等しいのは，考えてみればあたり前だね。

㊙テクニック！

無限回目のスイッチの切り換え
⇩
電荷の移動は起こらない

3. 静電場内の導体と平行板コンデンサー

解説 139 極板間への金属板の挿入のテーマ

- 極板間への金属板の挿入
- 挿入に要した仕事
- 金属板が受ける力の向き

(1) コンデンサーに蓄えられた静電エネルギーを U とすると

$$U = \frac{1}{2}CV^2 \cdots \text{答}$$

(2) 挿入後，極板間隔が $\frac{2d}{3}$ になったとして電気容量 C' を計算することができるので

$$C' = \frac{3C}{2}$$

> 金属板の厚さ $\frac{d}{3}$ だけ，極板間隔が狭くなったと考えればいいんだよね。

> 極板間隔が $\frac{2}{3}$ 倍になったので電気容量は $\frac{3}{2}$ 倍になるね。

スイッチが開いた状態で金属板を挿入しているので，挿入前後で極板に蓄えられている電気量 $Q = CV$ が変わらない。

挿入後，コンデンサーに蓄えられた静電エネルギー U' は

$$U' = \frac{Q^2}{2C'} = \frac{(CV)^2}{3C} = \frac{CV^2}{3} \cdots \text{答}$$

> スイッチを開いてから ⇒ $Q = (一定)$ だったよね。

(3) 挿入に要した仕事（外力がした仕事）W は，エネルギーと仕事の関係より

$$U + W = U'$$

$$\frac{CV^2}{2} + W = \frac{CV^2}{3}$$

$$W = -\frac{CV^2}{6} \cdots \text{答}$$

> 極板間引力を求めるときの手法と同じだね。

また，外力のした仕事が負の値ということは，金属板の変位が左向きなので，外力は右向きということである。したがっ

て，外力とつり合う静電気力，すなわち
金属板がコンデンサーから受ける力は左向きである。…答

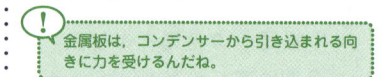

> ❗ 金属板は，コンデンサーから引き込まれる向きに力を受けるんだね。

140 極板間にある金属板の移動 のテーマ
- 極板間にある金属板の移動
- 移動に要した仕事
- 金属板が受ける力の向き

スイッチを入れると，A，Bの電位はともに0。Mの電位はVになり，MA，MBの間隔はともに$\dfrac{2d}{5}$になるので，与えられたコンデンサーは，下の図のような，電気容量がC_A，C_Bの2つのコンデンサーの<u>並列接続</u>と同じになる。

> ❗ A，Bはどちらもアースされているからね。

> ❗ Mは電池によって電位がVだけ上昇しているよ。

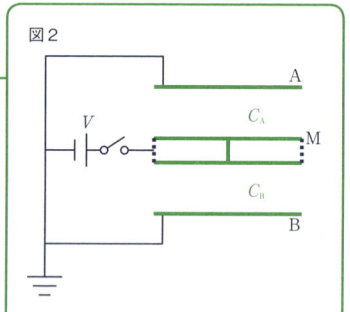

図1

図2

問題に与えられているコンデンサーが，図2のような電気容量がC_A，C_Bの2つのコンデンサーからできていることは，なんとか見抜けそうであるが，C_A，C_Bが並列接続であることまでは，なかなか見抜けそうにない。一見，直列接続にも見えるこの回路が，並列接続であることを見抜くポイントは，ズバリ，電位である。図2において，AからMまでは電位がV上昇し，MからBまでは電位がV下降している。直列接続ではあり得ない電位分布である。

(1) $C_A = C_B = \dfrac{5C}{2}$

C_A，C_Bの合成容量をC_{AB}とすると
$$C_{AB} = C_A + C_B = 5C$$
C_A，C_B全体，すなわちMに蓄えられた電気量Q_Mは
$$Q_M = C_{AB}V = \boldsymbol{5CV} \cdots 答$$

(2) Mの移動後，電気容量C_AはC_A'に変化し，C_BはC_B'に変化したとすると

$$C_A' = 5C, \quad C_B' = \frac{5C}{3}$$

C_A'，C_B'の合成容量をC_{AB}'とすると

$$C_{AB}' = C_A' + C_B' = \frac{20C}{3}$$

したがって，Mの移動後，C_A'，C_B'全体，すなわちMに蓄えられる電気量Q_M'は

$$Q_M' = C_{AB}'V = \frac{20CV}{3}$$

電池の－極側から＋極側へ移動した電荷ΔQは

$$\Delta Q = Q_M' - Q_M = \frac{5CV}{3}$$

よって，Mの移動の間に，電池がした仕事$W_{電}$は

$$W_{電} = \Delta Q \cdot V = \frac{5CV^2}{3} \cdots \boxed{答}$$

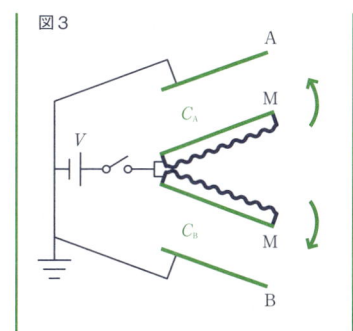

図3

A，Bが電位0で等電位，Mの上面と下面が電位Vで等電位であることに着目し，図3のようにMを半分に切断，移動して考えると，図1のようなC_A，C_Bの並列接続とみなすことができる。

(3) Mの移動前，MA，MB間に蓄えられていた静電エネルギーをU_A，U_Bとし，Mの移動後，それぞれU_A'，U_B'に変化したとすると

$$U_A = \frac{1}{2}C_AV^2 = \frac{5CV^2}{4}$$

$$U_B = \frac{1}{2}C_BV^2 = \frac{5CV^2}{4}$$

$$U_A' = \frac{1}{2}C_A'V^2 = \frac{5CV^2}{2}$$

$$U_B' = \frac{1}{2}C_B'V^2 = \frac{5CV^2}{6}$$

Mの移動前後の静電エネルギーの総和を，それぞれ U, U' とすると

$$U = U_A + U_B = \frac{5CV^2}{2}$$

$$U' = U_A' + U_B' = \frac{10CV^2}{3}$$

Mの移動の間，外力がした仕事を $W_{外}$ とし，エネルギーと仕事の関係を考えると

$U + W_{電} + W_{外} = U'$

$W_{外} = U' - U - W_{電}$

$= \dfrac{10CV^2}{3} - \dfrac{5CV^2}{2} - \dfrac{5CV^2}{3}$

$= -\dfrac{5CV^2}{6}$ …答

ここで，外力のした仕事 $W_{外}$ が負で，Mの移動方向が上向きなので，外力は下向き，Mの受ける力は <u>上向き</u> …答 であることがわかる。

(4) スイッチを切ってからMを移動しているので，Mに蓄えられていた電荷 Q_M' は保存される。

したがって，Mの電位 V_M は

$V_M = \dfrac{Q_M'}{C_{AB}} = \dfrac{20CV}{3} \times \dfrac{1}{5C} = \dfrac{4V}{3}$ …答

> ❕ 難しい問題なのに，よくここまでがんばったね！ 139, 140 のようなテーマは，入試でもしばしば扱われるので，しっかりマスターしておこう。

4. 直流回路 303

解説 141 **金属内の自由電子の運動**のテーマ

- 金属内の自由電子の運動
- 電流の定義
- オームの法則
- 抵抗率

(1) 図1のように，金属棒の右端が左端よりVだけ高電位になるので，金属内には**左向き**に大きさEの電場が生じる。

$$E = \frac{V}{\ell} \cdots \text{答}$$

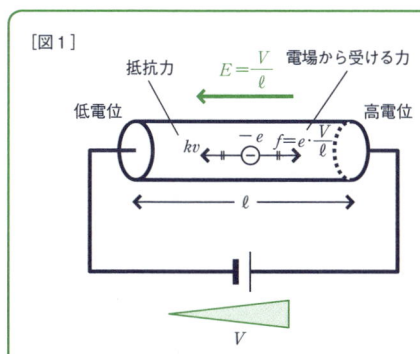

! 電場の向き，高電位→低電位だったよね。

[図1]

金属内では，自由電子は，電場から右向きの力を受け，右向きに動く。

(2) 自由電子は，電場と逆向き，すなわち**右向き**に力を受け，その大きさfは

$$f = eE = \frac{eV}{\ell} \cdots \text{答}$$

となる。

(3) 図1のように，自由電子には電場から受ける力$\dfrac{eV}{\ell}$と抵抗力kvがはたらいていて，それらの力はつり合っているので

$$kv = \frac{eV}{\ell} \qquad v = \frac{eV}{k\ell} \cdots ① \cdots \text{答}$$

! 問題文中に"一定の速さvで進んでいる"とかいてあるから，力のつり合いが成り立つね。

(4) 図2の円柱内の電子は，単位時間にすべて斜線の断面を通過するので，円柱内の電子の数を答えればよい。円柱の体積はSvで，単位体積中の電子の数はnだから

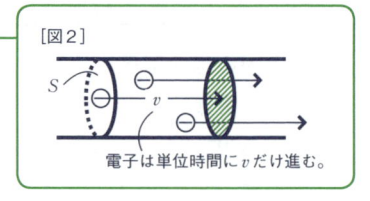

$$n \times Sv = \boldsymbol{nvS} \text{〔個〕} \cdots \text{答}$$

[図2]
電子は単位時間にvだけ進む。

(5)

Point!

電流の大きさ → 単位時間あたりに導体の断面を通過する電気量

電流の大きさIは，"単位時間あたりに導体の断面を通過する電気量"で表される。(4)の結果より，金属の断面を単位時間あたりに通過する電子の数はnvS個で，電子1個あたりの電気量が$-e$だから

$$I = \boldsymbol{envS} \quad \cdots ② \cdots \text{答}$$

! Iは電流の大きさなので$I>0$となるように表している。

Point!

電流の大きさ $I = envS$
(e：電子の電荷の大きさ，n：単位体積あたりの電子数
v：電子の平均の速さ，S：導体の断面積)

(6) ①を②に代入して

$$I = enS \times \frac{eV}{k\ell}$$

$$I = \frac{e^2 nSV}{k\ell}$$

電気抵抗Rは，$R = \dfrac{V}{I}$と表されるので

$$R = \frac{\boldsymbol{k\ell}}{\boldsymbol{e^2 nS}} \quad \cdots ③ \cdots \text{答}$$

導体に流れる電流の大きさIは，導体の両端に加えた電圧Vに比例し，次の式が成り立つ。

$$V = RI$$

これを**オームの法則**という。Rは導体を作っている物質の種類，温度，導体の長さ，断面積などによって決まり，電気抵抗，または単に抵抗とよばれる。抵抗は電流の流れにくさを表す量である。また，抵抗の単位〔V/A〕をオーム〔Ω〕とよぶ。

4. 直流回路 305

> **Point!**
> オームの法則
> $V = RI$

(7) この金属の抵抗率を ρ とすると，抵抗 R は導体の長さ ℓ に比例し，断面積 S に反比例するので

$$R = \rho \frac{\ell}{S}$$

と表され，この式と③式を比べて

$$\rho = \frac{k}{e^2 n} \cdots \text{答}$$

> ③式より，電気抵抗 R は，導体の長さ ℓ に比例し断面積 S に反比例することがわかる。その他の定数は導体の物質とその温度によって決まり，これを抵抗率 ρ とよぶ。すなわち
> $$R = \rho \frac{\ell}{S}$$

> **Point!**
> 導体の**抵抗 R** は，導体の**長さ ℓ に比例**し，**断面積 S に反比例**する。
> $$R = \rho \frac{\ell}{S} \quad (\rho：抵抗率)$$

解説 142 キルヒホッフの法則 のテーマ

- 電流保存則（キルヒホッフの第1法則）
- 電位差の式（キルヒホッフの第2法則）

図1のように，抵抗値が R，$2R$ の抵抗を右向きに流れる電流を I_1，I_2 とする。**電流保存則（キルヒホッフの第1法則）** より，抵抗値が $4R$ の抵抗を左向きに流れる電流は，$(I_1 + I_2)$ となる。

> 実際に流れる向きは，まだわからないけど，仮に右向きとしておこう。本当は左向きならば，解が負の値で求まるよ。

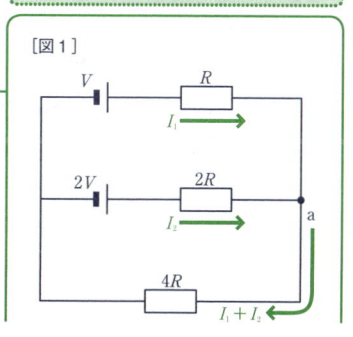

[図1]

回路の中に，電池の電圧や抵抗による電圧降下を記入すると，図2のようになる。

上の閉回路を時計回りに1周し，電位のアップダウンを考える。

電位差の式（キルヒホッフの第2法則）

$$+V - RI_1 + 2RI_2 - 2V = 0 \quad \cdots ①$$

下の閉回路を時計回りに1周し，電位のアップダウンを考える。

電位差の式（キルヒホッフの第2法則）

$$+2V - 2RI_2 - 4R(I_1 + I_2) = 0 \quad \cdots ②$$

①，②より

$$I_1 = -\frac{V}{7R}, \quad I_2 = \frac{3V}{7R}$$

よって $I_1 + I_2 = \frac{2V}{7R}$

R：左向きに $\dfrac{V}{7R}$ … 答

$2R$：右向きに $\dfrac{3V}{7R}$ … 答

$4R$：左向きに $\dfrac{2V}{7R}$ … 答

点aに流れ込む電流の和は，点aから流れ出る電流の和に等しい。

[図2]

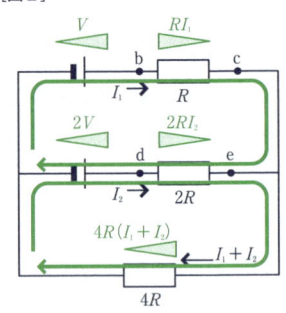

電流I_1の向きを右向きとしているので，電圧降下RI_1だけ，点cの電位は点bの電位より低くなる。

! I_1は負の値になったので，Rを流れる電流の向きは左向きなんだね。

Point!

キルヒホッフの法則

第1法則：**電流保存則**
⇒ 分岐点に流れ込む電流の和は，分岐点から流れ出る電流の和に等しい。

第2法則：**電位差の式**
⇒ 閉回路を1周するとき，電圧上昇を正，電圧降下を負にとると，それらの和は0になる。

4. 直流回路

143 コンデンサーを含む直流回路のテーマ

- 直流回路内のコンデンサー
- 充電前後のコンデンサーのふるまい

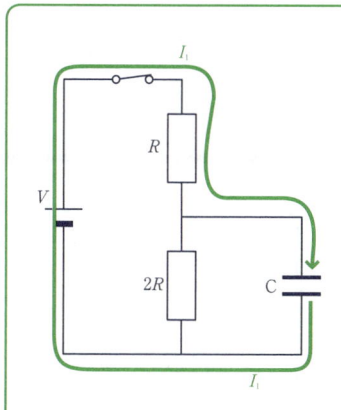

上図で，スイッチを閉じると，コンデンサー C の下の極板から電池を経由し上の極板へ電荷が運ばれ，C は充電されていく。

スイッチを閉じた直後は，C に電荷は蓄えられておらず，C にかかる電圧は 0 なので，**C は導線のようにふるまう**。したがって，スイッチを閉じた直後(1)では，図の矢印のように電流 I_1 が流れる。

(1) 上で示したように，スイッチを閉じた直後，コンデンサー C に電荷は蓄えられていないから，C にかかる電圧 V は

$$V = \frac{Q}{C} = \frac{0}{C} = \mathbf{0} \cdots \text{答}$$

2R にかかる電圧は，C と同じで 0 なので，2R に流れる電流 I_2 は

$$I_2 = \frac{V}{2R} = \frac{0}{2R} = \mathbf{0} \cdots \text{答}$$

2R にかかる電圧が 0 であることを考慮すると，R には電池の電圧 V がかかる。したがって，R に流れる電流 I_1 は

> ！ 閉回路を1周し，電位のアップダウンを考えればわかるね。

$I_1 = \dfrac{V}{R}$ …答

㊙テクニック！

直流回路内のコンデンサーのふるまい
　　充電前　⇨　導線
　　充電後　⇨　断線

(2) スイッチを閉じて十分に時間が経過すると，コンデンサーCには電流が流れなくなり，R，2Rには同じ電流Iが流れる。キルヒホッフの第2法則(電位差の式)より

$V - RI - 2RI = 0$

$I = \dfrac{V}{3R}$ …答

また，Cにかかる電圧は，2Rにかかる電圧に等しく，これをV_2とすると

$V_2 = 2RI = 2R \times \dfrac{V}{3R} = \dfrac{2V}{3}$

したがって，コンデンサーに蓄えられる電気量Qは

$Q = CV_2 = \dfrac{2CV}{3}$ …答

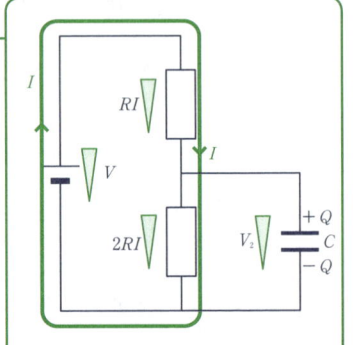

スイッチを閉じて十分に時間が経過すると，コンデンサーCは充電が完了し，**Cには電流が流れず断線しているかのようにふるまう**。したがって，スイッチを閉じて十分に時間が経過すると，図の矢印のように電流Iが流れる。

(3) スイッチを切った直後，Rは断線して

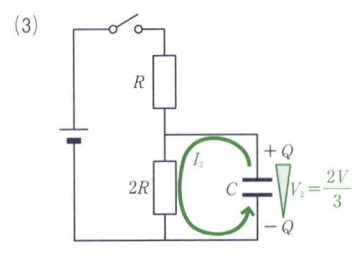

いるので**電流は流れない**が，2RにはCの電圧 $V_2 = \dfrac{2V}{3}$ がかかっているので，図の矢印の向きに電流 I_2 が流れる。

$$I_2 = \dfrac{V_2}{2R} = \dfrac{1}{2R} \times \dfrac{2V}{3}$$

$$I_2 = \dfrac{V}{3R} \cdots \text{答}$$

144 合成抵抗 のテーマ

- 抵抗を直列接続したときの合成抵抗
- 抵抗を並列接続したときの合成抵抗

(1) 図1のように，直列接続した n 個の抵抗全体に電圧 V を加えたところ，回路に電流 I が流れたとする。

各抵抗の電圧降下は，$R_1 I$, $R_2 I$, ……, $R_n I$ と表されるので

$$V = R_1 I + R_2 I + \cdots + R_n I$$
$$V = (R_1 + R_2 + \cdots + R_n) I$$

したがって，合成抵抗（全体の抵抗）R は

$$R = \dfrac{V}{I}$$

$$\boldsymbol{R = R_1 + R_2 + \cdots + R_n} \cdots \text{答}$$

[図1]

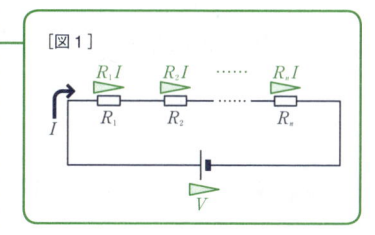

! 直列接続 ⇒ 電流が共通だね！

(2) 図2のように，並列接続した n 個の抵抗全体に電圧 V を加えたところ，回路全体に電流 I が流れたとする

各抵抗に流れる電流は，$\dfrac{V}{R_1}$, $\dfrac{V}{R_2}$, ……, $\dfrac{V}{R_n}$ と表されるので

[図2]

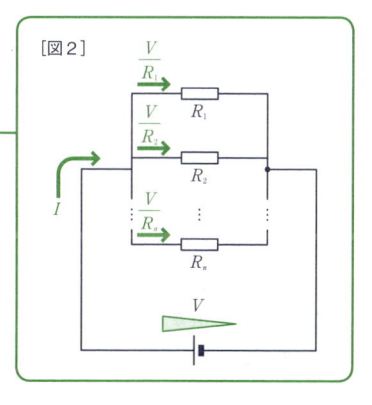

$$I = \frac{V}{R_1} + \frac{V}{R_2} + \cdots\cdots + \frac{V}{R_n}$$

$$I = \left(\frac{1}{R_1} + \frac{1}{R_2} + \cdots\cdots + \frac{1}{R_n}\right)V$$

したがって

$$\frac{1}{R} = \frac{I}{V}$$

$$\frac{1}{R} = \frac{1}{R_1} + \frac{1}{R_2} + \cdots\cdots + \frac{1}{R_n} \cdots 答$$

> 並列接続⇒電圧が共通だね！

Point!

合成抵抗 R

直列接続　$R = R_1 + R_2 + \cdots\cdots + R_n$

並列接続　$\dfrac{1}{R} = \dfrac{1}{R_1} + \dfrac{1}{R_2} + \cdots\cdots + \dfrac{1}{R_n}$

---

145 ホイートストン・ブリッジのテーマ

・未知抵抗の求めかた
・ホイートストン・ブリッジのしくみ

図のように，2Rに流れる電流を I_1 とすると，2Rにかかる電圧は $2RI_1$ となる。3Rに流れる電流を I_2 とすると，3Rにかかる電圧は $3RI_2$ となる。Gに電流が流れないことから，点a，点bは等電位であるとわかり，2R，3Rによる電圧降下 $2RI_1$，$3RI_2$ が等しいことになる。したがって

$$2RI_1 = 3RI_2 \quad \cdots ①$$

また，2点a，bからの電圧降下，$4RI_1$ と rI_2 も等しくなるから

$$4RI_1 = rI_2 \quad \cdots ②$$

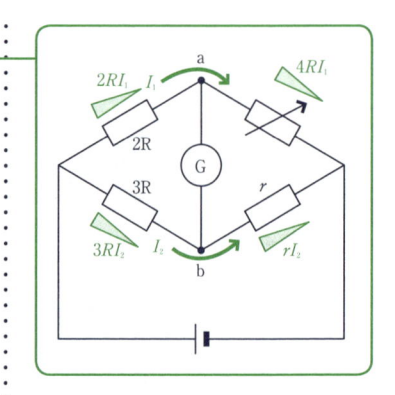

となり，①，②式を辺々割り算して

$$\frac{1}{2} = \frac{3R}{r} \qquad r = 6R \cdots \text{答}$$

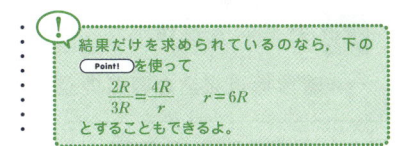

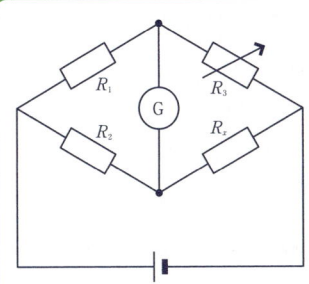

> ❗ 結果だけを求められているのなら，下の Point! を使って
> $$\frac{2R}{3R} = \frac{4R}{r} \qquad r = 6R$$
> とすることもできるよ。

一般に，未知の抵抗R_xの値を精密に測定するには，上図のようなホイートストン・ブリッジを用いる。R_1, R_2は値のわかっている抵抗，R_3は可変抵抗，R_xは未知の抵抗，Gは検流計である。ここで，可変抵抗を調節し，Gに電流が流れないようにする。このとき，R_1, R_2に流れる電流をそれぞれI_1, I_2とすると，R_1, R_2における電圧降下R_1I_1, R_2I_2は等しくなるので

$$R_1 I_1 = R_2 I_2 \quad \cdots ①$$

R_3, R_xにおける電圧降下R_3I_1, R_xI_2も等しくなるので

$$R_3 I_1 = R_x I_2 \quad \cdots ②$$

①÷②より

$$\frac{R_1}{R_3} = \frac{R_2}{R_x} \qquad R_1 R_x = R_2 R_3$$

$$\left(\frac{R_1}{R_2} = \frac{R_3}{R_x} \right)$$

R_1, R_2, R_3の値からR_xの値を求めることができる。

Point!

ホイートストン・ブリッジ

$$\frac{R_1}{R_2} = \frac{R_3}{R_x}$$

> ❗ 抵抗の並び順と同じなので，覚えやすいね。

146 非オーム抵抗のテーマ

・非線形抵抗を含む回路の扱いかた

㊙テクニック!

電球(非オーム抵抗)を含む直流回路
1. 電球に流れる電流をI, かかる電圧をVとして, 電位差の式(閉回路1周電位のアップダウン)を立てる。
2. 電位差の式のグラフと特性曲線の交点を読みとる。

(1) 図1のように電球に流れる電流をI〔A〕, かかる電圧をV〔V〕として, 閉回路を1周したときの電位の上昇, 下降を考える。

$$12 - 10I - V = 0$$

$$I = -\frac{1}{10}V + 1.2 \quad \cdots ①$$

[図1]

①を電球の(電流-電圧)特性曲線上にかくと, 図4①のようになる。実際に電球に流れる電流I_L〔A〕は, 特性曲線と①のグラフの交点の値になるから

$$I_L = 0.5\text{A}$$

電池から流れ出る電流の大きさはI_Lと等しいので

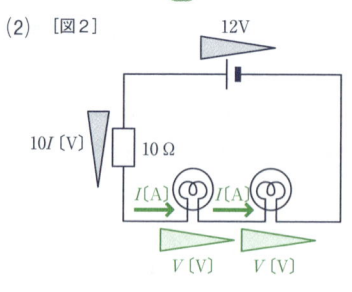

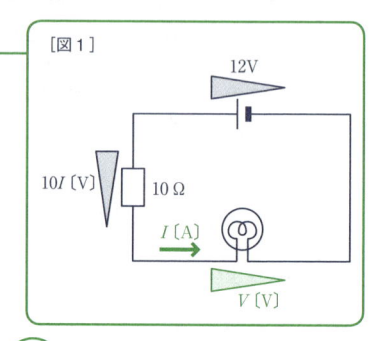

0.5A…答

(2) [図2]

! 電池の負極から反時計回りに1周しよう。

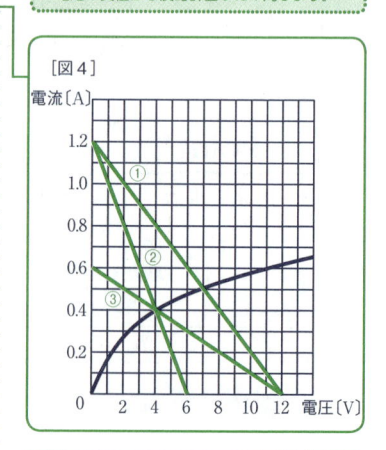

[図4]

電球は特性曲線をみたしていなければならず, しかも, 電球は①の回路

図2のように，電球に流れる電流をI〔A〕，かかる電圧をV〔V〕として，閉回路を1周したときの電位の上昇，下降を考える。

$$12 - 10I - V - V = 0$$

$$I = -\frac{1}{5}V + 1.2 \quad \cdots ②$$

②を電球の特性曲線上にかくと，図4②のようになる。実際に電球に流れる電流I_L〔A〕は，特性曲線と②のグラフの交点の値になるから

$$I_L = 0.4\mathrm{A}$$

電池から流れ出る電流の大きさはI_Lと等しいので

0.4A … 答

内にあるので，①式もみたしていなければならない。したがって，実際に電球に流れる電流I_Lは，特性曲線と①のグラフの交点の値になる。

(3) 〔図3〕

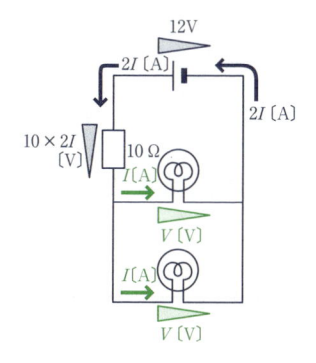

(1), (2)と同様に考える。10Ωの抵抗に流れる電流は，$2I$〔A〕であることに注意して，図3中の上の閉回路を1周し，電位の上昇，下降を考える。

$$12 - 10 \times 2I - V = 0$$

$$I = -\frac{1}{20}V + 0.6 \quad \cdots ③$$

③のグラフと特性曲線の交点を読んで
$I_L = 0.4$A
電池から流れ出る電流は$2I_L$だから
$2I_L =$ **0.8A** … 答

147 未知起電力の測定 のテーマ

・電池の起電力と端子電圧
・電池の内部抵抗
・電位差計のしくみ

Point!

電池の起電力と端子電圧
右の図のように，実際の電池には内部抵抗rがあるので，電池に電流Iが流れると，端子電圧Vは起電力Eと異なり
$V = E - rI$
となってしまう。

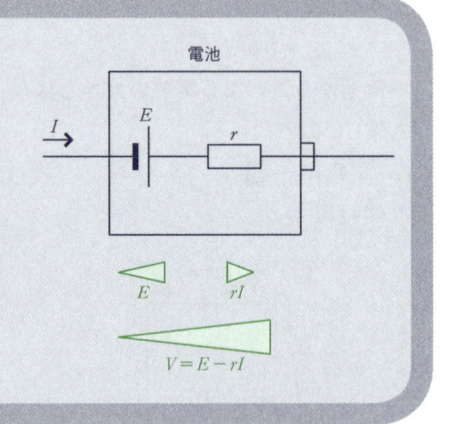

抵抗線ABの単位長さあたりの抵抗値をρとする。

図1のように，スイッチをE側に入れたとき，AC間の抵抗値は$\rho \times \dfrac{\ell}{4}$となり，ここ（上の閉回路）を流れる電流を$I$とすると，AC間の電圧は$\dfrac{\rho \ell}{4} \times I$となる。このとき，検流計Gに電流が流れていないので，電池の内部抵抗による電圧降下も起こらず，電池の端子電圧は起電力Eと同じになり，

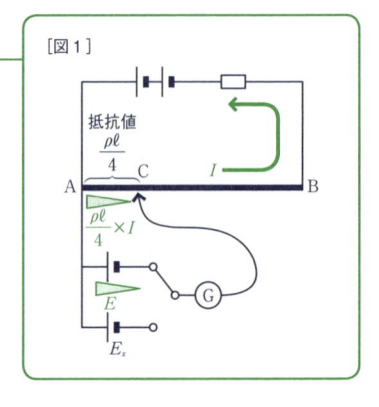

これがAC間の電圧 $\frac{\rho \ell}{4} \times I$ と等しくなる。
したがって

$$E = \frac{\rho \ell}{4} I$$

図2のように，スイッチを E_x 側に入れたとき，AC間の抵抗値は $\rho \times \frac{\ell}{3}$ なので，AC間の電圧は $\frac{\rho \ell}{3} \times I$ となり，これが E_x と等しくなるから

$$E_x = \frac{\rho \ell}{3} I$$

上の2式について，辺々割り算をして

$$\frac{E}{E_x} = \frac{3}{4} \quad E_x = \frac{4E}{3} \cdots \text{答}$$

スイッチを E, E_x のどちら側に入れても，電池 E, E_x には電流が流れず，電池の内部抵抗による電圧降下が起こらないので，電池の起電力と端子電圧が等しくなるから。
…答

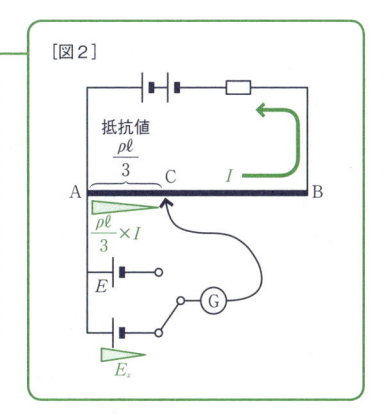

> スイッチを E, E_x のどちら側に入れても，電流が流れるのは上の閉回路だけなので，全抵抗は変わらず，I の値はいつでも同じになるよ。

[図2]

---

148 自由電子の運動とジュール熱のテーマ
・導線内の自由電子のふるまいから，電力の関係式を導く

(1) 導体内に生じる電場の大きさ E は

$$E = \frac{V}{\ell}$$

だから，電子が電場から受ける力の大きさ f は

$$f = eE = \frac{eV}{\ell} \quad \cdots ① \cdots \text{答}$$

> 途中までは 141 の復習だから，入試問題だけど，さほど難しくないよ。リラックスして取り組もう。

(2) 導体内での電子の運動方程式を立てる。電子の加速度の大きさをaとすると
$$ma = f$$
①より
$$ma = \frac{eV}{\ell} \qquad a = \frac{eV}{m\ell}$$
したがって
$$v_m = a\tau = \frac{eV\tau}{m\ell} \quad \cdots ② \cdots 答$$

> ！ aは一定値なので，等加速度直線運動の3公式が使えるね。

(3) 導体内を流れる電流の大きさIは，単位時間あたりに導体断面を通過する電気量だから
$$I = envS \quad \cdots ③ \cdots 答$$

> ！ $I = envS$は公式として覚えていた人もいるよね。

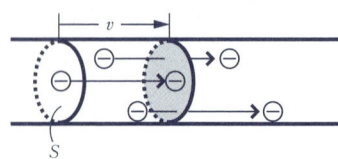

(4) グラフより電子の平均の速さvは，$v = \dfrac{v_m}{2}$だから，③式は

$$I = enS \cdot \frac{v_m}{2}$$

と表され，この式に②を代入すると

$$I = enS \cdot \frac{eV\tau}{2m\ell}$$

$$I = \frac{ne^2\tau S}{2m\ell} \cdot V$$

したがって，導体の抵抗Rは

$$R = \frac{V}{I}$$

$$R = \frac{2m\ell}{ne^2\tau S} \quad \cdots ④$$

> 電子の速さの時間平均vは，下のグラフから
> $$v = \frac{v_m}{2}$$
> であることがわかる。

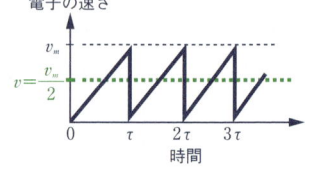

(5) 導体中のすべての自由電子が，毎秒消費する運動エネルギー P は

$$P = \frac{1}{2}mv_m^2 \times \frac{1}{\tau} \times nS\ell$$

$$P = \underbrace{\frac{1}{2}mv_m^2}_{\text{1回の衝突で電子が失う運動エネルギー}} \times \underbrace{\frac{1}{\tau}}_{\text{電子が毎秒衝突する回数}} \times \underbrace{nS\ell}_{\text{導体中の電子の総数}}$$

②を代入して

$$P = \frac{m}{2} \times \frac{e^2 V^2 \tau^2}{m^2 \ell^2} \times \frac{1}{\tau} \times nS\ell$$

$$= \frac{ne^2 \tau S}{2m\ell} \cdot V^2$$

④を用いて

$$P = \frac{V^2}{R} \cdots \text{答}$$

P は，単位時間あたりに電流がする仕事，すなわち電流の仕事率を表しており，これを電力という。電力 P は，$V = RI$（オームの法則）を用いると次のように表すことができる。

$$P = \frac{V^2}{R} = RI^2 = IV$$

また，抵抗で電力が消費されると熱が発生し，発生する熱を**ジュール熱**という。したがって，P は導体内で毎秒発生しているジュール熱を表している。

Point!

電力　$P = IV = RI^2 = \dfrac{V^2}{R}$

---

149 分流器・倍率器 のテーマ

・電流計・電圧計の接続のしかた
・分流器・倍率器のしくみ

(1)

電流計は未知抵抗に直列に接続する。
　　　　　　　　　　　　　　　…答

(2) 図1のように，R'〔Ω〕の抵抗を電流計に並列に接続し，電流計にはI〔A〕，R'〔Ω〕の抵抗には$(n-1)I$〔A〕の電流が流れるようにすれば，nI〔A〕まで測定することができるようになる。電流計とR'〔Ω〕の抵抗の両端間の電圧は等しいので

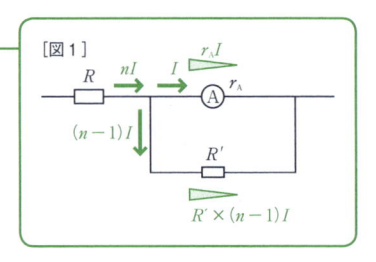

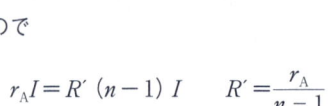

$$r_A I = R'(n-1)I \qquad R' = \frac{r_A}{n-1}$$

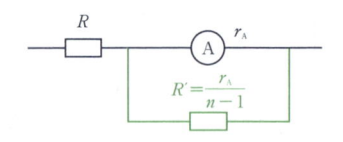

したがって，上図のように，$\dfrac{r_A}{n-1}$〔Ω〕の**抵抗を電流計に並列に接続すればよい。**…答

> このようにしておくと，Rに流れる電流は，電流計が示す電流値のn倍になるよ。

(3)

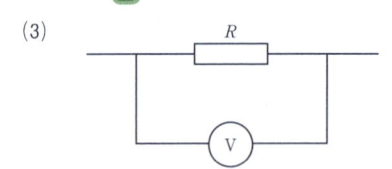

電圧計は，未知抵抗に並列に接続する。
…答

(4) 図2のように，R''〔Ω〕の抵抗を電圧計に直列に接続し，電圧計にはV〔V〕，R''〔Ω〕の抵抗には$(n-1)V$〔V〕の電圧がかかるようにすれば，nV〔V〕まで測定することができるようになる。電圧計とR''〔Ω〕の抵抗に流れる電流は等しいので

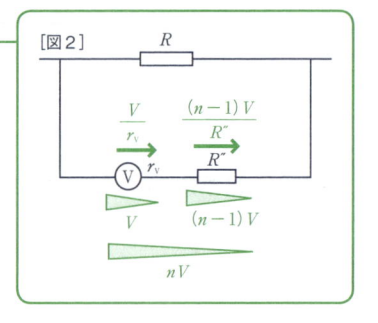

$$\frac{V}{r_V} = \frac{(n-1)V}{R''} \qquad R'' = (n-1)r_V$$

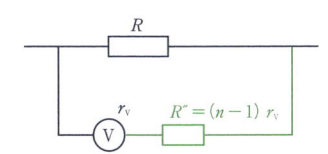

したがって，上図のように，$(n-1)r_V$ 〔Ω〕の抵抗を電圧計に直列に接続すればよい。…答

> このようにしておくと，R にかかる電圧は，電圧計が示す電圧値の n 倍になるよ。

150 電流計・電圧計の測定誤差 のテーマ

- 未知抵抗の測定値
- 電流計，電圧計の内部抵抗による相対誤差

(1) 電流計に流れる電流(測定電流)I と，電圧計の両端間の電圧(測定電圧)V は，どちらも正確な値である。図 a に示すように，V は，電流計での電圧降下 $r_A I$ と未知抵抗での電圧降下 RI の和に等しくなる。

$$V = r_A I + RI$$
$$V = (r_A + R)I \quad \cdots ①$$

ここで，未知抵抗の測定値 R' は

$$R' = \frac{V}{I}$$

なので，①式より

$$R' = r_A + R \quad \cdots ② \cdots 答$$

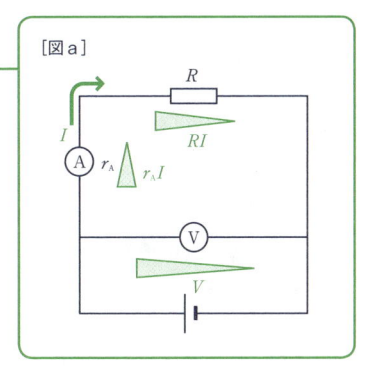

[図a]

(2) (1)と同様に，I，V はどちらも正確な値なので，図 b に示すように，I は電圧計に流れる電流 $\dfrac{V}{r_V}$ と未知抵抗に流れる電流 $\dfrac{V}{R}$ の和に等しくなる。

$$I = \frac{V}{r_V} + \frac{V}{R}$$

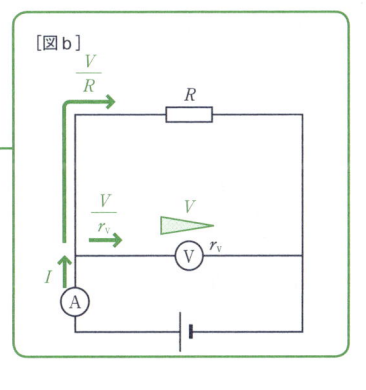

[図b]

$$I = \frac{r_V + R}{r_V R} V \quad \cdots ③$$

ここで，未知抵抗の測定値 R' は

$$R' = \frac{V}{I}$$

なので，③式より

$$R' = \frac{r_V R}{r_V + R} \quad \cdots ④ \cdots \text{答}$$

(3) 図1の回路において，ΔR は②より

$$\Delta R = R' - R = r_A$$

となるので，相対誤差 $\left|\dfrac{\Delta R}{R}\right|$ は

$$\left|\frac{\Delta R}{R}\right| = \frac{r_A}{R}$$

となる。題意より，$R = 1000\,\Omega$，

$\left|\dfrac{\Delta R}{R}\right| \leqq \dfrac{1}{100}$ なので

$$\frac{r_A}{1000} \leqq \frac{1}{100}$$

$$r_A \leqq 10\,\Omega \cdots \text{答}$$

図2の回路において，ΔR は④より

$$\Delta R = R' - R = \frac{r_V R}{r_V + R} - R = -\frac{R^2}{r_V + R}$$

となるので，相対誤差 $\left|\dfrac{\Delta R}{R}\right|$ は

$$\left|\frac{\Delta R}{R}\right| = \frac{R}{r_V + R}$$

となる。題意より，$R = 1000\,\Omega$，

$\left|\dfrac{\Delta R}{R}\right| \leqq \dfrac{1}{100}$ なので

> $R = 1\,\mathrm{k}\Omega$ だよね。

> 相対誤差 $\left|\dfrac{\Delta R}{R}\right|$ は，1%以下だからね。

$$\frac{1000}{r_V + 1000} \leq \frac{1}{100}$$

$$r_V \geq 99000 \, \Omega$$

$$\underline{r_V \geq 99 \, \text{k}\Omega} \cdots \text{答}$$

> 電圧計は回路に並列に接続されているので，内部抵抗を大きくすると電圧計に流れる電流を小さくすることができる。こうして，回路に流れる電流を乱さないように工夫されている。

151 電流の作る磁場 のテーマ

- 直線電流が作る磁場
- 円形電流が作る磁場
- ソレノイドの電流が作る磁場

(1) **Point!**

直線電流が作る磁場

磁場の強さ H は，電流 I に比例し，電流からの距離 r に反比例する。

$$H = \frac{I}{2\pi r}$$

一般に，直線電流が作る磁場の向きは，次のように表すことができる。
右ねじの進む向きに流れる電流は，右ねじの回る向きの磁場を作る（右ねじの法則）。
また直線電流が作る磁場の強さ H は，電流 I に比例し，電流からの距離 r に反比例し

$$H = \frac{I}{2\pi r}$$

と表される。

Aに流れる電流 I が，点Pに作る磁場の強さ H_A は

$$H_A = \frac{I}{2\pi \cdot 5r} = \frac{I}{10\pi r}$$

で，紙面の表から裏に向いている。この磁場をBに流れる電流I_Bの作る磁場によって打ち消せばよい。したがって，I_Bの向きは

下向き…答で，I_Bが点Pに作る磁場の強さH_BはH_Aと等しくなるようにする。

$$H_B = \frac{I_B}{2\pi r}$$

$H_B = H_A$として

$$\frac{I_B}{2\pi r} = \frac{I}{10\pi r} \qquad I_B = \frac{I}{5} \text{…答}$$

> 下の立体図を見ながら，電流と磁場の向きを確認しよう。

> ! I, I_Bどちらの電流が作る磁場の向きも"**右ねじの法則**"で理解できるね。

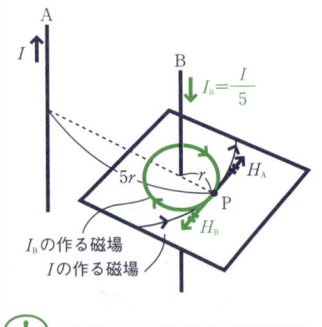

㊙テクニック！

磁気の分野で問われる"**向き**"は，すべて"**右ねじの法則**"で説明できる。
"右ねじの法則"は，右手を使って右図のように覚えることもできる。

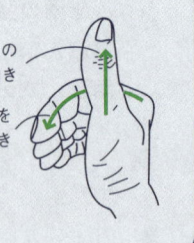

(2)
> **Point!**
>
> **円形電流がその中心に作る磁場**
> 　磁場の強さHは，電流の強さIに比例し，円の半径rに反比例する。
>
> $$H = \frac{I}{2r}$$ 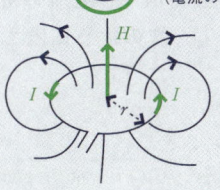 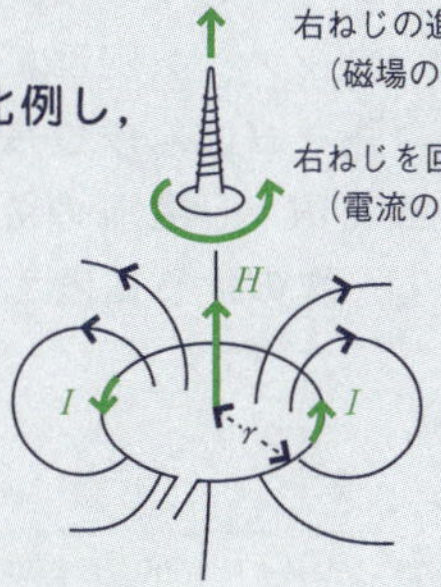
>
> ⚠ 円形電流と，それが作る磁場の向きも **"右ねじの法則"** で理解できるね。

(1) 終了時点ではAには上向きに電流Iが，Bには下向きに電流$\frac{I}{5}$が流れている。A，Bに流れる電流が点Oに作る磁場は，どちらも紙面の表から裏に向いているので，その合成磁場の強さH_{AB}は

$$H_{AB} = \frac{I}{2\pi \cdot 2r} + \frac{\frac{I}{5}}{2\pi \cdot 2r} = \frac{3I}{10\pi r}$$

となる。この磁場を打ち消すには，コイルCに**反時計回り**の電流I_Cを流し，I_CがCの中心に作る磁場の強さH_CをH_{AB}と等しくなるようにすればよい。したがって

$$H_C = \frac{I_C}{2r}$$

$H_C = H_{AB}$として

$$\frac{I_C}{2r} = \frac{3I}{10\pi r} \qquad I_C = \frac{3I}{5\pi} \cdots \text{答}$$

立体図を見ながら，電流と磁場の向きを確認しよう。

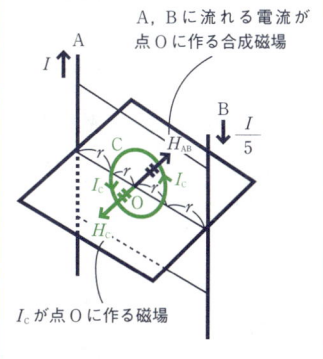

⚠ この他に，電流が作る磁場で覚えておかなければならない関係式は，次のソレノイドコイルによる磁場だよ。

第4章 電磁気

Point!

ソレノイドの電流が作る磁場

ソレノイド内部に生じる磁場の強さHは，単位長さあたりの巻き数n，電流の強さIを用いて，次のように表される。

$$H = nI$$

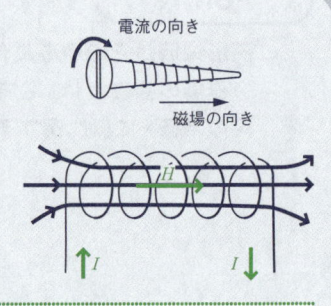

! ソレノイドの電流が作る磁場の向きも"**右ねじの法則**"でバッチリだね！

解説 152 正方形コイルが磁場から受ける力 のテーマ

・電流が磁場から受ける力
・磁場と磁束密度

立体図を見ながら，磁場，電流，力の向きを確認しよう。

電流I_2の向きから磁場H_{AD}の向きへ右ねじを回したとき，ねじの進む向きが，力F_{AD}の向きである。

電流I_2の向きから磁場H_{BC}の向きへ右ねじを回したとき，ねじの進む向きが，力F_{BC}の向きである。

電流I_1が辺ADの位置に作る磁場の向きは，紙面の表から裏に向かう向きで，磁場の強さH_{AD}は

5．電流と磁場　325

$$H_{AD} = \frac{I_1}{2\pi\ell}$$

である。電流I_1が作る磁場から，**辺ADが受ける力F_{AD}の向きは，電流I_2の向きから磁場H_{AD}の向きへ右ねじを回したとき，ねじの進む向きで表される**。したがって，左向きでその力の大きさF_{AD}は

$$F_{AD} = \ell I_2 \mu H_{AD} = \frac{\mu I_1 I_2}{2\pi} \quad (左向き)$$

同様にして電流I_1が辺BCの位置に作る磁場の強さH_{BC}は

$$H_{BC} = \frac{I_1}{2\pi \cdot 2\ell} = \frac{I_1}{4\pi\ell}$$

である。電流I_1が作る磁場から，辺BCが受ける力の向きは右向きで，その大きさF_{BC}は

$$F_{BC} = \ell I_2 \cdot \mu H_{BC} = \frac{\mu I_1 I_2}{4\pi} \quad (右向き)$$

一方，電流I_1が作る磁場から，辺AB，CDが受ける力は，同じ大きさで逆向きなので，合力は0になる。

したがって，正方形コイル全体が受ける力は**左向き**で，その大きさは

$$F_{AD} - F_{BC} = \frac{\mu I_1 I_2}{4\pi} \cdots \boxed{答}$$

となる。

> ❗ 直線電流が作る磁場
> $$H = \frac{I}{2\pi r}$$
> は，もう覚えたよね。

> ❗ 立体図を見ながら確認しよう。

> 一般に，強さHの磁場に垂直に置かれた長さℓの導線にはたらく力Fは導線に流れる電流をIとすると
> $$F = \ell I \cdot \mu H \quad \cdots ①$$
> と表される（Fは，Hにもℓにも比例する）。比例定数μは周囲の物質によって定まる量で，その物質の**透磁率**という。
> 電流が磁場から受ける力の式中には，常に比例定数μがついてくるので，μHをひとまとめにして**磁束密度**とよび，Bとおくと便利である。磁束密度Bを用いて，①式をかき換えると
> $$F = \ell IB$$
> となる。この式は，次のような形で記憶しておくと，力Fの向きもわかるので，とても便利である。
> $$\boldsymbol{F = \ell I \times B}$$
> ここで，$\boldsymbol{I \times B}$の記号×は，右ねじを回す向きを表す。すなわち，**電流Iの向きから磁束密度Bの向き**（磁場Hと同じ向き）**に右ねじを回したとき，ねじの進む向きが電流が受ける力Fの向きを表す。**

> ❗ 電流が磁場から受ける力の向きは"フレミングの左手の法則"で説明している本が多いけど"フレミングの右手の法則"もあって混乱しやすいんだ。そこで，本書では，磁気の分野で問われる**"向き"**をすべて**"右ねじの法則"**で説明することにするよ。

Point!

磁束密度 $B = \mu H$

! μ は正の比例定数なので，B と H の向きは同じになるよ。

Point!

電流が磁場から受ける力
$F = \ell I \times B$

! これも "右ねじの法則" だね。

---

153 導線内の自由電子が受けるローレンツ力のテーマ

- 直線電流が磁場から受ける力
- 導体中を移動する自由電子と電流
- ローレンツ力

(1) 導線が磁場から受ける力の大きさ F は

$$F = \ell IB \quad \cdots ①$$

導線が磁場から受ける力の向きは，電流 I の向きから磁束密度 B の向きに右ねじを回したとき，ねじの進む向きになる。
　　　　　　　　　　　　　　…答

! $F = \ell I \times B$ とかき表されることを思い出そう。

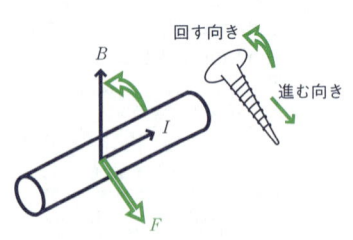

(2) $I = envS$ …② …答

! 141 でやったよね。

(3) ②を①に代入して
$F = \ell envSB$ …③…**答**

(4) $N = nS\ell$ …④

(5) 導線が磁場から受ける力の大きさ F は，自由電子1個が磁場から受ける力の大きさ f の N 倍になるから
$F = f \times N$
この式に③，④を代入して
$\ell envSB = f \times nS\ell$
$f = evB$ …**答**

一般に，磁場中を運動する荷電粒子が，磁場から受ける力を**ローレンツ力**という。磁束密度 B の磁場中を，電気量 q の荷電粒子が，磁場と垂直に速度 v で運動しているとき，この粒子にはたらくローレンツ力 f の大きさは，次のように表される。

$f = qvB$

ローレンツ力 f の向きは，荷電粒子の電荷 q が正 ($q>0$) の場合，**速度 v の向きから磁束密度 B の向きへ右ねじを回したとき，ねじの進む向き**で表される。また，荷電粒子の電荷 q が**負 ($q<0$) の場合**は，正 ($q>0$) のときとローレンツ力 f の**向きが逆**になるので注意しよう。

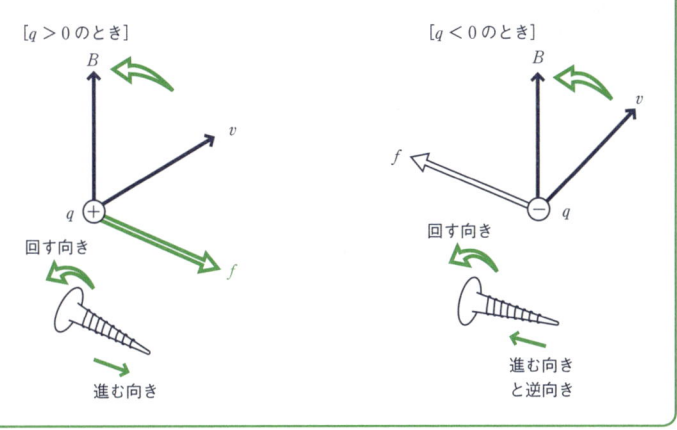

[$q>0$ のとき]　　　　　[$q<0$ のとき]

導線中を流れる自由電子が磁場から受けるローレンツ力fの向きは，**導線が磁場から受ける力Fの向きに一致する**。

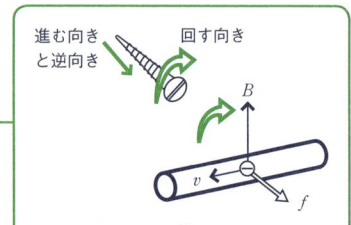

…答

上図のように，自由電子は**負の電荷**なので，速度vの向きから磁束密度Bの向きへ右ねじを回したとき，ねじの進む向きと**逆向き**が，ローレンツ力fの向きになる。

> **Point!**
>
> **ローレンツ力の大きさと向き**
>
> $f = qv \times B$
>
> ⚠ ローレンツ力の向きも**右ねじの法則**を使って求めることができるので，記号×を用いて表現しておこう。

5. 電流と磁場

154 磁場中の荷電粒子の運動 のテーマ

- 磁場に垂直な速度をもつ荷電粒子の運動
- 磁場に平行な速度をもつ荷電粒子の運動

(1)

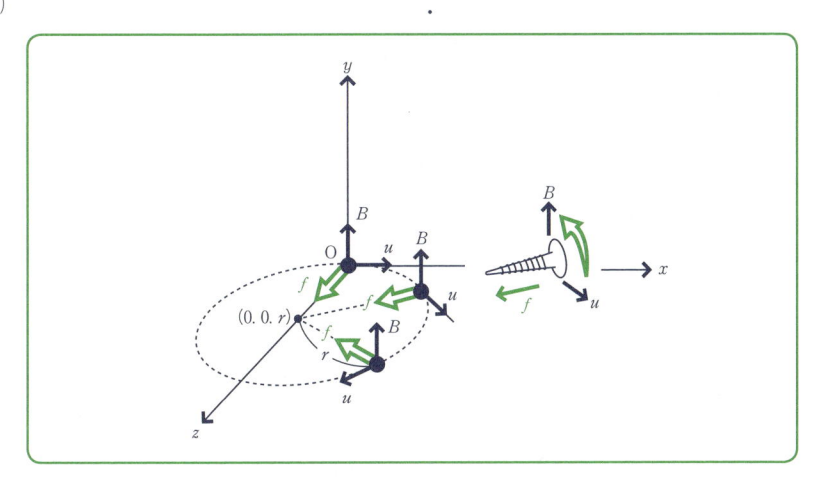

上図のように，荷電粒子は磁場から大きさ $f=quB$ のローレンツ力を受ける。ローレンツ力の向きは，速度にも磁束密度にも垂直で，速度の向きから磁束密度の向きに右ねじを回すとき，ねじの進む向きで表される。したがって，荷電粒子はローレンツ力 $f=quB$ を向心力として，磁場に垂直な平面（x-z 平面）内を等速円運動する。

円運動の半径を r として，荷電粒子の運動方程式を立てると

$$m\frac{u^2}{r}=quB \qquad r=\frac{mu}{qB}$$

円運動の周期 T は

$$T=\frac{2\pi r}{u}=\frac{2\pi m}{qB}$$

> ローレンツ力の向きは，速度（円の接線方向）に常に垂直なので，円運動の中心を向き，向心力としてはたらく。

> 円運動の運動方程式は
> $$m\underbrace{\frac{v^2}{r}}_{\text{加速度}}=F$$

x-z 平面内で，$\left(0, 0, \dfrac{mu}{qB}\right)$ を中心とし，半径 $\dfrac{mu}{qB}$，周期 $\dfrac{2\pi m}{qB}$ の等速円運動をする。…**答**

(2) 荷電粒子の速度と磁束密度が平行なので，荷電粒子には，磁場からローレンツ力がはたらかない。したがって，荷電粒子は，y 軸上を正の向きに速さ v で等速直線運動をする。…**答**

(3)

図：円運動の中心は，速さ v で y 軸正の向きに動く。ピッチ $\dfrac{2\pi mv}{qB}$

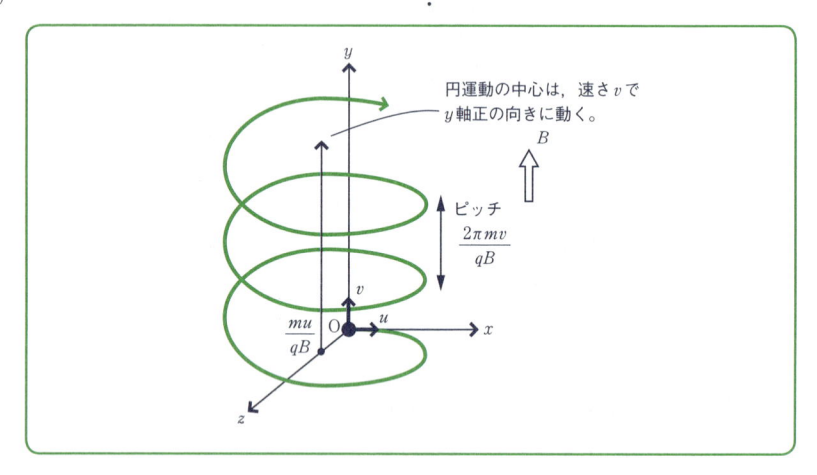

(1)と(2)の運動を合成した運動になる。すなわち，上図のように円運動の中心が，$z = \dfrac{mu}{qB}$ 上を速さ v で y 軸正の向きに動き，荷電粒子は，そのまわりを半径 $\dfrac{mu}{qB}$，周期 $\dfrac{2\pi m}{qB}$ で等速円運動する。すなわち荷電粒子は磁場に沿ってらせん運動をする。…**答**

> 荷電粒子は，円運動で1周する時間 $T = \dfrac{2\pi m}{qB}$ の間に，y 軸正の向きに
> $$vT = \dfrac{2\pi mv}{qB}$$
> だけ進む。この距離をらせん運動のピッチという。

155 **サイクロトロン**のテーマ

- ローレンツ力
- 等速円運動の運動方程式
- サイクロトロンの原理

(1) イオンが D_1 に入射したときの速さを v_1 とする。エネルギーと仕事の関係より

$$0 + qV = \frac{1}{2}mv_1^2$$

$v_1 > 0$ だから

$$v_1 = \sqrt{\frac{2qV}{m}} \cdots 答$$

! (はじめのエネルギー)+(外からされた仕事)
  =(あとのエネルギー)
  だったよね。

(2) D_1 内では，イオンは磁場から qv_1B のローレンツ力を受け，これを向心力として半径 r_1 の等速円運動をする。イオンの運動方程式は

$$m\frac{v_1^2}{r_1} = qv_1B$$

$$r_1 = \frac{mv_1}{qB} = \frac{m}{qB}\sqrt{\frac{2qV}{m}} = \frac{1}{B}\sqrt{\frac{2mV}{q}}$$

$\cdots 答$

(3) このイオンが，磁場からローレンツ力を受けて，半径 r，速さ v の等速円運動すると，運動方程式は

$$m\frac{v^2}{r} = qvB \quad \cdots ①$$

となるから，イオンが半周する時間 t は

$$t = \frac{\pi r}{v}$$

①式より

$$t = \frac{\pi m}{qB}$$

! 円運動の周期は $\frac{2\pi r}{v}$ で，半周する時間 t はその半分だね。

! t が r, v を含まない式で表されていることに注目しよう。

となり，tはrやvに依存しない。すなわち，イオンが半周する時間tは一定で，常に$t=\dfrac{\pi m}{qB}$となる。イオンが半周して，時間t後にD_1を出るとき，電圧がD_1入射時と逆転していれば，イオンはギャップを通過するたびに加速されるようになる。電圧の周期をTとすると

$$t=\dfrac{(2N-1)T}{2}$$

$$(N=1, 2, 3, \cdots\cdots)$$

$$\dfrac{\pi m}{qB}=\dfrac{(2N-1)T}{2}$$

$$T=\dfrac{2\pi m}{(2N-1)qB} \cdots 答$$

であればよい。

(4) イオンは，n回加速されたあと，電場から合計$n\times qV$の仕事を受けて，速さがv_nになったとすると，エネルギーと仕事の関係より

$$0+nqV=\dfrac{1}{2}mv_n{}^2$$

$v_n>0$だから

$$v_n=\sqrt{\dfrac{2nqV}{m}} \cdots 答$$

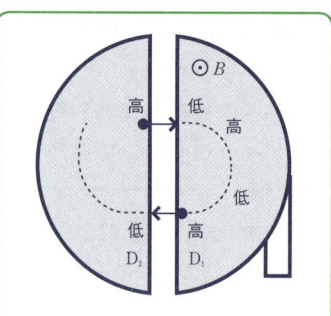

$q>0$の場合，はじめD_1の電位がD_2よりも低ければイオンは加速される。イオンが半周して時間t後にD_1を出るとき，D_1の電位がD_2よりも高ければ，イオンは再び加速される。イオンが半周する時間tの間に電圧が半周期すなわち$\dfrac{T}{2}$進んでいる場合，または，上図のように$\dfrac{3T}{2}$，$\dfrac{5T}{2}$，$\dfrac{7T}{2}$，……進んでいる場合，イオンは再び加速される。したがって

$$t=\dfrac{(2N-1)T}{2}$$

$$(N=1, 2, 3, \cdots\cdots)$$

と表される。

---

156 ホール効果のテーマ

- 導体中を移動する自由電子にはたらく力
- ホール効果の原理

(1) $I=envdw$ …① …答

(2) ローレンツ力の大きさをfとすると，図1より

$f = evB$ …答

ローレンツ力の向きは，x軸正の向き

[図1]

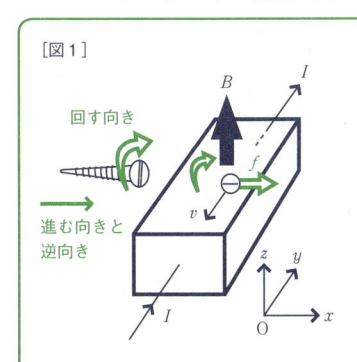

負電荷なので，右ねじの進む向きと逆向きにローレンツ力が生じる。
電子が移動する向きは，電流と逆向き。

(3) 導体中を移動する自由電子には，ローレンツ力evBと導体内部に生じた電場による力eEがはたらく。最終的には図2のように，この2つの力はつり合うので

$eE = evB$

$E = vB$ …②…答

(4) 図2のように，側面PQRSは電子が過剰になり，負に帯電し，側面KLMNは電子が不足し正に帯電する。その結果，側面PQRSは側面KLMNよりも低電位となり，この電位差がVとして測定される。ここで，Vを導体内部に生じた電場Eを用いて表すと

$V = Ew$

この式に②を代入して

$V = vBw$ …③

①より

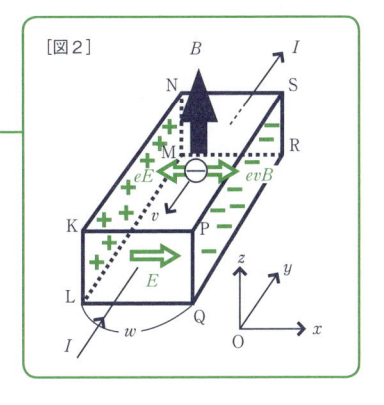

[図2]

この現象を**ホール効果**というよ。

$$vw = \frac{I}{end}$$

だからこれを③に代入して

$$V = \frac{BI}{end}$$

$$n = \frac{BI}{edV} \cdots 答$$

> このように，ホール効果は，導体や半導体中の自由電子の数密度の測定や，電流の担い手が正・負どちらの電荷なのかを求めるのに用いられる。

解説 157 電磁誘導の法則のテーマ

・磁束の定義
・コイルを貫く磁束の変化とコイルに生じる誘導起電力の向きと大きさ

(ア) **磁束**

Point!

磁束 $\Phi = BS$

(イ) Wb/m^2　(ウ) T（テスラ）

(エ) $V = -\dfrac{\Delta \Phi}{\Delta t}$

(オ) **レンツ**　(カ) b

6. 電磁誘導

$\Delta\Phi>0$（上向きの磁束が増加）の場合
コイルには，時計回りの誘導電流を流し（実際に流れなくてもよい），下向きの磁束を生じさせようとする向きに，誘導起電力が生じる。すなわち，点bから誘導電流を流し出そうとする向きに誘導起電力が生じる。電位の高低は誘導起電力が生じているコイルを電池に見立ててみるとわかりやすい。

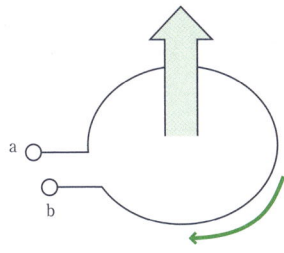

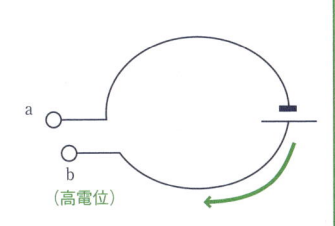

㊙テクニック！

電位の高低は，誘導起電力が生じている**導体を電池に見立ててみる**とわかりやすい。

（キ）$V=-N\dfrac{\Delta\Phi}{\Delta t}$

（ク）**電磁誘導**　　（ケ）**誘導起電力**

（コ）**誘導電流**

（サ）**ファラデーの電磁誘導の法則**

Point!

ファラデーの電磁誘導の法則

$$V=-N\dfrac{\Delta\Phi}{\Delta t}$$

㊙テクニック！

[電磁誘導の法則の使い方]

N 巻きのコイルに生じる誘電起電力は，下のようにその**大きさ V と向きを別々に求めた**ほうが考えやすい。

大きさ：$V = N \left| \dfrac{\Delta \Phi}{\Delta t} \right|$

向き　：磁束の変化を妨げる向き（レンツの法則）

！ たいていの問題は，この方法で解けるよ。

158 誘導起電力とローレンツ力のテーマ

・導体棒に生じる誘導起電力と導体棒内の自由電子にはたらくローレンツ力との関係

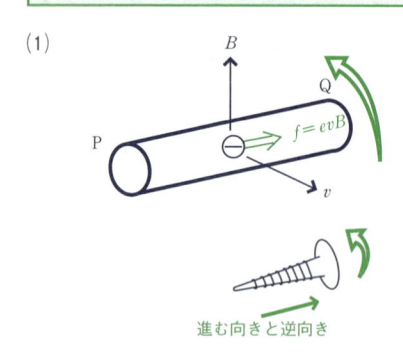

(1)

自由電子が磁場から受けるローレンツ力の大きさを f とすると

　$f = evB$ …① …答

ローレンツ力の向きは　$P \to Q$ …答

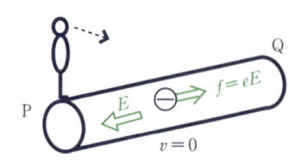

！ $f = qv \times B$ を使えばいいよね。電子は負電荷なので，向きに注意しよう。

(2)

導体棒PQとともに動く観測者から見ると，$v=0$なので自由電子にはたらく力fの原因はローレンツ力ではなく，PQ内に生じた誘導電場によるものとみなすことができる。誘導電場の大きさをEとすると

$$f = eE$$

①より

$$evB = eE \quad E = vB \quad \cdots ② \cdots 答$$

自由電子の受ける力の向きがP→Qなので，誘導電場の向きは**Q→P**。…答

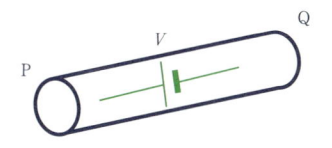

> ! 電荷にはたらく力が，磁場によるものか，電場によるものかは，観測者の立場によって決まるんだね。

> ! 電子は負電荷だから，電場と逆向きに力を受けるよね。

(3) PQに生じた誘導電場はPQ間に誘導起電力を生じさせる。誘導起電力の大きさをVとすると

$$V = E\ell$$

②より

$$V = \boldsymbol{\ell vB} \cdots 答$$

自由電子は，P→Qの向きに力を受けて移動しようとするので，電流は逆にQ→Pに流れようとする。これが，誘導起電力の向きなので，下図のように，導体棒PQを電池に見立てると，**Pのほうが高電位になる**。…答

> 磁束密度Bの磁場中で，長さℓの導体棒を，磁場にも導体棒にも垂直な方向に，速さvで動かすとき，導体棒の両端に生じる誘導起電力の大きさVは，次の式で表される。
> $$V = \ell vB$$

> ! 電位の高低は，導体棒PQを電池に見立てるとわかりやすいよね！

第 4 章　電磁気

導体棒に生じる誘導起電力の向きは，ローレンツ力によって考えることもできる。電流は正電荷の流れなので，導体棒内に正電荷を仮定し，この**正電荷が受けるローレンツ力（$f = qv \times B$）の向きを誘導起電力の向きと考える**とよい。

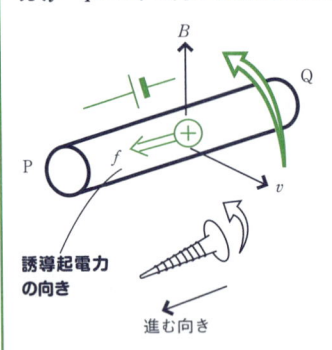

このように，**磁場を横切る導体棒には誘導起電力が生じる**。導体棒に生じる誘導起電力Vは，下式で覚えておくと，大きさと向きが同時に覚えられて便利である。

㊙テクニック！

導体棒に生じる誘導起電力 V

$$V = \ell v \times B$$

! 磁気で出てくる向きは，全部"右ねじ"だよ。

解説 159 磁場中を横切る導体棒のテーマ

- 磁場を横切る導体棒に生じる誘導起電力
- 導体棒を流れる電流が磁場から受ける力
- 電磁誘導で成り立つエネルギー保存則

(1) 導体棒PQは磁場を横切っているので，PQには誘導起電力が生じる。PQ間に生じる誘導起電力の大きさをVとすると

$$V = \ell v B \cdots 答$$

! 生じる誘導起電力は，大きさと向きを別々に考えよう。

6. 電磁誘導

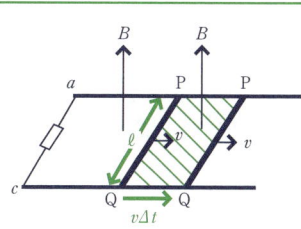

> 電磁誘導の法則 $V=\left|\dfrac{\Delta\Phi}{\Delta t}\right|$ において，時間 Δt の間の磁束の変化 $\Delta\Phi$ は，$\Phi=BS$ において $B=$（一定）なので
> $$\Delta\Phi = B\Delta S$$
> ここで，ΔS は時間 Δt の間に PQ が磁束を横切った面積（図の斜線部分の面積）だから
> $$\Delta\Phi = B\ell v\Delta t$$
> これを上式に代入して
> $$V=\left|\dfrac{B\ell v\Delta t}{\Delta t}\right| = \boldsymbol{\ell vB}$$
> もちろん，$\boldsymbol{V}=\boldsymbol{\ell v\times B}$ を公式として用いて，直接答えてもよい。

(2) オームの法則より
$$I=\dfrac{V}{R}=\dfrac{\boldsymbol{\ell vB}}{\boldsymbol{R}} \quad \cdots ①$$

電流の向きは，$\mathbf{P}\to\mathbf{Q}\cdots$ 答

> PQ に生じる誘導起電力の向きは，$V=\ell v\times B$ より P→Q で，aPQc は閉回路になっているので P→Q の向きに電流が流れる。また，レンツの法則を用いて考えると，PQ の移動により aPQc を上向きに貫く磁束が増加するので，これを妨げる向き，すなわち下向きの磁束を生じさせる向きに誘導起電力が発生し，誘導電流が流れる。したがって，aPQc には時計回り，すなわち PQ 間には P→Q の向きに電流が流れる。

(3)

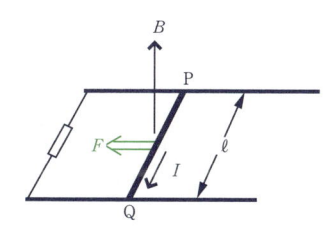

PQ には電流 I が流れているので，PQ は磁場から力を受ける。その大きさを F とすると

$F = \ell IB$

①を代入して

$$F = \frac{\ell^2 vB^2}{R} \quad \cdots ②$$

力の向きは**左向き**…**答**

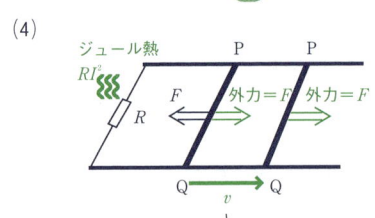

(4)

> $F = \ell I \times B$ を使うと力の向きもわかるね。

PQ は磁場から大きさ F の力を左向きに受けるので，PQ を一定の速さで動かすには，大きさ F の外力を右向きに加え続けなければならない。

大きさ F の外力は PQ に対して右向きにはたらき，単位時間に PQ を距離 v だけ右向きに動かすので，単位時間に外力がする仕事，すなわち外力がする仕事率 P は

$$P = Fv$$

となる。この式に②を代入すると

$$P = \frac{\ell^2 v^2 B^2}{R}$$

となる。ここで①を使い，P を I で表すと

$$P = R\left(\frac{\ell vB}{R}\right)^2$$

$P = RI^2$ …**答**

> 仕事率 P は，単位時間あたりにした仕事だから
> $$P = \frac{W}{t} = \frac{F \cdot x}{t} = Fv$$
> と表される。
> $P = Fv$
> は便利な式だから，覚えておくといいよ。

> この回路に対して外から加えた仕事は，最終的には，抵抗で発生するジュール熱となって，空気中に逃げていく。ここでもエネルギー保存則が成り立っているんだね。

160 磁場中の斜面上にある導体棒 のテーマ

- 直線電流が磁場から受ける力
- 導体棒に生じる誘導起電力
- 重力が導体棒にする仕事と抵抗で発生するジュール熱

(1) 電池の起電力を E とすると，導体棒 PQ には Q→P の向きに $\dfrac{E}{R}$ の電流が流れ，PQ は磁場から $\ell \cdot \dfrac{E}{R} \cdot B$ の大きさの力を受ける。導体棒 PQ にはたらく力をかくと図1のようになる。

> $F = \ell I \times B$ を使おう。

斜面に平行な方向の力のつり合いより

$$\dfrac{\ell EB}{R}\cos\theta = mg\sin\theta$$

$$E = \dfrac{mgR\tan\theta}{\ell B} \cdots 答$$

［図1］ 鉛直方向の断面図

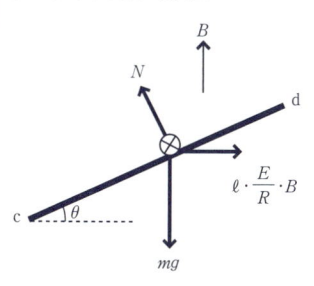

記号 ⊗ は，Q→P（紙面の表から裏）の向きに電流 $\dfrac{E}{R}$ が流れていることを表す。

(2) 図2のように，PQの速度の磁束密度 B に垂直な方向成分は $v\cos\theta$ だからPQに生じる誘導起電力の大きさ V は

$$V = \ell \cdot v\cos\theta \cdot B = \boldsymbol{\ell v B\cos\theta} \cdots 答$$

PQに流れる電流値 I は

$$I = \frac{V}{R} = \frac{\boldsymbol{\ell v B\cos\theta}}{R} \quad \cdots ① \cdots 答$$

（向きはQ→P）

PQの加速度の大きさを a として，PQの斜面に平行な方向の運動方程式を立てる。PQにはたらく力は，図3のようになるので

PQの運動方程式

$$ma = mg\sin\theta - \frac{\ell^2 v B^2 \cos\theta}{R} \cdot \cos\theta$$

$$a = \boldsymbol{g\sin\theta - \frac{\ell^2 v B^2 \cos^2\theta}{mR}} \cdots ② \cdots 答$$

(3)（解答例1）

②式において，v が大きくなるにともなって a が小さくなっていき，やがて $a = 0$ となり v が変化しなくなる。

（解答例2）

v が大きくなると，PQに生じる誘導起電力が大きくなり，PQに流れる誘導電流が増加し，PQが磁場から受ける力も大きくなる。この力は，PQの運動を妨げる向きにはたらくので加速度が0に近づいていき，PQの速さは一定になっていく。

②式において，$a = 0$ のとき $v = v_m$ だから

! $V = \boldsymbol{\ell v \times B}$ を使おう。

[図2]

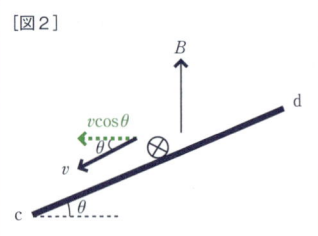

記号⊗は，誘導起電力および誘導電流の向きがQ→Pであることを表す。

[図3]

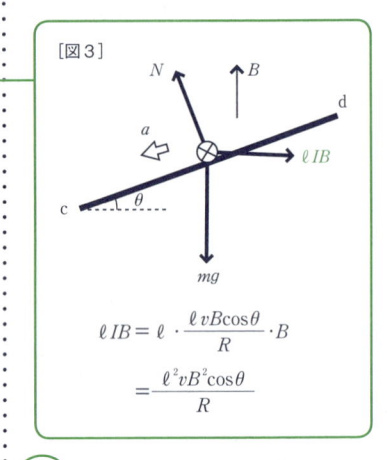

$$\ell IB = \ell \cdot \frac{\ell v B\cos\theta}{R} \cdot B$$

$$= \frac{\ell^2 v B^2 \cos\theta}{R}$$

! $V = \boldsymbol{\ell v B\cos\theta}$ と表されているからね。

6. 電磁誘導

$$0 = g\sin\theta - \frac{\ell^2 v_m B^2 \cos^2\theta}{mR}$$

$$v_m = \frac{mgR\sin\theta}{\ell^2 B^2 \cos^2\theta} \quad \cdots ③ \cdots \text{答}$$

(4) このとき，抵抗に流れる電流をI_mとする。

①式において$v=v_m$のとき$I=I_m$だから

$$I_m = \frac{\ell v_m B\cos\theta}{R}$$

抵抗で消費される電力Pは

$$P = RI_m^2 = \frac{\ell^2 v_m^2 B^2 \cos^2\theta}{R}$$

③式より

$$\frac{\ell^2 v_m B^2 \cos^2\theta}{R} = mg\sin\theta$$

だから

$$P = mgv_m \sin\theta \cdots \text{答}$$

> 単位時間あたり，導体棒は斜面に沿って距離v_mだけ動く。 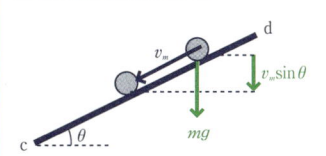
>
> $mgv_m\sin\theta$ は，単位時間あたりに，この回路に対して外からした仕事（PQにはたらく重力がした仕事）を表し，これが最終的には，抵抗でジュール熱として消費されることになる。ここでも，エネルギー保存則が成り立っている。

---

161 磁場を横切る正方形コイルのテーマ

- 磁場中を運動するコイルに生じる誘導起電力
- コイルに流れる電流が磁場から受ける力
- コイルを移動させるのに必要な力

(1) 図のように，コイルの4つの頂点をp, q, r, sとする。辺pqの位置xが，$0 \leq x \leq a$のとき，(a)のように，コイルを貫く磁束Φは

$$\Phi = Bax$$

となり，Φはxに比例する。

$a \leq x \leq L$のときは，(b)のように

$$\Phi = Ba^2$$

となり，Φは一定になる。

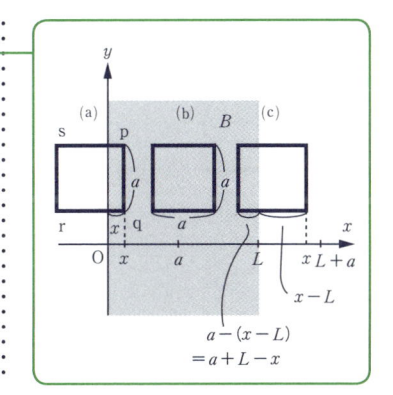

$L \leqq x \leqq L+a$ のときは，(c)のように
$$\Phi = Ba(a+L-x)$$
となり，Φ は x の1次関数である。

これらをグラフにかくと下のようになる。

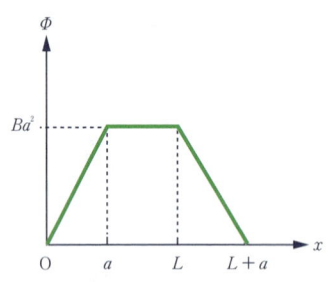

… 答

(2) コイルの縦の辺（pq または rs）が磁場を横切るとき，その辺には誘導起電力が生じる。コイルの1辺に生じる誘導起電力の大きさを V とすると
$$V = avB$$
コイルに流れる電流の大きさ $|I|$ は
$$|I| = \frac{V}{R} = \frac{avB}{R}$$
となる。コイルに流れる電流の向きに注意してグラフをかくと，下のようになる。

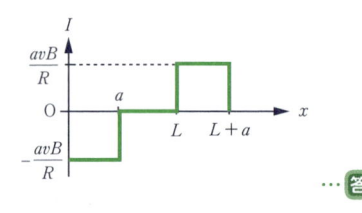

… 答

> 生じる誘導起電力は，大きさと向きを別々に考えるんだったよね。

> $V = \ell v \times B$ を使おう。

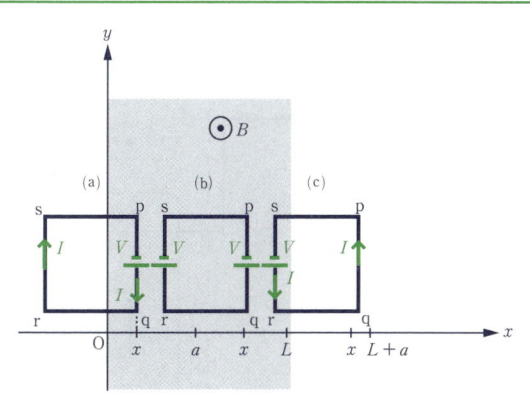

6. 電磁誘導

- $0 \leq x \leq a$ のときは，上図(a)のように，辺pqにだけ大きさ $V=avB$ の誘導起電力が生じ，電流は時計回りに流れるので，$I=-\dfrac{avB}{R}$ と表される。あるいは，レンツの法則より電流の向きを求めてもよい。
- $a \leq x \leq L$ のときは，上図(b)のように辺pqと辺rsに，たがいに逆向きの誘導起電力 $V=avB$ が生じるため，結果としてコイルに電流が流れない（$I=0$ となる）。
- $L \leq x \leq L+a$ のときは，上図(c)のように辺rsにだけ大きさ $V=avB$ の誘導起電力が生じ，電流は反時計回りに流れるので，$I=\dfrac{avB}{R}$ と表される。

(3) コイルで消費される電力 P は，電流の向きにかかわらず

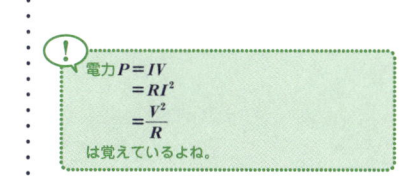

$$P = RI^2 = \dfrac{a^2v^2B^2}{R}$$

となるので，グラフは下のようになる。

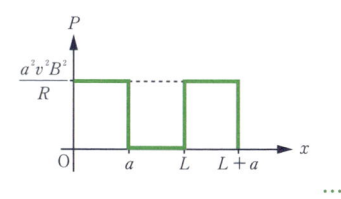

電力 $P = IV$
$\quad\quad = RI^2$
$\quad\quad = \dfrac{V^2}{R}$
は覚えているよね。

…答

(4) コイルに電流が流れているとき，コイルの縦の辺(pqまたはrs)が磁場から受ける力は常に左向きでその大きさfは

$$f = a|I|B = \frac{a^2vB^2}{R}$$

である。したがって，コイルを一定速度で移動させるために必要な外力Fは，右向きで大きさはfと同じである。したがって，グラフは下のようになる。

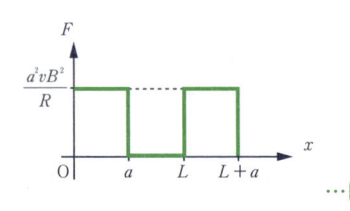

> $F = \ell I \times B$を使おう。

… 答

(5) Fがする仕事は，(4)でかいたFのグラフとx軸の間の面積で表されるので

$$\frac{a^2vB^2}{R} \times 2a = \frac{2a^3vB^2}{R} \quad \text{… 答}$$

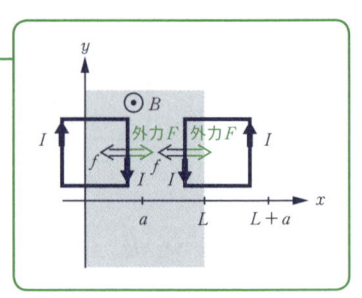

> エネルギーと仕事の関係より，外力Fがする仕事は，抵抗で消費される電力量W（ジュール熱）と等しいとして，Wを求めてもよい。
> コイルに電流が流れている時間tは
>
> $$t = \frac{2a}{v}$$
>
> だから
>
> $$W = Pt = \frac{a^2v^2B^2}{R} \times \frac{2a}{v}$$
>
> $$W = \frac{2a^3vB^2}{R} \text{… 答}$$

6. 電磁誘導

162 磁場中を回転する導体棒のテーマ
- 磁場中を回転する導体棒に生じる誘導起電力
- 回路を流れる誘導電流と抵抗で消費される電力

(1) 導体棒OPは磁場を横切っているので，OPには誘導起電力が生じる。OPが時間Δtの間に磁場を横切る面積ΔSは右の図1より

$$\Delta S = \frac{1}{2}r^2\omega\Delta t$$

OPに生じる誘導起電力の大きさVは

$$V = \left|\frac{\Delta\Phi}{\Delta t}\right|$$

$$= \left|B\frac{\Delta S}{\Delta t}\right|$$

$$= \left|B\frac{\frac{1}{2}r^2\omega\Delta t}{\Delta t}\right|$$

$$= \frac{r^2\omega B}{2} \cdots 答$$

[図1]

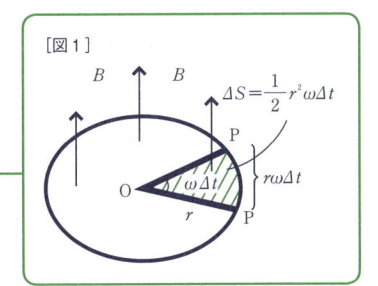

! $V = N\left|\dfrac{\Delta\Phi}{\Delta t}\right|$ は絶対に忘れないでね。

! $\Phi = BS$より，$B = $(一定)だから，$\Delta\Phi = B\Delta S$だよね。

(2) OPに流れる電流の大きさをIとすると

$$I = \frac{V}{R} = \frac{r^2\omega B}{2R} \cdots 答$$

向きは右の図2より $O \to P \cdots$ 答

[図2]

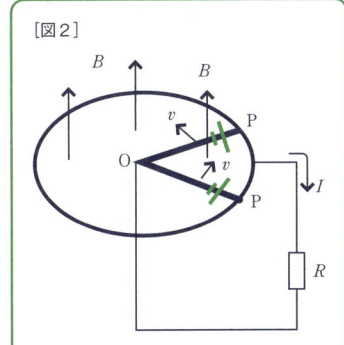

導体棒OPに生じる誘導起電力の向き，すなわちOPに流れる誘導電流の向きは，OP内にある正電荷が磁場から受けるローレンツ力の向きと同じになるので，$O \to P$となる。

(3) 抵抗で消費される電力Pは

$$P = RI^2 = R\left(\frac{r^2\omega B}{2R}\right)^2$$

$$P = \frac{r^4\omega^2 B^2}{4R} \cdots 答$$

! Pは単位時間に抵抗で発生するジュール熱だよね。

348　第4章　電磁気

> **解説 163 ベータトロン** のテーマ
> ・磁場中での電子の運動
> ・時間変化する磁場による誘導起電力
> ・ベータトロンの条件

(1) 図のように，電子は磁場から速度と垂直な向きに大きさ evB_r のローレンツ力を受け，これを向心力として半径 r の等速円運動をする。電子の向心方向の運動方程式は

$$m\frac{v^2}{r} = evB_r$$

$$v = \frac{erB_r}{m} \quad \cdots ①$$

反時計回り…**答**

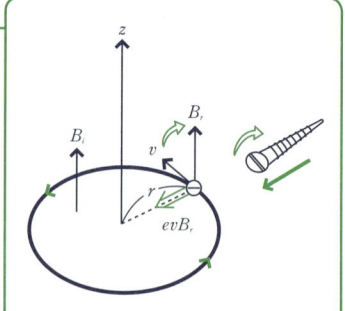

電子にはたらくローレンツ力の向きは，$f = qv \times B$ を使って考えればよい。電子は**負電荷**だから，ローレンツ力の向きは，**右ねじの進む向きと逆向き**になる。したがって，図のように電子は反時計回りの等速円運動をする。

(2) 半径 r の円軌道上に生じる誘導起電力の大きさ V_r は

$$V_r = \left|\pi r^2 \frac{\Delta B_i}{\Delta t}\right|$$

ここで，$\dfrac{\Delta B_i}{\Delta t} > 0$ だから

$$V_r = \pi r^2 \frac{\Delta B_i}{\Delta t}$$

したがって

$$E_r = \frac{V_r}{2\pi r} = \frac{r}{2} \cdot \frac{\Delta B_i}{\Delta t} \cdots 答$$

向きは B_i の増加を妨げる向きだから**時計回り**…**答**に生じる。

半径 r の円軌道上に生じる誘導起電力の大きさ V_r は，半径 r の1巻きのコイルに生じる誘導起電力の大きさと同様に考えてよい。$\Phi = BS$ において，$S = \pi r^2$ で一定なので，$\Delta \Phi = S \Delta B$ として考える。したがって

$$V_r = \left|\frac{\Delta \Phi}{\Delta t}\right| = \left|S \frac{\Delta B_i}{\Delta t}\right|$$

$$= \left|\pi r^2 \frac{\Delta B_i}{\Delta t}\right|$$

> ! "下向きの磁束を生じさせる向き" だよ。

電子にはたらく，円軌道方向の力の大きさは

$$eE_r = \frac{er}{2} \cdot \frac{\Delta B_i}{\Delta t}$$

したがって，電子の円軌道方向の運動方程式は

$$m\frac{\Delta v}{\Delta t} = \frac{er}{2} \cdot \frac{\Delta B_i}{\Delta t}$$

$$\frac{\Delta v}{\Delta t} = \frac{er}{2m} \cdot \frac{\Delta B_i}{\Delta t} \quad \cdots ② \cdots 答$$

> 加速度を求めるのだから，運動方程式を立てよう。まずは電子にはたらく力から考えよう。

Point!

$V = N \left|\dfrac{\Delta \Phi}{\Delta t}\right|$ の使いかた

$\Phi = BS$ だから

$\begin{cases} B = \text{一定ならば} \quad V = N \left|B\dfrac{\Delta S}{\Delta t}\right| \\ S = \text{一定ならば} \quad V = N \left|S\dfrac{\Delta B}{\Delta t}\right| \end{cases}$ として用いる。

(3) ①より

$$B_r = \frac{mv}{er} \quad \cdots ③$$

m, e, r は定数なので，③式において，両辺時間変化を考えると

$$\frac{\Delta B_r}{\Delta t} = \frac{m}{er} \cdot \frac{\Delta v}{\Delta t}$$

②を代入して

$$\frac{\Delta B_r}{\Delta t} = \frac{m}{er} \cdot \frac{er}{2m} \cdot \frac{\Delta B_i}{\Delta t}$$

$$\frac{\Delta B_r}{\Delta t} = \frac{1}{2} \cdot \frac{\Delta B_i}{\Delta t} \cdots 答$$

> 半径を変化しないように考えているので r も定数だよ。

> この式を，ベータトロンの条件というよ。

164 自己誘導のテーマ

- 磁場，磁束密度および磁束の関係
- 自己誘導と自己インダクタンス

(1) $H = \dfrac{NI}{\ell}$ …答

(2) $B = \mu H = \dfrac{\mu NI}{\ell}$ …答

(3) $\Phi = BS = \dfrac{\mu NSI}{\ell}$ …① …答

(4) ①式において，$\dfrac{\mu NS}{\ell}$ は定数なので，

$\Delta\Phi = \dfrac{\mu NS}{\ell}\Delta I$ となり，電磁誘導の法則

$V = -N\dfrac{\Delta\Phi}{\Delta t}$ より

$V = -\dfrac{\mu N^2 S}{\ell} \cdot \dfrac{\Delta I}{\Delta t}$ …② …答

(5) ②式の比例定数 L がコイルの自己インダクタンスなので

$L = \dfrac{\mu N^2 S}{\ell}$ …答

! $H = nI$ は覚えているかな。n は単位長さあたりの巻き数なので，ここでは $n = \dfrac{N}{\ell}$ になるよ。

コイル自身に流れる電流の変化により生ずる誘導起電力を**自己誘導起電力**という。電流の向きと同じ向きを誘導起電力 V の正の向きとすると，V は $V = -L\dfrac{\Delta I}{\Delta t}$ と表される。マイナスの符号はレンツの法則の現れであり，自己誘導起電力 V が電流の変化を妨げる向きに生じることを表している。

自己誘導起電力の大きさと向きを別々に考える場合は次ページの Point! のようにまとめることができる。

Point!

自己誘導起電力 $V = -L\dfrac{\Delta I}{\Delta t}$

> ! このように，符号で誘導起電力の向きを表す場合もあるので注意してね。

自己誘導起電力の大きさと向きを別々に考える場合

大きさ：$V = \left| L\dfrac{\Delta I}{\Delta t} \right|$

向き：Iの変化を妨げる向き

$\dfrac{\Delta I}{\Delta t} > 0$ すなわち電流Iが**増加**するとき

電流の増加を妨げる向きに誘導起電力が生じる

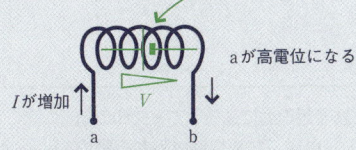

Iが増加　　aが高電位になる

$\dfrac{\Delta I}{\Delta t} < 0$ すなわち電流Iが**減少**するとき

電流の減少を妨げる向きに誘導起電力が生じる

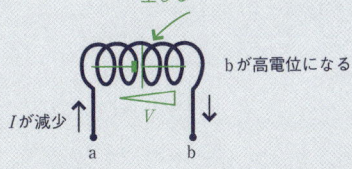

Iが減少　　bが高電位になる

---

165 コイルに蓄えられるエネルギーのテーマ

・コイルに蓄えられるエネルギーの求めかた

(1) $V = -L\dfrac{\Delta i}{\Delta t}$

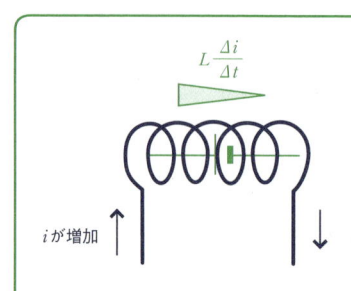

$V = -L\dfrac{\Delta i}{\Delta t}$ は，図の向き（負の向き）に起電力 $L\dfrac{\Delta i}{\Delta t}$ が生じていることを表している。

(2) $\Delta q = i \Delta t$

> ❗ 電流の定義式 $i = \dfrac{\Delta q}{\Delta t}$ から導けるね。

(3) $\Delta W = \Delta q \cdot (-V) = i \Delta t \cdot L \dfrac{\Delta i}{\Delta t}$

$\Delta W = Li \Delta i$

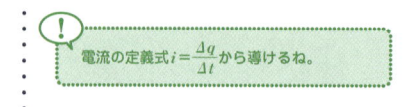

コイルに生じた誘導起電力に逆らって，矢印の向きに電荷 $\Delta q = i \Delta t$ を運ぶためには，外から図の向き（正の向き）に電圧 $V'\,(=-V)$ を加えなければならない。この電圧 V' のする仕事が ΔW だから
$$\Delta W = \Delta q \cdot V' = \Delta q \cdot (-V)$$
となる。

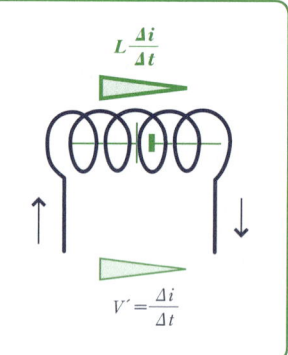

(4) $W = \dfrac{1}{2}LI^2$

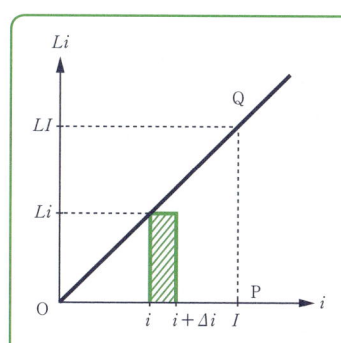

6. 電磁誘導　353

Li と i との関係は上のグラフで表され，ΔW は斜線の長方形の面積で表される。したがって，電流 i を $i=0$ から $i=I$ に増すときになすべき仕事 W は，$\triangle$OPQの面積で表されるから

$$W = \frac{1}{2}LI^2$$

となり，これがコイルに蓄えられるエネルギーと解釈できる。

Point!

コイルに蓄えられるエネルギー U

$$U = \frac{1}{2}LI^2$$

166 スイッチ操作による過渡的な現象のテーマ

・コイルやコンデンサーに過渡的な状態で流れる電流

(1)

時刻 $t=t_1$ でスイッチを1に入れた瞬間は，コイルに生じる自己誘導起電力のため電流は流れないが，やがて自己誘導起電力が0に近づいてくると，矢印の向きの電流 I が $\dfrac{V}{R}$ に近づいていく。

時刻 $t=t_2$ でスイッチを2に入れた瞬間は，コイルに生じる自己誘導起電力のため矢印の向きに電流が流れるが，やがて自己誘導起電力が0に近づいてくると，電流値も0に近づいていく。

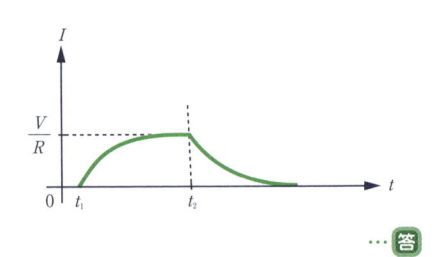

第 4 章　電磁気

時刻 $t=t_1$ でスイッチを1に入れた瞬間，回路で成り立つキルヒホッフの法則は

$$V - L\frac{\Delta I}{\Delta t} - R \times 0 = 0$$

I-t グラフの傾きは $\frac{\Delta I}{\Delta t}$ で表されるので，$t=t_1$ におけるグラフの傾きは

$$\frac{\Delta I}{\Delta t} = \frac{V}{L} \cdots 答$$

時刻 $t=t_2$ でスイッチを2に入れた瞬間，回路で成り立つキルヒホッフの法則は

$$0 - L\frac{\Delta I}{\Delta t} - R \times \frac{V}{R} = 0$$

だから，$t=t_2$ におけるグラフの傾きは

$$\frac{\Delta I}{\Delta t} = -\frac{V}{L} \cdots 答$$

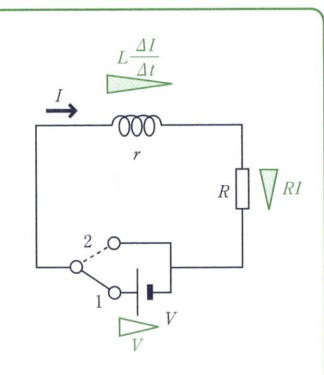

上図の状態で一般に成り立つキルヒホッフの法則は

$$V - L\frac{\Delta I}{\Delta t} - RI = 0 \cdots ①$$

である。
$t=t_1$ のとき，①において $I=0$ だから

$$V - L\frac{\Delta I}{\Delta t} - R \times 0 = 0$$

$$\frac{\Delta I}{\Delta t} = \frac{V}{L}$$

$t=t_2$ のとき，①において $V=0$，$I=\frac{V}{R}$ だから

$$0 - L\frac{\Delta I}{\Delta t} - R \times \frac{V}{R} = 0$$

$$\frac{\Delta I}{\Delta t} = -\frac{V}{L}$$

(2)

時刻 $t=t_1$ でスイッチを1に入れた瞬間は，コンデンサーに電荷が蓄えられておらず，極板間の電圧が0なので，コンデンサーは**導線のようにふるまい** $\frac{V}{R}$ の電流が流れる。やがてコンデンサーの充電が完了すると，コンデンサーは**断線しているかのようにふるまい**電流値は0となる。
時刻 $t=t_2$ でスイッチを2に入れた瞬間は，コンデンサーに蓄えられた電荷が矢印と逆向きに放電されるため，$-\frac{V}{R}$ の電流が流れる。やがてコンデンサーの放電が終わると電流値が0になる。

…㊙

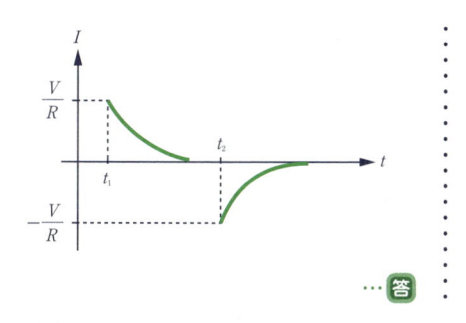

167 キルヒホッフの法則と過渡現象のテーマ

- コイルを含む直流回路における過渡現象
- キルヒホッフの法則
- I-t グラフの見かた

電源電圧を E, 抵抗値を R, 自己インダクタンスを L, 右図の矢印の向きに流れる電流を I, および微小時間 Δt の間の電流の増加を ΔI とする。この回路において一般的に成り立つキルヒホッフの法則は

$$E - RI - L\frac{\Delta I}{\Delta t} = 0 \quad \cdots ①$$

である。

(1) I-t グラフより, $t=0$ のとき, $E=E_0$, $I=0$, $\dfrac{\Delta I}{\Delta t} = \dfrac{3I_1}{t_1}$ だから, これらを①に代入して

$$E_0 - R \times 0 - L \times \frac{3I_1}{t_1} = 0$$

$$L = \frac{E_0 t_1}{3 I_1} \cdots ㊙$$

(2) I-t グラフより, $t_1 \leqq t \leqq 2t_1$ のとき, $E = E_0$, $I = I_1$, $\dfrac{\Delta I}{\Delta t} = 0$ だから, これらを

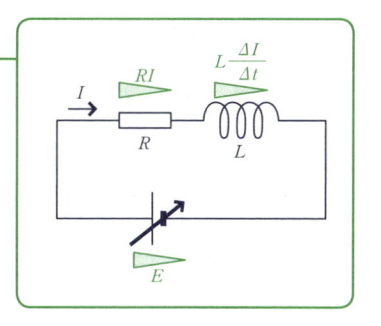

$\dfrac{\Delta I}{\Delta t}$ は I-t グラフの傾きだから, $t=0$ における接線の傾きを読めばいいね。

①に代入して

$$E_0 - RI_1 - L \times 0 = 0$$

$$R = \frac{E_0}{I_1} \cdots \text{答}$$

(3) $\underline{2t_1 \leqq t \leqq 3t_1}$ のとき

$E = V$, $R = \dfrac{E_0}{I_1}$, $I = -\dfrac{I_1}{t_1}t + 3I_1$,

$L = \dfrac{E_0 t_1}{3I_1}$, $\dfrac{\Delta I}{\Delta t} = -\dfrac{I_1}{t_1}$ だから，これら

を①に代入して

$$V - \frac{E_0}{I_1}\left(-\frac{I_1}{t_1}t + 3I_1\right) - \frac{E_0 t_1}{3I_1}$$

$$\times \left(-\frac{I_1}{t_1}\right) = 0$$

$$V = -\frac{E_0}{t_1}t + \frac{8E_0}{3} \cdots ② \cdots \text{答}$$

$E = V$	…問題文中に記述あり
$R = \dfrac{E_0}{I_1}$	…(2)の結果を利用
$I = -\dfrac{I_1}{t_1}t + 3I_1$	…$2t_1 \leqq t \leqq 3t_1$ の $I\text{-}t$ グラフの読みとり
$L = \dfrac{E_0 t_1}{3I_1}$	…(1)の結果を利用
$\dfrac{\Delta I}{\Delta t} = -\dfrac{I_1}{t_1}$	…$2t_1 \leqq t \leqq 3t_1$ の $I\text{-}t$ グラフの傾き

(4) 電源電圧 V が0になる時刻 t は，②式
において $V = 0$ として

$$0 = -\frac{E_0}{t_1}t + \frac{8E_0}{3} \qquad t = \frac{8t_1}{3}$$

$I\text{-}t$ グラフより，$I = 0$ となる時刻は，$t = 3t_1$ だから，$V = 0$ にしてから $I = 0$ になる
までの時間は

$$3t_1 - \frac{8t_1}{3} = \frac{t_1}{3} \cdots \text{答}$$

！コイルに自己誘導がはたらくので電源電圧を0にしてから電流値が0になるまでに，少し時間がかかるんだね。

168 相互誘導のテーマ

- 自己誘導のまとめ
- 相互誘導と相互インダクタンス

(1)

(a) $\Phi = \dfrac{\mu_0 N_1 S I}{\ell}$ (Wb) …① …【答】

$H = nI = \dfrac{N_1}{\ell} I$

$B = \mu_0 H = \dfrac{\mu_0 N_1 I}{\ell}$

$\Phi = BS = \dfrac{\mu_0 N_1 S I}{\ell}$

(b) コイル1に生じる誘導起電力 V は

$$V = -N_1 \dfrac{\Delta \Phi}{\Delta t}$$

で求められる。

ところで、①式において $\dfrac{\mu_0 N_1 S}{\ell}$ は定数なので

$$\dfrac{\Delta \Phi}{\Delta t} = \dfrac{\mu_0 N_1 S}{\ell} \cdot \dfrac{\Delta I}{\Delta t}$$

と表され、これを上式に代入すると

$$V = -N_1 \cdot \dfrac{\mu_0 N_1 S}{\ell} \cdot \dfrac{\Delta I}{\Delta t}$$

$$V = -\dfrac{\mu_0 N_1^2 S}{\ell} \cdot \dfrac{\Delta I}{\Delta t} \quad \text{…【答】}$$

> 要するに、①式の両辺を t で微分するということなんだけどね。

この式の $\dfrac{\mu_0 N_1^2 S}{\ell}$ が、コイル1の自己インダクタンスを表しているので

$$L = \dfrac{\mu_0 N_1^2 S}{\ell} \text{ (H)} \quad \text{…【答】}$$

(c) 物質をみたす前後のコイル1の内部の磁束密度を、それぞれ B, B' とすると

$$B = \dfrac{\mu_0 N_1 I}{\ell}, \quad B' = \dfrac{\mu N_1 I}{\ell}$$

したがって

第 4 章　電磁気

$$\frac{B'}{B} = \frac{\mu N_1 I}{\ell} \times \frac{\ell}{\mu_0 N_1 I} = \frac{\mu}{\mu_0}（倍）\cdots \boxed{答}$$

(2) コイル 2 を貫く磁束を Φ_2，コイル 3 に生じる誘導起電力を V_3 とすると

$$V_3 = -N_3 \frac{\Delta \Phi_2}{\Delta t}$$

ここで $\Phi_2 = \frac{\mu_0 N_2 S I}{\ell}$ において，$\frac{\mu_0 N_2 S}{\ell}$ は定数なので，$\frac{\Delta \Phi_2}{\Delta t} = \frac{\mu_0 N_2 S}{\ell} \cdot \frac{\Delta I}{\Delta t}$ と表され，これを上式に代入すると

$$V_3 = -N_3 \cdot \frac{\mu_0 N_2 S}{\ell} \cdot \frac{\Delta I}{\Delta t}$$

$$V_3 = -\frac{\mu_0 N_2 N_3 S}{\ell} \cdot \frac{\Delta I}{\Delta t}$$

与えられた数値を代入して

$$V_3 = -\frac{1.3 \times 10^{-6} \times 3000 \times 500 \times 1.0 \times 10^{-4}}{0.13} \times \frac{\Delta I}{\Delta t}$$

$$V_3 = -1.5 \times 10^{-3} \times \frac{\Delta I}{\Delta t}$$

$\frac{\Delta I}{\Delta t}$ に I-t グラフの傾きを代入して，V_3 のグラフをかくと，下のようになる。

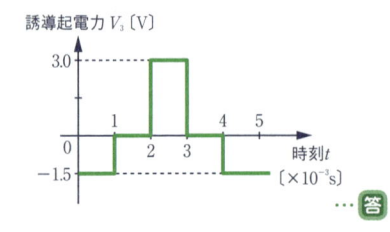

誘導起電力 V_3 [V]：3.0 と -1.5 の値をとる矩形波、時刻 t [$\times 10^{-3}$ s]、1, 2, 3, 4, 5 の目盛り

$\cdots \boxed{答}$

> コイル 3 を貫く磁束も Φ_2 であることに注意しよう。

コイル 3 に生じる誘導起電力 V_3 の向き（符号）について確認しておこう。

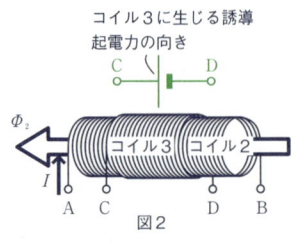

図2：コイル3に生じる誘導起電力の向き、C・D、Φ_2、コイル3、コイル2、I、A、C、D、B

$$V_3 = -\frac{\mu_0 N_2 N_3 S}{\ell} \cdot \frac{\Delta I}{\Delta t} \quad \cdots ②$$

において，$\frac{\Delta I}{\Delta t} > 0$ すなわち矢印の向きに電流 I が増加すると，コイル 2，3 を貫く左向きの磁束 Φ_2 が増加し，コイル 3 には，Φ_2 の増加を妨げる向きに誘導起電力 V_3 が生じる。コイル 3 には右向きの磁束を作ろうとする向きに V_3 が生じるので，D より C の電位が高くなり $V_3 < 0$ となるので，②式の符号は正しいといえる。②式は，コイル 2 に流れる電流の変化が，コイル 3 に誘導起電力を生じさせることを表しており，このような現象を**相互誘導**といい，比例定数 $\frac{\mu_0 N_2 N_3 S}{\ell} (=M)$ を**相互インダクタンス**という。

6. 電磁誘導

> **Point!**
>
> **相互誘導起電力**
>
> $$V = -M\frac{\Delta I}{\Delta t}$$（M：相互インダクタンス）

169 変圧器のテーマ

- 自己誘導，相互誘導
- 変圧器の原理

(1) 2次コイルを貫く磁束は，微小時間 Δt の間に下向きに $\Delta \Phi$ だけ増加するので，2次コイルに生じる誘導起電力は，右の図1の向きに $N_2 \dfrac{\Delta \Phi}{\Delta t}$ だけ生じる。したがって

$$V_2 = N_2 \frac{\Delta \Phi}{\Delta t} \cdots 答$$

(2) 自己誘導 … 答

(3) 下の図2のように，1次コイルに生じる自己誘導による逆起電力に抗して外から加える電圧 V_1 は

$$V_1 = N_1 \frac{\Delta \Phi}{\Delta t} \cdots 答$$

〔図1〕

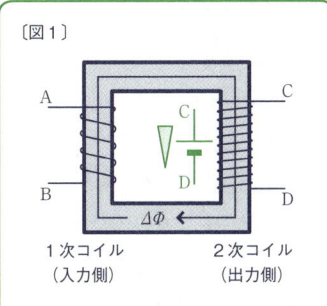

1次コイル（入力側） 2次コイル（出力側）

下向きの磁束が増加するため，2次コイルに生じる誘導起電力は，上向きの磁束を作ろうとする向き，すなわちDよりもCが高電位になる向きに生じ，$V_2 > 0$ となる。したがって，V_2 の式にマイナスの符号はつかない。

〔図2〕

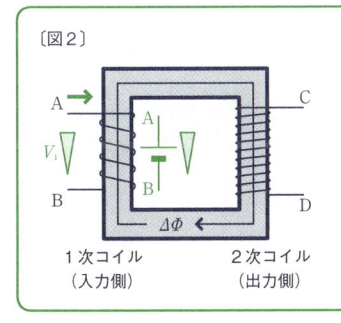

1次コイル（入力側） 2次コイル（出力側）

[自己誘導による逆起電力]
上向きの磁束が増加するため，1次コイルには下向きの磁束を作ろうとする向きに自己誘導起電力が生じ，BよりもAが高電位になる。1次コイルに生じる自己誘導起電力に抗して矢印の向きに電流を流し続けるためには，外部からBよりもAが高電位になるような電圧 V_1 を加えなければならない。

(4) $\left|\dfrac{V_2}{V_1}\right| = \left|\dfrac{N_2 \dfrac{\Delta \Phi}{\Delta t}}{N_1 \dfrac{\Delta \Phi}{\Delta t}}\right| = \dfrac{N_2}{N_1}$ …**答**

> 入力電圧と出力電圧の比は，コイルの巻き数の比で決まるんだね。

(5) 巻き数…**答**

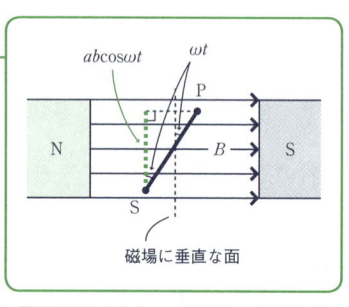

170 交流の発生のテーマ

- 磁場中を回転するコイルに生じる誘導起電力
- 三角関数の近似式

(1) $\Phi(0) = Bab$ …**答**

(2) ωt …**答**

(3) 時刻 t において，コイルを貫く磁束 $\Phi(t)$ は右図のようになるので
$\Phi(t) = Bab\cos\omega t$ …**答**

(4) $\Phi(t+\Delta t) = Bab\cos\omega(t+\Delta t)$ …**答**

(5) $\underline{\Phi(t+\Delta t) = Bab\cos(\omega t + \omega \Delta t)}$
$\qquad = Bab(\cos\omega t\cos\omega \Delta t - \sin\omega t\sin\omega \Delta t)$

Δt が十分に小さいとき，$\cos\omega \Delta t \fallingdotseq 1$，$\sin\omega \Delta t \fallingdotseq \omega \Delta t$ とみなせるので
$\Phi(t+\Delta t) = Bab\cos\omega t - \omega Bab\sin\omega t \cdot \Delta t$

したがって
$\Delta \Phi = \Phi(t+\Delta t) - \Phi(t)$
$\quad = Bab\cos\omega t - \omega Bab\sin\omega t \cdot \Delta t - Bab\cos\omega t$
$\quad = -\omega Bab\sin\omega t \cdot \Delta t$

加法定理
$\cos(\alpha \pm \beta)$
$= \cos\alpha\cos\beta \mp \sin\alpha\sin\beta$
（複号同順）
を用いる。加法定理は物理でもよく利用するので，ついでに下の式も一緒に覚えてしまおう。
$\sin(\alpha \pm \beta)$
$= \sin\alpha\cos\beta \pm \cos\alpha\sin\beta$
（複号同順）

> ここで三角関数の近似式を使おう。次の **Point!** を見てね。

> **Point!**
>
> **三角関数の近似式**
> θ〔rad〕が十分に小さいとき
> $\sin\theta \fallingdotseq \tan\theta \fallingdotseq \theta$, $\cos\theta \fallingdotseq 1$
> が成り立つ。

(6) $V(t) = -\dfrac{\Delta\Phi}{\Delta t}$

$V(t) = \omega Bab \sin\omega t$ …①…**答**

> ①式の符号が正しいかどうかを確かめておこう。$t=0$以後，コイルを右向きに貫く磁束が減るから，右向きの磁束を作る向き（S→R→Q→Pすなわち正の向き）に誘導起電力が生じる。したがって，①式の符号は正しいといえる。
> このように，大きさと向きが周期的に変わる起電力を**交流起電力**，または**交流電圧**という。
> ①式はωBabをV_0とおけば
> $V = V_0 \sin\omega t$
> となる。
> ここで，VとV_0を，それぞれ交流電圧の瞬間値，最大値といい，ωを角周波数という。

> **Point!**
>
> **交流電圧**　$V = V_0 \sin\omega t$

171 **交流の実効値**のテーマ

- 抵抗に流れる交流
- 抵抗で消費する電力
- 交流電圧，交流電流の実効値

(1) オームの法則$I = \dfrac{V}{R}$に$V = V_0 \sin\omega t$ …①

を代入して

$I = \dfrac{V_0}{R} \sin\omega t$ …②…**答**

> 各瞬間でオームの法則が成り立っているということだね。

I は $\sin\omega t = 1$ のとき，最大となる。最大値を I_0 とすると

$$I_0 = \frac{V_0}{R} \quad \cdots ③ \cdots \text{答}$$

②式をグラフにすると，下図のようになる。

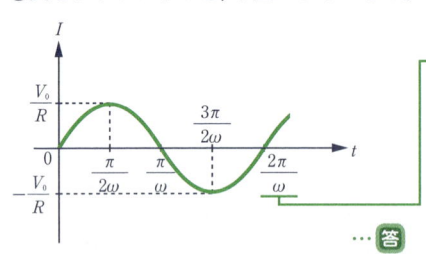

…答

周期（1周期後の時刻 t）の求めかた
1周期後の時刻 t は，②式において位相（角度）が 2π になる時刻だから，$\omega t = 2\pi$ として

$$t = \frac{2\pi}{\omega}$$

となる。

(2) $P = IV$ に①，②を代入して

$$P = \frac{V_0^2}{R}\sin^2\omega t \quad \cdots ④ \cdots \text{答}$$

④式をグラフにすると下図のようになる。

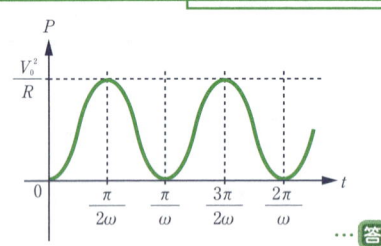

…答

$\sin^2\omega t$ のグラフのかきかた
加法定理より

$$\sin^2\omega t = \frac{1 - \cos 2\omega t}{2}$$

として，まず（$-\cos 2\omega t$）のグラフをかく。このグラフの周期は $\frac{\pi}{\omega}$ である。次に，これに1を加えて2で割れば下図のようなグラフが与えられる。これを $\frac{V_0^2}{R}$ 倍したのが P のグラフである。

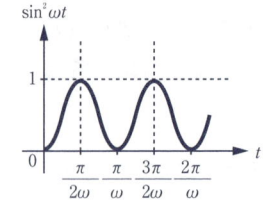

(3) ④式において，$\frac{V_0^2}{R}$ は定数なので，P の時間平均 $\overline{P}$ は

$$\overline{P} = \frac{V_0^2}{R}\overline{\sin^2\omega t}$$

ここで，$\overline{\sin^2 \omega t} = \dfrac{1}{2}$ だから

$$\overline{P} = \dfrac{V_0^2}{2R} \quad \cdots ④ \cdots \boxed{答}$$

(4) $\overline{P}$ を実効値 V_e で表すと，$\overline{P} = \dfrac{V_e^2}{R}$ となり，これと④式を比べて

$$\dfrac{V_e^2}{R} = \dfrac{V_0^2}{2R}$$

$V_e > 0$ だから

$$V_e = \dfrac{V_0}{\sqrt{2}} \cdots \boxed{答}$$

(5) ③より $V_0 = RI_0$

これを④に代入して

$$\overline{P} = \dfrac{(RI_0)^2}{2R} = \dfrac{RI_0^2}{2} \cdots \boxed{答}$$

また，$\overline{P}$ を実効値 I_e で表すと $\overline{P} = RI_e^2$ となり，これと上式を比べて

$$RI_e^2 = \dfrac{RI_0^2}{2}$$

$I_e > 0$ だから $\quad I_e = \dfrac{I_0}{\sqrt{2}} \cdots \boxed{答}$

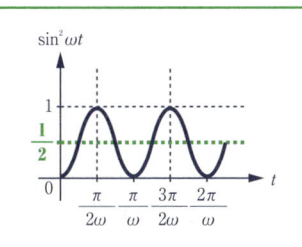

上のグラフより，$\sin^2 \omega t$ の時間平均 $\overline{\sin^2 \omega t}$ は $\dfrac{1}{2}$ であることがわかる。

交流電圧，交流電流の最大値をそれぞれ V_0, I_0 とすると，交流電圧の実効値 V_e と交流電流の実効値 I_e は，それぞれ $V_e = \dfrac{V_0}{\sqrt{2}}$, $I_e = \dfrac{I_0}{\sqrt{2}}$ で表される。

また，$\overline{P} = \dfrac{RI_0^2}{2}$ と $V_0 = RI_0$ より，抵抗で消費される電力の時間平均 $\overline{P}$ について $\overline{P} = \dfrac{I_0 V_0}{2} = I_e V_e$ が成り立つ。

第 4 章　電磁気

> **Point!**
>
> **交流の実効値**
>
> $$V_e = \frac{V_0}{\sqrt{2}} \qquad I_e = \frac{I_0}{\sqrt{2}}$$
>
> ! 実効値 = $\frac{最大値}{\sqrt{2}}$ と覚えておけばいいね。

> **Point!**
>
> **抵抗で消費される電力の時間平均 $\overline{P}$**
>
> $$\overline{P} = \frac{I_0 V_0}{2} = I_e V_e$$

解説 172 コイルに流れる交流 のテーマ

- コイルにかけられた電圧と流れる電流
- 誘導リアクタンス

(1) (ア)　$V_r = L \dfrac{\Delta I}{\Delta t}$

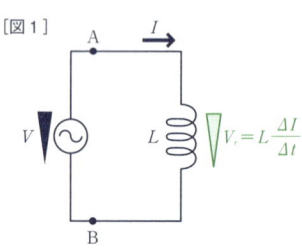

[図1]

時間 Δt の間に I が ΔI だけ増加する，すなわち $\dfrac{\Delta I}{\Delta t} > 0$ とすると，図1の向きに誘導起電力 V_r が生じ，A点の電位がB点よりも高くなり $V_r > 0$ となるので，$V_r = L\dfrac{\Delta I}{\Delta t}$ の符号の設定が正しいことが確認できる。

(イ)　$V = V_r$ だから

$$V = L\frac{\Delta I}{\Delta t} \quad \cdots ① \cdots \text{答}$$

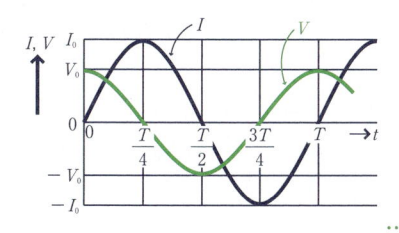

> 図1のように，コイルに誘導起電力が生じている状態で，なお電流 I を矢印の向きに流し続けるためには，電源電圧 V を V_r とつり合うように加えなければならない。したがって $V = V_r$ となる。

(2)　(ウ)　$\Delta I = I_0 \sin\omega(t+\Delta t) - I_0 \sin\omega t$
　　　　　$= I_0 \sin\omega t \cos\omega\Delta t +$
　　　　　　$I_0 \cos\omega t \sin\omega\Delta t - I_0 \sin\omega t$

ここで，Δt は小さいので，$\cos\omega\Delta t = 1$，$\sin\omega\Delta t = \omega\Delta t$ とみなせるので

$$\Delta I = \omega I_0 \cos\omega t \cdot \Delta t \quad \cdots ② \cdots \text{答}$$

(エ)　②を①に代入して

$$V = \omega L I_0 \cos\omega t \cdots \text{答}$$

(オ)　上式において，$\cos\omega t = 1$ のとき，V は最大値 V_0 となるので

$$V_0 = \omega L I_0 \quad \cdots ③ \cdots \text{答}$$

(3)　$I = I_0 \sin\omega t$ と $V = V_0 \cos\omega t$ をグラフにかくと，下図のようになる。

…答

> 抵抗のときと同様に，コイルで消費される電力の時間平均 $\overline{P}$ について考えてみると
> $$\overline{P} = \overline{IV}$$
> $$= I_0 V_0 \overline{\sin\omega t \cos\omega t}$$
> $$= \frac{I_0 V_0 \overline{\sin 2\omega t}}{2}$$
>
> ここで，$\sin 2\omega t$ は t 軸について対称なグラフとなり，時間平均すると $\overline{\sin 2\omega t} = 0$ となるので
> $$\overline{P} = 0$$
> となる。

(4) (カ) $\dfrac{\pi}{2}$ 遅れている…答

> I, Vの位相（角度）を円運動に戻して考える。時刻$t=0$のときI, Vの位相（角度）は下図のようになり、IはVよりも$\dfrac{\pi}{2}$遅れて円運動する。

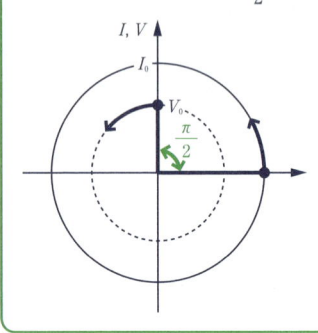

(5) (キ) ③式の両辺を$\sqrt{2}$で割ると

$$\dfrac{V_0}{\sqrt{2}} = \omega L \dfrac{I_0}{\sqrt{2}}$$

$V_e = \omega L I_e$ …答

> 実効値 $= \dfrac{最大値}{\sqrt{2}}$ だったよね。

(ク) 上式において、ωL …答 はコイルの交流に対する一種の抵抗を表し、これをコイルの**誘導リアクタンス**という。

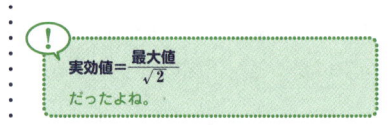

> $\dfrac{V_e}{I_e} = \omega L$ は、交流に対する一種の抵抗を表しているよね。

Point!

コイルに流れる交流

コイルに流れる電流は、コイルにかけられた電圧よりも位相が$\dfrac{\pi}{2}$遅れている。

実効値の関係：$V_e = \omega L I_e$
誘導リアクタンス：ωL

173 コンデンサーに流れる交流のテーマ

- コンデンサーにかけられた電圧と流れる電流
- 容量リアクタンス

(1)

(ア) $I = \dfrac{\Delta Q}{\Delta t}$

(イ) $Q = CV$ において C は定数だから，$\Delta Q = C \Delta V$ となる。したがって

$$I = \dfrac{\Delta Q}{\Delta t}$$

$$I = \dfrac{C \Delta V}{\Delta t} \quad \cdots ① \cdots \text{答}$$

> 時間 Δt の間に，コンデンサーの上の極板に蓄えられる電気量が ΔQ だけ増加すると，導線中を電荷が矢印の向きに ΔQ だけ移動する。電流は，単位時間に導線の断面を通過する電気量で与えられるので
>
> $$I = \dfrac{\Delta Q}{\Delta t}$$
>
> となる。

(2)

(ウ) $\Delta V = V_0 \sin\omega(t + \Delta t) - V_0 \sin\omega t$

$\Delta V = V_0 \sin\omega t \cos\omega \Delta t + V_0 \cos\omega t \sin\omega \Delta t - V_0 \sin\omega t$

ここで，Δt は小さいので $\cos\omega \Delta t = 1$，$\sin\omega \Delta t = \omega \Delta t$ とみなせるので

$$\Delta V = \omega V_0 \cos\omega t \cdot \Delta t \quad \cdots ② \cdots \text{答}$$

(エ) ②を①に代入して

$$I = \omega C V_0 \cos\omega t \cdots \text{答}$$

(オ) 上式において，$\cos\omega t = 1$ のとき，I は最大値 I_0 となるので

$$I_0 = \omega C V_0 \quad \cdots ③ \cdots \text{答}$$

(3) $I = I_0 \cos\omega t$，$V = V_0 \sin\omega t$ をグラフにかくと，次ページの図のようになる。

> 本問では，近似を用いた誘導で $I = \omega C V_0 \cos\omega t$ を導いたが，微分をすでに学習している者は，次のようにして，上式を導くこともできる。
>
> $V = V_0 \sin\omega t$，$Q = CV$
>
> より $Q = CV_0 \sin\omega t$
>
> よって，矢印の向きに流れる電流 I は
>
> $$I = \dfrac{dQ}{dt} = \dfrac{d}{dt} CV_0 \sin\omega t$$
>
> $$I = \omega C V_0 \cos\omega t$$

> コイルのときと同様に，コンデンサーで消費される電力の時間平均 $\overline{P}$ について考えてみると
>
> $\overline{P} = \overline{IV}$
>
> $= I_0 V_0 \overline{\cos\omega t \sin\omega t}$
>
> $= \dfrac{I_0 V_0 \overline{\sin 2\omega t}}{2}$
>
> となり，$\overline{\sin 2\omega t} = 0$ だから
>
> $\overline{P} = 0$
>
> となる。

第 4 章　電磁気

…答

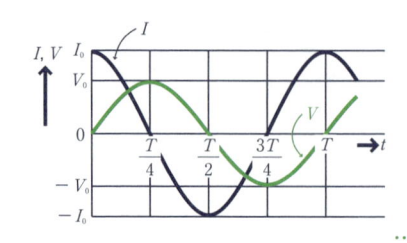

(4)　(カ)　$\frac{\pi}{2}$ 進んでいる…答

> 円運動に戻して考えるとわかるよね。

(5)　(キ)　③式の両辺を $\sqrt{2}$ で割ると

$$\frac{I_0}{\sqrt{2}} = \omega C \frac{V_0}{\sqrt{2}}$$

$I_e = \omega C V_e$ …答

(ク)　上式において，$\dfrac{1}{\omega C}$ …答

はコンデンサーの交流に対する一種の抵抗を表し，これをコンデンサーの**容量リアクタンス**という。

> $\dfrac{V_e}{I_e} = \dfrac{1}{\omega C}$ は，交流に対する一種の抵抗を表しているよね。

Point!

コンデンサーに流れる交流

コンデンサーに流れる電流は，コンデンサーにかけられた電圧よりも位相が $\dfrac{\pi}{2}$ **進んでいる。**

実効値の関係：$V_e = \dfrac{1}{\omega C} I_e$

容量リアクタンス：$\dfrac{1}{\omega C}$

7. 交流

174 交流のまとめ のテーマ

- 抵抗，コイル，コンデンサーにかかる電圧と流れる電流の関係
- 実効値
- 消費電力

> この問題を解きながら，交流回路の基本事項をまとめよう。

(1) ① $I = \dfrac{V_0}{R}\sin\omega t$ …答

② $I = \dfrac{V_0}{\omega L}\sin\left(\omega t - \dfrac{\pi}{2}\right)$

$ = -\dfrac{V_0}{\omega L}\cos\omega t$ …答

③ $I = \omega C V_0 \sin\left(\omega t + \dfrac{\pi}{2}\right)$

$ = \omega C V_0 \cos\omega t$ …答

(2) ④ $V = R I_0 \sin\omega t$ …答

⑤ $V = \omega L I_0 \sin\left(\omega t + \dfrac{\pi}{2}\right)$

$ = \omega L I_0 \cos\omega t$ …答

⑥ $V = \dfrac{I_0}{\omega C}\sin\left(\omega t - \dfrac{\pi}{2}\right)$

$ = -\dfrac{I_0}{\omega C}\cos\omega t$ …答

(3) ⑦ $V_e = R I_e$ …答

⑧ $V_e = \omega L I_e$ …答

⑨ $V_e = \dfrac{1}{\omega C} I_e$ …答

① 抵抗を流れる電流 I は，抵抗の両端にかけられた電圧 V と**同位相**である。

② コイルを流れる電流 I は，コイルにかけられた電圧 V より**位相が $\dfrac{\pi}{2}$ だけ遅れている**。また，コイルのリアクタンスは ωL である。

③ コンデンサーを流れる電流 I は，コンデンサーにかけられた電圧より**位相が $\dfrac{\pi}{2}$ だけ進んでいる**。また，コンデンサーのリアクタンスは $\dfrac{1}{\omega C}$ である。

コイルの場合，電流 I の位相は電圧 V の位相より $\dfrac{\pi}{2}$ 遅れているので，電圧 V の位相は電流 I の位相より $\dfrac{\pi}{2}$ 進んでいる。

⑦ ④式において，V の最大値を V_0 とすると
$V_0 = R I_0$
両辺 $\sqrt{2}$ で割って
$\dfrac{V_0}{\sqrt{2}} = R \cdot \dfrac{I_0}{\sqrt{2}}$　　$V_e = R I_e$

⑧ ⑤式において，V の最大値を V_0 とすると
$V_0 = \omega L I_0$

第 4 章　電磁気

両辺 $\sqrt{2}$ で割って

$$\frac{V_0}{\sqrt{2}} = \omega L \frac{I_0}{\sqrt{2}} \qquad V_e = \omega L I_e$$

⑨　⑥式において，$\cos\omega t = -1$ のとき V は最大値 V_0 となるから

$$V_0 = \frac{I_0}{\omega C}$$

両辺 $\sqrt{2}$ で割って

$$\frac{V_0}{\sqrt{2}} = \frac{1}{\omega C} \cdot \frac{I_0}{\sqrt{2}}$$

$$V_e = \frac{1}{\omega C} \cdot I_e$$

(4)　⑩　$\overline{P} = \dfrac{I_0 V_0}{2}\,(= I_e V_e)$ …答

⑪　$\overline{P} = 0$ …答

⑫　$\overline{P} = 0$ …答

⑩　(1)問題文中の式　$V = V_0 \sin\omega t$ と①式 $I = \dfrac{V_0}{R}\sin\omega t$ より

$$P = IV = \frac{V_0^2}{R}\sin^2\omega t$$

$$= \frac{V_0^2}{R} \cdot \frac{1 - \cos 2\omega t}{2}$$

となる。消費電力の時間平均 $\overline{P}$ は

$$\overline{P} = \frac{V_0^2}{R} \cdot \frac{1 - \overline{\cos 2\omega t}}{2}$$

ここで，$\overline{\cos 2\omega t} = 0$ だから

$$\overline{P} = \frac{V_0^2}{2R}$$

$R = \dfrac{V_0}{I_0}$ を代入して

$$\overline{P} = \frac{I_0 V_0}{2}$$

⑪　(1)問題文中の式　$V = V_0 \sin\omega t$ と②式 $I = -\dfrac{V_0}{\omega L}\cos\omega t$ より

$$P = IV = -\frac{V_0^2}{\omega L}\sin\omega t \cos\omega t$$

$$= -\frac{V_0^2}{2\omega L}\sin 2\omega t$$

となる。

$$\overline{P} = -\frac{V_0^2}{2\omega L}\overline{\sin 2\omega t}$$

ここで、$\overline{\sin 2\omega t} = 0$ だから
$$\overline{P} = 0$$

⑫ p.367の右欄のいちばん下で説明したとおり，コンデンサーで消費される電力の時間平均は0になる。

! この表の穴埋めはいつでもできるようにしておいてね。

175 RLC直列回路のテーマ

- R, L, C 直列回路に流れる電流と各素子にかかる電圧の関係
- 各素子にかかる電圧の和の求めかた
- 回路全体のインピーダンス

抵抗，コイル，コンデンサーの直列接続なので，各素子に流れる電流は共通で，$I = I_0 \sin \omega t$ である。

(1) V_R は I と同位相だから

$$V_R = RI_0 \sin \omega t \cdots \text{答}$$

(2) V_L は I よりも位相が $\dfrac{\pi}{2}$ 進んでいるから

$$V_L = \omega L I_0 \sin\left(\omega t + \dfrac{\pi}{2}\right)$$

$$V_L = \omega L I_0 \cos \omega t \cdots \text{答}$$

(3) V_C は I よりも位相が $\dfrac{\pi}{2}$ 遅れているから

$$V_C = \dfrac{1}{\omega C} I_0 \sin\left(\omega t - \dfrac{\pi}{2}\right)$$

$$V_C = -\dfrac{I_0}{\omega C} \cos \omega t \cdots \text{答}$$

(4) $V = V_R + V_L + V_C$ だから

$$V = RI_0 \sin \omega t + \left(\omega L - \dfrac{1}{\omega C}\right) I_0 \cos \omega t$$

三角関数の合成公式
$$a \sin \theta \pm b \cos \theta = \sqrt{a^2 + b^2} \sin(\theta \pm \alpha) \quad \text{(複号同順)}$$
$$\left(\text{ただし，} \tan \alpha = \dfrac{b}{a}\right)$$
を用いる。

$$= _{(ア)}\sqrt{R^2+\left(\omega L-\frac{1}{\omega C}\right)^2}$$
$$\times I_0\sin(\omega t+\alpha) \cdots(\text{i})$$

$$\left(\text{ただし, }\tan\alpha=_{(イ)}\frac{\omega L-\dfrac{1}{\omega C}}{R}\right)$$

〈ベクトルによる解法〉

三角関数の合成公式を用いずに,交流を回転するベクトルととらえて解く方法もある。下図のように,交流電流 $I=I_0\sin\omega t$ は,O を中心として反時計回りに角速度 ω で回転するベクトル I_0 の縦軸上への正射影とみなすことができる。I_0 をもとに位相を考慮しながら,V_R,V_L,V_C を順にかいていくと,下図の①〜⑥のようになる。

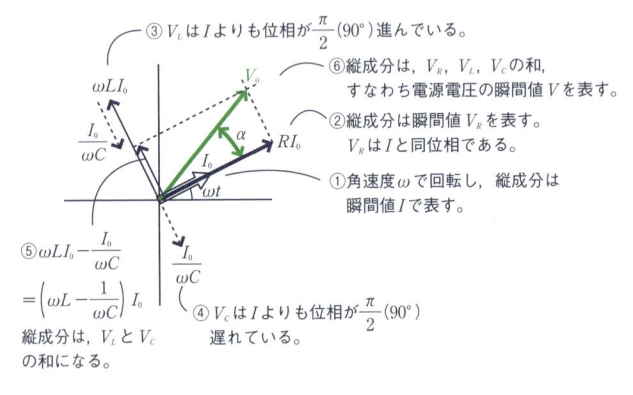

③ V_L は I よりも位相が $\dfrac{\pi}{2}(90°)$ 進んでいる。

⑥縦成分は,V_R,V_L,V_C の和,すなわち電源電圧の瞬間値 V を表す。

②縦成分は瞬間値 V_R を表す。V_R は I と同位相である。

①角速度 ω で回転し,縦成分は瞬間値 I で表す。

⑤ $\omega LI_0 - \dfrac{I_0}{\omega C} = \left(\omega L - \dfrac{1}{\omega C}\right)I_0$
縦成分は,V_L と V_C の和になる。

④ V_C は I よりも位相が $\dfrac{\pi}{2}(90°)$ 遅れている。

上図より,電源電圧の瞬間値 V は
$$V=V_0\sin(\omega t+\alpha)$$
と表され
$$V_0=\sqrt{R^2 I_0^2+\left(\omega L-\frac{1}{\omega C}\right)^2 I_0^2}$$
$$V_0=\sqrt{R^2+\left(\omega L-\frac{1}{\omega C}\right)^2}\cdot I_0$$
だから
$$V=\sqrt{R^2+\left(\omega L-\frac{1}{\omega C}\right)^2}\times I_0\sin(\omega t+\alpha)$$
となる。ただし
$$\tan\alpha=\frac{\omega L-\dfrac{1}{\omega C}}{R}$$
である。

(5) (i)式より、V は I よりも位相が α だけ進んでいる。すなわち、**I は V よりも位相が α だけ遅れている。**…答

$$\left(\begin{array}{l} \alpha < 0 \quad \text{すなわち} \quad \omega L < \dfrac{1}{\omega C} \text{の} \\ \text{とき、実際には } I \text{ は } V \text{ よりも位} \\ \text{相が進んでいることになる。} \end{array} \right)$$

(6) (i)式より、$\sin(\omega t + \alpha) = 1$ のとき、V は最大値 V_0 になるから

$$V_0 = \sqrt{R^2 + \left(\omega L - \frac{1}{\omega C}\right)^2} \, I_0 \, \text{…答}$$

(7) 上式の両辺を $\sqrt{2}$ で割ると

$$\frac{V_0}{\sqrt{2}} = \sqrt{R^2 + \left(\omega L - \frac{1}{\omega C}\right)^2} \cdot \frac{I_0}{\sqrt{2}}$$

$$V_e = \sqrt{R^2 + \left(\omega L - \frac{1}{\omega C}\right)^2} \cdot I_e \, \text{…答}$$

(8) 回路全体のインピーダンスを Z とすると

$$Z = \frac{V_e}{I_e} = \sqrt{R^2 + \left(\omega L - \frac{1}{\omega C}\right)^2} \, \text{…答}$$

Point!

R, L, C 直列回路のインピーダンス Z

$$Z = \sqrt{R^2 + \left(\omega L - \frac{1}{\omega C}\right)^2}$$

! インピーダンス Z は回路全体の、交流に対する一種の抵抗を表しているよね。

176 RLC 並列回路のテーマ

- R, L, C 並列回路の各素子にかかる電圧と流れる電流の関係
- 各素子に流れる電流の和の求めかた
- 回路全体のインピーダンス

抵抗，コイル，コンデンサーの並列接続なので，各素子にかかる電圧は共通で，$V = V_0 \sin \omega t$ である。

(1) I_R は V と同位相だから

$$I_R = \frac{V_0}{R} \sin \omega t \cdots \text{答}$$

(2) I_L は V よりも位相が $\dfrac{\pi}{2}$ 遅れているから

$$I_L = \frac{V_0}{\omega L} \sin\left(\omega t - \frac{\pi}{2}\right)$$

$$I_L = -\frac{V_0}{\omega L} \cos \omega t \cdots \text{答}$$

(3) I_C は V よりも位相が $\dfrac{\pi}{2}$ 進んでいるから

$$I_C = \omega C V_0 \sin\left(\omega t + \frac{\pi}{2}\right)$$

$$I_C = \omega C V_0 \cos \omega t \cdots \text{答}$$

(4) 右の図を用いて，$I = I_R + I_L + I_C$ を求める。

電流 I の最大値 I_0 は，図より

$$I_0 = \sqrt{\frac{1}{R^2} + \left(\omega C - \frac{1}{\omega L}\right)^2} \cdot V_0$$

また

$$I = I_0 \sin(\omega t + \alpha)$$

だから

> コイル，コンデンサーの位相の関係は迷わずかけるようになったかな。

> ベクトル図がかけるようになると，計算がラクになるよ。

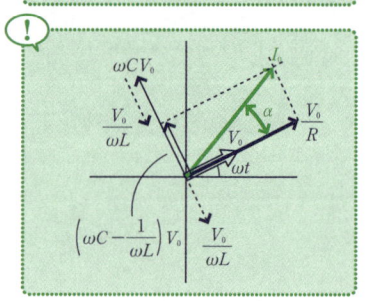

$$I = \underset{(ア)}{\sqrt{\frac{1}{R^2}+\left(\omega C-\frac{1}{\omega L}\right)^2}} \times V_0 \sin(\omega t + \alpha)$$

ただし，図より

$$\tan\alpha = \frac{\left(\omega C - \frac{1}{\omega L}\right)V_0}{\frac{V_0}{R}}$$

$$\underset{(イ)}{} = R\left(\omega C - \frac{1}{\omega L}\right) \cdots \boxed{答}$$

> ! 三角関数の合成公式を用いて解いてもいいよ。

(5) α だけ進んでいる

(6) $I_0 = \sqrt{\dfrac{1}{R^2}+\left(\omega C-\dfrac{1}{\omega L}\right)^2}\, V_0 \cdots$ 答

(7) 上式の両辺を $\sqrt{2}$ で割って

$$\frac{I_0}{\sqrt{2}} = \sqrt{\frac{1}{R^2}+\left(\omega C-\frac{1}{\omega L}\right)^2} \cdot \frac{V_0}{\sqrt{2}}$$

$$I_e = \sqrt{\frac{1}{R^2}+\left(\omega C-\frac{1}{\omega L}\right)^2} \cdot V_e \cdots \boxed{答}$$

(8) 回路全体のインピーダンスを Z とすると

$$Z = \frac{V_e}{I_e} = \frac{1}{\sqrt{\dfrac{1}{R^2}+\left(\omega C-\dfrac{1}{\omega L}\right)^2}} \cdots \boxed{答}$$

---

177 電気振動のテーマ
- 単振動と電気振動の比較
- LC 回路の固有周波数

問1）

(1) $\dfrac{1}{2}kx_0^2 \cdots$ 答

(2) $\dfrac{1}{2}mv^2 + \dfrac{1}{2}kx^2 \cdots$ 答

(3) エネルギー保存則

$$\frac{1}{2}kx_0^2 = \frac{1}{2}mv^2 + \frac{1}{2}kx^2 \quad \cdots ① \cdots 答$$

問2)

(4) $\dfrac{Q_0^2}{2C}$ … 答

(5) $\dfrac{1}{2}LI^2 + \dfrac{Q^2}{2C}$ … 答

(6) エネルギー保存則

$$\frac{Q_0^2}{2C} = \frac{1}{2}LI^2 + \frac{Q^2}{2C} \quad \cdots ② \cdots 答$$

問3)

①と②を比べて対応関係を見ると

$L \longleftrightarrow m$, $C \longleftrightarrow \dfrac{1}{k}$ … 答

$Q \longleftrightarrow x$, $I \longleftrightarrow v$ … 答

また

$v = \dfrac{\Delta x}{\Delta t}$ … 答

同様にして

$I = \dfrac{\Delta Q}{\Delta t}$ … 答

問4) 問1の単振動の周期を T とすると

$$T = 2\pi\sqrt{\frac{m}{k}} \cdots 答$$

$m \longleftrightarrow L$, $k \longleftrightarrow \dfrac{1}{C}$ の対応を考える

と，問2の電気振動の周期 T' は

$$T' = 2\pi\sqrt{LC}$$

! $v = \dfrac{\Delta x}{\Delta t}$ は速度の定義式だよね。

コンデンサーの上の極板に蓄えられている電荷が，微小時間 Δt の間に ΔQ だけ増加すると，電流 I が矢印の向きに $\dfrac{\Delta Q}{\Delta t}$ だけ流れる。

もちろん，$I = \dfrac{\Delta Q}{\Delta t}$ は電流の定義式である。

! この式は，運動方程式から導くこともできるけど，$T = 2\pi\sqrt{\dfrac{\ell}{g}}$ とセットにして，公式として覚えておこう。

7．交流　377

となる。固有周波数をfとすると

$$f = \frac{1}{T'} = \frac{1}{2\pi\sqrt{LC}} \cdots \text{答}$$

> 固有振動数と同じ意味であるが，電気の分野では，振動数を周波数とよんでいる。

単振動は，ばねに蓄えられるエネルギー$\left(\frac{1}{2}kx^2\right)$と小球の運動エネルギー$\left(\frac{1}{2}mv^2\right)$とが，たがいに入れ替わることによって生じ，その固有振動数はmとkで決まる。同様にして，電気振動は，コンデンサーに蓄えられるエネルギー$\left(\frac{Q^2}{2C}\right)$とコイルに蓄えられるエネルギー$\left(\frac{1}{2}LI^2\right)$とが，たがいに入れ替わることによって生じ，その固有周波数は，LとCで決まる。

Point！

LC回路の固有周波数

$$f = \frac{1}{2\pi\sqrt{LC}}$$

178 共振回路のテーマ

- LC並列共振回路の原理
- 共振周波数

電源電圧Vは，$V = V_0\sin\omega t$と$f = \frac{\omega}{2\pi}$より

$V = V_0\sin 2\pi ft$と表すことができる。

> $\omega = 2\pi f$は大事な関係式だよ。

(1) $f = f_0$のとき，I_Rはtに関係なく0だから，Rによる電圧降下はなく，cd間の電圧V_{cd}は電源電圧Vと同じになる。したがって

$$V_{cd} = V_0\sin 2\pi f_0 t \cdots \text{答}$$

(2) I_L は V_{cd} よりも位相が $\dfrac{\pi}{2}$ 遅れているので

$$I_L = \dfrac{V_0}{2\pi f_0 L} \sin\left(2\pi f_0 t - \dfrac{\pi}{2}\right)$$

$$\underline{I_L = -\dfrac{V_0}{2\pi f_0 L} \cos 2\pi f_0 t} \cdots \text{答}$$

(3) I_C は V_{cd} よりも位相が $\dfrac{\pi}{2}$ 進んでいるので

$$I_C = 2\pi f_0 C V_0 \sin\left(2\pi f_0 t + \dfrac{\pi}{2}\right)$$

$$\underline{I_C = 2\pi f_0 C V_0 \cos 2\pi f_0 t} \cdots \text{答}$$

(4) $I_R = 0$ ならば $I_L + I_C = 0$ だから

$$I_L + I_C = \left(2\pi f_0 C - \dfrac{1}{2\pi f_0 L}\right)$$
$$\times V_0 \cos 2\pi f_0 t = 0$$

したがって

$$2\pi f_0 C - \dfrac{1}{2\pi f_0 L} = 0$$

ここで, $f_0 > 0$ だから

$$\underline{f_0 = \dfrac{1}{2\pi\sqrt{LC}}} \cdots \text{答}$$

> 問題文中の図のような回路で, 交流電源の周波数を変化させていき, LC 回路に流れる電流を調べると, 電源の周波数が LC 回路の固有周波数と一致したとき, LC 回路に流れる電流は最大になることがわかる。この現象は, 力学で学んだ振り子の共振や波動で学んだ気柱の共鳴に相当する現象で, 電気回路の**共振**とよばれている。また, 共振が起こるときの電源の周波数を**共振周波数**という。

Point!

共振周波数

$$f = \dfrac{1}{2\pi\sqrt{LC}}$$

179 トムソンの実験のテーマ

- 電子の比電荷の測定
- 電磁場中の電子の運動

(1)

(ア)(イ)(ウ) 図1のように，Aが高電位なので，電場はA→Bの向きに生じ，大きさは$\dfrac{V}{d}$である。電子の受ける静電気力は電場と逆向き，すなわちy軸$_{(ア)}$ 正$_{(イ)}$の向きで，大きさは$\dfrac{eV}{d}_{(ウ)}$である。

図1

静電気力$f=eE=\dfrac{eV}{d}$

電場$E=\dfrac{V}{d}$

$v_x = v_0$

(エ) 極板間における，電子のy軸方向の運動方程式は，次のようになる。y軸方向の加速度をaとすると

$$ma = \dfrac{eV}{d} \qquad a = \dfrac{eV}{md} \cdots \text{答}$$

(オ) 電子はx軸方向には力を受けず等速運動をするので，長さℓを通過するのに要する時間t_1は

$$t_1 = \dfrac{\ell}{v_0} \cdots \text{答}$$

(カ)(キ) 点Pにおける速度のx成分，y成分をそれぞれv_x，v_yとすると

$$v_x = v_0 \cdots \text{答}$$
$$(カ)$$

$$v_y = at_1 = \dfrac{eV\ell}{mdv_0} \cdots \text{答}$$
$$(キ)$$

(ク) 点Pのy座標をy_1とすると

$$y_1 = \dfrac{1}{2}at_1^2 = \dfrac{eV\ell^2}{2mdv_0^2} \cdots \text{答}$$

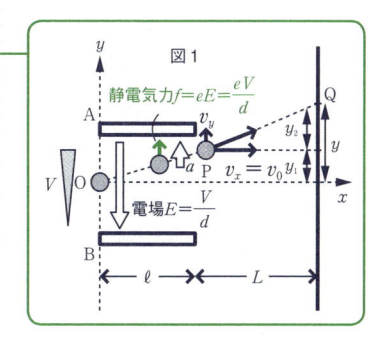

(ケ) 電子がx軸方向にLだけ進むのに要する時間t_2は

$$t_2 = \frac{L}{v_0}$$

だから，この間のy方向の変位y_2は

$$y_2 = v_y t_2 = \frac{eV\ell L}{mdv_0^2}$$

したがって，点Qのy座標は

$$y = y_1 + y_2 = \frac{eV\ell(\ell+2L)}{2mdv_0^2} \quad \cdots ① \quad \cdots 答$$

(コ) **比例**

(サ) ①式より

$$\frac{e}{m} = \frac{2dv_0^2 y}{V\ell(\ell+2L)} \quad \cdots ② \cdots 答$$

(2) 図2のように，一様な磁束密度Bを加えると，電子は静電気力とローレンツ力を受け，その2つの力がつり合うと電子は直進する。

図2
$eE = \dfrac{eV}{d}$
$ev_0 B$
電場$E = \dfrac{V}{d}$
⊗磁束密度B

静電気力とローレンツ力はつり合っているので，電子は直進する

紙面の表から裏に向かう向き

(シ) **表**

(ス) **裏**

(セ) 電子にはたらく2つの力のつり合いより

$$\frac{eV}{d} = ev_0 B$$

$$v_0 = \frac{V}{dB} \quad \cdots ③ \cdots 答$$

(ソ) ③を②に代入して

$$\frac{e}{m} = \frac{2dy}{V\ell(\ell+2L)} \cdot \frac{V^2}{d^2 B^2}$$

$$= \frac{2yV}{B^2 d\ell(\ell+2L)} \cdots 答$$

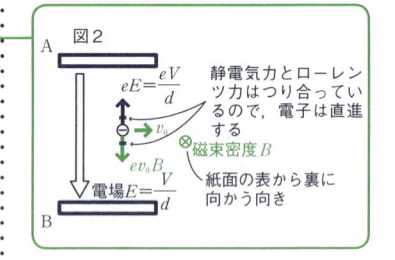

1. 電子と光子

180 磁場中の電子の運動と比電荷のテーマ
- 磁場中の電子の運動と比電荷の求めかた

電子の質量を m，電荷を $-e$，電圧 V で加速したあとの電子の速さを v とする。エネルギーと仕事の関係より

$$eV = \frac{1}{2}mv^2 \quad \cdots ①$$

> はじめの エネルギー ＋ 外から された仕事 ＝ あとの エネルギー
> を用いて，
> $$0 + eV = \frac{1}{2}mv^2$$
> が得られるね。

等速円運動している電子の運動方程式は

$$m\frac{v^2}{r} = evB \quad \cdots ②$$

②より

$$v = \frac{eBr}{m}$$

これを①に代入して

$$eV = \frac{m}{2} \cdot \frac{e^2 B^2 r^2}{m^2}$$

$$\frac{e}{m} = \frac{2V}{B^2 r^2} \cdots \boxed{答}$$

181 ミリカンの油滴実験のテーマ
- ミリカンの油滴実験のしくみ

I.
(1) 油滴にはたらく浮力の大きさは，油滴によって排除された空気の重さ（重力の大きさ）に等しいので

$$\frac{4}{3}\pi r^3 d_0 g \cdots \boxed{答}$$

> 浮力 $F = \rho V g$ を使おう。

(2) 図1より，油滴にはたらく力のつり合いは

$$krv_1 + \frac{4}{3}\pi r^3 d_0 g = \frac{4}{3}\pi r^3 dg \quad \cdots ①$$

…答

図1：空気抵抗力 krv_1，浮力 $\frac{4}{3}\pi r^3 d_0 g$，重力 $\frac{4}{3}\pi r^3 dg$，$v_1 \downarrow$

$$krv_1 = \frac{4}{3}\pi r^3(d-d_0)g$$

$$r = \frac{1}{2}\sqrt{\frac{3kv_1}{\pi(d-d_0)g}} \quad \cdots ② \cdots 答$$

Ⅱ.

(3) 図2より，油滴にはたらく力のつり合いは

$$\frac{qV}{\ell} + \frac{4}{3}\pi r^3 d_0 g = krv_2 + \frac{4}{3}\pi r^3 dg$$

$$\cdots ③ \cdots 答$$

図2：静電気力 $\frac{qV}{\ell}$，浮力 $\frac{4}{3}\pi r^3 d_0 g$，空気抵抗力 krv_2，重力 $\frac{4}{3}\pi r^3 dg$，$v_2 \uparrow$

(4) ③－①より

$$\frac{qV}{\ell} - krv_1 = krv_2$$

$$q = \frac{k\ell r(v_1+v_2)}{V}$$

この式に②を代入して

$$q = \frac{k\ell(v_1+v_2)}{2V}\sqrt{\frac{3kv_1}{\pi(d-d_0)g}} \quad \cdots 答$$

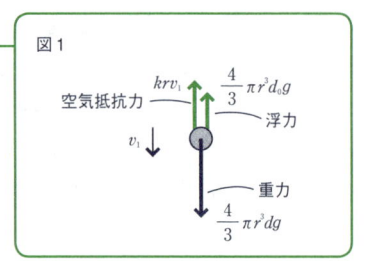

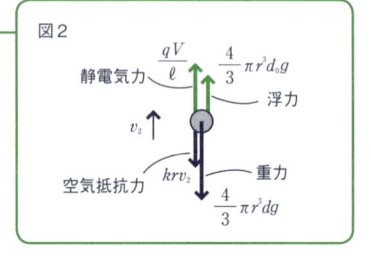

右辺は，すべて測定可能な値だよ。油滴の半径 r は測定不可能だから消去したんだね。

(5) それぞれの測定値の差をとると

4.9　6.5　9.7　11.3　14.5　17.6
　　1.6　3.2　1.6　3.2　3.1

（×10^{-19}〔C〕）

差の最小値 1.6×10^{-19} C を，暫定的に電気素量 e とみなしておく。

各測定値を e の整数倍と考え，e を用いて表すと

差の最小値が誤差を含んでいる場合を考える。
たとえば，差の最小値が 1.55×10^{-19} C や 1.65×10^{-19} C だったとしても，各測定値を e の整数倍と考えると，整数部分は同じ値になり，その後の計算式は同じになる。

$$\begin{array}{cccccc} 4.9 & 6.5 & 9.7 & 11.3 & 14.5 & 17.6 \\ \downarrow & \downarrow & \downarrow & \downarrow & \downarrow & \downarrow \\ 3e & 4e & 6e & 7e & 9e & 11e \end{array}$$

となるから

$$e = \frac{(4.9 + 6.5 + 9.7 + 11.3 + 14.5 + 17.6) \times 10^{-19}}{3 + 4 + 6 + 7 + 9 + 11}$$

$e \fallingdotseq 1.6 \times 10^{-19} \mathrm{C}$ …答

> 各測定値は誤差を含んでいると考えられるが，真の値よりも大きい測定値と小さい測定値は同程度ずつ存在するので，測定値を多数足し合わせるとならされ，平均値をとると真の値に近づいていく。

182 半導体ダイオードのテーマ

- 半導体ダイオードのしくみ
- ダイオードを含む直流回路

(1) (ア) **n**　(イ) **電子**
　(ウ) **p**　(エ) **ホール（正孔）**
　(オ) **高く**

(ア) [n型半導体]

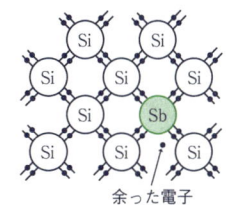

Si（ケイ素）の結晶中に不純物としてわずかに加えたSb（アンチモン）は，5個の価電子をもち，そのうち4個は周囲のSiと共有結合に使われるが，1個の電子が余る。この余った電子が結晶内を移動し，電流のにない手（キャリア）となる。n型半導体のnは，negative（負の）の頭文字である。

(ウ) [p型半導体]

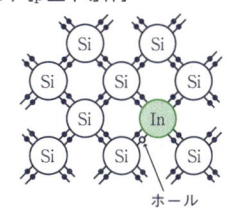

Si（ケイ素）の結晶中に不純物としてわずかに加えたIn（インジウム）は，価電子が3個しかないので，共有結合に必要な電子が1個不足し，電子のないところができる。これをホール（正孔）という。電場を加えると，近くの電子が移動してホールを埋める。すると，電子の移動したあとに新しいホールができ，そのホールを別の電子が埋める。結果として，ホールは電場の向きに移動し，あたかも正の荷電粒子が移動しているかのようにふるまい，キャリアとなる。p型半導体のpは，positive（正の）の頭文字である。

(オ)

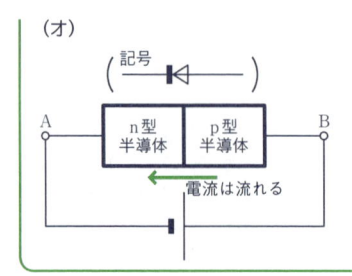

左図のように、半導体ダイオードでは、p型半導体（端子B）側が高電位になるように電圧をかける（この電圧のかけかたを順方向という）と、p型からn型に向かって電流が流れるが、反対にn型半導体（端子A）側が高電位になるように電圧をかける（逆方向）と電流はほとんど流れない。

Point!
不純物半導体のキャリア（電流のにない手）
- n型半導体 → 電子
- p型半導体 → ホール（正孔）

Point!
半導体ダイオード
- p型側が高電位（順方向） → 電流はpからnへ流れる
- n型側が高電位（逆方向） → 電流は流れない

(2)

(カ) 図2の回路に成り立つキルヒホッフの法則は

$$1.2 - 150i - V = 0$$

$$i = \frac{1.2 - V}{150} \quad \cdots ① \cdots 答$$

! 非オーム抵抗と同じ解きかただね。

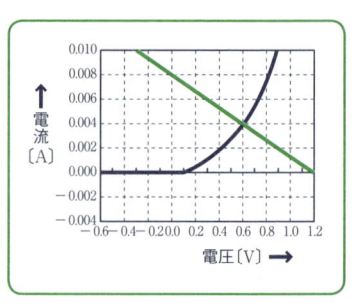

(キ) ①のグラフは右図のようになるので、グラフの交点より

$i = \mathbf{0.004}\mathrm{A} \cdots 答 \qquad V = 0.6\mathrm{V}$

(ク) Dで消費される電力Pは

$P = iV = \mathbf{2.4 \times 10^{-3}}\,[\mathrm{W}] \cdots 答$

(3)

(ケ) Dにかかる電圧が0Vになると，Dには電流が流れなくなる。このとき回路に流れる電流をI_0とすると，回路左半分で成り立つキルヒホッフの法則は

$1.2 - 150 I_0 = 0$

$I_0 = 0.008 \text{A}$

回路右半分で成り立つキルヒホッフの法則は

$1.6 - R I_0 = 0$

$R = \dfrac{1.6}{0.008} = \mathbf{200 \ (\Omega)} \ \cdots$ 答

(コ) 回路の外周にだけ電流Iが流れる。

$I = \dfrac{1.2 + 1.6}{150 + 60} = \dfrac{2.8}{210} \text{[A]}$

Rの両端の電圧V_Rは

$V_R = 60 I = \dfrac{60 \times 2.8}{210}$

$= \mathbf{0.8 \ (V)} \ \cdots$ 答

! オームの法則
$I = \dfrac{V}{R}$を使おう。

(4)

(ⅰ)

(サ) C_2とC_4の合成容量C_{24}は

$C_{24} = 6.0 + 3.0 = 9.0 \text{ [μF]}$

XY間の電気容量C_{XY}は

$C_{XY} = \dfrac{C_1 \times C_{24}}{C_1 + C_{24}} = \dfrac{3.0 \times 9.0}{3.0 + 9.0}$

$= 2.25 \text{ [μF]}$

$= \mathbf{2.25 \times 10^{-6} \ [F]}$

$\cdots$ 答

! C_1とC_{24}の直列接続だから
$\dfrac{1}{C_{XY}} = \dfrac{1}{C_1} + \dfrac{1}{C_{24}}$
が成り立つよ。

(シ) XY間のコンデンサーに蓄えられる電気量Q_{XY}は

$$Q_{XY} = C_{XY} \times V_R$$
$$= 2.25 \times 10^{-6} \times 0.8$$
$$= \mathbf{1.8 \times 10^{-6}} \text{ [C]} \cdots \text{答}$$

(ス) C_1 と C_{24} は直列接続とみなせるから，Q_{XY} が C_1 に蓄えられる電気量 Q_1 になる。
$$Q_1 = \mathbf{1.8 \times 10^{-6}} \text{ [C]} \cdots \text{答}$$

> ❗ 直列接続されたコンデンサーには，同じ電気量が蓄えられるんだったね。

(ⅱ)

(セ) C_1 の上の極板に蓄えられていた電荷は，C_1，C_3 に容量の比で分配されるので
$$1.8 \times 10^{-6} \times \frac{3.0}{3.0 + 2.0}$$
$$= \mathbf{1.08 \times 10^{-6}} \text{ [C]} \cdots \text{答}$$

> C_1 と C_3 は並列なので，極板間の電位差 V は等しい。C_1，C_3 に蓄積される電荷 Q_1，Q_3 は $Q = CV$ より
> $$Q_1 = C_1 V, \ Q_3 = C_3 V$$
> $$\frac{Q_1}{Q_3} = \frac{C_1}{C_3}$$
> となり，C_1，C_3 に蓄積される電荷 Q_1，Q_3 は，その容量の比に分配される。

補講 9

★光電効果

金属の表面に光をあてると，そこから電子が飛び出す。この現象を**光電効果**，飛び出す電子を**光電子**という。

金属内部の自由電子は，いろいろなエネルギーをもっている。金属の外に飛び出しやすい状態の電子も飛び出しにくい状態の電子もある。いちばん飛び出しやすい状態の電子が金属の外に飛び出すのに要する仕事，すなわち光電効果を起こすために必要な最低エネルギーを，その金属の**仕事関数**という。

アインシュタインは，『振動数 ν の光が，エネルギー $h\nu$ をもつ光子の流れである』(光量子仮説)と考え，これを用いて光電効果を次のように説明した。

振動数 ν の光が金属にあたると，1個の光子が1個の自由電子に吸収されてエネルギー $h\nu$ が与えられる。自由電子は与えられた $h\nu$ のエネルギーを使って，金属の外に飛び出そうとする。金属の仕事関数を W として，

① $h\nu < W$ のとき，光電効果は生じない。光を強くしても光子の数が増えるだけで，電子に与えられるエネルギーはどれも W にみたないので，電子は金属を飛び出すことはできない。

② $h\nu = W$ のとき，電子はかろうじて金属表面に出られるが，初速度は0である。このときの光子の振動数が，**限界振動数** ν_0 である。仕事関数は，$\boldsymbol{W = h\nu_0}$ と表すことができる。

③ $h\nu > W$ のとき，光電子は金属を飛び出す。すなわち，光電効果が生じる。光電子が金属表面に出るのに必要なエネルギーを P，光電子が金属表面を飛び出すときの運動エネルギーを K とすると，エネルギー保存則より
$$h\nu = P + K$$
となる。ここで，$P = W$ のときは，$K = \dfrac{1}{2}mv_{max}^2$ となるから

$$h\nu = W + \dfrac{1}{2}mv_{max}^2$$

が成り立つ。

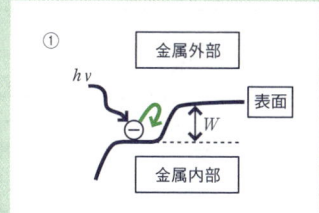

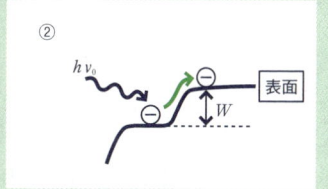

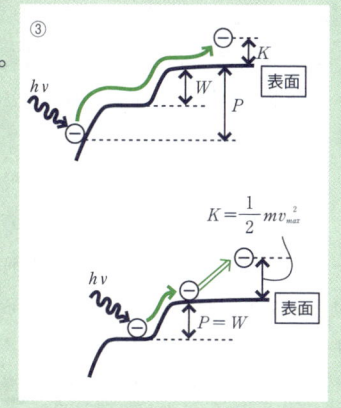

183 光電効果 のテーマ

- 光電効果のしくみ
- 光子のもつエネルギー
- 仕事関数と限界振動数
- 光電子の最大運動エネルギーとその測定方法

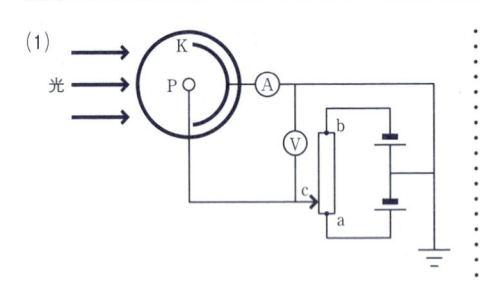

(1) Pの電位を下げていき$-V_0$になると，**Kを最大運動エネルギーで飛び出した電子でさえ，KP間で受ける負の仕事$-eV_0$により，Pにたどり着けなくなる。**

電流計を流れる電流は，KP間を移動する光電子の数に比例するので，このとき電流は流れなくなる。

(2) Kを最大運動エネルギーE_0で飛び出した電子は，KP間の電場から負の仕事$-eV_0$を受け，Pにたどり着く直前で運動エネルギーが0になったと考えられる。エネルギーと仕事の関係より

$$E_0 - eV_0 = 0 \quad \underline{E_0 = eV_0} \cdots \text{答}$$

[陽極Pの電圧調節]
図のように，Kは接地されているので，Kの電位は常に0Vであるが，Pの電位は接点cの位置により変えることができる。可変抵抗には，a→bの向きに電流が流れているので，a→bの向きに電位は下がっている。接点cの位置をa→bの向きに動かすとPの電位が下がり，abの中点を過ぎるとPの電位は負になる。

陰極Kを飛び出す光電子の最大運動エネルギー$\frac{1}{2}mv_{max}^2$ (E_0)の値は，V_0 (阻止電圧という)を測定すれば求めることができる。

1. 電子と光子   389

> **Point!**
>
> **光量子説**
>
> 　振動数 ν〔Hz〕，波長 λ〔m〕の光は，光速を c〔m/s〕とすると
>
> $$\text{エネルギー } E = h\nu = \frac{hc}{\lambda} \text{〔J〕}$$
>
> をもつ**光子(＝光の粒)**の集団である。
>
> > 波の基本式
> > 　$c = \nu\lambda \ (v = f\lambda)$
> > を使えば変形できるね。

(3) 光の強度を2倍にすると，金属に飛び込んでくる光子の数が2倍になり，金属を飛び出す光電子の数，すなわち電流計に流れる電流値も2倍になる。また，光の波長は変えていないので，光子一つひとつのエネルギーは変わらず，飛び出す光電子の最大運動エネルギーも同じなので，V_0の値は変わらない。

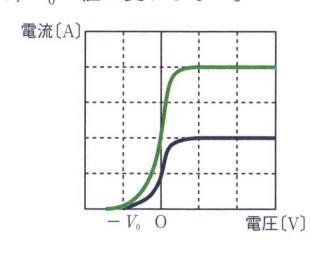

> 光の強さは，光子の数に比例するよ。

…答

(4) K内の自由電子は，Kの仕事関数 $h\nu_0$ より小さなエネルギーを光子から受けとってもKから飛び出すことはできない。電流計の電流値はKを飛び出す電子の数を表しているので，このとき電流値は0となる。

> 図3より $\nu = \nu_0$ のときKを飛び出す電子の最大運動エネルギー E_0 が0，すなわち，すべての電子はKを飛び出さなくなり，電流値は0となると考えてもよい。

> 仕事関数 W は，限界振動数を ν_0 とすると，$W = h\nu_0$ と表されるよね。

(5) K内の電子は，光子から$h\nu$のエネルギーを受けとり，Kを飛び出すまでに仕事関数Wを消費する場合，飛び出すときの運動エネルギーは最大値E_0となるから，エネルギー保存則より

$$h\nu = W + E_0$$

図3より，$\nu = \nu_0$のとき $E_0 = 0$だから

$$h\nu_0 = W$$

したがって

$$h\nu = h\nu_0 + E_0$$
$$\boxed{E_0 = h(\nu - \nu_0)} \quad \cdots ① \cdots 答$$

[$h\nu = W + E_0$とE_0-νグラフの関係]

上式を変形し，$E_0 = h\nu - W$としてE_0-νグラフをかくと，下図のようになる。

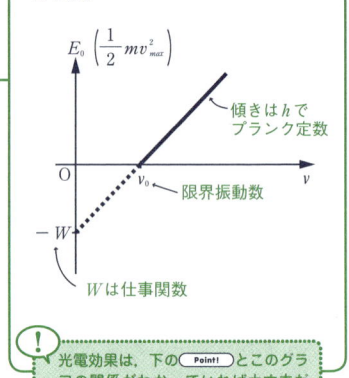

傾きはhでプランク定数
限界振動数
Wは仕事関数

光電効果は，下のPoint!とこのグラフの関係がわかっていれば大丈夫だよ。

Point!

光電効果

$$h\nu = W + \frac{1}{2}mv_{max}^2$$

$$\begin{pmatrix} W = h\nu_0 & \nu_0：限界振動数 \\ \dfrac{1}{2}mv_{max}^2 = eV_0 & V_0：阻止電圧 \end{pmatrix}$$

$\dfrac{1}{2}mv_{max}^2$ は問題文中ではE_sと表記されているよ。

(6) ①式より

$$\nu_0 = \nu - \frac{E_0}{h}$$

図3より，$\nu = 1.5 \times 10^{15}$Hzのとき$E = 3.3 \times 10^{-19}$J，また，$h = 6.6 \times 10^{-34}$J·s

だから，これらを上式に代入して

$$\nu_0 = 1.5 \times 10^{15} - \frac{3.3 \times 10^{-19}}{6.6 \times 10^{-34}}$$

$$= \mathbf{1.0 \times 10^{15} \, (Hz)} \cdots \boxed{答}$$

(7) $W = h\nu_0 = 6.6 \times 10^{-34} \times 1.0 \times 10^{15}$

$$\mathbf{W = 6.6 \times 10^{-19} \, J} \cdots \boxed{答}$$

(8) 仕事関数が小さいと，ν_0 の値が小さくなる。一方，h の値は不変なので図3のグラフの傾きは変わらない。

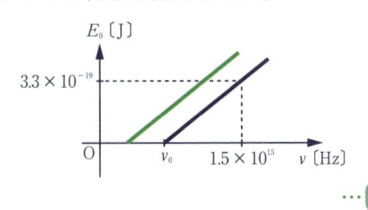

$\cdots \boxed{答}$

---

184 **X線の発生**のテーマ

・X線の発生
・連続X線の最短波長

---

(1) 陰極から初速度0で放出された電子は，電極間の電場から仕事をされて，速さ v 〔m/s〕で陽極に衝突する。エネルギーと仕事の関係から

$$0 + eV = \frac{1}{2}mv^2$$

$v > 0$ だから

$$v = \sqrt{\frac{2eV}{m}} \, \text{(m/s)} \cdots \boxed{答}$$

(2) 発生する連続X線の最短波長 λ_0 〔m〕は，電子の運動エネルギー eV 〔J〕がすべてX線光子のエネルギー $\frac{hc}{\lambda_0}$ 〔J〕になった場合の波長だから，エネルギー保

> 電子が陽極との衝突により急激に止められるとき，もっていた運動エネルギーの一部または全部がX線光子のエネルギーになり，残りは陽極中の原子の熱運動のエネルギーになる。こうして放出されるX線が，連続X線である。

存則より

$$eV = \frac{hc}{\lambda_0}$$

$$\lambda_0 = \frac{hc}{eV} \text{(m)} \quad \cdots ① \cdots \boxed{答}$$

> 光子のエネルギー
> $E = \dfrac{hc}{\lambda}$
> を使おう。

Point!
連続X線の最短波長

$$eV = \frac{hc}{\lambda_0} \qquad \lambda_0 = \frac{hc}{eV}$$

(3) ①式より，電圧 V を大きくすると連続X線の最短波長 λ_0 は**短くなる**。…答

また，固有X線の波長は陽極の金属の種類によって決まり，V には無関係なので，**変化しない**。…答

185 ブラッグ反射とコンプトン効果 のテーマ
・X線の波動性とブラッグ反射
・X線の粒子性とコンプトン効果

(1) 散乱されたX線が強め合うように干渉するのは，図1のように，反射の法則をみたす方向で，しかも，隣り合う格子面での反射X線が同位相になる場合である。この場合，反射X線の経路差は $2d\sin\theta$ だから，これらが同位相になる条件は

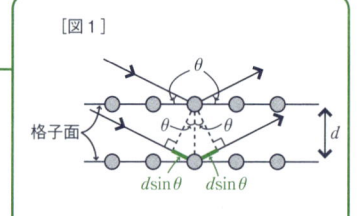

[図1]

反射の法則をみたす方向では，同じ格子面内の原子による散乱X線が，たがいに同位相になる。

$$2d\sin\theta = n\lambda \quad \cdots ①$$
（n は自然数）

> これをブラッグの反射条件という。

$$\frac{2d\sin\theta}{\lambda} = n \cdots \text{答}$$

Point!
ブラッグの反射条件
$$2d\sin\theta = n\lambda \quad (n = 1, 2, 3, \cdots\cdots)$$

(2) **波動性**

(3) 題意より，$\lambda = 1.5 \times 10^{-10}$ m，$\theta = \dfrac{\pi}{6}$ rad，$n = 1$ を①式に代入して

$$d = \frac{n\lambda}{2\sin\theta} = \frac{1 \times 1.5 \times 10^{-10}}{2 \times \sin\dfrac{\pi}{6}}$$

$$d = 1.5 \times 10^{-10} \text{ m} \cdots \text{答}$$

(4) **粒子性**

(5) 運動量保存則
（入射方向）

$$\frac{h}{\lambda} = \frac{h}{\lambda'}\cos\alpha + mv\cos\beta \quad \cdots ② \cdots \text{答}$$

> アインシュタインは，振動数 ν 〔Hz〕，波長 λ 〔m〕の光は，光速を c 〔m/s〕として，次式で表される運動量 P 〔kg・m/s〕をもつ光子の流れであると考えた。

Point!
光子の運動量 P
$$P = \frac{h}{\lambda} = \frac{h\nu}{c}$$

(6) 運動量保存則
（入射方向に垂直な方向）

$$0 = \frac{h}{\lambda'}\sin\alpha - mv\sin\beta \quad \cdots ③ \cdots \text{答}$$

(7) エネルギー保存則

$$\frac{hc}{\lambda} = \frac{hc}{\lambda'} + \frac{1}{2}mv^2 \quad \cdots ④ \cdots \text{答}$$

(8) ②,③,④の式から，直接測定することができない v と β を消去する。

②より　　$v\cos\beta = \dfrac{h}{m}\left(\dfrac{1}{\lambda} - \dfrac{\cos\alpha}{\lambda'}\right)$

③より　　$v\sin\beta = \dfrac{h\sin\alpha}{m\lambda'}$

上の2式を2乗し和を求めると，β を消去することができる。

$$v^2 = \frac{h^2}{m^2}\left\{\frac{\sin^2\alpha}{\lambda'^2} + \left(\frac{1}{\lambda} - \frac{\cos\alpha}{\lambda'}\right)^2\right\}$$

④より　$v^2 = \dfrac{2hc}{m}\left(\dfrac{1}{\lambda} - \dfrac{1}{\lambda'}\right)$ として，上式に代入し v^2 を消去すると

$$\frac{h^2}{m^2}\left\{\frac{\sin^2\alpha}{\lambda'^2} + \left(\frac{1}{\lambda} - \frac{\cos\alpha}{\lambda'}\right)^2\right\}$$
$$= \frac{2hc}{m}\left(\frac{1}{\lambda} - \frac{1}{\lambda'}\right)$$

$$\frac{h}{m}\left(\frac{1}{\lambda'^2} + \frac{1}{\lambda^2} - \frac{2\cos\alpha}{\lambda\lambda'}\right)$$
$$= 2c\left(\frac{1}{\lambda} - \frac{1}{\lambda'}\right)$$

両辺 $\lambda\lambda'$ 倍して

$$\frac{h}{m}\left(\frac{\lambda}{\lambda'} + \frac{\lambda'}{\lambda} - 2\cos\alpha\right) = 2c(\lambda' - \lambda)$$

ここで，$\dfrac{\lambda}{\lambda'} \fallingdotseq 1$，$\dfrac{\lambda'}{\lambda} \fallingdotseq 1$ とみなして

$$\frac{2h}{m}(1 - \cos\alpha) = 2c(\lambda' - \lambda)$$

! X線をあてた物質の中で，電子がどのように変位したかを，測定することはできないよね。

$$\lambda' - \lambda = \frac{h(1-\cos\alpha)}{mc} \quad \cdots ⑤ \cdots 答$$

(9) ⑤式より，散乱角 α が **大きい**…答 ほど，波長のずれ $\lambda' - \lambda$ の値が大きくなり，散乱X線の波長 λ' は長くなることがわかる。

> この現象をコンプトン効果という。

Point!

コンプトン効果
⇩
光子と電子の弾性衝突
⇩
{ 運動保存則（x, y 方向）
　エネルギー保存則

---

186 **物質波**のテーマ

- 物質波
- 電子線回折

(ア) 光量子

(イ) 物質（ド・ブロイ）波

(ウ) $\lambda = \dfrac{h}{Mv}$ …①

> 運動量 $P = mv$ をもつ粒子は，波長 $\lambda = \dfrac{h}{P} = \dfrac{h}{mv}$ の波動としての性質をもっている。

Point!

物質波の波長

$$\lambda = \frac{h}{mv}$$

(エ) 電圧 V で加速された電子の速さ v は，エネルギーと仕事の関係より

$$0 + eV = \frac{1}{2}mv^2$$

$v > 0$ だから $v = \sqrt{\dfrac{2eV}{m}}$

電子の波長 λ は，①式において $M = m$ として v の値を代入すると

$$\lambda = \frac{h}{mv} = \frac{h}{m}\sqrt{\frac{m}{2eV}}$$

$$\lambda = \frac{h}{\sqrt{2meV}} \quad \cdots ② \cdots \text{答}$$

(オ) ②式において，V を大きくしていくと λ は小さくなるので，電子の波長は**短くなる**。…答

(カ) **ブラッグの反射条件**

(キ) $\mathbf{2d\sin\theta = n\lambda}$ …③

$$(n = 1, 2, 3, \cdots\cdots)$$

(ク) ③を②に代入して

$$\frac{2d\sin\theta}{n} = \frac{h}{\sqrt{2meV}}$$

$$\frac{4d^2\sin^2\theta}{n^2} = \frac{h^2}{2meV}$$

$$V = \frac{n^2 h^2}{8med^2\sin^2\theta} \cdots \text{答}$$

187 ボーアの水素原子模型のテーマ

- ボーアの水素原子模型
- 量子条件，振動数条件
- 吸収・放出スペクトル
- イオン化エネルギー

(1) 電子の運動方程式

$$m\frac{v^2}{r} = k_0 \frac{e^2}{r^2} \quad \cdots ① \cdots 答$$

> 定常状態では，電子は通常の力学法則にしたがって運動するものとする。

(2) 量子条件

$$2\pi r = n \cdot \frac{h}{mv} \quad \cdots ②$$

$$(n = 1, 2, 3, \cdots\cdots) \cdots 答$$

> 「円軌道の円周が，電子にともなう物質波の波長の自然数(n)倍になっている場合にのみ，電子は原子内に存在できる」という条件。
>
> 電子の円軌道／電子にともなう物質波

(3) ②より

$$v = \frac{nh}{2\pi mr}$$

これを①に代入

$$\frac{m}{r} \cdot \frac{n^2 h^2}{4\pi^2 m^2 r^2} = \frac{k_0 e^2}{r^2}$$

$$r = \frac{n^2 h^2}{4\pi^2 k_0 m e^2} \quad \cdots ③ \cdots 答$$

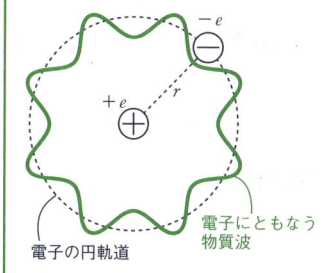

> この式から，電子の**軌道半径**rは，量子数nで定まる**とびとびの値しか許されない**ことがわかる。また，この式にh, k_0, m, eの値を代入すると，$n=1$のとき $r \fallingdotseq 5.3 \times 10^{-11}$mとなり，これが安定な水素原子の半径で，**ボーア半径**といわれる。

(4) 電子の全エネルギーEは，運動エネルギーと静電気力による位置エネルギーの和だから

$$E = \frac{1}{2}mv^2 - k_0 \frac{e^2}{r} \quad \cdots ④$$

ここで，①式の両辺を$\frac{r}{2}$倍すると

$$\frac{1}{2}mv^2 = \frac{k_0 e^2}{2r}$$

となり，これを④に代入して

$$E = -\frac{k_0 e^2}{2r}$$

この式に③を代入すると

$$E = -\frac{k_0 e^2}{2} \cdot \frac{4\pi^2 k_0 m e^2}{n^2 h^2}$$

$$\underline{E = -\frac{2\pi^2 k_0{}^2 m e^4}{n^2 h^2}} \quad \cdots ⑤ \cdots \boxed{答}$$

> この式から，原子内の**電子のエネルギー値**も，量子数nで定まる**とびとびの値しかとれない**ことがわかる。この許された エネルギー値をもつ状態を**定常状態**という。また，このとびとびのエネルギーの値を**エネルギー準位**という。

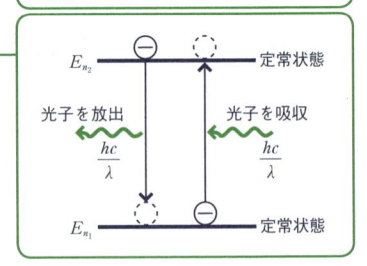

(5) ⑤式のEをE_nとおく。電子が$n=n_2$の定常状態から$n=n_1$の定常状態に移るとき，エネルギー差$E_{n_2}-E_{n_1}$に等しいエネルギーをもつ光子1個が放出される。放出される光子の波長をλとすると，光子のエネルギーは$\dfrac{hc}{\lambda}$と表せるので

$$\frac{hc}{\lambda} = E_{n_2} - E_{n_1}$$

> この式を**ボーアの振動数条件**という。

⑤を代入して

$$\frac{hc}{\lambda} = -\frac{2\pi^2 k_0{}^2 m e^4}{h^2}\left(\frac{1}{n_2{}^2} - \frac{1}{n_1{}^2}\right)$$

$$\frac{1}{\lambda} = \frac{2\pi^2 k_0{}^2 m e^4}{ch^3}\left(\frac{1}{n_1{}^2} - \frac{1}{n_2{}^2}\right)$$

したがって

$$\underline{R = \frac{2\pi^2 k_0{}^2 m e^4}{ch^3}} \cdots \boxed{答}$$

> Rを**リュードベリ定数**という。

(6) 水素イオンの状態とは，③式で$r \to \infty$すなわち⑤式において$n \to \infty$のときの状態に相当する。したがって，イオン化エネルギーは，E_∞とE_1（基底状態）のエネルギー差に等しいから

$$E_\infty - E_1 = 0 - \left(-\frac{2\pi^2 k_0{}^2 m e^4}{h^2}\right)$$

$$= \underline{hcR} \cdots \boxed{答}$$

> h, c, Rの値を代入し計算すると，13.6eVとなり，実験から求められる水素のイオン化エネルギーと一致する。

> **188 半減期**のテーマ
> ・原子核の表記
> ・α崩壊, β崩壊
> ・原子核反応式
> ・半減期

(ア)

Point!

原子核の表記法

$_Z^A \text{X}$ （質量数 A、元素記号 X、原子番号 Z）

A：質量数＝陽子の数＋中性子の数
Z：原子番号＝陽子の数

陽子 $_1^1\text{H}$ ($_1^1\text{P}$)、中性子 $_0^1\text{n}$
電子 $_{-1}^0\text{e}$

！ 中性子の数＝$A-Z$になるね。

Point!

原子核反応式
⇩
左右両辺の $\begin{cases} 質量数の和 \\ 原子番号の和 \end{cases}$ は等しい

求める原子核は、質量数をA、原子番号をZ、元素記号をXとすると $_Z^A\text{X}$ と表され、原子核反応式は次のようになる。

$$_7^{14}\text{N} + _0^1\text{n} \rightarrow {}_6^{14}\text{C} + {}_Z^A\text{X}$$

原子核反応式では、両辺の質量数の和と原子番号の和は変わらないので

$14+1=14+A \quad A=1$

$7+0=6+Z \quad Z=1$

原子番号 $Z=1$ の元素は水素なので

$${}^{A}_{Z}X = {}^{1}_{1}H \cdots \text{答}$$

(イ)

> **Point!**
>
> **放射性崩壊**
>
> | | 放出される放射線 | 変位法則 |
> |---|---|---|
> | α 崩壊 | α 線（ヘリウムの原子核 ${}^{4}_{2}He$） | 質量数 4 減，原子番号 2 減 |
> | β 崩壊 | β 線（高速の電子 ${}^{0}_{-1}e$） | 質量数不変，原子番号 1 増 |
> | γ 線放出 | γ 線（短波長の電磁波） | 質量数，原子番号とも不変 |

β 崩壊は，原子核内の 1 個の中性子が 1 個の陽子と 1 個の電子に変わり，その電子 ${}^{0}_{-1}e$ が放出される現象である。求める原子核を ${}^{A}_{Z}X$ と表すと原子核反応式は次のようになる。

$${}^{14}_{6}C \rightarrow {}^{A}_{Z}X + {}^{0}_{-1}e$$

上式より $A=14$，$Z=7$ だから

$${}^{A}_{Z}X = {}^{14}_{7}N \cdots \text{答}$$

! β 崩壊すると質量数不変，原子番号 1 増になるね。

(ウ) 現在生きている植物内の炭素の存在比（枯れる前の植物内の存在比）を ρ とする。枯れてから t 年後に炭素の存

炭素の存在比 $\rho = \dfrac{{}^{14}_{6}C \text{の数}}{{}^{12}_{6}C \text{の数}}$

枯れてから時間が経過すると，β 崩壊により ${}^{14}_{6}C$ の数だけが減少するので，存在比は小さくなっていく。

在比が $\dfrac{\rho}{5}$ になると考える。$^{14}_{6}\text{C}$ の半減期は5730年なので

$$\dfrac{\rho}{5} = \rho \left(\dfrac{1}{2}\right)^{\frac{t}{5730}}$$

$$\dfrac{1}{5} = \left(\dfrac{1}{2}\right)^{\frac{t}{5730}}$$

両辺の対数をとると

$$-\log_{10} 5 = -\dfrac{t}{5730} \log_{10} 2$$

$$0.699 = \dfrac{t \times 0.301}{5730}$$

$t \fallingdotseq \mathbf{1.33 \times 10^4 \text{年}}$ … 答

> 放射性原子核の数は,崩壊によってしだいに減少していく。特に,もとの数の $\dfrac{1}{2}$ になるまでの時間を,その原子核の**半減期**という。
> はじめ($t = 0$)に放射性原子核が N_0 個あったとする。半減期 T 経過するごとにその数は $\dfrac{1}{2}$ になるので,時間 t 後には $\dfrac{1}{2}$ になることが $\dfrac{t}{T}$ 回繰り返される。したがって,時間 t 後に崩壊しないで残っている放射性原子核の数 N は,
> $$N = N_0 \left(\dfrac{1}{2}\right)^{\frac{t}{T}}$$
> と表される。

Point!

半減期

$$N = N_0 \left(\dfrac{1}{2}\right)^{\frac{t}{T}}$$

---

189 結合エネルギーのテーマ

- 質量欠損
- 質量とエネルギーの等価性
- 原子核の結合エネルギー

(1) 表の値より,^{12}C の核子1個あたりの結合エネルギーは7.7MeVであるが,^{12}C は質量数が12,すなわち核子12個が結合した原子核だから

$$7.7 \times 12 = 92.4 \fallingdotseq \mathbf{92 \text{〔MeV〕}} \cdots 答$$

> $^{A}_{Z}\text{X}$ は,原子番号 Z を省略し ^{A}X と表記することもある。
> また,陽子と中性子を総称して**核子**とよぶ。

(2) ^{12}C の質量欠損を Δm, 電子の質量を m_e とすると, 求めるのは $\dfrac{\Delta m}{m_e}$ である。

ところで

$$\dfrac{\Delta m}{m_e} = \dfrac{\Delta m c^2}{m_e c^2}$$

であるが, $\Delta m c^2$ は ^{12}C の結合エネルギー, $m_e c^2$ は電子が静止状態でもつエネルギーだから

$$\dfrac{\Delta m}{m_e} = \dfrac{\Delta m c^2}{m_e c^2} = \dfrac{92.4}{0.51} ≒ \mathbf{1.8 \times 10^2 \text{〔倍〕}}$$

> 原子核の質量は, 原子核を構成している核子がばらばらな状態にあるときの質量の和よりも, わずかに小さい。
> この質量の差 Δm を **質量欠損** という。
>
> ! 原子核として核子がまとまると, 質量が小さくなるなんて, 不思議だね。

アインシュタインの相対性理論によれば, 質量とエネルギーは等価であり, 質量 m〔kg〕の物体が静止状態においてもっているエネルギー E〔J〕は, 光速度 c〔m/s〕を用いて

$$E = mc^2$$

と表される。

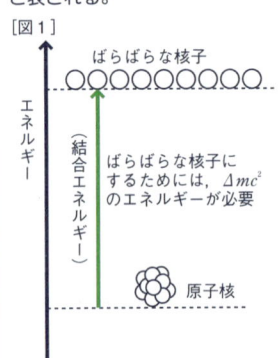

[図1]

（エネルギー↑）
ばらばらな核子 ○○○○○○○○○
（結合エネルギー）ばらばらな核子にするためには, Δmc^2 のエネルギーが必要
原子核

このことから, 核子がばらばらで存在するときよりも, 核子がまとまって原子核を構成しているときのほうが, 質量は Δm だけ小さくエネルギーも Δmc^2 だけ小さいことになる。これは, 原子核をばらばらな核子に分解するには, 原子核に Δmc^2 のエネルギーを与える必要があることを表し, この意味で **Δmc^2 を原子核の 結合エネルギー** という。

Point!

質量とエネルギーの等価性
$$E = mc^2 \quad (c は光速度)$$

原子核の結合エネルギー
$\varDelta E = \varDelta mc^2$

(3) この核融合を核反応式で表すと
$$^3\text{H} + {}^2\text{H} \rightarrow {}^4\text{He} + {}^1\text{n}$$

<u>核子がばらばらな状態をエネルギーの基準にとり</u>,これを0とすると,核反応式において,各原子核がもっているエネルギーは次のように表される。

発生するエネルギーの値を E [MeV] とすると

$$(-2.7 \times 3) + (-1.1 \times 2)$$
$$= (-7.1 \times 4) + 0 + E$$

$E = 18.1 \fallingdotseq \textbf{18 [MeV]} \cdots$ 答

(4) ^{235}U が,質量数のほぼ等しい2つの原子核 ^{118}X と ^{117}Y に核分裂したとすると,核反応式は

$$^{235}\text{U} \rightarrow {}^{118}\text{X} + {}^{117}\text{Y}$$

となる。各原子核がもっているエネルギーを図から読みとると

$$-7.5 \times 235 = (-8.4 \times 118)$$
$$+ (-8.4 \times 117) + E$$

$E = 211.5$ **およそ200MeV** … 答

図1で示したように,核子は原子核を構成している状態のほうが,ばらばらな状態よりもエネルギーが低い。したがって,**ばらばらな状態をエネルギーの基準にとり,これを0にとる**と,原子核を構成している状態のエネルギーは,0よりも結合エネルギーの分だけ小さくなり,**負のエネルギーをもつ**ことになる。

! これはエネルギー保存則の式だよ。

中性子 ^{1}n は単独に存在しているので,結合エネルギーは0である。

(5) 核子1個あたりの結合エネルギーは鉄 $^{56}_{26}$Fe 付近で最大となり，ここが最もエネルギーの低い安定した状態になる。したがって，鉄より軽い原子核どうしは核融合を起こし，鉄より重い原子核どうしは核分裂を起こして，原子核は鉄のほうへ近づく核反応を進め，全体としてよりエネルギーの低い安定した状態をとろうとする。